国家职业技能等级认定培训教材
国家基本职业培训包教材资源

数控车工

（技师）

本书编审人员

主　编　张　丰
编　者　张　丰　张献锋　王小芳　朱永亮　王　帅
　　　　宋　松

中国人力资源和社会保障出版集团

中国劳动社会保障出版社　　中国人事出版社

图书在版编目（CIP）数据

数控车工：技师 / 人力资源社会保障部教材办公室组织编写. -- 北京：中国劳动社会保障出版社：中国人事出版社，2020

国家职业技能等级认定培训教材

ISBN 978-7-5167-4315-7

Ⅰ. ①数… Ⅱ. ①人… Ⅲ. ①数控机床-车床-车削-职业技能-鉴定-教材 Ⅳ. ①TG519.1

中国版本图书馆 CIP 数据核字（2020）第 055117 号

中国劳动社会保障出版社
中国人事出版社 出版发行

（北京市惠新东街 1 号　邮政编码：100029）

*

三河市华骏印务包装有限公司印刷装订　　新华书店经销

787 毫米 × 1092 毫米　16 开本　24 印张　427 千字
2020 年 5 月第 1 版　　2020 年 5 月第 1 次印刷

定价：59.00 元

读者服务部电话：（010）64929211/84209101/64921644
营销中心电话：（010）64962347
出版社网址：http://www.class.com.cn

版权专有　　侵权必究

如有印装差错，请与本社联系调换：（010）81211666
我社将与版权执法机关配合，大力打击盗印、销售和使用盗版图书活动，敬请广大读者协助举报，经查实将给予举报者奖励。

举报电话：（010）64954652

前　　言

为加快建立劳动者终身职业技能培训制度，大力实施职业技能提升行动，全面推行职业技能等级制度，推进技能人才评价制度改革，促进国家基本职业培训包制度与职业技能等级认定制度的有效衔接，进一步规范培训管理，提高培训质量，人力资源社会保障部教材办公室组织有关专家在《数控车工国家职业技能标准》（以下简称《标准》）和国家基本职业培训包（以下简称培训包）制定工作基础上，编写了数控车工国家职业技能等级认定培训系列教材（以下简称等级教材）。

数控车工等级教材紧贴《标准》和培训包要求编写，内容上突出职业能力优先的编写原则，结构上按照职业功能模块分级别编写。该等级教材共包括《数控车工（基础知识）》《数控车工（中级）》《数控车工（高级）》《数控车工（技师）》4本。《数控车工（基础知识）》是各级别数控车工均需掌握的基础知识，其他各级别教材内容分别包括各级别数控车工应掌握的理论知识和操作技能。

本书是数控车工等级教材中的一本，是职业技能等级认定推荐教材，也是职业技能等级认定题库开发的重要依据，已纳入国家基本职业培训包教材资源，适用于职业技能等级认定培训和中短期职业技能培训。

本书在编写过程中得到北京工业技师学院、西安技师学院、宁波技师学院等单位的大力支持与协助，在此一并表示衷心感谢。

人力资源社会保障部教材办公室

Contents 目录 | 数控车工（技师）

模块 1　加工准备

课程 1-1　读图与绘图
- 学习单元 1　通用夹具装配图绘制　　004
- 学习单元 2　专用夹具装配图绘制　　010
- 学习单元 3　常用数控车床机械结构图识读　　018
- 学习单元 4　数控车床典型机构装配图识读　　024

课程 1-2　制定加工工艺
- 学习单元 1　高难度、高精密零件数控加工工艺文件编制　　031
- 学习单元 2　特殊材料零件数控加工工艺文件编制　　044
- 学习单元 3　轴套类零件加工工艺改进建议书编制　　055
- 学习单元 4　盘类零件加工工艺改进建议书编制　　064
- 学习单元 5　数控加工新知识　　071
- 学习单元 6　数控加工新技术　　081
- 学习单元 7　数控加工新工艺　　098
- 学习单元 8　新材料应用　　102

课程 1-3　零件定位与装夹
- 学习单元 1　轴套类零件专用夹具设计与制作　　108
- 学习单元 2　盘类零件专用夹具设计与制作　　113

课程 1-4　刀具准备
- 学习单元 1　金属去除率计算　　118
- 学习单元 2　刀具寿命估算　　123
- 学习单元 3　机床刀具寿命管理功能应用　　129

| | 学习单元4 | 新刀具应用 | 137 |

数控编程

模块 2

课程 2-1　手工编程
　　学习单元 1　编制分度孔加工程序　　　　　　　　　151
　　学习单元 2　编制端面方形铣削程序　　　　　　　　167
　　学习单元 3　编制外圆柱面凸轮槽车铣加工程序　　　172

课程 2-2　计算机辅助编程
　　学习单元 1　车削零件造型　　　　　　　　　　　　182
　　学习单元 2　车削加工轨迹生成　　　　　　　　　　198
　　学习单元 3　后置参数设置　　　　　　　　　　　　216
　　学习单元 4　程序生成及校验　　　　　　　　　　　220

课程 2-3　数控加工仿真
　　学习单元　加工过程仿真及优化　　　　　　　　　　225

零件加工

模块 3

课程 3-1　轮廓加工
　　学习单元 1　多拐曲轴车削加工　　　　　　　　　　247
　　学习单元 2　车削加工中心操作　　　　　　　　　　254
　　学习单元 3　车铣复合加工试切调试　　　　　　　　261

课程 3-2　配合件加工
　　学习单元 1　配合精度控制方法　　　　　　　　　　265
　　学习单元 2　多尺寸链配合件加工与精度控制　　　　270

课程 3-3　零件精度检测
　　学习单元　加工误差分析　　　　　　　　　　　　　282

数控车床维护与精度检验

模块 4

课程 4-1　数控车床维护
　学习单元 1　数控车床机械与液压系统一般故障的排除　　292
　学习单元 2　数控车床气动与冷却系统一般故障的排除　　311
　学习单元 3　数控车床控制与电气系统一般故障的排除　　316
　学习单元 4　数控车床刀架一般故障的排除　　322

课程 4-2　机床精度检验
　学习单元 1　机床定位精度、重复定位精度检验　　328
　学习单元 2　机床动态精度验收　　337

培训与管理

模块 5

课程 5-1　操作指导
　学习单元 1　技能分析　　343
　学习单元 2　现场指导　　348
　学习单元 3　技能评价　　351

课程 5-2　理论培训
　学习单元　理论培训　　354

课程 5-3　质量管理
　学习单元　质量管理　　359

课程 5-4　生产管理
　学习单元　班组管理　　363

课程 5-5　技术改造与创新
　学习单元　技术革新　　369

模块 1 加工准备

- 课程 1-1　读图与绘图
- 课程 1-2　制定加工工艺
- 课程 1-3　零件定位与装夹
- 课程 1-4　刀具准备

设置课程

课程	学习单元	课堂学时
1-1 读图与绘图	（1）通用夹具装配图绘制	4
	（2）专用夹具装配图绘制	4
	（3）常用数控车床机械结构图识读	4
	（4）数控车床典型机构装配图识读	6
1-2 制定加工工艺	（1）高难度、高精密零件数控加工工艺文件编制	8
	（2）特殊材料零件数控加工工艺文件编制	8
	（3）轴套类零件加工工艺改进建议书编制	6
	（4）盘类零件加工工艺改进建议书编制	4
	（5）数控加工新知识	2
	（6）数控加工新技术	2
	（7）数控加工新工艺	2
	（8）新材料应用	2
1-3 零件定位与装夹	（1）轴套类零件专用夹具设计与制作	4
	（2）盘类零件专用夹具设计与制作	4
1-4 刀具准备	（1）金属去除率计算	2
	（2）刀具寿命估算	2
	（3）机床刀具寿命管理功能应用	4
	（4）新刀具应用	2

课程 1-1 读图与绘图

学习内容

学习单元	课程内容	培训建议	课堂学时
（1）通用夹具装配图绘制	1）通用夹具基本元件 2）通用夹具的种类及用途 3）典型组合夹具装配图绘制	（1）方法：讲授法、实物示教法、练习法 （2）重点与难点：组合夹具装配图的绘制	4
（2）专用夹具装配图绘制	1）常见结构专用夹具的种类及用途 2）典型专用夹具绘制（弯板夹具）	（1）方法：讲授法、练习法 （2）重点与难点：专用夹具装配图的绘制	4
（3）常用数控车床机械结构图识读	1）数控车床机械结构构成 2）数控车床典型的传动机构 3）数控车床机械结构图的识读	（1）方法：讲授法、案例教学法、练习法、实物示教法 （2）重点与难点：数控车床典型传动机构结构图的识读	4
（4）数控车床典型机构装配图识读	1）主轴传动机构部件功能与配合关系分析 2）换刀机构部件功能与配合关系分析 3）直线传动机构部件功能与配合关系分析	（1）方法：讲授法、练习法、实物示教法 （2）重点与难点：零部件配合与运动关系分析	6

学习单元 1　通用夹具装配图绘制

一、通用夹具基本元件

在机械加工过程中，为了保证工件的加工精度，使之相对于机床、刀具占有确定的位置，并能迅速、可靠地夹紧工件以完成加工或检测的工艺装备称为机床夹具，简称夹具。

通用夹具是指结构、尺寸已标准化、系列化、规格化，在一定范围内可用于加工不同工件的夹具，这类夹具作为机床辅件由机床附件厂制造和供应。

通用夹具的特点是适用性强，无须调整或进行小的调整就可以装夹一定形状和尺寸范围的工件。通用夹具的规格和尺寸可以在夹具设计手册中查到。

二、通用夹具的种类及用途

通用夹具包括自定心定位夹紧机构（三爪自定心卡盘）、单动爪调整定位夹紧机构（四爪单动卡盘）、顶尖、外拨顶尖、内拨顶尖、中心架、跟刀架、鸡心夹头、卡环等类型。

1. 三爪自定心卡盘

三爪自定心卡盘一般用于装夹加工工艺性好的轴、套、盘类工件，以对工件进行粗加工、半精加工和精加工。

2. 四爪单动卡盘

四爪单动卡盘一般用于外形不是圆形或不规则的工件，如轴承座、液压阀体、偏心套等的加工，装夹时通过调整每个单爪找正工件的旋转中心。用四爪单动卡盘加工轴承座如图 1-1-1 所示。

在工件装夹前，在轴承座的端面划出孔的加工界线和中心线；将工件装在四爪单动卡盘上后，使用划针找正轴承座孔中心线（找正时通过调整各单爪找正孔中心位置）。

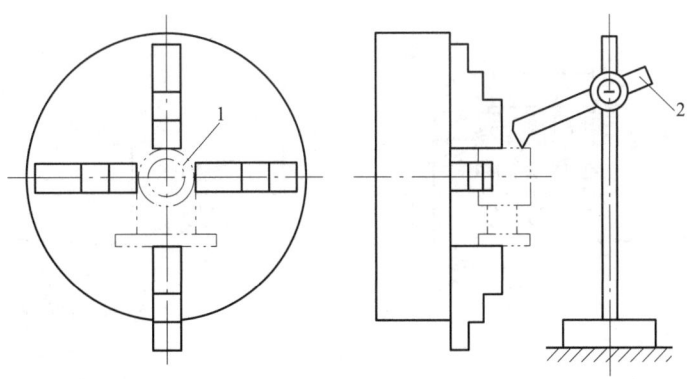

图 1-1-1 用四爪单动卡盘加工轴承座
1—轴承座 2—划针

3. 内拨顶尖

内拨顶尖主要用于加工精度要求不高的细长轴，如图 1-1-2 所示。在使用内拨顶尖时，工件上用于定位的外圆要经过精加工，并与后顶尖配合使用。在选择切削参数时，背吃刀量不宜太大。

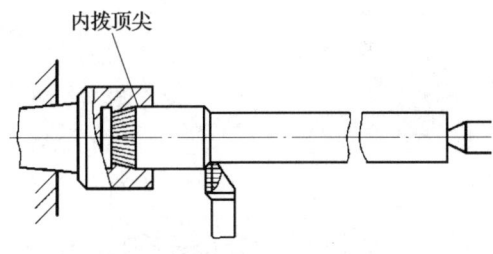

图 1-1-2 用内拨顶尖装夹

4. 顶尖

顶尖用于工件定心并承受工件的重力和切削力。顶尖有固定顶尖和活动顶尖两种。顶尖的装夹方式有两种，一种是一夹一顶，另一种是两顶尖与鸡心夹头配合使用，如图 1-1-3 所示。

图 1-1-3a 所示为用两顶尖装夹加工高精度的细轴，可以掉头用两顶尖重复定位，不影响工件的同轴度。图 1-1-3b 所示为用一夹一顶装夹加工细长轴工件，这种装夹只能用一次，不能重复装夹。

使用顶尖进行装夹时需注意以下事项：

（1）用精加工的外圆作为基准来加工两个中心孔，保证使用两个中心孔定位时能满足工件同轴度的要求。

（2）前后两个顶尖的连线要与机床主轴轴线同轴。

（3）两个中心孔的形状精度要高，表面粗糙度值要小。

（4）加工时两个中心孔的润滑要好，并要选择合理的切削参数。

（5）使用两个中心孔装夹时，顶紧力要松紧合适。顶紧力大了，会使工件变弯；顶紧力小了，会产生振动。

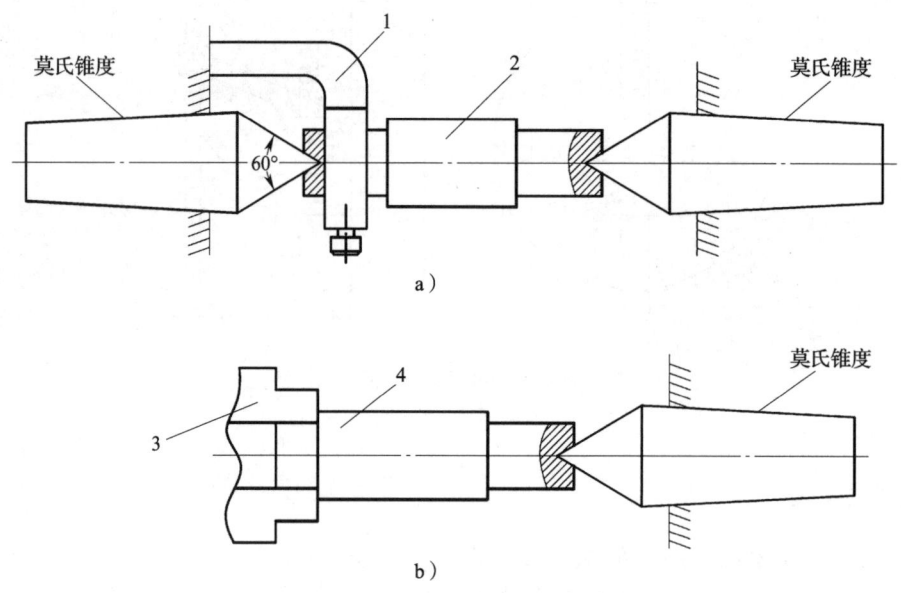

图 1-1-3 顶尖装夹方法
a）两顶尖装夹　b）一夹一顶装夹
1—鸡心夹头　2、4—工件　3—三爪自定心卡盘

（6）使用两个中心孔装夹加工工件时，要粗、精加工分开。

5. 外拨顶尖

外拨顶尖用于加工长度较长、同轴度要求不高的套筒零件。用外拨顶尖和尾座顶尖顶住工件上精加工好的内孔加工套筒外圆，如图 1-1-4 所示。

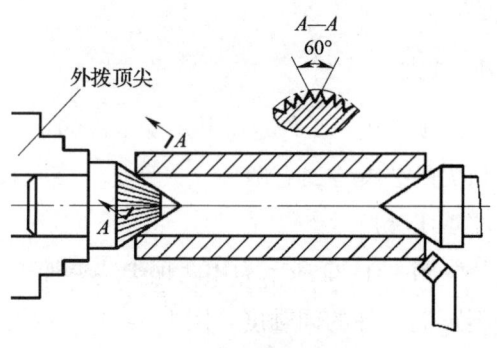

图 1-1-4　用外拨顶尖装夹

6. 中心架

加工尺寸长且质量大的长轴时，为了防止工件受径向切削力的作用而产生弯曲变形，同时保证加工安全，常使用中心架作支承来装夹工件，如图 1-1-5 所示。

在使用中心架时，要在工件上预先精车出安置中心架的外圆面，将跟刀架放到精加工外圆处，将径向支承点调整好，加工工件的右端；当右端加工完成后，将中心架移到右端已加工处（安装中心架时不能干涉刀具加工），再将中心架调整好加工轴的左端。

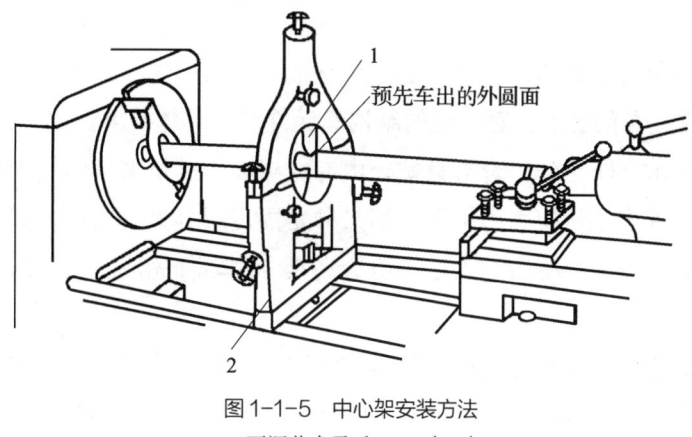

图 1-1-5 中心架安装方法
1—可调节支承爪 2—中心架

7. 跟刀架

加工特别长的细轴时常使用跟刀架（见图 1-1-6），其作用是防止工件受径向切削力产生变形，保证轴的加工精度，提高轴的几何精度。

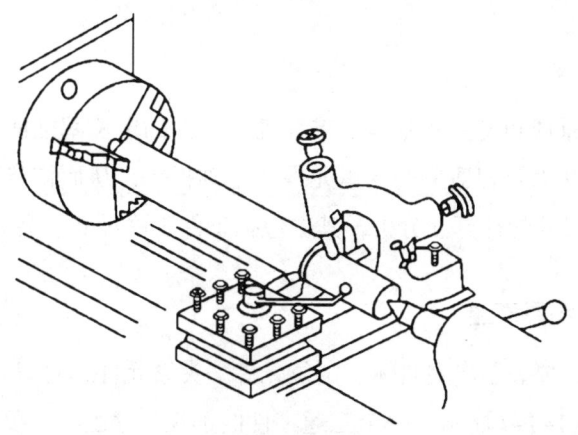

图 1-1-6 跟刀架安装方法

在使用跟刀架时，先在工件右端精车出一段外圆，满足安装跟刀架的要求，然后转动工件调整三个支承点，使其与精车的外圆面接触，当调整好后，就可以自动进给加工。

三、典型组合夹具装配图绘制

组合夹具的组装就是将组合夹具元件按照一定的步骤和要求，装配成加工所需要的夹具的全过程。其本质和设计制造一套专用夹具完全相同，是一个复杂的思考设计和动手装配制造的过程。绘制组合夹具装配图有两种方式。第一种是在编制加工工艺时绘制组合夹具装配示意图，图中确定定位基准、夹紧位置、工件的外形尺寸、加工工序以及对组合夹具的要求，对夹具的结构和元件没有具体要求。在实施夹具组装时，把组合夹具装配示意图送到组合夹具站，由专人组装，满足夹具的使用功能要求。这种方法用于多品种小批量的生产情况。第二种是固定组合夹具结构、固定组合夹具元件的装配图，装配图的绘制由专人运用组合夹具专用软件完成。这种组合夹具用于大批量生产。

应该说明的是，每个企业的组合夹具站情况不同，即使加工同样的零件，组装出的夹具也有所不同。以下是绘制组合夹具装配示意图的方法和步骤。

1. 绘制组合夹具装配图技术准备

在绘制组合夹具装配图前，首先明确组装的要求，熟悉有关组装工作的原始资料，即了解工件的加工要求，工件的形状、尺寸、公差和其他技术要求，加工工艺以及使用的机床、刀具等情况，认真分析工件的定位、夹紧、装卸等问题。

2. 拟定夹具结构方案

按工件的定位原理和夹紧的基本要求，确定工件的定位基准面及夹紧部位，选择定位元件、夹紧元件以及相适应的支承元件、基础板等，从而初步确定夹具的结构形式。同时进行有关尺寸的计算和分析，其中包括工件工序尺寸、夹具结构尺寸等。

3. 依据工序图画出夹具草图

画出夹具草图，要表示出夹具体、定位元件、夹紧元件、对刀元件、导向元件等。

【例1-1-1】图1-1-7所示为一个三通零件的加工工序图，需要用组合夹具定位夹紧大圆盘端面，在工序图中已确定了定位基准和夹紧位置。试绘制组合夹具装配图。

（1）布局。按照图1-1-8a所示以1∶1的比例画出工序图，再画出选择的直角弯板，并在弯板上画出定位键或定位块。将工序图以定位方式粘贴到弯板图中，画出压板的位置点，检查弯板的大小能否满足工件装夹定位的需要。此处弯板尺寸为260 mm×140 mm，能满足工件装夹的要求。

（2）选择夹具体。在弯板尺寸确定后，根据弯板的大小选择夹具的法兰盘。以1∶1的比例画出弯板图，并在弯板面上画30 mm线、弯板中心线，两条线的交点是选择法兰盘大小的基准中心，以交点画圆，把弯板包含到圆内，这个圆的直径就是夹具法兰盘的参考直径。

模块 1　加工准备

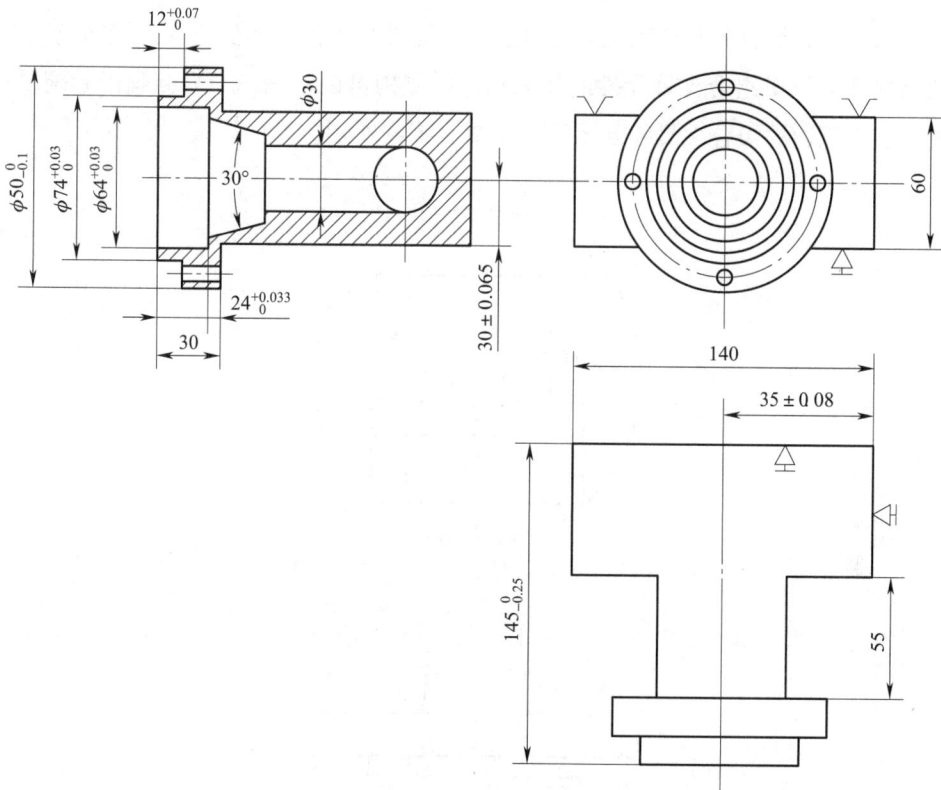

图 1-1-7　三通零件工序图

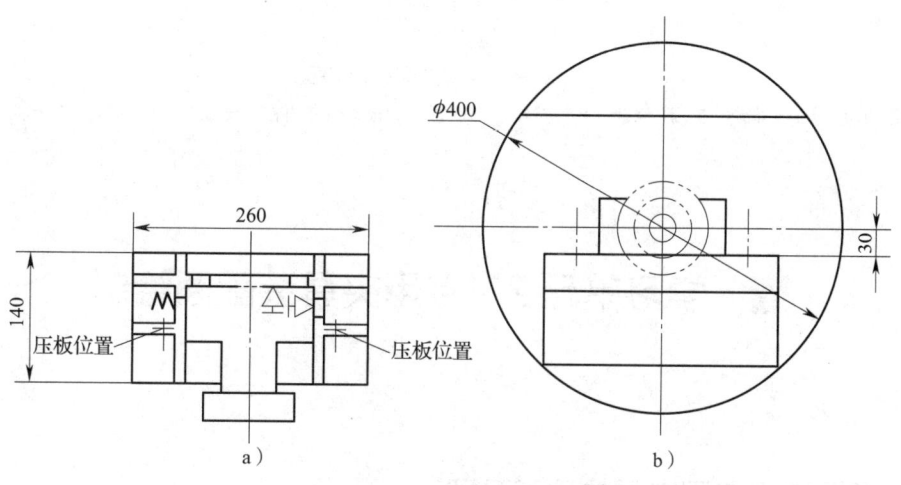

图 1-1-8　布局图

（3）选择其他元件。当夹具结构画好后，依据夹具弯板的空间和平面，选择压紧元件及配重元件，即选择压板、支承块、定位块、配重块、连接件等。

（4）画装配图。有了弯板和法兰盘的结构图，依据装配图的画法，画出其他元件的结构图。因为组合夹具槽系列都是键连接，元件与元件的连接有其独特的连接方式，一般情况下，对于组合夹具元件的装配和连接结构可以不画出，只需画出装配示意图即可。加工三通的组合夹具装配示意图如图1-1-9所示。

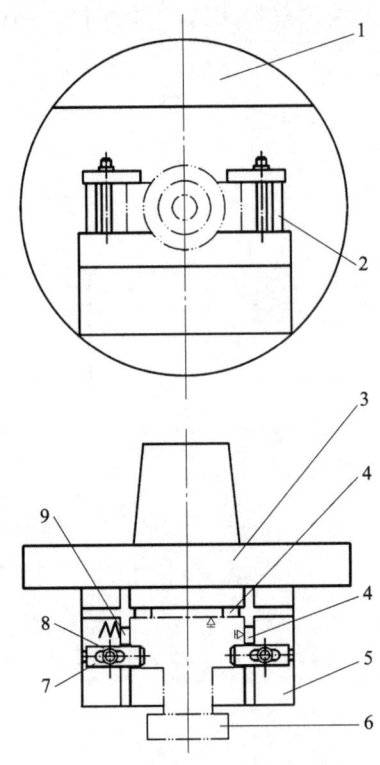

图1-1-9　组合夹具装配示意图

1—配重块　2—支承块　3—法兰盘　4—定位块　5—直角弯板　6—工件　7—压板　8—螺母　9—预紧螺钉

学习单元2　专用夹具装配图绘制

一、常见结构专用夹具的种类及用途

专用夹具是指专为某一工件的某道工序设计的夹具。专用夹具的特点是结构紧凑、操作快、方便、有力，可以保证较高的加工精度和生产效率，但是设计和制造周期较

长，成本较高，在产品变更时夹具将因无法使用而报废，故适合在产品相对稳定、产量较大的场合应用。

车床夹具按工件的定位和装夹方式、加工工件的类型不同，分为心轴式、花盘式和角铁式三类。这些专用夹具一般安装在机床主轴上，夹具的中心围绕机床主轴轴线旋转，切削刀具做进给运动进行切削加工。

1. 心轴式专用夹具

心轴式专用夹具安装在机床主轴上，工件常以精加工、半精加工内孔或外圆以及端面定位。一般情况下心轴式夹具限制五个自由度，夹具采用定心端面夹紧机构。心轴式弹簧夹头如图 1-1-10 所示。

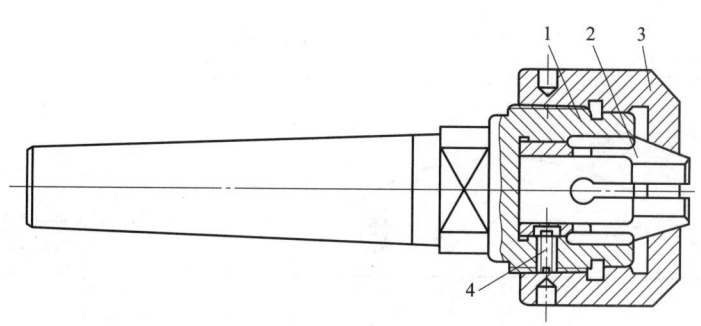

图 1-1-10　心轴式弹簧夹头
1—夹具体　2—弹簧夹套　3—螺母　4—螺钉

心轴式夹具主要用来装夹直径和长度尺寸较小的轴、套类工件进行半精加工和精加工，能保证较高的同轴度，适用于批量生产。

2. 花盘式专用夹具

花盘式夹具的夹具体为圆盘形，上面开有若干个 T 形槽，安装有定位元件、夹紧元件和分度元件等，其结构如图 1-1-11 所示。

一般情况下，花盘式夹具用于尺寸较大的板类工件、壳体类工件的加工，目的是保证工件的平面度、平行度、孔轴线与端面的垂直度。这类夹具不对称，要注意平衡。

3. 角铁式专用夹具

角铁式专用夹具的结构特点是具有类似直角铁的夹具体，在直角弯板上安装有定位元件、夹紧元件、分度元件、过渡板、定位销等。角铁式夹具一般采用完全定位的方式，其结构如图 1-1-12 所示。

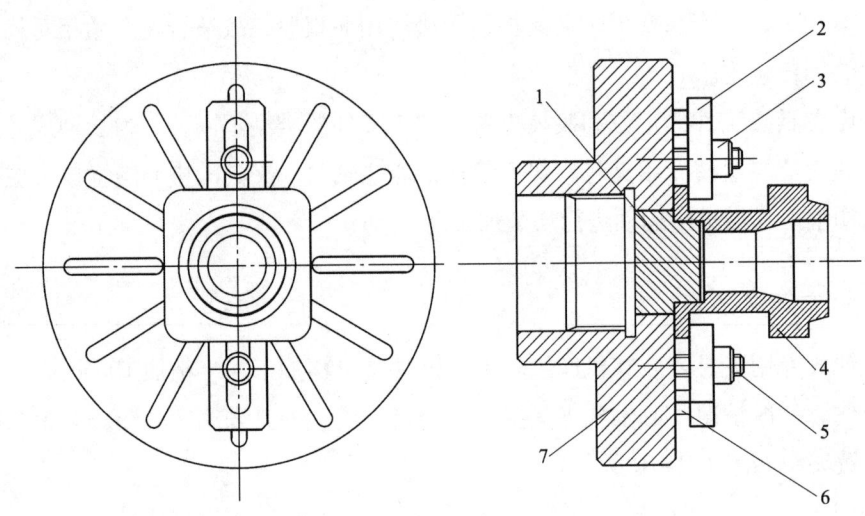

图 1-1-11 花盘式夹具
1—定位轴 2—压板 3—螺母 4—工件 5—螺栓 6—支杆 7—花盘

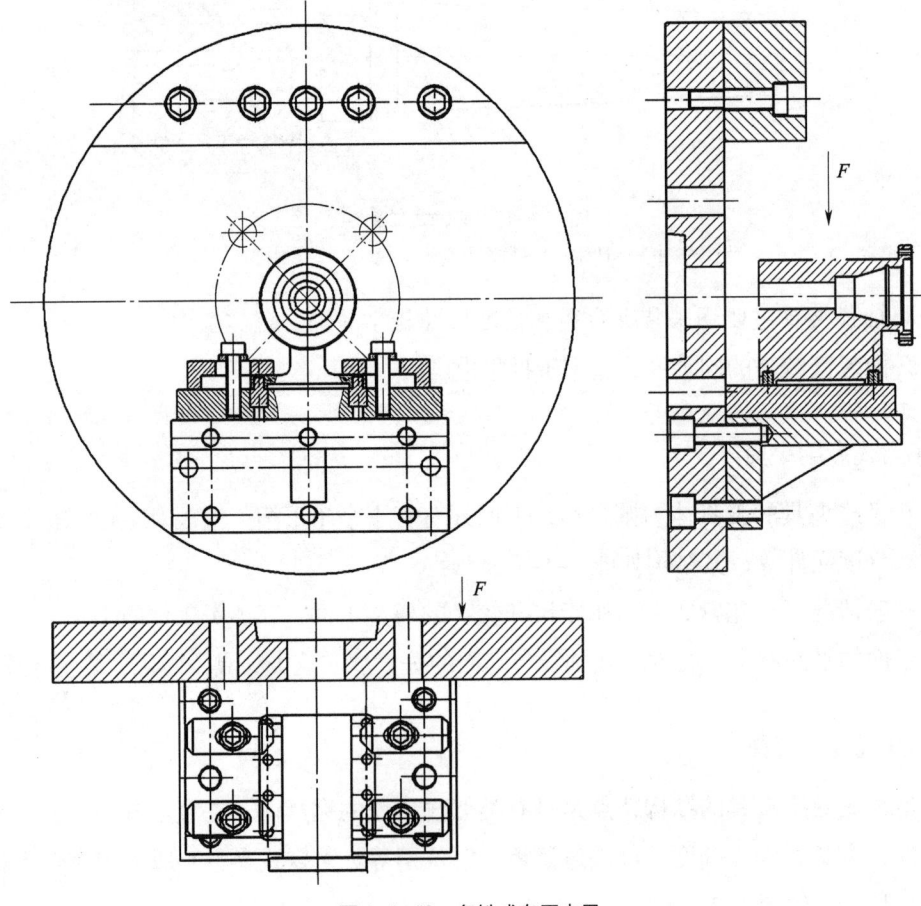

图 1-1-12 角铁式专用夹具

角铁式夹具常用于加工壳体、支架、支座、偏心接头等工件上的几何形状，如圆柱体、孔、螺纹、曲面以及端面等，目的是保证工件上所加工轴或孔轴线与加工面垂直，所加工轴或孔轴线与定位基准面平行，以及保证位置尺寸。

二、典型专用夹具绘制

1. 绘制专用夹具装配图流程

在设计专用夹具时，首先绘制专用夹具的装配图，然后依据装配图绘制夹具零件图。绘制专用夹具装配图流程如图 1-1-13 所示。

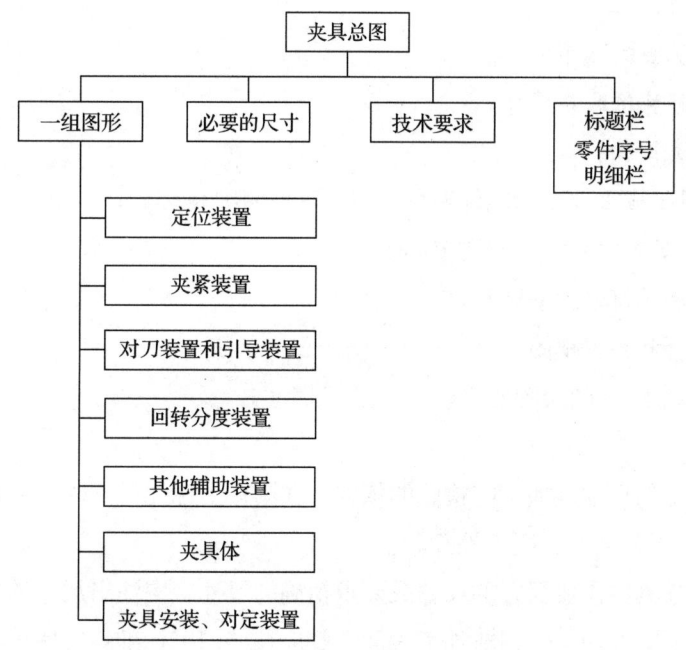

图 1-1-13　绘制专用夹具装配图流程

2. 专用夹具总图绘制要求

（1）图样绘制应符合国家标准。

（2）尽量采用 1∶1 的绘图比例。

（3）局部结构视图不宜过多。

（4）反复进行局部结构的调整和完善。

3. 夹具总图的绘制步骤

（1）用细双点画线（或红色细实线）绘出工件视图的外轮廓线和工件上的定位、夹紧及被加工表面。

（2）将工件假想为透明体，即工件和夹具的轮廓线互不遮挡，然后按照工件的形状和位置画出定位元件、对刀—导向元件、夹紧机构、配重装置及其他辅助元件（如夹紧装置的支柱和支承板、弹簧以及用来紧固各零件的螺钉和销等）的具体结构，最后绘制出夹具体，把夹具的各部分联成一个整体。

（3）标注总装配图上的尺寸和技术要求，包括以下内容：

1）夹具外形的最大轮廓尺寸。

2）配合尺寸。

3）夹具与刀具的联系尺寸。

4）夹具与机床的联系尺寸。

5）其他装配尺寸。

（4）给夹具组成零件、标准件编号，编写零件明细表。

（5）绘制夹具零件图，基本要求如下：

1）图样绘制应符合国家标准。

2）合理选择和布置视图。

3）优先采用1∶1的绘图比例。

（6）标注

1）零件图上的尺寸是加工与检验的依据。在图样上标注尺寸时，应做到正确、完整、书写清晰、工艺合理、便于检验。

2）对于在夹具中需要配合的尺寸或要求精确的尺寸，应注出尺寸的极限偏差。

3）零件的所有表面（包括非加工表面）都应按照国家标准规定的标注方法注明表面结构要求。如零件表面上具有较多的表面粗糙度时，可在图样右下角附近集中标注，但仅允许标注使用最多的一种表面粗糙度。

4）对于在夹具中影响工件定位精度的零件，在其零件图上相应位置处标注必要的几何公差，具体数值和标注方法按国家标准规定执行。

（7）编写技术要求。对于夹具零件在加工或检验时必须保证的技术要求和条件，不便用图形或符号表示时，可在零件图技术要求中注出。它的内容根据不同零件、不同材料和不同加工方法的要求而定。

（8）画出零件的标题栏。在图样的右下角画出标题栏，用来说明夹具零件的名称、图号、数量、材料、绘图比例等内容，其格式按照国家标准规定执行。

【例 1-1-2】绘制加工轴架孔的弯板夹具装配总图。

绘制弯板夹具装配总图的步骤见表 1-1-1。

弯板夹具装配总图如图 1-1-14 所示。

表 1-1-1 绘制弯板夹具装配总图的步骤

步骤号	步骤内容	步骤内容说明
1	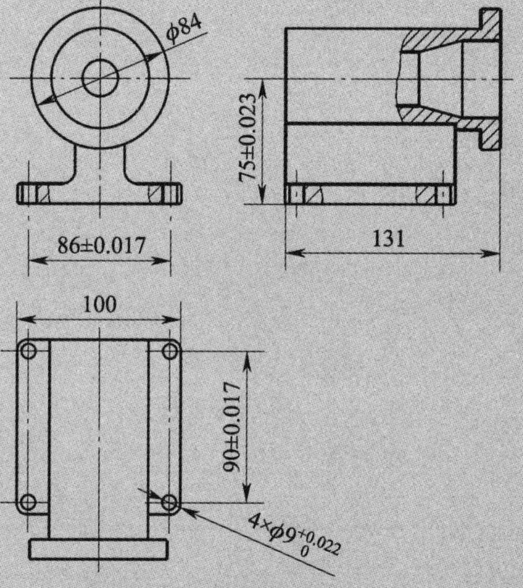	1. 标注定位尺寸 2. 标注定位基准与加工的位置尺寸 3. 标注工件的最大外形相关尺寸 4. 本工序加工的几何精度见工序图 5. 本工序用两销一面定位
2	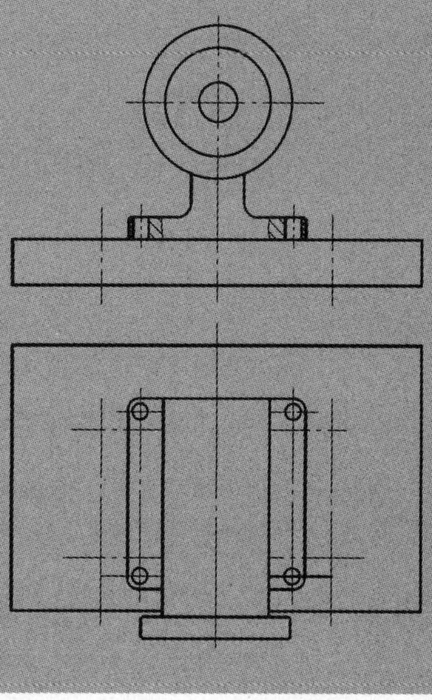	依据加工工序内容和零件的相关尺寸，对定位过渡板尺寸进行布局（绘制结构草图）

续表

步骤号	步骤内容	步骤内容说明
3	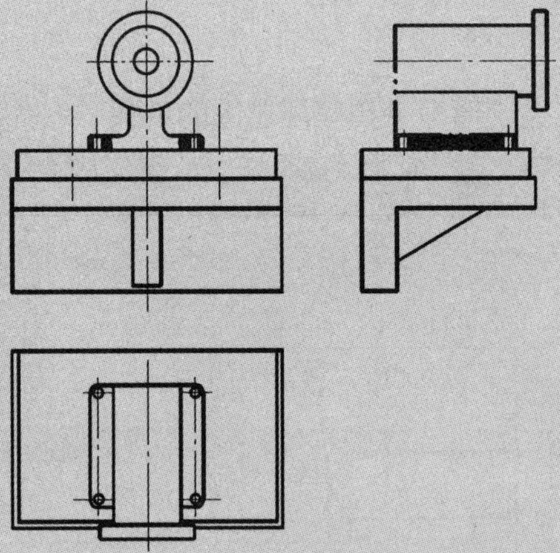	依据定位过渡板的尺寸选择合适的弯板，确定过渡板与弯板的装配关系（绘制结构草图）
4	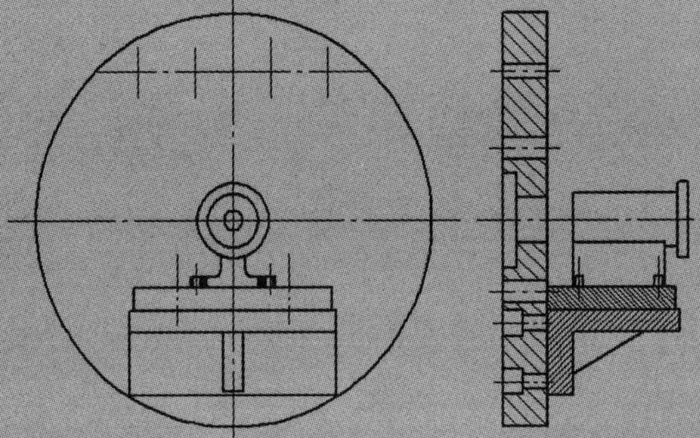	以工件中心为基准，选择花盘外圆直径（绘制结构草图）
5	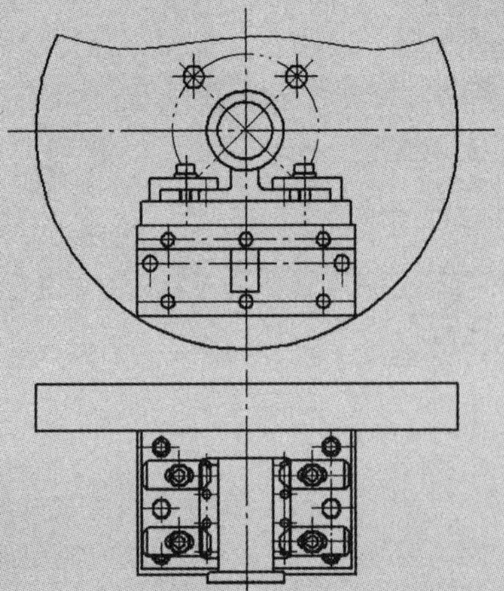	以过渡板、工件尺寸选择标准的紧固件种类（绘制结构草图）

续表

步骤号	步骤内容	步骤内容说明
6		依据制图对装配总图的要求，绘制各元件的装配结构关系
7	制作标题栏	
8	标注总装配相关尺寸、几何精度要求和技术条件	

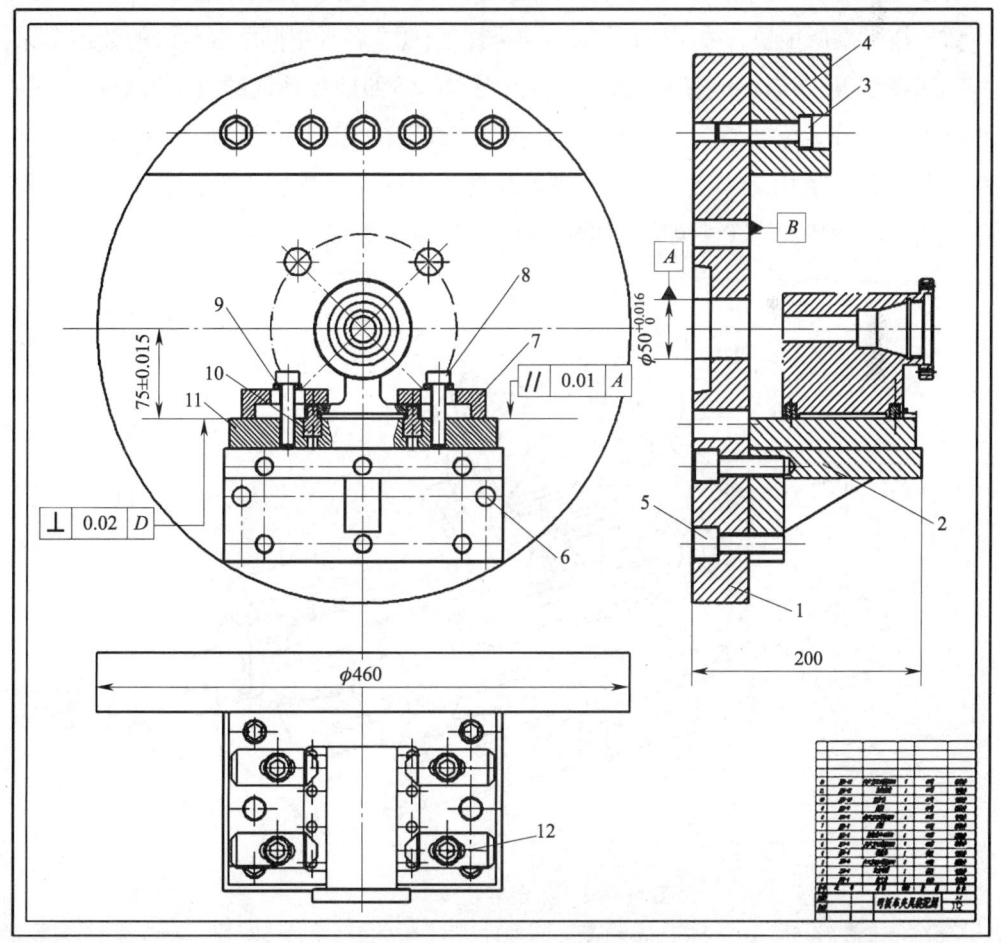

图 1-1-14 弯板夹具装配总图

学习单元3　常用数控车床机械结构图识读

一、数控机床机械结构构成

数控车床是利用计算机数字控制运行的车床。将编制好的加工程序输入数控系统中，由数控系统通过车床 X、Z 坐标轴的伺服系统控制车床进给运动部件的动作顺序、移动量和进给速度，再配以主轴的转速和转向，便能加工出各种形状的轴类和盘类等回转体零件。

数控技术发展很快，根据使用要求的不同，出现了各种不同配置等级的数控车床，这些车床在配置、结构和使用上都有各自的特点。按照数控系统的技术水平和机床的机械结构，可分为标准型数控车床、经济型数控车床、车削中心等。机械部分是整个机床的基础，主要由床身、主轴箱、进给装置、刀架、尾座、卡盘、安全防护装置、托架、其他辅助装置等部件组成。如图 1-1-15 所示为标准型数控车床的结构。

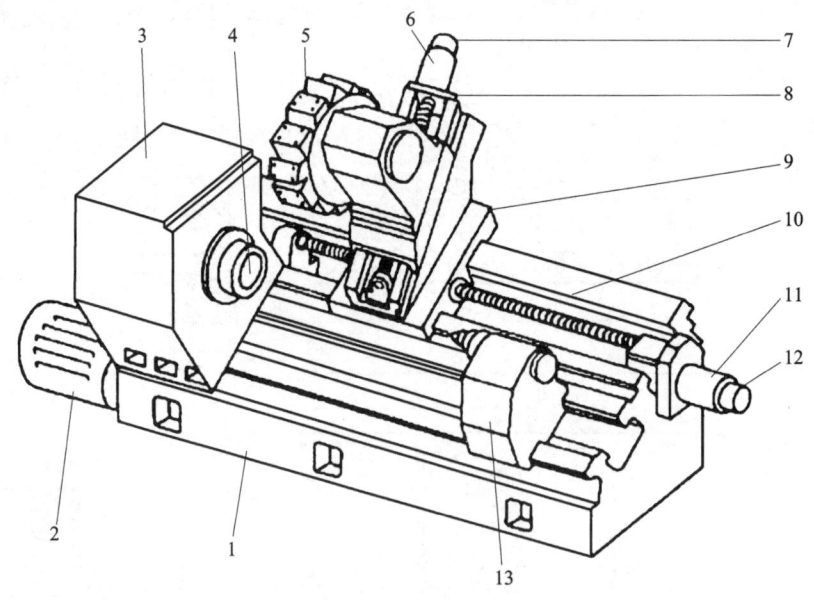

图 1-1-15　标准型数控车床的结构

1—床身　2—主轴电动机　3—主轴箱　4—主轴　5—回转刀架　6—X 轴进给同服电动机　7—X 轴光电编码器
8—X 轴滚珠丝杠　9—拖板　10—Z 轴滚珠丝杠　11—Z 轴进给伺服电动机　12—Z 轴光电编码器　13—尾座

二、数控车床典型的传动机构

1. 主轴传动机构

数控车床主传动系统是由主轴电动机经一系列传动元件和主轴构成的具有运动传动的系统。主传动系统包括主轴电动机、传动装置、主轴、主轴轴承和主轴定向装置。主轴的传动类型有齿轮传动、带传动、调速电动机直接驱动等几种。如图1-1-16所示为经济型数控车床的主轴传动结构。在主轴的左端外部装有主轴编码器和带轮。主轴两端装有挡圈、卡盘过渡盘、轴承、端盖等,这些零部件装在主轴箱内,用螺栓固定,形成主轴部件。

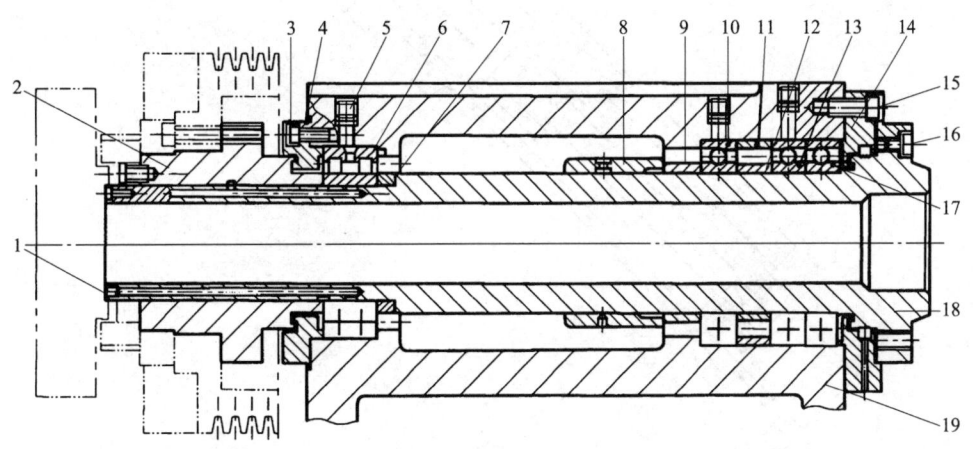

图1-1-16 主轴传动结构

1、5—螺钉 2—带轮连接盘 3、15、16—螺栓 4—端盖 6—圆柱滚子轴承 7、9、11、12—挡圈
8—热调整套 10、13、17—角接触球轴承 14—卡盘过渡盘 18—主轴 19—主轴箱箱体

2. 机床进给机构

机床的进给运动主要是靠进给机构实现的。伺服电动机带动滚珠丝杠拖动床鞍等,进给机构控制进给运动的速度,同时控制进给运动的精度,控制刀具对工件的移动轨迹和坐标位置,实现数控车床的自动加工。进给机构是车床移动的主要部件,一般车床有两个方向的进给,即横向(X轴)和纵向(Z轴)。进给机构的形式有斜床身结构和平床身结构。

(1)斜床身进给机构。标准型和高精度数控车床一般都采用斜床身结构,因此它的径向进给也按斜方向移动,图1-1-17所示为HTC2050型数控车床X轴进给传动机构的结构。伺服电动机经联轴器 7 带动滚珠丝杠 12 回转，其上螺母带动刀架沿滑板 3 的导轨移动，实现 X 轴的进给运动。滚珠丝杠有前、后两个支承。前支承由两个角接触球轴承组成，其中一个轴承大口向前，另一个轴承大口向后，承受双向的轴向载荷。前支承的轴承由螺母进行预紧。后支承为一个深沟球轴承。

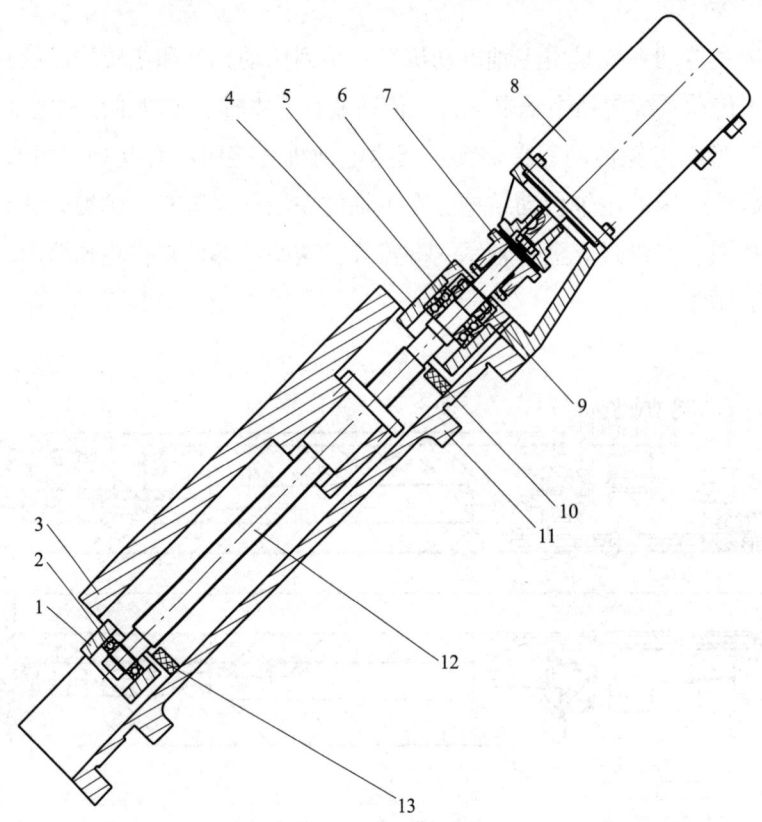

图 1-1-17　斜床身直联进给机构
1—后支承　2—后轴承　3—滑板　4—前支承　5—前轴承　6—电动机座　7—联轴器
8—电动机　9—螺母　10、13—缓冲器　11—床身　12—滚珠丝杠

（2）平床身进给机构。平床身进给机构有两种，一种是由电动机通过同步带传动的进给机构（见图 1-1-18），另一种是直联式进给装置（见图 1-1-19）。

图 1-1-18 所示为 HTC2050 型数控车床 Z 轴进给传动机构。伺服电动机 12 经同步带轮 10 和 8 以及同步带 9 传动到滚珠丝杠 3，由螺母带动床鞍连同刀架沿床身 17 的矩形导轨移动，实现 Z 轴的进给运动。滚珠丝杠的右支承由两个角接触球轴承 5 组成，两个轴承的大口相对布置，由调整螺母 6 进行预紧。滚珠丝杠的左支承 2 为一个深沟球轴承，只用于承受径向载荷。滚珠丝杠的支承形式为右端固定、左端支持，留有丝杠受热膨胀后轴向伸长的余地。

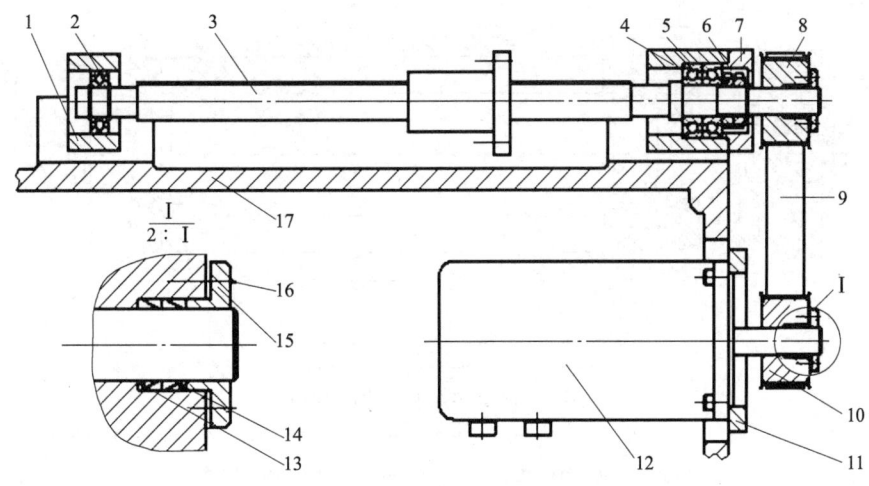

图 1-1-18 Z 轴进给装置

1—左支承 2—左轴承 3—滚珠丝杠 4—右支承 5—右轴承 6—调整螺母 7—端盖 8、10—带轮 9—同步带 11—连接盘 12—伺服电动机 13—键 14—挡圈 15—端盖 16—螺钉 17—床身

图 1-1-19 所示为数控车床 Z 轴直联式进给装置。伺服电动机 1 经联轴器传动到滚珠丝杠 3，由螺母带动床鞍连同刀架沿床身移动，实现 Z 轴的进给运动。

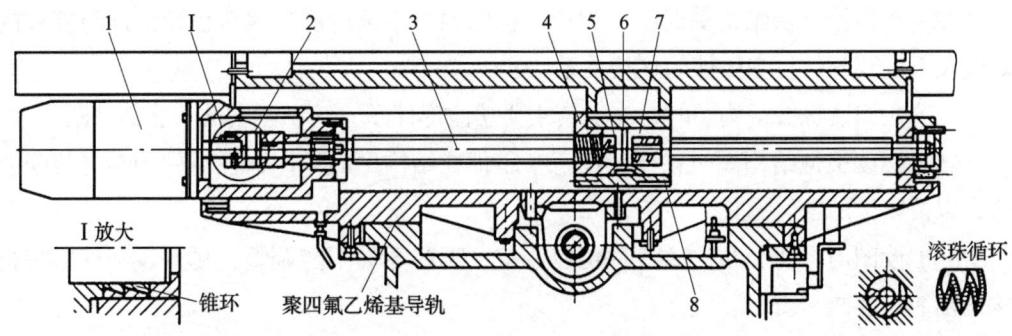

图 1-1-19 直联式 Z 轴进给装置

1—电动机 2—滑块联轴器 3—滚珠丝杠 4—左螺母 5—键 6—半圆垫片 7—右螺母 8—螺母座

三、数控车床机械结构图的识读

1. 机械结构图

机械结构图反映设备各部件的结构，表达部件与部件间的装配关系。通过识读机械结构图中紧固件、传动件和专用零件等的构成，领会该结构的工作原理及其设计意图，理解机构实现的功能，认识零件在机构中的作用。图 1-1-20 所示为铣刀盘主轴箱结构。

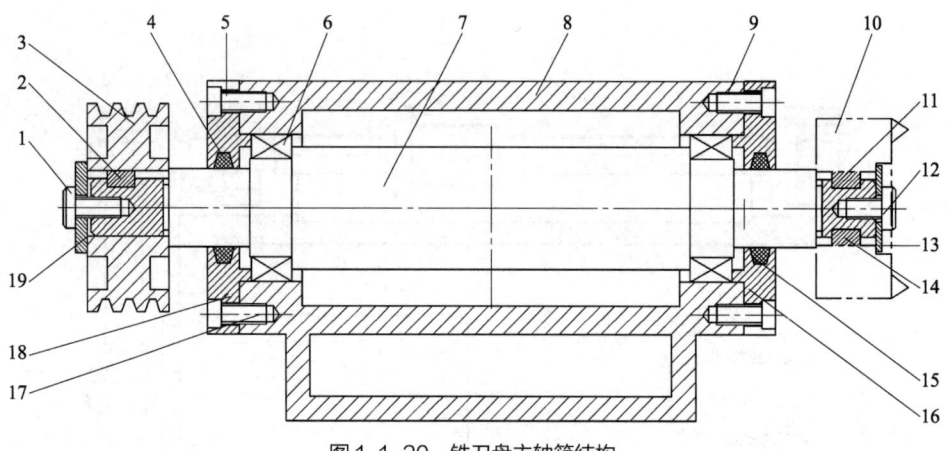

图 1-1-20 铣刀盘主轴箱结构

1、5、9、12、17—螺栓 2、11、14—键 3—带轮 4、15—油封 6—轴承 7—传动轴 8—机座 10—刀盘 13、19—垫片 16、18—端盖

2. 识读机械结构图的要点

（1）要了解机械结构的功能、原理，分析其结构。在分析原理时，要从机构的开始端按顺序分析。

（2）识读机械结构图，要具备识读零件图和装配图的能力。

（3）在识读机械结构图时，先识读结构图的每个部件图，然后识读部件与部件的装配关系以及部件与主体件的连接关系。

（4）在识读机械结构图时，先识读主要功能部件图，后识读辅助功能部件图。

（5）识读机械结构图时，要读懂每个零件在结构中的作用，件与件的结构装配方式，以及零件的定位方式。

（6）读图时，要分析哪些零件可以调整，哪些零件不能调整，哪些零部件影响机构的功能、性能和质量。

（7）识读机械结构图时，先要读主要零件与其他零件的装配关系（主体部件），再读主体部件与固定本体的装配连接方式。

（8）在识读机械结构图的同时，分出标准紧固件、标准传动件以及它们在结构图中的简易表达画法。

（9）通过读机械结构图，能分析出机构零件的装配顺序。

（10）识读机械结构图时，一定要读懂结构的技术要求。

3. 机械结构图识读解读

下面以图 1-1-20 所示铣刀盘主轴箱结构图为例，解读识读机械结构图的基本方法和过程。读图过程见表 1-1-2。

表 1-1-2 铣刀盘主轴箱结构图的识读

顺序	读图内容
1	识读传动轴的结构及与其他件的装配连接关系,以及各台阶轴的作用
2	识读传动轴与轴承、端盖的装配关系。轴承装在传动轴上用轴肩定位,端盖压在轴承的外环上,形成部件
3	识读机座的结构及其与轴承、端盖的装配连接关系
4	识读机座与轴承、端盖、油封、螺栓的装配和连接关系

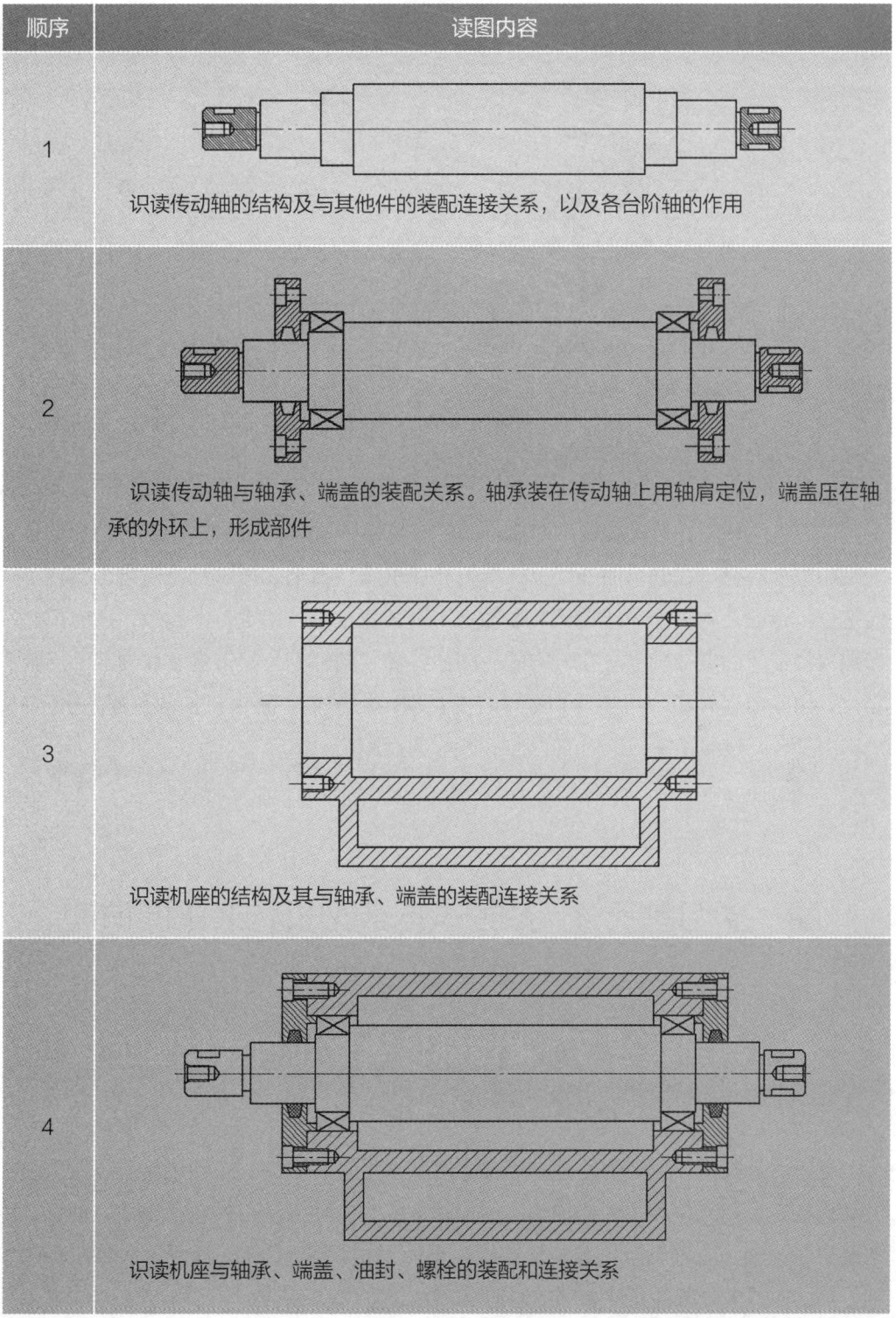

续表

顺序	读图内容
5	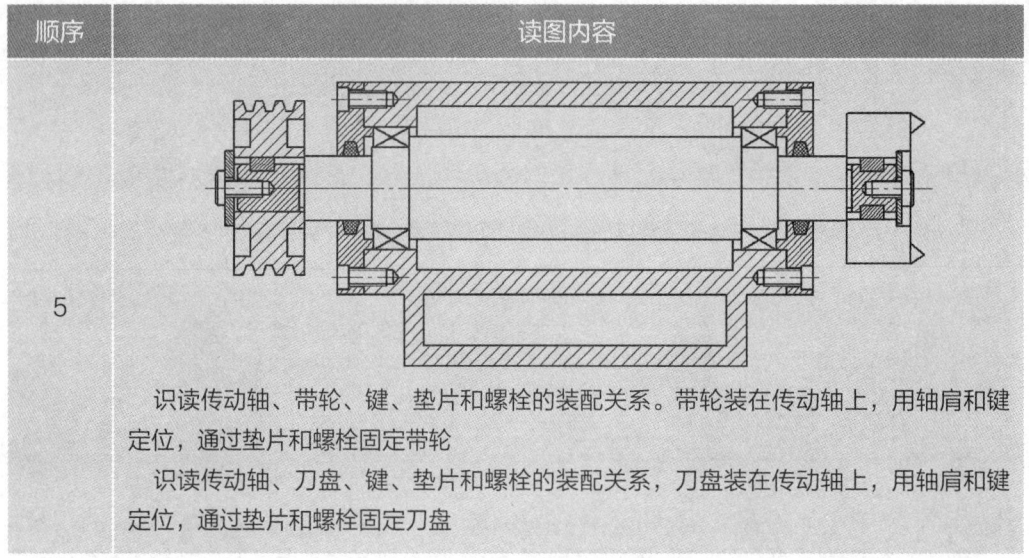 识读传动轴、带轮、键、垫片和螺栓的装配关系。带轮装在传动轴上，用轴肩和键定位，通过垫片和螺栓固定带轮 识读传动轴、刀盘、键、垫片和螺栓的装配关系，刀盘装在传动轴上，用轴肩和键定位，通过垫片和螺栓固定刀盘

铣刀盘主轴箱在传动轴两端装有轴承，轴承靠传动轴的轴肩定位，将轴和轴承装入机座中，端盖压在轴承的外圈上，端盖装在机座端面上，通过螺栓固定，实现了轴向定位。将键装到轴上，把带轮装在轴上，用轴肩定位，用键传递转矩，这时用垫片和螺栓将带轮固定在轴上。在机构的右端，将键装到轴上，把刀盘装在轴上，用轴肩定位，用键传递转矩，用垫片和螺栓将刀盘固定在轴上。整个机构的转速是恒定的，机构中没有调整的零件，机构的性能靠零件精度保证。

学习单元 4 数控车床典型机构装配图识读

一、主轴传动机构部件功能与配合关系分析

主运动是机床实现切削的基本运动，即驱动主轴的运动。主轴传动系统是由主轴电动机经一系列元件和主轴机构构成的传动系统。主轴传动部件包括主轴电动机、传动装置、主轴、主轴轴承以及定向装置。下面通过识读图 1-1-16 所示的数控车床主轴传动结构图来分析各元件和部件的功能与配合关系。

主轴电动机通过带轮把运动传递到主轴 18 上。主轴采用两端支承结构。主轴前支承由一个双列角接触球轴承 17 和一个单列角接触球轴承 10 组成，角接触球轴承 17 承受径向和轴向载荷。前轴承的间隙用挡圈 11 调整，当轴承间隙调整完成后，由卡盘过渡盘 14 压在轴承 17 的外圈上，用螺栓 15 固定。主轴的后支承为圆柱滚子轴承 6，轴承的间隙由挡圈 7 调整，端盖 4 压在轴承的外圈上，用螺栓 3 固定。主轴的支承为前端定位，主轴受热向后伸长。前、后支承用双列轴承的支承性好，能实现高速运转。

主轴的运动通过同步带与编码器连接，实现编码器与主轴同步运转。

二、换刀机构部件功能与配合关系分析

数控车床上使用的回转刀架是一种最简单的自动换刀装置，根据不同加工对象，可以设计成四方刀架、六方刀架等多种形式。回转刀架上分别安装四把、六把或更多的刀具，并按数控装置的指令换刀。数控车床回转刀架动作的要求是刀架抬起、刀架转位、刀架定位和夹紧刀架。为完成上述动作要求，要有相应的机构来实现，下面以 WZD4 型刀架（见图 1-1-21）为例分析各元件和部件的功能与配合关系。

该刀架可以安装四把不同的刀具，转位信号由加工程序指定。当换刀指令发出后，小型电动机 1 启动正转，通过平键套筒联轴器 2 使蜗杆轴 3 转动，从而带动蜗轮丝杠 4 转动。刀架体 7 内孔加工有螺纹，与丝杠连接，蜗轮与丝杠为整体结构。当蜗轮开始转动时，由于加工在刀架底座 5 和刀架体 7 上的端面齿处在啮合状态，且蜗轮丝杠轴向固定，这时刀架体 7 抬起。当刀架体抬至一定距离后，端面齿脱开。转位套 9 用销钉与蜗轮丝杠 4 连接，随蜗轮丝杠一同转动，当端面齿完全脱开时，转位套正好转过 160°（如图 A—A 剖视图所示），球头销 8 在弹簧力的作用下进入转位套 9 的槽中，带动刀架体转位。刀架体 7 转动时带着电刷座 10 转动，当转到程序指定的刀号时，粗定位销 15 在弹簧的作用下进入粗定位盘 6 的槽中进行粗定位，同时电刷 13 接触导体使电动机 1 反转，由于粗定位槽的限制，刀架体 7 不能转动，使其在该位置垂直落下，刀架体 7 和刀架底座 5 上的端面齿啮合实现精确定位。电动机继续反转，此时蜗轮停止转动，蜗杆轴 3 转动，当两端面齿间增大到一定夹紧力时，电动机 1 停止转动。译码装置由发信体 11、电刷 13 和 14 组成，电刷 13 负责发信，电刷 14 负责判断位置。当刀架定位出现过位或不到位时，可松开螺母 12 调好发信体 11 与电刷 14 的相对位置。这种刀架在经济型数控车床及卧式车床的数控化改造中得到广泛应用。

回转刀架一般采用液压缸驱动转位和定位销定位，也可采用电动机—马氏机构转位和鼠盘定位，以及其他转位和定位机构。回转刀架在结构上应具有较高的强度和刚

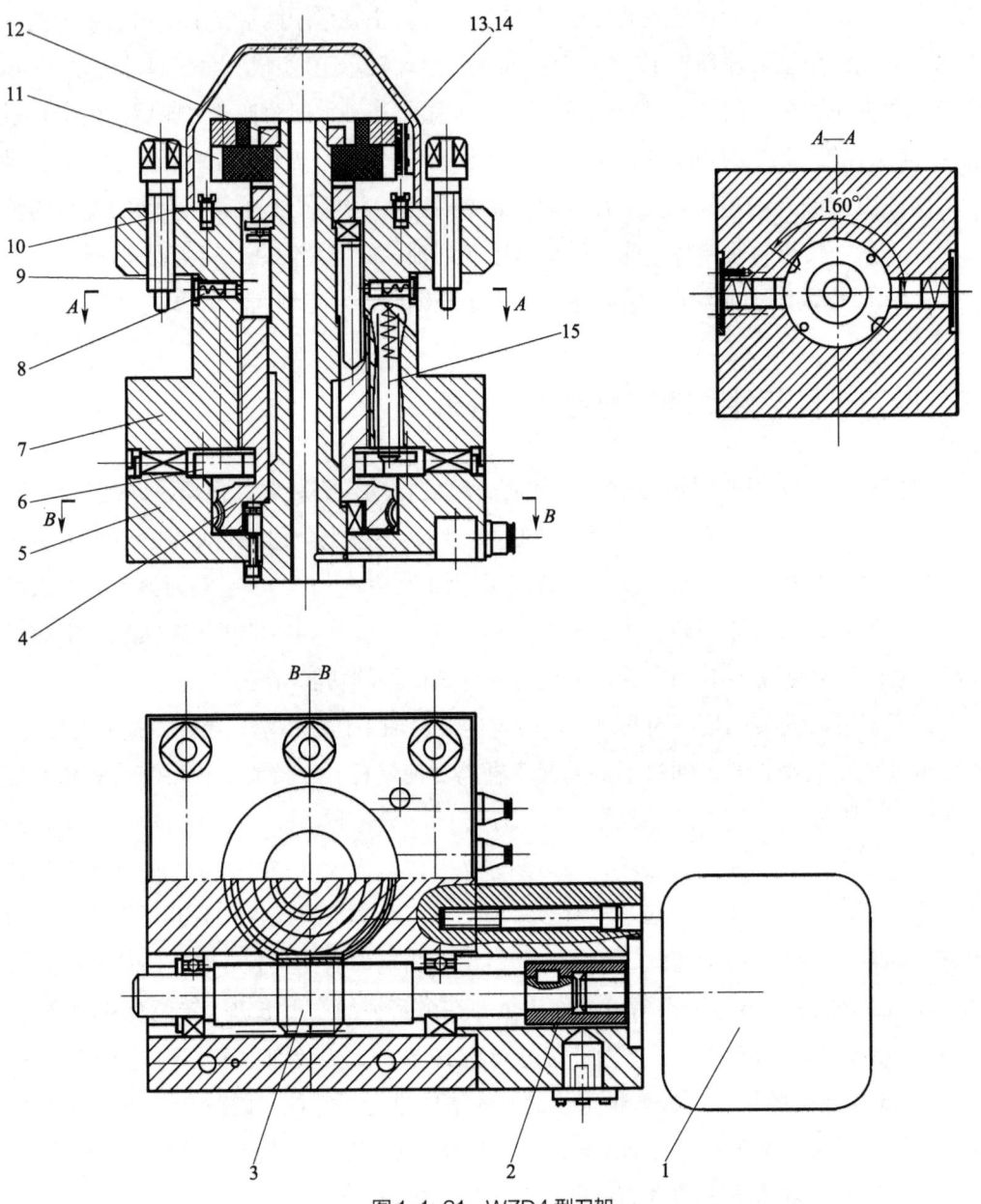

图 1-1-21 WZD4 型刀架

1—电动机 2—联轴器 3—蜗杆轴 4—蜗轮丝杠 5—刀架底座 6—粗定位盘 7—刀架体 8—球头销
9—转位套 10—电刷座 11—发信体 12—螺母 13、14—电刷 15—粗定位销

度,以承受粗加工时的切削抗力。由于车削加工精度在很大程度上取决于刀尖位置,对于数控车床来说,加工过程中刀尖位置不进行人工调整,因此更有必要选择可靠的定位方案和合理的定位结构,以保证回转刀架在每一次转位后具有尽可能高的重复定位精度(一般为 0.001~0.005 mm)。

三、直线传动机构部件功能与配合关系分析

进给传动系统是指机床上驱动刀架或工作台实现纵向、横向进给运动的系统。零件的尺寸精度会受到进给传动精度的影响,因此传动系统要有高的精度和刚度,能消除间隙。下面通过识读图 1-1-22 所示 TND360 型数控车床纵向滑板的传动结构图来说明各元件和部件的功能与装配关系。

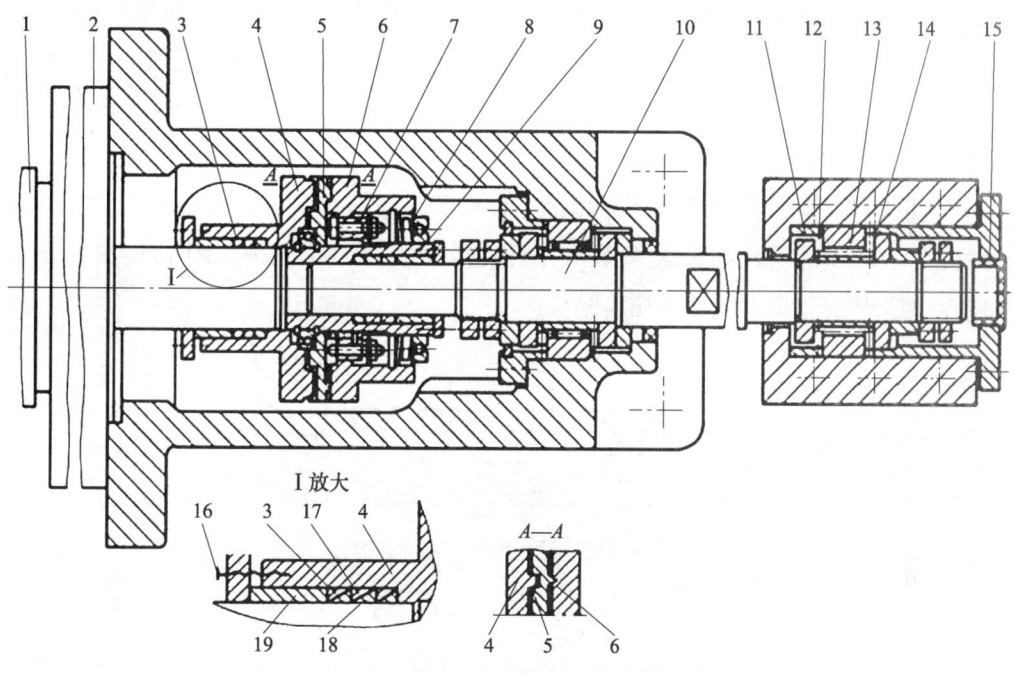

图 1-1-22 TND360 型数控车床纵向滑板的传动结构

1—旋转变压器和测速发电机　2—直流伺服电动机　3—锥环　4、6—半联轴器　5—滑环　7—钢片
8—碟形弹簧　9—套　10—滚珠丝杠　11—垫圈　12、13、14—滚针轴承　15—堵头
16—压紧螺钉　17—压紧外圈　18—压紧内圈　19—压紧套

1. 功能分析

数控车床纵向进给传动是由伺服电动机经过联轴器直接驱动滚珠丝杠螺母副(中间装有安全联轴器起过载保护作用),带动机床上的纵向滑板实现纵向进给运动的。伺服电动机尾部连接旋转变压器和测速电动机对纵向进给位置进行反馈。

2. 配合关系分析

(1)锥环与半联轴器连接,达到无间隙传动和控制转矩的要求。

（2）件4和件6中间装有安全联轴器，起过载保护作用。安全联轴器由件4到件9组成，件4半联轴器与件5滑环间由矩形齿相连，件5滑环与件6半联轴器间由三角形齿相连（见图1-1-22中A—A断面图）。件6半联轴器上用螺栓固定件7钢片，件7钢片的形状像离合器的内片，中间部分是花键孔，与件9套外圆上的花键部分相配合，件6半联轴器的转动能通过件7钢片传递到件9套，并且件6半联轴器和件7钢片一起能沿件9套轴向相对移动，件9套通过锥环与滚珠丝杆相连。碟形弹簧组件8使件6半联轴器紧紧地靠在件5滑环上。如进给力过大，则件5滑环、件6半联轴器间的三角齿产生的轴向力超过碟形弹簧力，使件6半联轴器左移脱开，机床停止工作。

（3）滚珠丝杠螺母副。在数控车床上采用了外循环式滚珠丝杠螺母副。丝杠精度一般为3级，导程为10 mm。因丝杠较长，丝杠轴两端采用了预拉伸支承形式，丝杠的支承采用组合轴承。

【例1-1-3】某企业对从事机床维修工作的职工进行培训，培训内容是读懂液压尾座机械结构和各零件的装配关系，分析液压尾座的工作原理。图1-1-23所示为TND360型斜床身数控车床液压尾座结构。

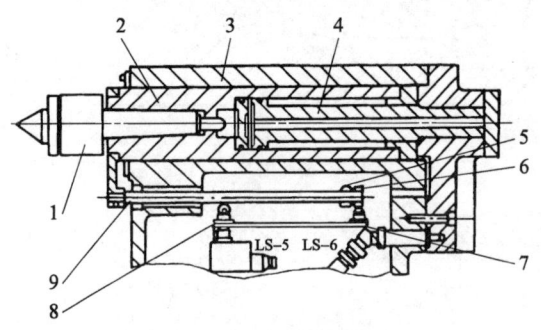

图1-1-23 液压尾座结构
1—顶尖 2—套筒液压缸 3—尾座体 4—活塞杆 5—移动挡块 6—固定挡块 7、8—确认开关 9—行程杆

要读懂液压尾座的工作原理，必须先了解各部件的功能动作，依据功能动作读懂液压尾座的结构，然后再进行原理分析。

（1）液压尾座的功能。尾座装在床身导轨上，它可以根据工件的长短调整位置后，用拉杆加以夹紧定位。当数控系统发出尾座套筒伸出的指令后，液压电磁阀动作，推动尾座套筒伸出。当数控系统指令其退回时，压力油进入套筒液压缸的右腔，从而使尾座套筒退回。

（2）液压尾座各零件的装配关系

1）各机械零件的装配关系。顶尖1与套筒液压缸2用锥孔连接，套筒液压缸2以间隙配合与尾座体3装在一起，尾座体3以滑动配合与床身装在一起，活塞杆4以滑动配合装在套筒液压缸 2 的孔内,端盖压在尾座体 3 和套筒液压缸的端面上并用螺钉固定。

2)各控制件与尾座的装配关系。行程杆 9 装在套筒液压缸 2 左端的台阶圆上,固定挡块 6 装在行程杆 9 的端头上。确认开关 7、8 装在床身上,固定挡块 6 压在确认开关 7、8 上。

(3)液压尾座的工作原理

1)顶尖 1 与套筒液压缸 2 用锥孔连接,尾座套筒可带动顶尖一起移动,可通过加工程序由数控系统控制尾座套筒的自动移动。

2)当数控系统发出尾座套筒伸出的指令后,液压电磁阀动作,压力油通过活塞杆 4 的内孔进入套筒液压缸 2 的左腔,推动尾座套筒伸出。当数控系统指令其退回时,压力油进入套筒液压缸的右腔,从而使尾座套筒退回。

3)尾座套筒移动的行程靠调整套筒外部连接的行程杆 9 上的移动挡块 5 来控制。移动挡块 5 的位置在图示右端极限位置时,套筒的行程最长。当套筒伸出到位时,行程杆上的固定挡块 6 压下确认开关 8,向数控系统发出尾座套筒到位信号。当套筒退回时,行程杆上的固定挡块 6 压下确认开关 7,向数控系统发出套筒退回确认信号,停止套筒的运动。

课程 1-2 制定加工工艺

学习内容

学习单元	课程内容	培训建议	课堂学时
(1)高难度、高精度零件数控加工工艺文件编制	1)机械加工工艺种类及不同工艺的用途、特点 2)高难度、高精密零件的加工难点及工艺思路 3)机床主轴加工工艺文件编制	(1)方法:讨论法、案例教学法 (2)重点与难点:高难度、高精密零件的加工难点及工艺思路	8
(2)特殊材料零件数控加工工艺文件编制	1)特殊材料的种类、特性及切削特点 2)特殊材料常用加工工艺 3)不锈钢轴套加工工艺分析	(1)方法:讨论法、案例教学法 (2)重点与难点:特殊材料的种类、特性及切削特点,特殊材料常用加工工艺	8

续表

学习单元	课程内容	培训建议	课堂学时
（3）轴套类零件加工工艺改进建议书编制	1）轴套类零件加工工艺特征 2）轴套类零件加工典型案例分析及工艺改进	（1）方法：讨论法、案例教学法 （2）重点：轴套类件加工工艺特征 （3）难点：制定工艺改进方案	4
（4）盘类零件加工工艺改进建议书编制	1）盘类零件加工工艺特征 2）盘类零件加工典型案例分析及工艺改进	（1）方法：讨论法、案例教学法 （2）重点：盘类零件加工工艺特征 （3）难点：制定工艺改进方案	4
（5）数控加工新知识	1）高速加工 2）互联网加工	（1）方法：讲授法、观摩法、演示法 （2）重点：高速加工，互联网加工	2
（6）数控加工新技术	1）机床控制新技术 2）虚拟加工技术 3）激光加工技术 4）超声波加工技术	（1）方法：讲授法、观摩法、演示法 （2）重点：机床控制新技术	2
（7）数控加工新工艺	1）3D打印技术 2）复合加工工艺	（1）方法：讲授法、观摩法、演示法 （2）重点与难点：3D打印技术，复合加工工艺	2
（8）新材料应用	1）复合材料的特性及加工特点 2）陶瓷材料的特性及加工特点 3）其他新型材料的特性及加工特点	（1）方法：讲授法、观摩法、演示法 （2）重点：新型材料的加工特点	2

学习单元 1　高难度、高精密零件数控加工工艺文件编制

一、机械加工工艺种类及不同工艺的用途、特点

加工工艺的编制依据主要是生产类型。一般情况下，编制加工工艺要依据生产类型、生产现场设备状况和行业产品的特点等。

1. 生产纲领

生产纲领是指企业在计划期（通常为 1 年）内应当生产的产品量和进度计划。当计划期为 1 年时，零件的生产纲领 N 可按下式计算：

$$N = Qn(1+a\%)(1+b\%)$$

式中　Q——产品的年产量，台/年；

　　　n——每台产品中该零件的数量，件/台；

　　　$a\%$——备品的百分率，%；

　　　$b\%$——废品的百分率，%。

2. 生产类型

生产类型是指企业生产专业化程度的分类，一般分单件小批量生产、成批生产和大批量生产三种类型。

（1）单件小批量生产。特点是产品的种类多而同一产品的产量小，加工地点的加工对象完全不重复或很少重复，如重型机械、专用设备生产及产品试制等。

（2）成批生产。主要特点是工作地点的加工对象周期性地进行轮换，如普通车床、普通铣床的制造等。

（3）大批量生产。主要特点是产品的数量很大，大多数工作地点长期进行某一道工序的加工，如汽车、轴承的生产等。

生产类型的划分主要取决于生产纲领（即年产量），但也考虑产品本身的大小、结构复杂程度。此外，不同生产类型的零件加工工艺、工艺装备、毛坯制造方法及对工人的技术要求等都有很大的不同。

3. 各生产类型工艺过程的主要特点

各生产类型工艺过程的主要特点见表1-2-1。

表1-2-1 各生产类型工艺过程的主要特点

工艺特点\生产类型	单件小批量生产	成批生产	大批量生产
工件的互换性	一般是配对制造，没有互换性，装配广泛采用选配法	大部分有互换性，少数采用选配法	完全有互换性，精度很高的配合件用分组选配法
毛坯的制造方法及加工余量	毛坯用木模造型，锻件用自由锻，毛坯精度低，加工余量大	铸件用金属模造型，锻件用模锻，毛坯精度中等，加工余量中等	铸件用金属模造型，锻件用模锻，毛坯精度高，加工余量小
机床设备	通用机床、数控车床或加工中心	数控机床或加工中心、柔性制造单元，也可采用通用机床	专用生产线、自动生产线、数控机床、柔性制造单元
刀具与量具	采用通用刀具和通用量具	采用专用刀具、专用量具及三坐标测量机	采用专用高效率刀具和量具，采用统计分析法保证质量
夹具	采用通用标准附具，极少用专用夹具，通用装夹方法	采用专用夹具、组合夹具，部分加工靠一次装夹方法	采用专用高效率夹具，靠夹具及调整保证质量
对工人的要求	要求技术熟练的工人	要求一定技术水平的工人及技术人员	对操作工人的技术水平要求较低，对生产线维护人员要求高
工艺规程	有简单的工艺路线卡	有工艺规程，对关键件有详细的工艺规程	有详细的工艺规程
产品	产品试制或数量很少	单一的批量产品或多品种系列产品，产品成批轮番生产	单一的批量产品，系列产品，产品批量很大

续表

生产类型 工艺特点	单件小批量生产	成批生产	大批量生产
机床设备布置	通用机床设备的布置方式	按零件结构特征组成布置，通常布置成生产线	零件流水生产线，自动生产线
工艺装备	使用通用刀具、量具及加工辅具	使用专用夹具、专用量具、组合夹具	使用高效率专用夹具
零件获得尺寸精度的方法	试切法和测量控制法	调整法、定尺寸法及主动测量控制法	调整法、定尺寸法及主动测量控制法

二、高难度、高精密零件的加工难点及工艺思路

这里主要学习车削零件的加工难点分析方法，以及如何针对加工难点在加工工艺方面采取技术措施。

旋转体零件按几何形状分类，大体上可分为轴类零件、套类零件、盘类零件和支架类零件，零件的技术要求包含零件的尺寸精度、几何精度、表面粗糙度以及零件的装配技术要求等。

1. 轴类零件加工难点和工艺思路

一个复杂的零件并不是所有的工序和尺寸都是难点，只是某几道工序或某几个尺寸以及某些技术要求是难点，而这些难点在不同的零件种类中存在的形式不同。在分析轴类零件的加工难点和制定加工工艺时，按长轴和短轴来分析。

（1）高精度细长轴加工。一方面，细长轴刚度低，加工时零件容易变形，造成圆柱体尺寸和形状精度超差；另一方面，细长轴要两次装夹，需要保证同轴度。高精度细长轴的加工难点，一是保证轴两端的同轴度；二是保证加工圆柱体的直径尺寸和形状精度；三是保证小的表面粗糙度值。因此，在制定加工工艺时要考虑以下几点：

1）制定加工工艺时，要分粗加工、半精加工和精加工三个阶段制定。

2）在制作中心孔时，一定要经过精加工的表面定位，同时要保证两个中心孔的同轴度。精加工轴时，一定要有研磨中心孔工序，保证两个中心孔在掉头装夹时能互用，满足零件两次装夹加工和同轴度的要求。

3）车削加工时要保证刀具锋利，选择合理的切削参数，保证加工直径尺寸精度和

小的表面粗糙度值。

4）当细长轴刚度太低时，不能车削加工，要安排磨床加工。

【例1-2-1】制定如图1-2-1所示传动细长轴的加工工艺。

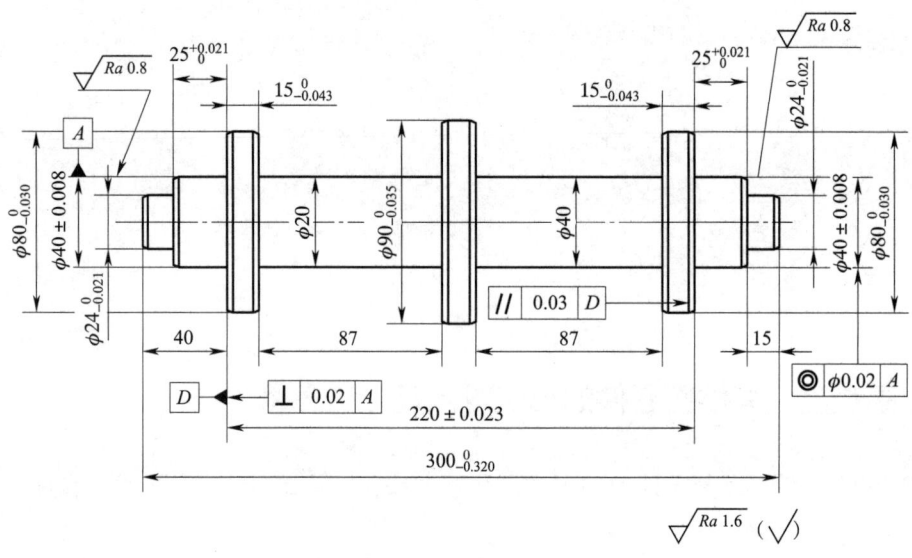

图1-2-1 传动细长轴

制定传动细长轴加工工艺的思路如下：

1）粗加工阶段。粗加工工序把轴各处基本加工成形，各尺寸留2 mm余量。粗加工时把三个大直径外圆尺寸都加工成$\phi 94$ mm，为后续装夹及加工创造条件。粗加工后对轴进行调质处理。

2）半精加工阶段。半精加工工序把轴加工成形，各尺寸留1 mm余量，加工时用长的软卡爪夹持两个大外圆（注意不能加工出中心孔）。半精加工后对轴进行时效处理。

3）加工两中心孔。时效处理后，加工两个大外圆（直径一样），钻一端中心孔，掉头夹持精车后的外圆加工另一端中心孔。加工时要找正，保证两个中心孔同轴度为$\phi 0.02$ mm。然后以中心孔为基准半精车轴，各尺寸留余量0.5 mm。

4）精研两中心孔。半精加工后，精研两中心孔，保证两中心孔的同轴度为$\phi 0.012$ mm，作为精车的基准。

5）精车。用两顶尖定位装夹，并且装夹两次，加工轴的各尺寸。

（2）高精度连接轴加工。如图1-2-2所示，连接轴刚度高，加工时零件不容易变形，直径尺寸易保证。但是连接轴的外形较为复杂，外表面有曲面、槽、轴肩、锥度、螺纹等。轴的加工精度为IT7～IT5，表面粗糙度为$Ra0.8$～$Ra0.4$ μm，几何精度要求有跳动、同轴度。连接轴的加工难点，一是轴的同轴度要求高；二是圆柱体上由轴肩、槽以及各台阶面组成的长度尺寸精度高,检测工艺性不好,加工精度不易保证;三是表面质量要求高;四是掉头二次装夹时找正困难。因此,在制定加工工艺时要考虑以下几点:

1)要整体粗加工后再精加工。

2)为了保证基准轴与孔的同轴度,在精加工轴时,一定要为二次装夹提供找正圆和找正端面,找正误差小于 0.01 mm,并且装夹时使用软卡爪,保证掉头后加工另一端孔的同轴度要求。

3)要确定在线检测长度尺寸的方法以及进行尺寸链计算。

4)车削加工时要保证刀具锋利,选择合理的切削参数,保证加工直径尺寸精度和表面粗糙度。

5)在掉头装夹时,自制两类装夹辅具(软卡爪、夹管)。

6)制定加工工艺时要考虑机床精度,满足零件精度的要求。

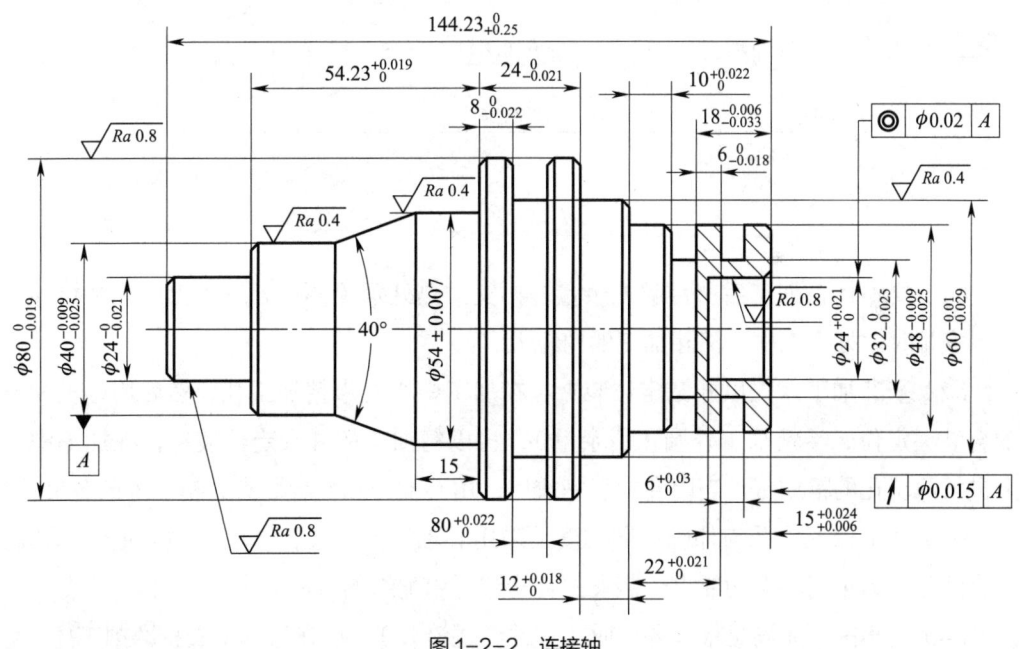

图 1-2-2 连接轴

2. 高精度、薄壁套类零件加工

高精度、薄壁套类零件属于难加工零件,如图 1-2-3 所示,这类零件刚度低,易变形,难装夹,内孔和外圆有较高的同轴度要求,尺寸精度为 IT7~IT5,表面粗糙度为 $Ra0.8 \sim 0.4 \ \mu m$。一般高精度套的加工难点,一是长套的内孔很难加工,它是加工外圆的装夹定位基准;二是薄壁套的刚度低,容易变形,加工后外圆、内孔的圆度和圆柱度不易保证，同时影响直径尺寸精度；三是表面粗糙度不易保证；四是装夹难度大。因此，在制定加工工艺时要考虑以下几点：

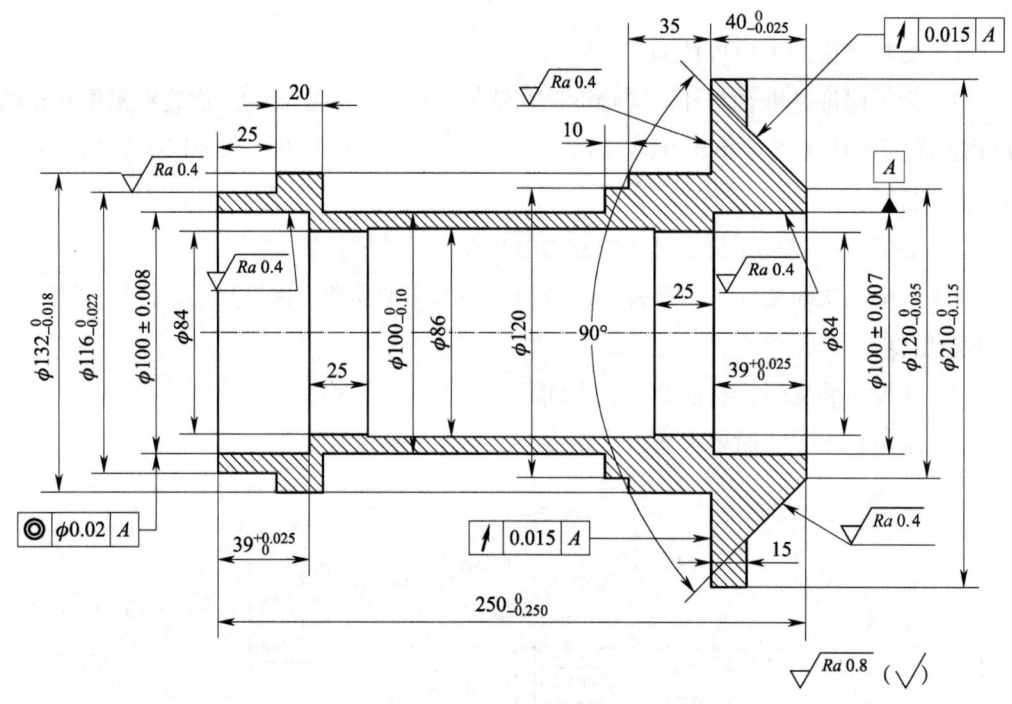

图 1-2-3 连接套

（1）要整体粗加工后留足够的余量，再安排热处理（调质处理）工序。半精加工后，安排时效处理工序，消除加工的内应力。

（2）基准加工，先以外圆定位装夹，在加工中心上半精加工孔；然后用心轴和孔配合装夹定位，半精加工外圆（留余量）；再以精加工的外圆定位装夹，在加工中心上进行两端孔的精加工。当内孔加工完成后，用心轴与孔配合装夹，精车外圆各尺寸。

（3）为了保证内孔与外圆的同轴度，采用心轴定位装夹，装夹心轴与定位内孔的配合间隙要满足同轴度的要求（装夹配合间隙可用配组的方法确定）。

（4）当车削不能满足精度要求时（零件经过淬火），可在工艺中安排磨削工序。

（5）车削加工时要保证刀具锋利，选择合理的切削参数，保证加工直径尺寸精度和小的表面粗糙度值。

3. 高精度盘类零件加工

对于车削加工来讲，高精度、大直径薄盘类零件很难加工，加工中易变形，不易装夹，几何精度不易保证。如图 1-2-4 所示，连接盘的直径大，厚度薄，尺寸精度和几何精度要求高，大面有平面度要求，面与面有平行度要求，面与孔有垂直度要求，厚度尺寸精度为IT7~IT6。另外盘的两端高精度平面为凹平面，这样为装夹带来了很大困难。因此，在制定盘类零件的加工工艺时要考虑以下几点：

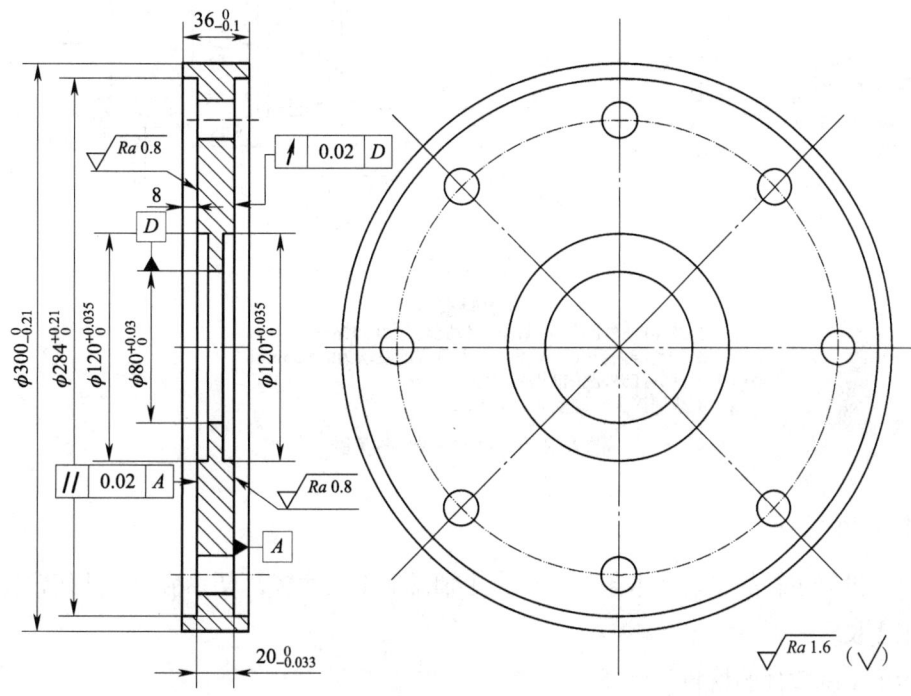

图1-2-4　连接盘

（1）下料时用锻件毛坯或铸件毛坯。

（2）整体粗加工后安排时效处理工序消除内应力，然后安排精加工工序。

（3）在装夹时不要使用径向力夹持工件，防止工件变形。尽可能用法兰盘端面和心轴装夹定位，用压紧端面的方法固定工件。定位装夹精度取工件精度的1/2。

（4）连接盘的两端面在半精加工时要反复多次互为基准进行加工，保证两面的平行度，为精加工创造好的装夹基准。

（5）车削加工时要保证刀具锋利，选择合理的切削参数，保证加工直径尺寸精度和小的表面粗糙度值。

三、机床主轴加工工艺文件编制

机床主轴在高难度、高精密轴类零件中具有代表性，图1-2-5所示为机床主轴零件简图。

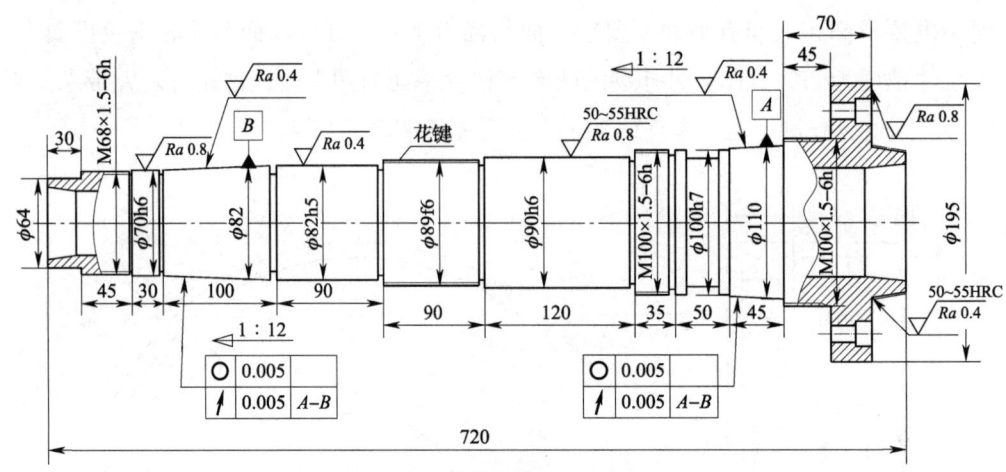

图1-2-5 机床主轴零件简图

技术要求
1. IT7~IT5外圆与两基准的跳动公差为0.005mm。
2. 轴两端内锥孔和端面锥与两基准的跳动为0.005mm。
3. IT6~IT5外圆的圆度公差为0.003mm。
4. 表面淬火，硬度50~55HRC。

1. 零件分析

（1）机床主轴的主要技术条件。机床主轴需加工尺寸多，尺寸精度、几何精度高，加工工序长。

（2）主轴零件的材料与热处理

1）一般轴类零件常用中碳钢（如45钢等），经正火、调质处理及部分表面淬火等热处理，得到所要求的强度、韧性和硬度。

2）对中等精度、转速较高的轴类零件，一般选用合金钢（如40Cr等），经过调质处理和表面淬火，使其具有较高的综合力学性能。

3）对在高转速、重载荷等条件下工作的轴类零件，可选用20CrMnTi、20Mn2B、20Cr等低碳合金钢，经渗碳淬火后，具有很高的表面硬度，心部则获得较高的强度和韧性。

4）对高精度和高转速的轴，可选用38CrMoAl钢，其热处理变形较小，经调质处理和表面渗氮，达到很高的心部强度和表面硬度，从而获得优良的耐磨性和耐疲劳性。

（3）轴类零件的毛坯

1）常采用棒料、锻件和铸件等毛坯。

2）一般光轴或外圆直径相差不大的台阶轴采用棒料，对外圆直径相差较大或较重要的轴常采用锻件，对某些大型或结构复杂的轴（如曲轴等）可采用铸件。

2. 机床主轴加工工艺分析

以图 1-2-5 所示机床主轴为例,从图中的尺寸精度和技术要求可以看出主轴的加工具有很强的工艺性。

(1)车床主轴加工工艺过程分析

1)主轴毛坯的制造方法。锻件,可获得较高的抗拉强度、抗弯强度和抗扭强度。

2)主轴材料。45 钢是普通机床主轴的常用材料,淬透性比合金钢差,淬火后变形较大,加工后尺寸稳定性也较差。要求较高的主轴采用合金钢为宜。

3)主轴热处理

①毛坯热处理。采用正火,消除锻造应力,细化晶粒,并使金属组织均匀。

②预备热处理。粗加工后、半精加工前安排调质处理,提高材料的综合力学性能。

③最终热处理。主轴的某些重要表面需经高频淬火。最终热处理一般安排在半精加工后、精加工前,使局部淬火产生的变形在最终精加工时得以纠正。

(2)加工阶段的划分

1)粗加工阶段。用大的切削用量切除大部分余量,并及时发现锻件裂纹等缺陷。

2)半精加工阶段。为精加工做好准备。

3)精加工阶段。把各表面都加工到图样规定的要求。

粗加工、半精加工、精加工阶段的划分大体以热处理为界。

(3)工序顺序的安排。毛坯制造→正火→车端面,钻中心孔→粗车→调质处理→半精车→表面淬火→粗、精磨外圆→粗、精磨圆锥面→磨锥孔。在安排工序顺序时要注意以下几点:

1)外圆加工顺序的安排要照顾主轴本身的刚度,应先加工大直径,后加工小直径,以免一开始就降低主轴刚度。

2)就基准统一而言,希望始终以顶尖孔定位,避免使用锥堵,则深孔加工应安排在最后。但深孔加工是粗加工工序,要切除大量金属,加工过程中会引起主轴变形,所以最好在粗车外圆后就把深孔加工出来。

3)花键和键槽加工应安排在精车之后、粗磨之前。如在精车之前就铣出键槽,将会造成断续车削,既影响质量,又易损坏刀具,而且也难以控制键槽的尺寸精度。

4)因主轴的螺纹对支承轴颈有一定的同轴度要求,故放在淬火之后的精加工阶段进行,以免受半精加工所产生的应力及热处理变形的影响。

5)主轴属加工精度要求很高的零件,需安排多次检验工序。检验工序一般安排在各加工阶段前后及重要工序前后,总检验则放在最后。

（4）定位基准的选择。以两顶尖孔作为轴类零件的定位基准，既符合基准重合原则，又能使基准统一。

为了保证支承轴颈与两端锥孔的同轴度要求，需要应用互为基准原则。

（5）加工工艺流程。机床主轴的生产纲领为批量生产，从材料投入到成品，制定了24道工序，机床主轴加工工艺流程见表1-2-2。

表1-2-2 机床主轴加工工艺流程

序号	工序名称	加工简图	加工内容
1	下料	棒料	
2	模锻		批量生产毛坯，使用模具锻造
3	热处理		对锻件进行正火
4	铣		铣两端面，钻中心孔，为后工序车做装夹准备
5	车	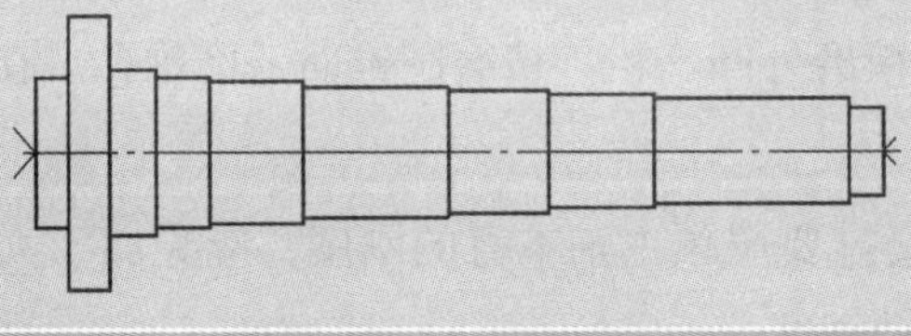	中心孔定位装夹，粗车各外圆
6	热处理		粗加工后调质处理
7	半精车左半部	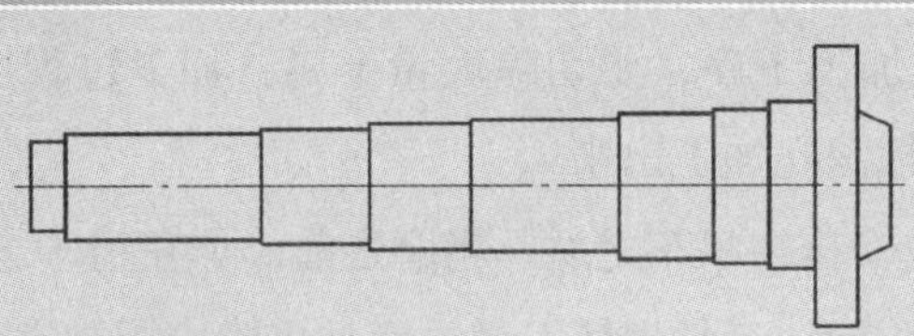	使用专用夹具，外圆定位，加工大端
8	钻孔	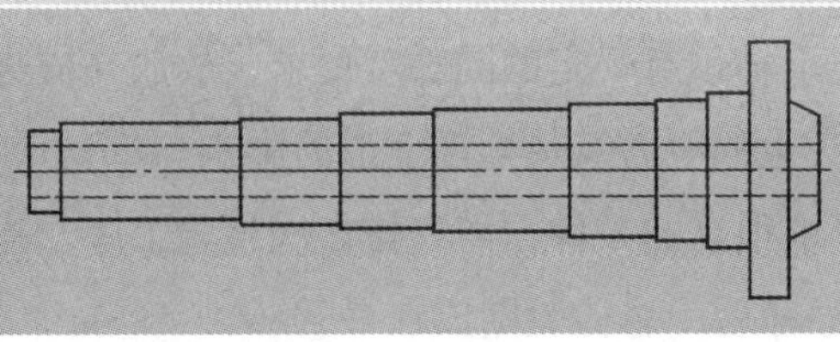	使用专用夹具，外圆定位中间孔

续表

序号	工序名称	加工简图	加工内容
9	掉头，车右半部		使用专用夹具，外圆定位，加工小端各圆
10	精车右半部		车小端内锥孔，配1∶20锥堵，使用专用夹具
11	掉头，精车左半部		车大端内锥孔，配1∶20锥堵，使用专用夹具
12	钳		钻大端面上各法兰孔
13	热处理		表面淬火
14	精车		车各外圆（给磨削工序留余量），并车各槽
15	铣	铣花键	铣花键
			铣键槽
16	粗磨		粗磨各外圆

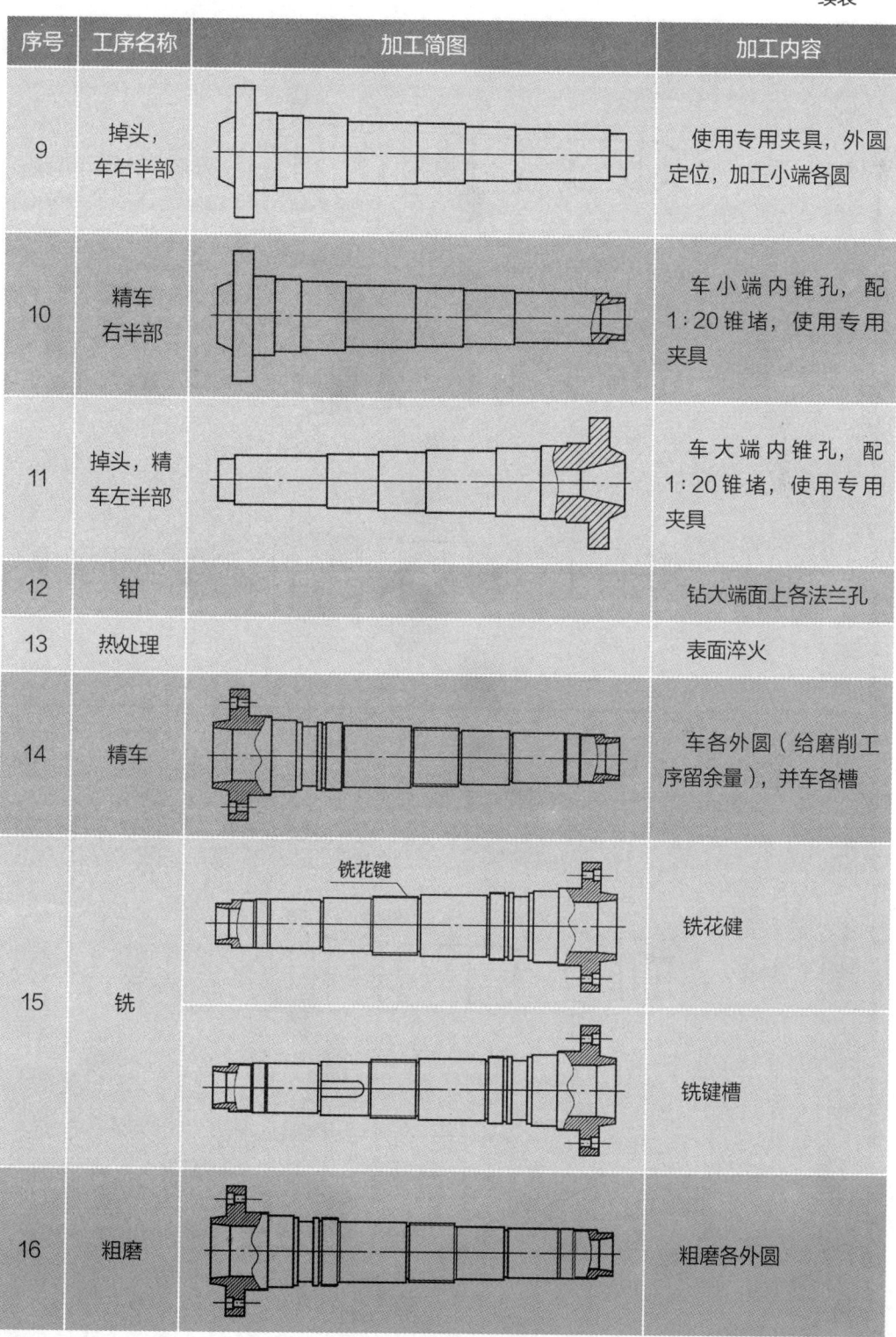

续表

序号	工序名称	加工简图	加工内容
17	粗磨	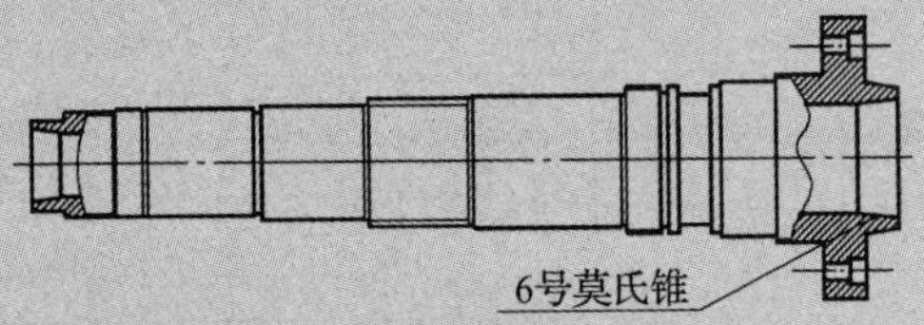 6号莫氏锥	粗磨6号莫氏内锥孔
18	车	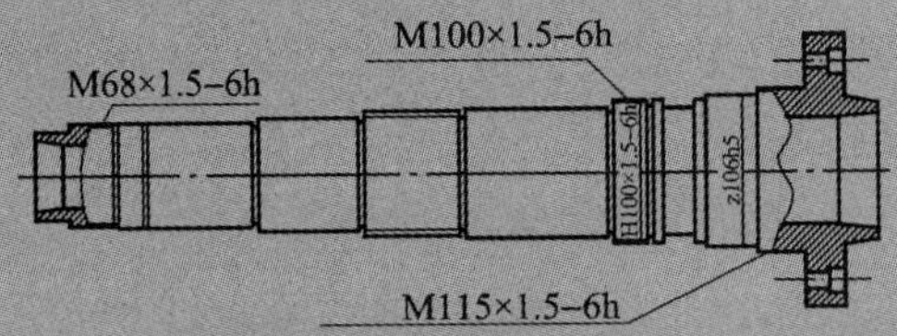 M68×1.5-6h　M100×1.5-6h　M115×1.5-6h	车三处螺纹和大端内侧
19	精磨	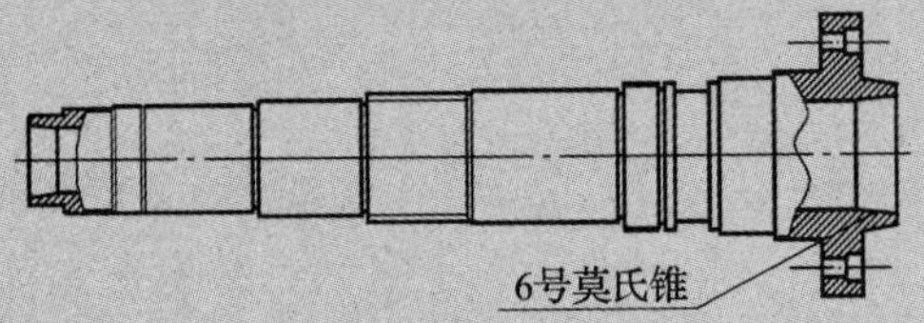 6号莫氏锥	两端内锥定位,磨各外圆
20	粗磨	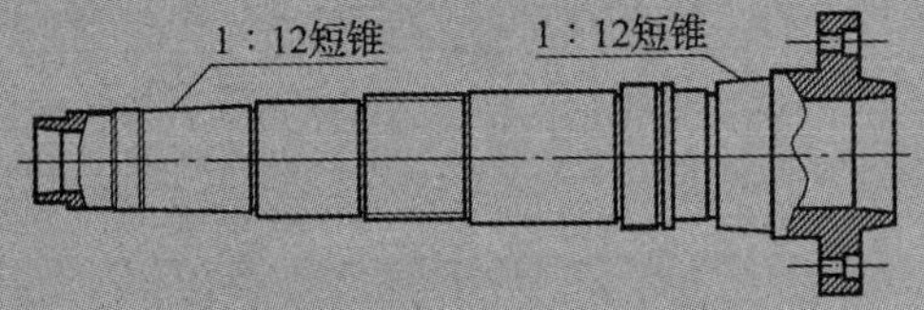 1:12短锥　1:12短锥	粗磨两处1:12短锥
21	精磨	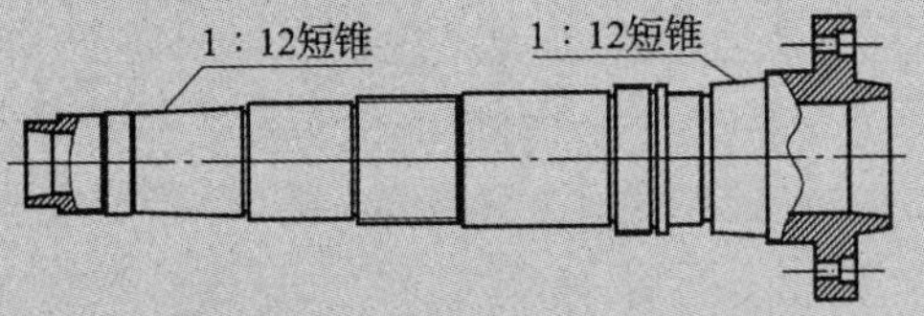 1:12短锥　1:12短锥	精磨两处1:12短锥和端面短锥
22	精磨	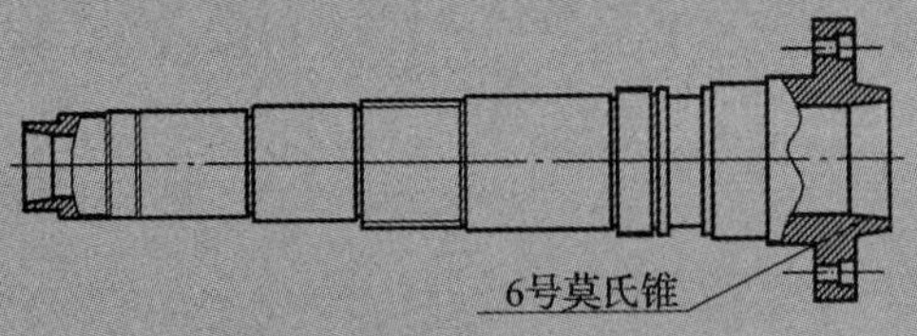 6号莫氏锥	精磨6号莫氏内锥孔
23	检验		去毛刺,检验

3. 主轴加工中工艺难点的解决办法

（1）锥堵和锥堵心轴的使用。对于通孔直径较小的轴，可直接在孔口倒出宽度不大于 2 mm 的 60° 锥面，代替中心孔。当主轴锥孔的锥度较小时，常用锥堵；当锥度较大时，可用带锥堵的拉杆心轴，如图 1-2-6 所示。

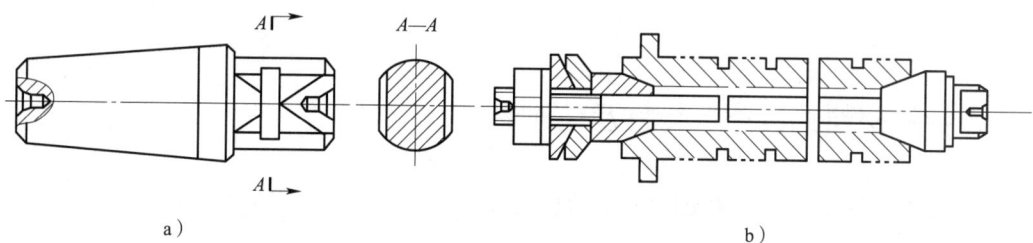

图 1-2-6 带锥堵的拉杆心轴

（2）顶尖孔的修磨。用铸铁顶尖研磨顶尖孔。用油石或橡胶砂轮夹在车床的卡盘上，用装在刀架上的金刚钻将铸铁顶尖的前端修整成顶尖形状，用硬质合金顶尖刮研。

（3）外圆表面的车削加工。主轴各外圆表面的车削通常分为粗车、半精车、精车三个步骤。

（4）主轴深孔的加工

1）工艺难点。一般把长度与直径之比大于 5 的孔称为深孔。深孔加工比一般孔加工要困难和复杂，原因如下：刀具细而长，刚度低，钻头容易引偏；排屑困难；冷却困难，钻头散热条件差，容易丧失切削能力。

2）解决办法。实际生产中一般采取下列措施来改善深孔加工的不利因素：用工件旋转、刀具进给的加工方法；使用深孔钻、导向孔，高压冷却。

（5）主轴锥孔的加工。主轴前端锥孔与主轴支承轴颈及前端短锥的同轴度要求高，因此，磨削主轴的前端锥孔常常成为机床主轴加工的关键工序。

（6）主轴各外圆表面的精加工和光整加工。主轴的精加工都用磨削的方法，安排在最终热处理工序后进行，用以纠正在热处理中产生的变形，最后达到所需的精度和表面粗糙度。

（7）轴类零件的检验。轴类零件在加工过程中和加工完成后都要按工艺规程的技术要求进行检验。检验的项目包括表面粗糙度、硬度、尺寸精度和几何精度。

学习单元 2　特殊材料零件数控加工工艺文件编制

一、特殊材料的种类、特性及切削特点

金属中的特殊材料包括耐磨钢、高强度钢、不锈钢、高温合金钢和钛合金等。

1. 耐磨钢

高锰钢是耐磨钢的代表，含锰量为 11%~14%，韧性好，强度高，无磁性。高锰钢在加工中硬化严重，导热性差，导热率是 45 钢的 1/4，切削时温度高，造成刀具磨损快。所以，在加工耐磨钢时要选择韧性好、强度高的硬质合金刀具材料。刀具切削刃要锋利，切削速度不易太高，进给量和背吃刀量不宜太小。

2. 高强度钢

在室温条件下高强度钢的强度很高，经淬火及回火后硬度能达到 48~60HRC。影响高强度钢切削性能的因素主要是室温下的硬度，加工时切削刃处的应力增大，切削温度升高，使刀具磨损加剧。高强度钢退火后易加工。

在切削高强度钢时，要选择强度高、耐冲击的刀具材料。刀具刀柄的刚度要高，加工系统有足够的刚度。刀具的前角要小或为负角，切削速度是一般 45 钢的 1/8~1/4，进给量不宜太小，背吃刀量适中，冷却时不能使用乳化液。

3. 不锈钢

不锈钢是含铬和镍量较多的钢，耐腐蚀性强，塑性大，强度较高。加工中不易散热，导热性差，粘刀严重。在加工不锈钢时，要选择强度高、导热性好的硬质合金材料刀具，使用较大的刀具前角、较小的主偏角，加工中不能振动，工艺系统刚度要高。

4. 高温合金钢

高温合金钢分为镍基高温合金钢（GH33）和钴基高温合金钢（K3）。这类钢导热

性能差，加工硬化严重，加工中易粘刀。加工时选择前角较小、后角较大的硬质合金刀具。切削速度采用中速和低速，选择较小的进给量和较大的背吃刀量。

5. 钛合金

钛合金是一种强度高、韧性差、质量轻、耐腐蚀的材料。它的导热性差，加工中硬度提高，切削时温度高而使刀具磨损加快。选择刀具时，应选择与钛合金亲和力小、导热性好、强度高的细晶粒钨钴类硬质合金刀具，选择小的前角、小的后角，选择较低的切削速度、适当的进给量、较大的背吃刀量，保证工艺系统刚度。

二、特殊材料常用加工工艺

1. 40Cr 常用加工工艺

40Cr 一般用于制作机械结构中的重要零件，调质处理后的硬度在 32~36HRC。40Cr 属于可氮化钢，其所含元素有利于氮化。40Cr 经氮化处理后可获得较高的表面硬度，调质处理后再氮化处理硬度能达到 43~55HRC。机械加工 40Cr 的工艺流程为锻造→退火→粗加工→调质处理→精加工→去除应力→粗磨→氮化处理→精磨或研磨。由于氮化层薄并且较脆，因此要求有较高强度的心部组织，所以要先进行调质处理，获得回火索氏体，提高心部力学性能和氮化层质量。

2. 钛合金常用加工工艺

钛合金是在工业纯钛中加入合金元素，以提高钛的强度。钛合金由于密度小、强度高、耐高温、抗氧化性能好等特点，在航空航天等领域应用广泛。但钛合金的机械加工性能差，影响了该材料的广泛使用。钛合金可分 α 钛合金、β 钛合金和 α+β 钛合金三种。α+β 钛合金由 α 和 β 双相组成，这类合金组织稳定，高温变形性能、韧性、塑性较好，能进行淬火、时效处理，使合金强化。钛合金的加工性能特点主要表现如下：钛合金导热系数低（仅是钢的 1/4、铝的 1/13、铜的 1/25），因此切削区散热慢，不利于热平衡，在切削加工过程中，散热和冷却效果很差，易于在切削区形成高温，加工后零件变形回弹大，造成切削刀具扭矩增大、刃口磨损快、耐用度降低；钛合金的导热系数低，使切削热积于切削刃附近的小面积区域内不易散发，刀具前面摩擦力加大，不易排屑，加速刀具磨损；钛合金化学活性高，在高温下易与刀具材料起反应，形成黏结、扩散，造成粘刀、烧刀、断刀等现象。

钛合金的投料有铸造、锻造、焊接和型材四种形式。常用加工钛合金锻件的工艺流程是：锻造→退火→粗加工→高温时效→半精加工→去应力时效→精加工；锻造→退火→粗加工→高温时效→半精加工→淬火→精加工（磨削）。

在加工方法方面，可以车削、铣削、磨削及电加工。加工中要注意刀具几何参数和切削用量的选择。

3. 耐磨钢常用加工工艺

耐磨钢主要是指在巨大压力和强烈冲击载荷作用下能发生硬化的高锰钢。常用的高锰钢为 ZGMn13 型，如 ZGMn13—1、ZGMn13—4、ZGMn13Cr2、ZGMn13Mo、ZGMn13RE 等。高锰钢不能采用压力加工和切削加工成形，通常都是直接铸造成零件，并经水韧处理后才能使用。所谓水韧处理，就是将高锰钢加热至 1 050 ~ 1 100 ℃，保持一定时间，使碳化物溶入奥氏体中，然后水冷，获得高韧性的单相奥氏体组织。高锰钢经水韧处理后的硬度并不高（≤220HBW），但当其受到强烈的冲击载荷和高应力摩擦时，表面发生塑性变形而快速产生加工硬化，使表面硬度提高到 500 ~ 550HBW，因而获得很高的耐磨性，而其心部仍保持奥氏体所具有的良好韧性。

值得注意的是，高锰钢在一般工作条件下使用时并不耐磨，因此，高锰钢主要应用于严重摩擦和强烈冲击载荷条件下工作的零件，如坦克和拖拉机的履带、挖掘机铲斗的斗齿、碎石机的颚板、铁路道岔、防弹板、保险箱等。由于它是非磁性的，因此还可用于制作既耐磨又抗磁化的零件，如吸料器的电磁铁罩等。

改善高锰钢的切削性能可以通过高温回火来实现。将高锰钢加热到 600 ~ 650 ℃ 保温 2 h 后冷却，使高锰钢的奥氏体组织转变为索氏体组织，其加工硬化程度显著降低，加工性能明显改善。加工完成的零件在使用前应淬火，使其内部组织重新转变为单一的奥氏体组织。耐磨钢的加工工艺流程为铸造→水韧处理→高温回火→粗加工→高温时效→半精加工→淬火→精加工（磨削或电加工）。

高锰钢属于难加工材料，对刀具材料要求较高。一般来说，要求刀具材料的红硬性高、耐磨性好，有较高的强度、韧性和较好的导热性。切削高锰钢选用硬质合金刀片、金属陶瓷刀片、CN25 涂层刀片或 CBN（立方氮化硼）刀片。

三、不锈钢轴套加工工艺分析

1. 不锈钢的加工特性

不锈钢是一种难加工材料,它具有耐腐蚀、耐热、低温强度高、韧性好的特性,但切削性能差。不锈钢分为奥氏体不锈钢(如 1Cr18Ni9Ti、0Cr18Ni11Ti、0Cr17Ni12Mo2Ti 等)、铁素体不锈钢(如 0Cr13、0Cr12Ti、0Cr30Mo2 等)和马氏体不锈钢(如 Cr13、2Cr13、3Cr13 等)三大类。在车削不锈钢零件时,主要涉及刀具材料、刀具几何角度、切削参数及热处理工艺等的选择。

(1)刀具材料的选择。加工不锈钢零件要选择韧性好的钨钴类硬质合金刀具,可采用较大的前角,切削刃也可以磨得锋利些,使切削轻快,且切屑与刀具不易产生黏结。特别是在振动大的粗车和断续切削时,钨钴类硬质合金的这一优点更为重要。另外,钨钴类硬质合金的导热性较好,其导热系数比高速钢高近两倍,比钨钴钛类硬质合金高一倍。

一般采用 K20、K30、YG8N、M10、M20 等普通牌号的硬质合金作为切削不锈钢的刀具材料,但均不能获得较理想的效果。采用新牌号硬质合金(如 813、758、767、640、712、798、YM051、YM052、YM10、YS2T、YD15 等)切削不锈钢可获得较好的效果。用 813 号硬质合金刀具切削奥氏体不锈钢效果很好,因为 813 号硬质合金既具有较高的硬度(≥91HRA)、强度,又具有良好的高温韧性、抗氧化性、抗黏结性,其组织致密,耐磨性好。

(2)刀具几何角度的选择

1)前角。前角应比加工普通碳素钢时稍大,这是由于切削不锈钢时加工硬化严重的缘故,一般取 12°~20°,背吃刀量较小时取较大值。

2)后角。后角应比加工普通碳素钢时稍大,一般取 6°~10°。

3)刃倾角。由于采用较大的前角,刀尖强度会有所削弱。为增加刀尖强度而又不使背向分力增加过大,刃倾角宜取较小数值,一般为 -5°~15°,连续切削时取较大值,断续切削时取较小值。

4)主偏角和副偏角。具体角度应根据机床、零件、刀具系统的刚度和切削用量来选择。在工艺系统刚度允许条件下,尽可能选择较小的主偏角和副偏角(分别为 45°~75°、8°~15°)。

(3)切削参数的选择。切削速度不宜选择过高,一般只有切削普通碳素钢的

40%～60%，并且由于不锈钢牌号、热处理状态、工件加工方法等的不同，所允许的切削速度也不尽相同。背吃刀量不宜选择过小，以免在前道工序所留下的加工硬化层或毛坯外皮内切削，一般取 $a_p = 0.4～4$ mm。进给量不宜选择过大，以免切削负荷太大；但也不宜过小，以免切削刃在上次进给所形成的冷硬层内工作，一般取 $f = 0.1～0.5$ mm。

（4）不锈钢材料的常用热处理工艺。奥氏体不锈钢常用的热处理工艺有固溶处理、稳定化处理和去应力处理等。

1）固溶处理。将钢加热到 1 050～1 150℃后水淬，主要目的是使碳化物溶于奥氏体中，并将此状态保留到室温，这样钢的耐腐蚀性会有很大改善。

2）稳定化处理。一般在固溶处理后进行，将钢加热到 850～880℃保温后空冷，使其不再形成铬的碳化物，因而有效地消除了晶间腐蚀。

3）去应力处理。去应力处理是消除钢在冷加工或焊接后残余应力的热处理工艺，一般加热到 300～350℃回火。对于不含稳定化元素钛、铌的钢，加热温度不超过 450℃，以免析出铬的碳化物而引起晶间腐蚀。对于超低碳和含钛、铌不锈钢的冷加工件和焊接件，需在 500～950℃加热后缓冷，消除应力（消除焊接应力取上限温度），可以减轻晶间腐蚀倾向并提高钢的应力腐蚀抗力。

4）淬火和回火。为提高马氏体不锈钢的硬度和强度，常采用的热处理方法是淬火和回火。马氏体不锈钢（3Cr12）淬火温度为 1 000～1 050℃，回火温度为 750℃，硬度可达到 51～56HRC。

5）退火。为提高和改善铁素体不锈钢的塑性、韧性和防腐蚀性能，消除应力，常采用退火处理。如铁素体不锈钢（0Cr13Al）退火温度为 780～830℃，保温后空冷或炉冷。

2. 不锈钢轴承套加工工艺分析

套类零件在机械结构中常作为配合件使用。套类零件形状简单，但是尺寸精度高，高的几何精度不容易保证。图 1-2-7 所示为一不锈钢轴承套零件，材料为 1Cr18Ni9Ti，研制产品，生产 5 件。

（1）轴承套加工工艺分析。轴承套是一高精度零件，轴承孔的尺寸精度为 IT6，其他尺寸精度为 IT7，轴承孔的表面粗糙度为 $Ra0.8$ μm。两轴承孔同轴度公差为 $\phi 0.04$ mm，安装面与基准孔轴线的垂直度公差为 0.02 mm。零件轴承孔有硬度要求。依据轴承套的加工内容、精度和技术要求，在编制加工工艺时要采取以下技术措施：

1）工件在粗加工时留适当的余量，然后安排热处理（固溶处理），提高零件的耐腐蚀性能。

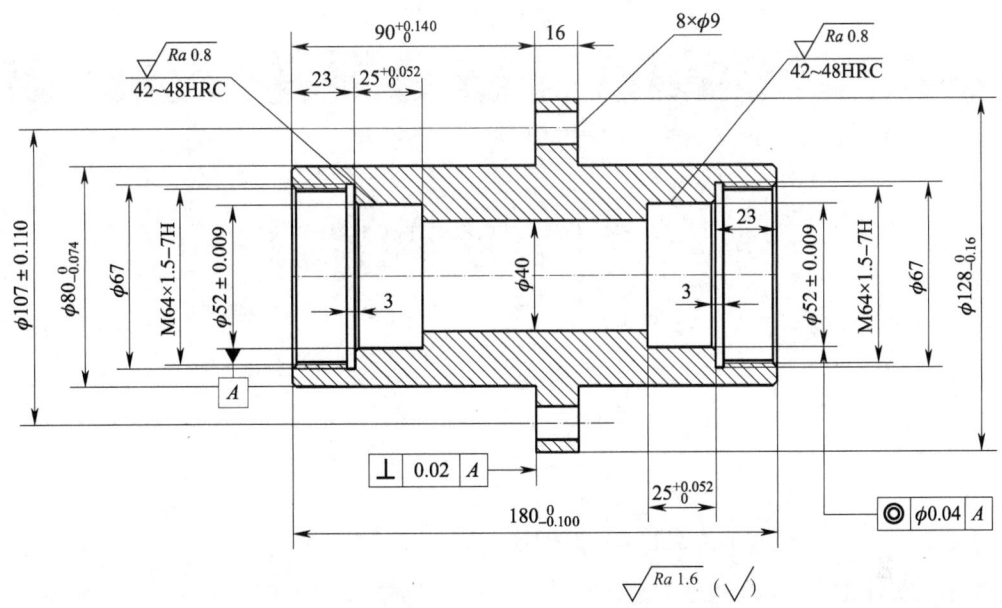

图 1-2-7　不锈钢轴承套

2）固溶处理后进行半精加工，留 1 mm 余量，安排热处理（时效处理），消除不锈钢的加工应力。

3）在安排精加工工序时，先加工工件的左端。本工序加工工艺性好，保证基准孔与安装面的垂直度公差 0.01 mm，有利于后工序的装夹找正。

4）在加工右端外圆和孔时，用软卡爪装夹。使用软卡爪时要加工软卡爪孔。当工件装入软卡爪孔后，找正工件前工序加工过的外圆和端面，找正误差小于 0.01 mm。本工序要保证图中的同轴度和垂直度要求。

5）精加工完成后安排热处理（渗氮），提高零件轴承孔的表面硬度。

6）在加工中合理选择加工刀具，合理确定切削用量。

（2）轴承套加工工艺流程。按上述编制轴承套加工工艺的原则，制定 8 道加工工序。轴承套加工工艺流程见表 1-2-3。

3. 不锈钢传动轴加工工艺分析

不锈钢传动轴如图 1-2-8 所示。传动轴尺寸精度为 IT7~IT6，有两处表面粗糙度为 $Ra0.8$ μm。零件两端 $\phi 38$ mm 外圆同轴度公差为 $\phi 0.02$ mm，$\phi 100$ mm 外圆端面与基准的垂直度公差为 0.02 mm。零件轴承两端 $\phi 38$ mm 外圆有硬度要求。零件材料为 4Cr13，新品试制。依据传动轴的加工内容、精度和技术要求，在编制加工工艺时要采取以下技术措施：

表 1-2-3 轴承套加工工艺流程

序号	工艺名称	工艺内容
1	下料	1Cr18Ni9Ti，ϕ135 mm×190 mm
2	粗车	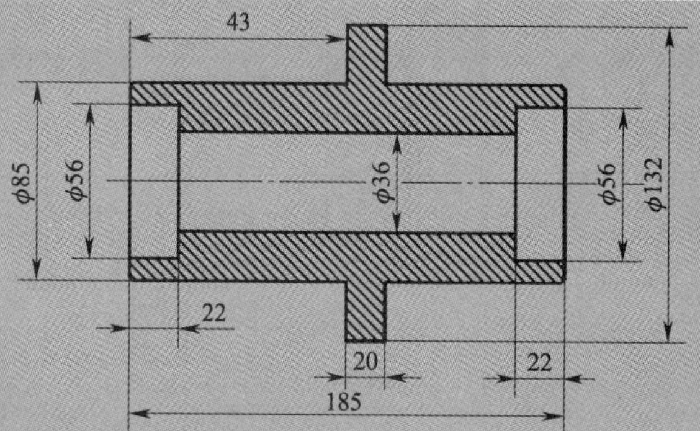 粗车主要是为固溶处理做准备
3	热处理	固溶处理
4	半精车右端	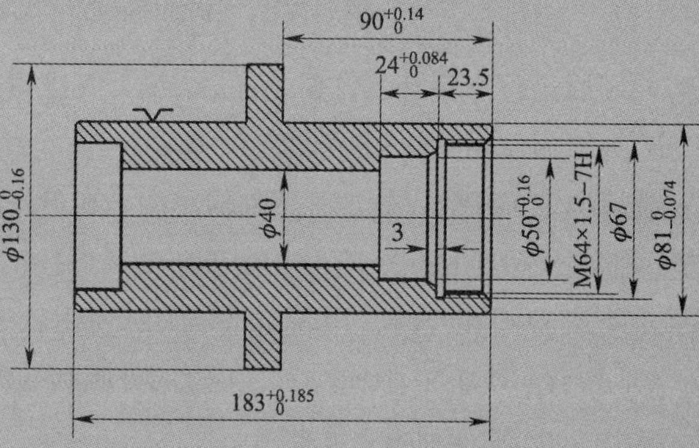 半精车为精车做准备
5	掉头半精车左端	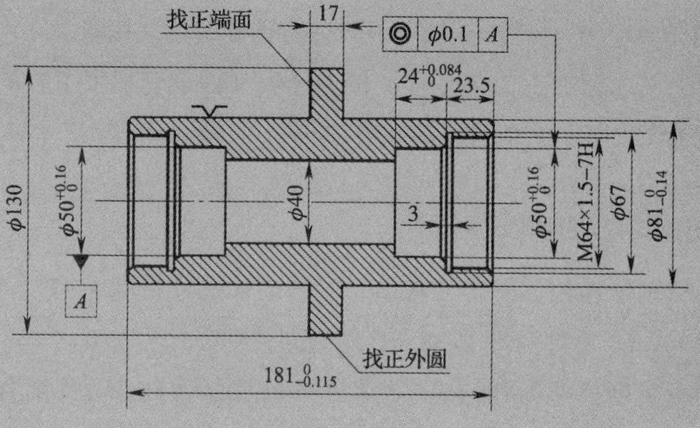 装夹时找正端面和外圆，误差小于 0.06 mm，保证同轴度。半精车为精车做准备

续表

序号	工艺名称	工艺内容
6	钳	钻大面上8个 ϕ9 mm 孔
7	热处理	时效处理
8	精车	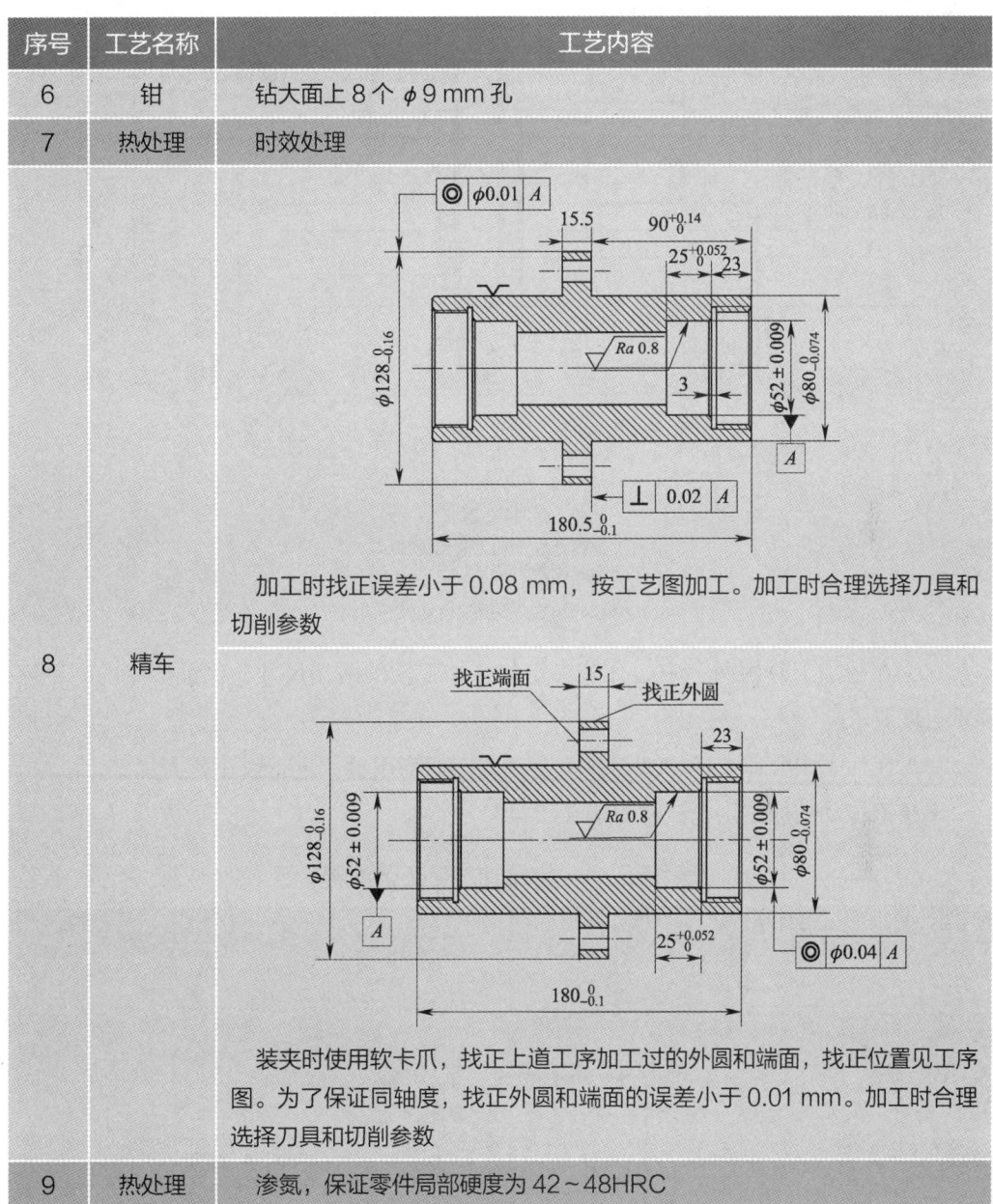 加工时找正误差小于 0.08 mm，按工艺图加工。加工时合理选择刀具和切削参数 装夹时使用软卡爪，找正上道工序加工过的外圆和端面，找正位置见工序图。为了保证同轴度，找正外圆和端面的误差小于 0.01 mm。加工时合理选择刀具和切削参数
9	热处理	渗氮，保证零件局部硬度为 42~48HRC

（1）零件在粗加工时，各台阶根部加工 R 圆弧，防止正火时出现裂纹。粗加工留 2 mm 余量。粗加工后热处理（正火），改善切削性能。

（2）第一次半精加工后进行时效处理，消除加工应力。

（3）加工传动轴时中心孔是零件的装夹基准，所以时效处理后安排加工两端中心孔，并保证两个中心孔的同轴度公差 ϕ0.01 mm。

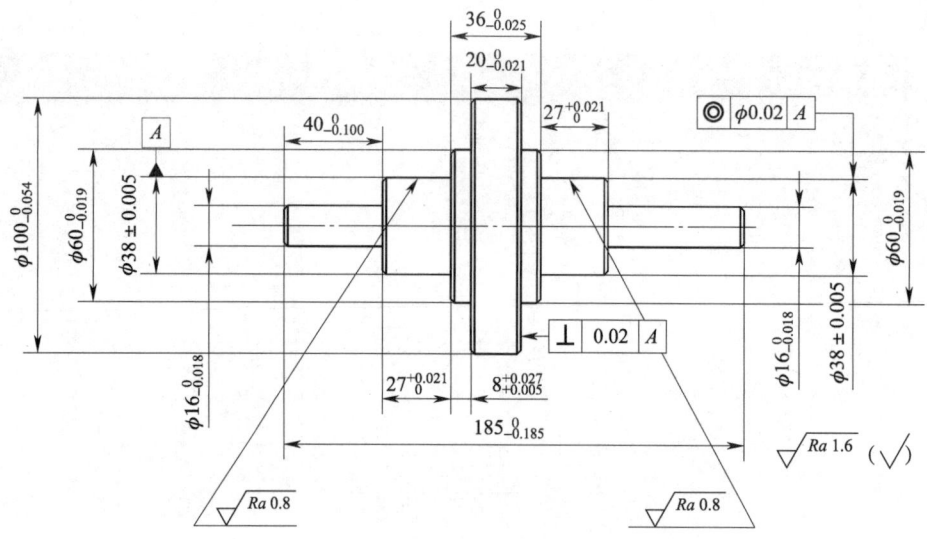

技术要求
1. 各台阶根部加工圆角为R0.4。
2. 未注倒角为C1.5。

图1-2-8 不锈钢传动轴

（4）在精加工时用两个中心孔装夹定位，加工轴的两端尺寸，保证图中的同轴度和垂直度要求。

（5）在加工中合理选择加工刀具，合理确定切削用量，进行以车代磨加工。

不锈钢传动轴加工工艺流程见表1-2-4。

表1-2-4 传动轴加工工艺流程

序号	工序名称	工艺内容
1	下料	4Cr13，ϕ105 mm×90 mm
2	粗车	粗车主要是为热处理（调质处理）做准备 台阶根部车成R圆弧，防止调质处理时工件淬裂

续表

序号	工序名称	工艺内容
2	粗车	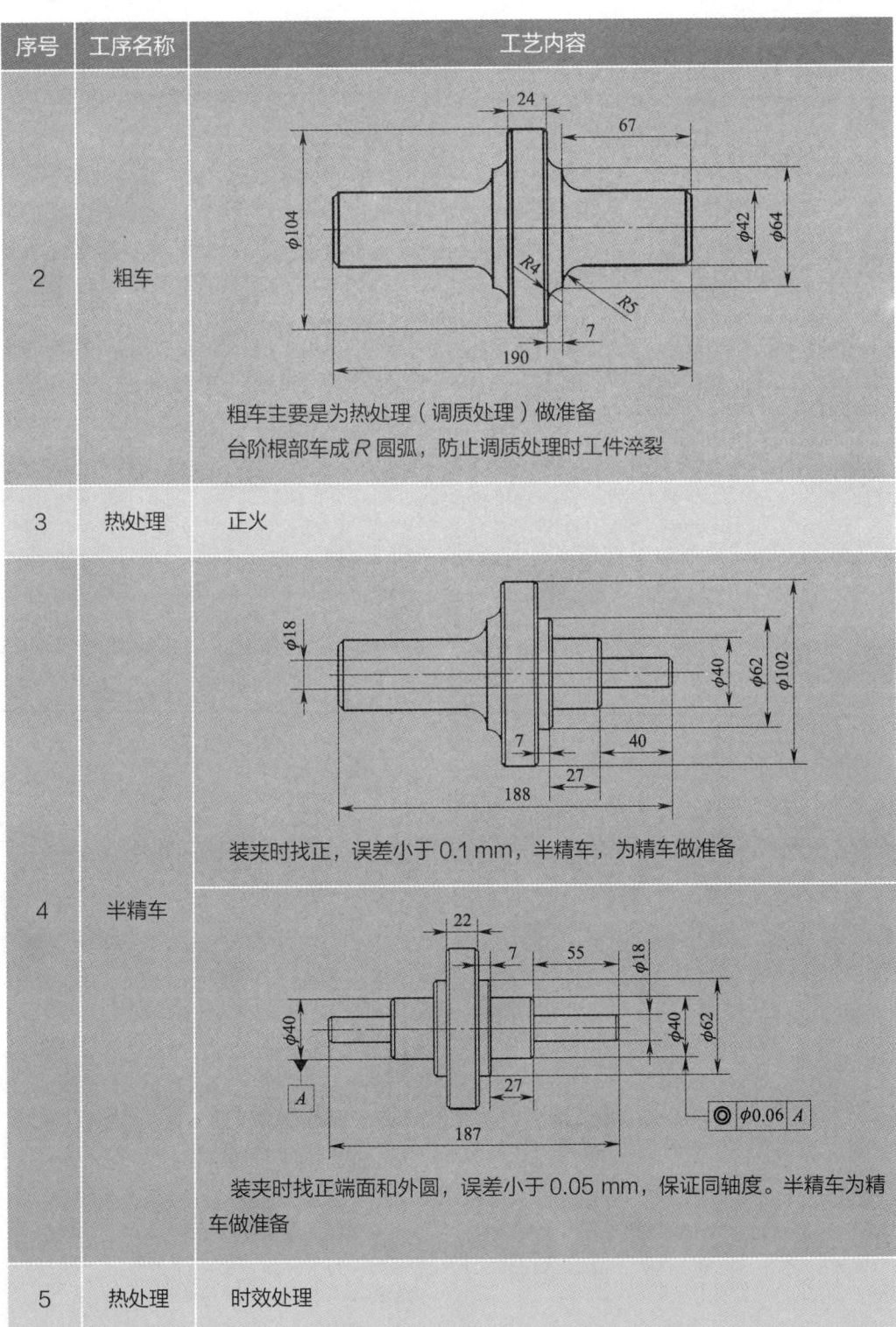 粗车主要是为热处理（调质处理）做准备 台阶根部车成 R 圆弧，防止调质处理时工件淬裂
3	热处理	正火
4	半精车	装夹时找正，误差小于 0.1 mm，半精车，为精车做准备 装夹时找正端面和外圆，误差小于 0.05 mm，保证同轴度。半精车为精车做准备
5	热处理	时效处理

续表

序号	工序名称	工艺内容
6	半精车	车端面，车基准圆，钻中心孔。时效处理后，工件有小的变形，所以要精加工中心孔，为精加工准备基准 用软卡爪夹紧，找正前工序加工过的外圆和端面，找正位置见工序图，找正误差小于 0.01 mm。保证两中心孔同轴度
7	热处理	表面淬火
8	钳	研磨中心孔
9	精车	

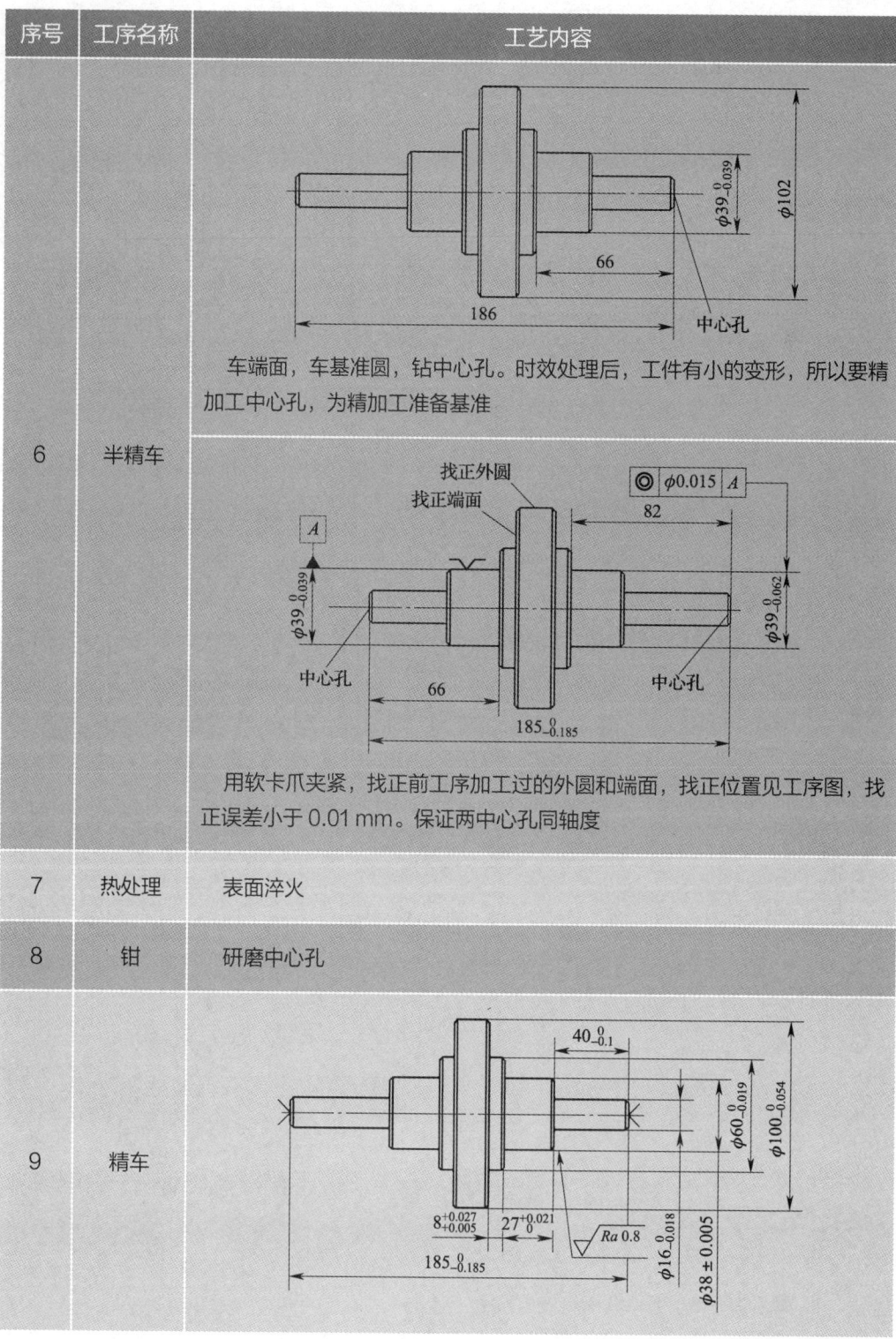

续表

序号	工序名称	工艺内容
9	精车	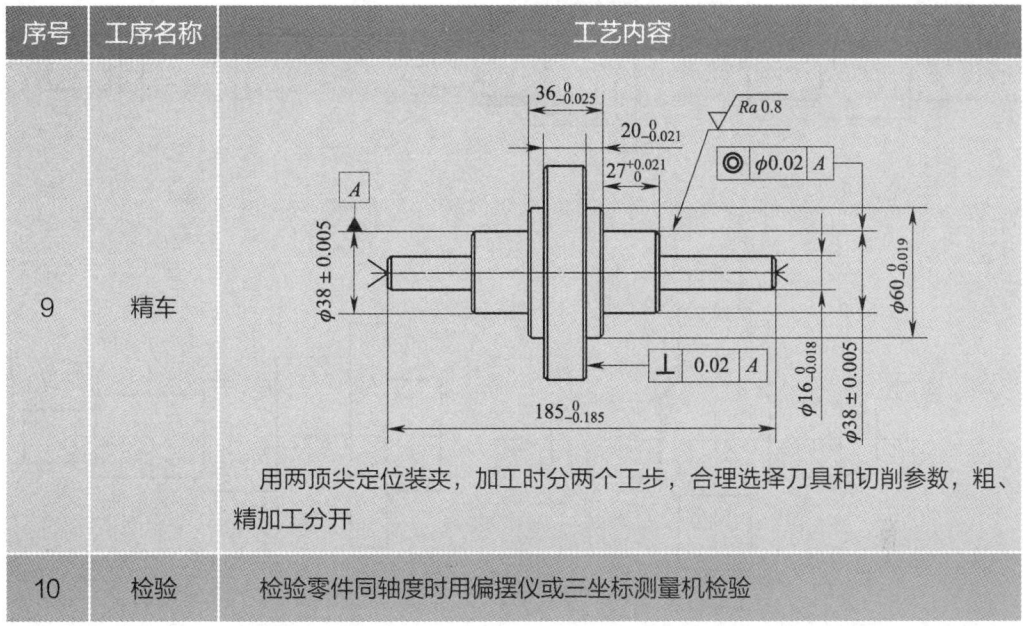 用两顶尖定位装夹，加工时分两个工步，合理选择刀具和切削参数，粗、精加工分开
10	检验	检验零件同轴度时用偏摆仪或三坐标测量机检验

学习单元 3　轴套类零件加工工艺改进建议书编制

一、轴套类零件加工工艺特征

1. 轴类零件

（1）轴类零件的功用与结构特点。轴类零件起支承传动件、传递转矩或运动、承受载荷的作用，要求有一定的回转精度。

从轴的结构看，其长度大于直径，刚性轴长径比 $L/d \leqslant 12$，挠性轴 $L/d>12$。

轴的组成有圆柱面、圆锥面、端面、沟槽、圆弧、螺纹、键槽、花键、其他表面（如横向孔等），可分为光轴、台阶轴、空心轴、异形轴（曲轴、偏心轴和花键轴等），图 1-2-9 所示为轴的结构。

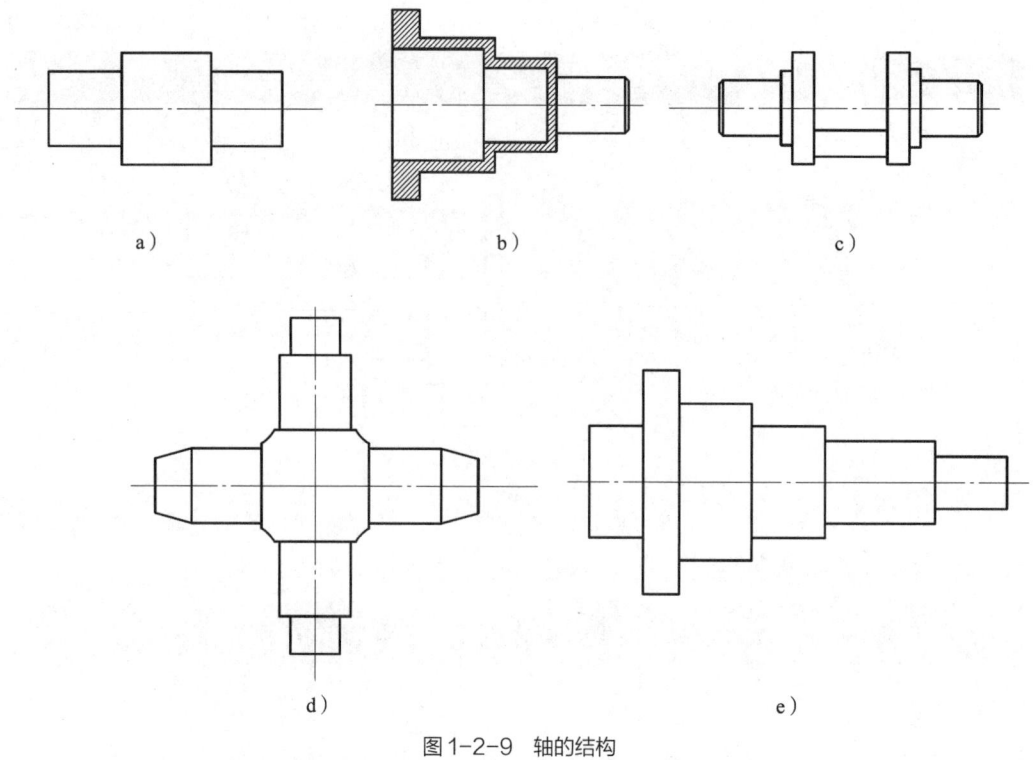

图 1-2-9 轴的结构
a）短轴 b）轴套 c）曲轴 d）十字轴 e）长轴

（2）轴类零件的主要技术要求

1）尺寸精度。轴类零件的重要技术要求是轴的直径和轴肩长度的尺寸精度，因为轴要通过高精度的直径和轴肩尺寸与其他零件配合。轴的直径精度通常为IT9～IT6，有时可达IT5。

2）几何精度。几何精度（如同轴度、跳动、垂直度、圆度、圆柱度等）应高于直径精度。有形状精度要求时，应在零件图上标注形状公差，取尺寸公差的1/4～1/2。

3）表面结构要求。通常轴类零件的各加工表面均有表面粗糙度要求。支承轴颈的表面粗糙度要求为 $Ra0.8～0.4\mu m$，配合轴颈的表面粗糙度为 $Ra3.2～0.8\mu m$。

4）热处理技术要求。加工轴时，依据零件材料及图样技术要求，热处理工艺有表面淬火、渗碳+淬火、渗氮、整体淬火、调质处理、正火、退火、时效处理等。

5）轴类零件的材料和毛坯。一般轴的材料常用普通碳素钢，中等精度、转速较高的轴用40Cr等合金结构钢，精度较高的轴可选用轴承钢GCr15和弹簧钢65Mn等，也可选用球墨铸铁。对于高转速、重载荷条件下工作的轴，选用20CrMnTi、20Mn2B、20Cr等低碳合金钢或氮化钢38CrMoAl，渗碳+淬火或渗氮。对结构复杂的轴（如曲轴等），可进行锻造和铸造。

（3）各种轴的工艺特点。短轴、长轴、空心轴、十字轴、曲轴的加工工艺特点见表1-2-5。

表1-2-5 轴的加工工艺特点

轴的种类	下料方式	热处理	加工工艺过程	装夹定位	夹具
短轴	直径尺寸较小时投棒料，批量生产时投铸件或锻件	低碳钢正火，中碳钢调质处理、淬火	对精度要求中等、直径小于60 mm的轴：粗加工→精加工→掉头后粗、精加工	夹持外圆，用外圆和端面定位	软卡爪、夹管、三爪自定心卡盘
长轴	投棒料，锻件	调质处理、退火、时效处理、淬火	粗加工→热处理→以中心孔为基准半精车→精磨	用两中心孔定位	顶尖、拨环
空心轴	棒料、管料，特殊要求投锻件、铸件	调质处理、时效处理、退火、淬火或表面淬火	粗加工内孔、外圆→热处理→以堵头及中心孔为基准半精车→精车→精磨	精加工时用内孔或堵头中心孔定位	顶尖、拨环、堵头、拨盘
十字轴	板材、十字毛坯、铸件，特殊要求投锻件	调质处理、时效处理、退火、淬火	多次装夹粗加工外圆→热处理→加工基准孔和面→多次装夹半精车→精车	平面和孔及侧边定位	直角弯板夹具
曲轴	小型曲轴或试制投棒料、锻件毛坯	调质处理、时效处理、退火、淬火	多次装夹半精车→精车→精磨→热处理→配重	用两中心孔定位	专用曲轴车床夹具

注：热处理工序的安排要依据材料、零件结构和图样的技术要求而定。

2. 套类零件

（1）套类零件的结构特点。套类零件是一种应用范围很广，在机器中主要起支承、定位或导向作用的零件。支承回转轴的各种轴承座、定位套，液压系统中的液压缸、电液伺服阀的阀套，夹具上的钻套、导向套，内燃机上的气缸套等都属于套类零件。套筒的结构如图1-2-10所示。

套类零件虽然结构和尺寸有很大差异，但却具有以下共同特点：

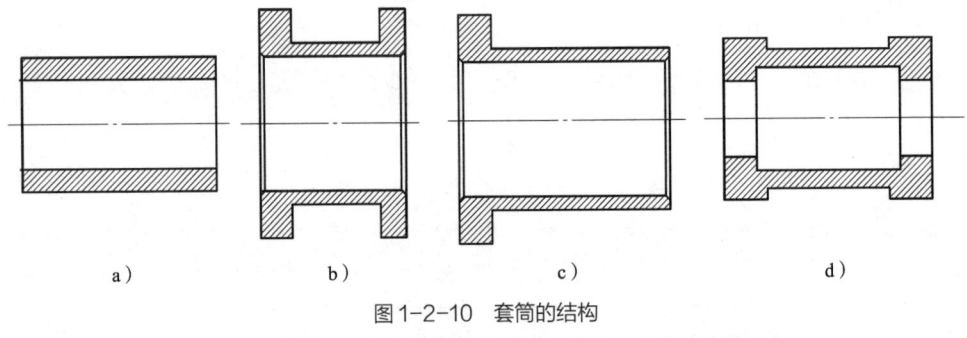

图1-2-10 套筒的结构
a) 短直套筒 b) 定位套筒 c) 薄壁套筒 d) 长直套筒

1) 外圆直径 D 一般小于其长度 L,通常长径比（L/D）小于5。

2) 内孔与外圆直径之差较小,即零件壁厚较小,易变形。

3) 内、外圆回转表面的同轴度精度要求高。

4) 结构比较简单,加工时不易装夹。

（2）套类零件的毛坯制造方式。套类零件的毛坯制造方式主要取决于其结构尺寸、材料和生产批量的大小。孔径较大（如 $d>20$ mm）时,常采用无缝钢管或带孔的铸件和锻件;孔径较小时,多选用热轧或冷拉棒料,也可采用实心锻件。大批量生产时,可采用冷挤压棒料、粉末冶金棒料等。套类零件的材料以钢、铸铁、青铜或黄铜为主,也可采用双金属结构（即在钢或铸铁套的内壁上浇注一层轴承合金）。套类零件常用的热处理方法有渗碳、渗氮、淬火、表面淬火、调质处理、高温时效等。

（3）套类零件的主要技术要求。套类零件的外圆表面通常有配合要求;内孔主要起导向或支承作用,常与传动轴、主轴、活塞、滑阀相配合;有些套的端面或凸缘端面有定位或承受载荷的作用。根据套类零件的形状和使用性能,其主要技术要求有以下几项：

1) 高精度套筒件,内孔与外圆的尺寸精度一般为IT8～IT6,内孔的表面粗糙度要求为 $Ra1.6～0.8$ μm,外圆的表面粗糙度要求为 $Ra1.6～0.4$ μm。

2) 通常将外圆与内孔的形状精度控制在直径公差以内即可,较精密的可选取直径公差的1/3～1/2甚至更小。较长的套筒零件形状精度有圆度和圆柱度。

3) 内孔与外圆表面之间的同轴度按零件的装配要求而定。当内孔的最终加工是配合加工时,内孔与外圆表面的同轴度公差可以较大。套的端面（包括凸缘端面）如在工作中承受载荷或加工中作为定位面时,端面与外圆或内孔轴线的垂直度要求较高,一般为0.02～0.05 mm。

（4）套类零件加工工艺过程。套类零件由于功能、结构、形状及尺寸、材料、热处理方法的不同,其加工工艺过程差别较大。套的种类虽多,但可归类为短套和长套。套的加工工艺特点见表1-2-6。

表 1-2-6 套的加工工艺特点

套的种类	下料方式	热处理	加工工艺过程	装夹定位	夹具
短套	直径尺寸较小时投棒料,批生产投铸件、锻件、管料	低碳钢正火,中碳钢调质处理、淬火、渗碳+淬火	粗车内孔和外圆→热处理→精加工内孔→半精车或精车、精磨外圆	夹持外圆定位加工内孔,用心轴定位加工外圆	软卡爪、夹管、三爪自定心卡盘、心轴
长套	投棒料、铸件、管料,特殊要求投锻件	低碳钢正火,中碳钢调质处理、淬火、渗碳+淬火	粗车内孔和外圆→热处理→精加工内孔→以堵头和两中心孔定位,半精车或精车、精磨外圆	夹持外圆定位加工内孔,用堵头上中心孔定位加工外圆	顶尖、拨环、心轴

注:热处理工序的安排要依据材料、零件结构和图样的技术要求而定。

二、轴套类零件加工典型案例分析及工艺改进

1. 传动轴加工

如图 1-2-11 所示为减速箱传动轴零件图,材料为 45 钢,新品试制。零件的同轴度和垂直度都是以两端轴颈公共轴线为基准。尺寸精度为 IT7～IT6,同轴度公差为 $\phi 0.01$ mm,垂直度公差为 0.01 mm。此零件为高精度零件。

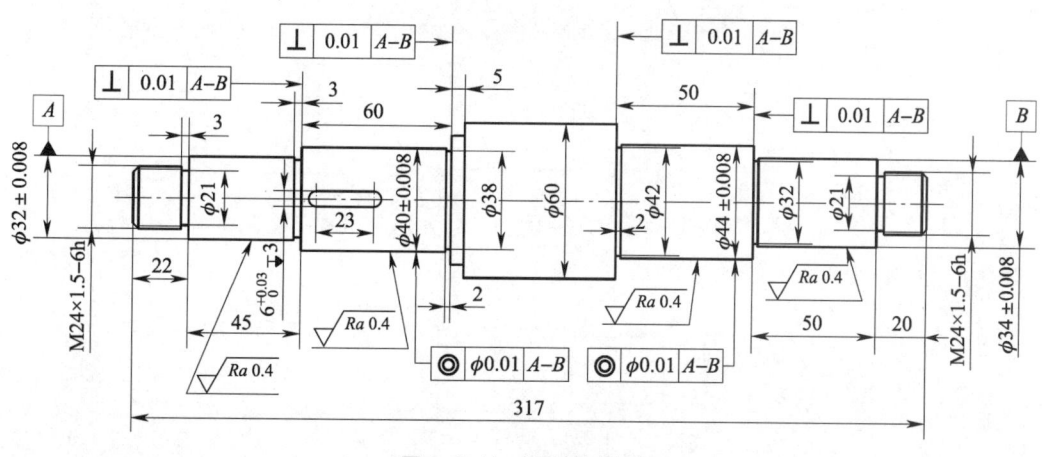

图 1-2-11 传动轴零件图

（1）工艺方案分析。传动轴是回转圆柱体。由于传动轴主要表面的直径尺寸公差等级较高（IT7~IT6），表面粗糙度值较小（$Ra0.4\ \mu m$），加工时主要采用车削和磨削，因此在制定工艺方案时，把粗加工、半精加工和精加工安排在数控车床上进行，最终加工应采用磨削。

1）轴颈和轴肩等主要表面应先车后磨，主要工艺方案为粗车→热处理（调质处理）→半精车→磨削。

2）传动轴总长度为317 mm，属于长轴类零件，另外轴的精度高，所以必须用两顶尖装夹定位，以保证定位基准的统一性。

3）车削、磨削均以两端中心孔为定位基准，两端中心孔可在粗车前加工出来，但是在精加工前要修研中心孔，以保证轴的同轴度和垂直度。

4）为了保证装配需求，两端螺纹在半精车阶段车出。

5）两个键槽在磨削前铣出。

6）毛坯选用 $\phi 65$ mm 热轧圆钢料。

（2）工艺过程。传动轴加工工艺流程见表1-2-7。

表1-2-7 传动轴加工工艺流程

序号	工序名称	工艺内容
1	下料	$\phi 65$ mm×322 mm
2	热处理	调质处理
3	粗车	粗车各外圆，直径留余量3 mm，端面留余量1 mm，钻中心孔 粗车各外圆，直径留余量3 mm，端面留余量1 mm，钻中心孔
4	热处理	时效处理
5	钳工	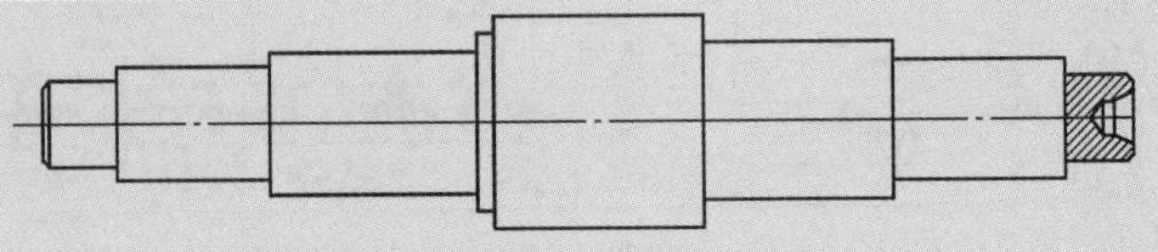 研磨中心孔，保证两中心孔同轴度公差 $\phi 0.01$ mm

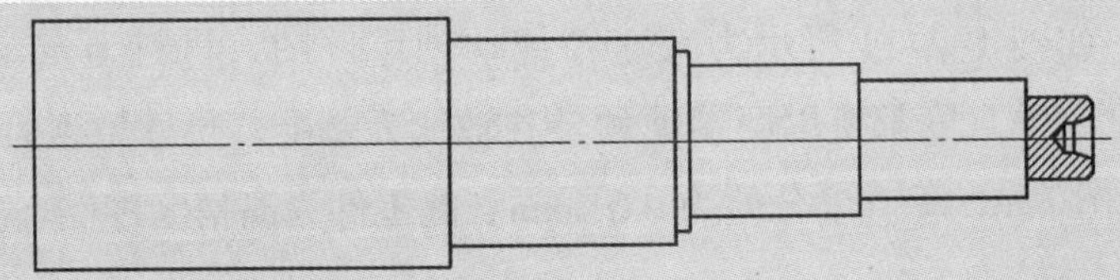

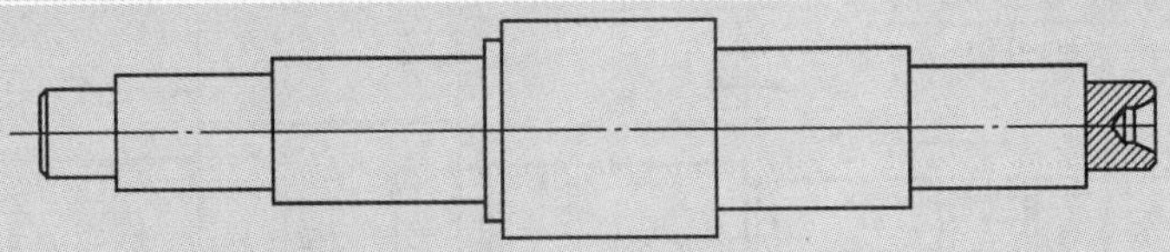

续表

序号	工序名称	工艺内容
6	半精车	半精车各外圆，车各槽，直径留余量 0.5 mm，端面留余量 0.2 mm，两顶尖定位夹紧
7	掉头，半精车	半精车各外圆，车各槽，直径留余量 0.5 mm，端面留余量 0.2 mm，两顶尖定位夹紧
8	铣	铣键槽
9	车	车两端螺纹
10	钳	研磨中心孔，保证两中心孔同轴度公差 $\phi 0.01$ mm
11	磨	精磨各外圆，两次装夹，以中心孔定位
12	检验	

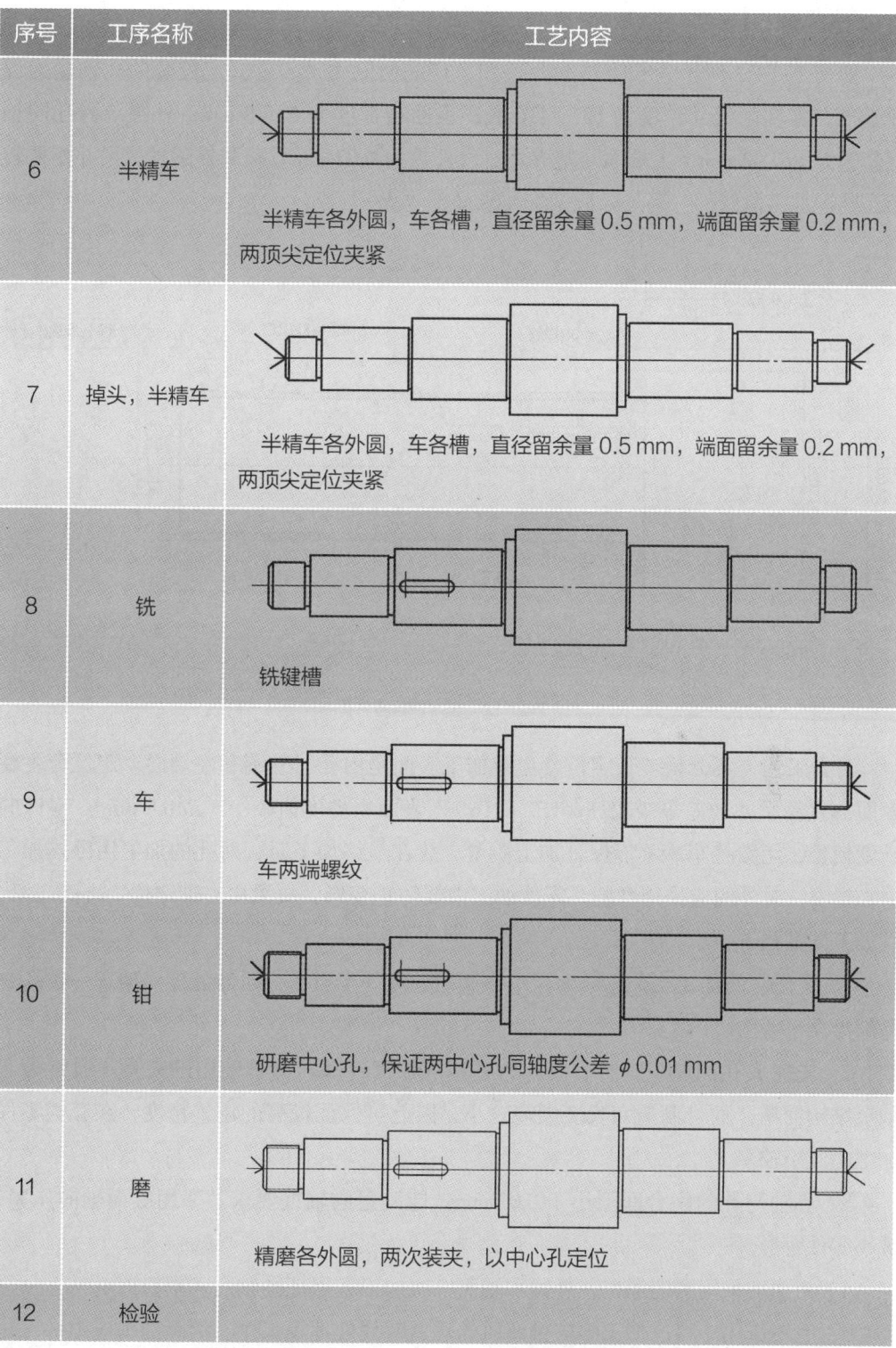

2. 定位套加工

如图 1-2-12 所示为长定位套零件图,产品研制生产 5 件。定位套的孔轴线为设计基准。零件的尺寸精度为 IT7~IT6 级,表面粗糙度为 $Ra0.8\ \mu m$,外圆与内孔同轴度公差为 $\phi0.02\ mm$,大端面与基准垂直度公差为 $0.02\ mm$。孔和外圆直径尺寸相差较小,结构上为薄壁件。另外外圆两端要求局部淬火。

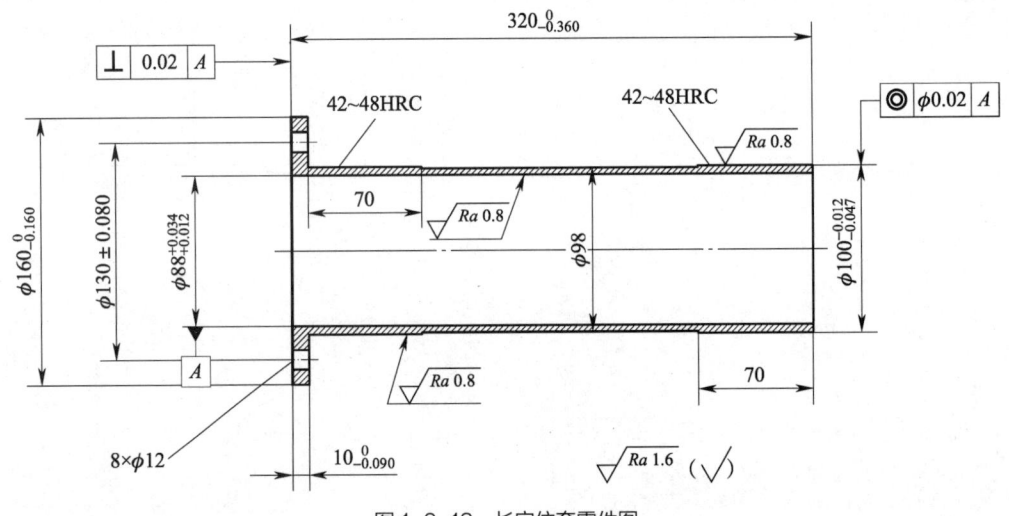

图 1-2-12 长定位套零件图

(1) 工艺方案分析。长定位套主要加工表面是内孔、外圆和左端面。定位套主要表面的直径尺寸公差等级较高(IT7~IT6),表面粗糙度值较小($Ra0.8\ \mu m$)。零件的长度较长,用数控车床不能保证加工质量,故在最终加工时,对孔的加工用卧式加工中心镗削,对外圆应采用磨削。零件加工中要防止变形,故采用心轴定位,端面压紧,其加工方案如下:

1) 定位套的加工工艺路线为粗车→调质处理→半粗车→时效处理→精车→镗孔→局部淬火→磨削。

2) 先完成孔的加工,然后以孔为精基准加工外圆。由于使用的夹具(通常为心轴)结构简单,而且制造和安装误差较小,因此可保证较高的位置精度,在套类零件加工中应用较多。

3) 心轴与孔的配合间隙小于 $0.02\ mm$,能满足同轴度要求。采用端面轴向压紧,减小零件变形。

4) 精加工采用磨削加工,外圆和端面一次加工,保证同轴度和垂直度。

5) 毛坯选用棒料,加工中安排调质处理、时效处理等工序,消除加工应力。

（2）工艺过程。长定位套加工工艺流程见表 1-2-8。

表 1-2-8　长定位套加工工艺流程

序号	工序名称	工艺内容
1	下料	45 钢，ϕ170 mm×330 mm
2	粗车	 直径留 6 mm 余量，长度留 5 mm 余量
3	热处理	调质处理后硬度为 28～32HRC
4	半精车	 内孔、外圆留 1 mm 余量，长度各面留 1 mm 余量
5	热处理	时效处理
6	精镗	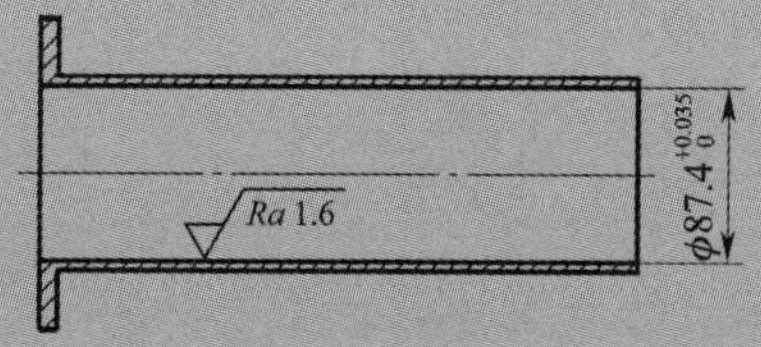 $\phi 87.4^{+0.035}_{0}$，$Ra1.6$
7	精车	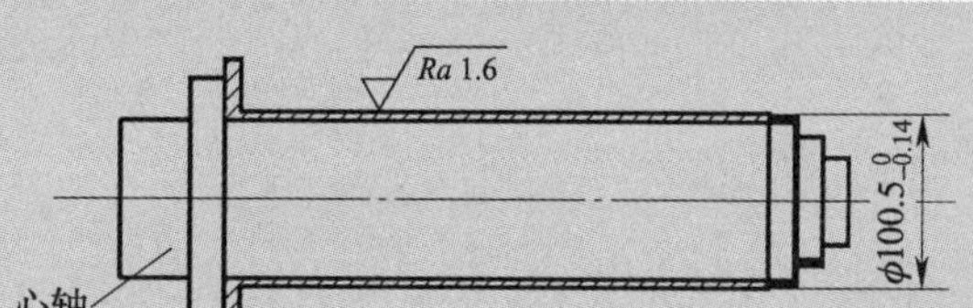 心轴定位，端面压紧，留余量 0.5 mm（$Ra1.6$，$\phi 100.5^{0}_{-0.14}$）
8	铣	钻大面上 8 个 ϕ12 孔
9	热处理	局部淬火

续表

序号	工序名称	工艺内容
10	磨	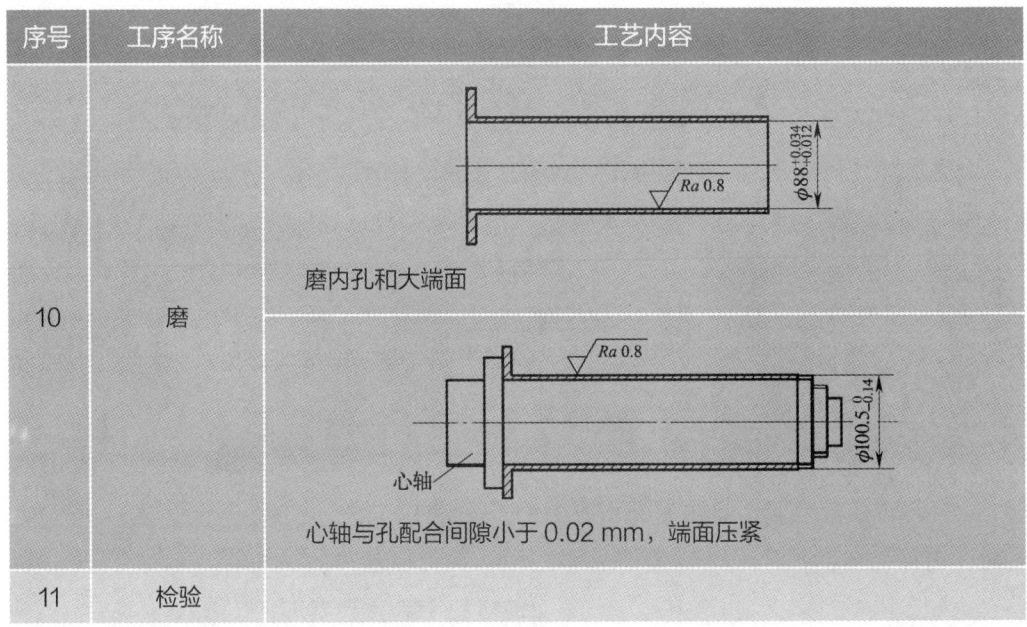 磨内孔和大端面 心轴 心轴与孔配合间隙小于 0.02 mm，端面压紧
11	检验	

学习单元 4　盘类零件加工工艺改进建议书编制

一、盘类零件加工工艺特征

1. 盘类零件的结构和技术要求

盘类零件在机构中常用于连接、定位。盘类零件端面有较高的平面度要求，盘的两端面有平行度要求，盘中间孔与端面有垂直度要求，内孔、外圆有同轴度要求。盘厚度尺寸精度要求较高。盘类零件容易变形且不易装夹，属于难加工零件。盘类零件的主要技术要求有以下几个方面：

（1）尺寸精度和几何精度。直径精度通常为 IT9～IT6，有时可达 IT5。几何精度（如平面度、平行度、跳动、垂直度等）一般为尺寸公差的 1/4～1/2。

（2）表面结构要求。盘类零件两个端面的表面粗糙度要求为 $Ra1.6\sim0.8~\mu m$，安装定位孔的表面粗糙度要求为 $Ra1.6\sim0.8~\mu m$。

（3）热处理技术要求。依据盘类零件的用途和材料，盘类零件热处理工艺有正火、调质处理、时效处理、退火、渗碳、淬火、表面淬火、渗氮等。

（4）盘类零件的材料和毛坯。一般盘类零件材料采用45、50和40Cr钢，投料一般为板材、锻件和铸件。对材料有特殊要求时需订制。

2. 盘类零件的工艺特征

盘的结构和形状并不复杂，只是在尺寸大小和厚薄方面有区别。结构不同影响到盘的加工工艺性，但其加工工艺特征基本相同。

（1）盘的加工工艺过程为粗加工→热处理→半精加工→精加工→（加工基准面）→精加工（加工另一面）。

（2）装夹时常用端面和孔定位，端面压紧，不采用径向夹紧。

（3）用于装夹定位面的精度要适当提高，如提高平面度等，这样有利于另一面的加工。

（4）夹具装在机床上后，定位面都要在本机床上加工一次，这样可消除装夹和找正误差，减小累积误差。

（5）对高精度的盘类零件，为保证两端平面的平行度和平面度，被加工的两个平面要反复半精加工和精加工（互为基准加工）。

二、盘类零件加工典型案例分析及工艺改进

如图1-2-13所示为一个高精度连接盘零件图，新品试制。连接盘的作用是将两个部件装配连接在一起。盘的尺寸精度为IT7，面与孔的跳动公差为0.02 mm，盘两面的平行度公差为0.02 mm，表面粗糙度为 $Ra0.8~\mu m$。盘的两端平面低于外形平面，不能磨削加工，所以该连接盘的加工工艺性差。

1. 连接盘的工艺分析

在制定连接盘的加工工艺时，要进行基准转换，分粗加工、半精加工、精加工三个阶段，并且要进行时效处理，消除加工变形。采用通用夹具端面压紧，防止零件变形。加工平面时，要选择合理的刀具和切削参数，以车代磨解决凹平面的加工难点问题。

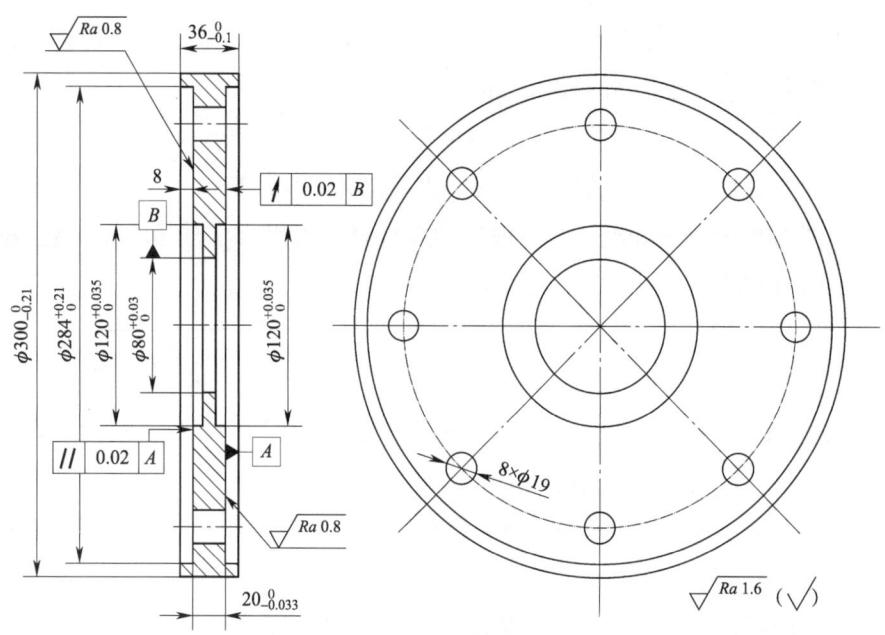

图 1-2-13 连接盘零件图

2. 连接盘的工艺过程

连接盘试制工艺分了四个工艺阶段,即粗加工、热处理、加工定位基准面、精加工阶段,加工工艺流程见表 1-2-9。

表 1-2-9 连接盘加工工艺流程

工序号	工序名称	加工内容	加工简图
1	下料	锻件	
2	粗车	粗加工各外圆和凹面,留 2 mm 余量	

续表

工序号	工序名称	加工内容	加工简图
2	粗车	掉头，粗加工各外圆和凹面，留 2 mm 余量	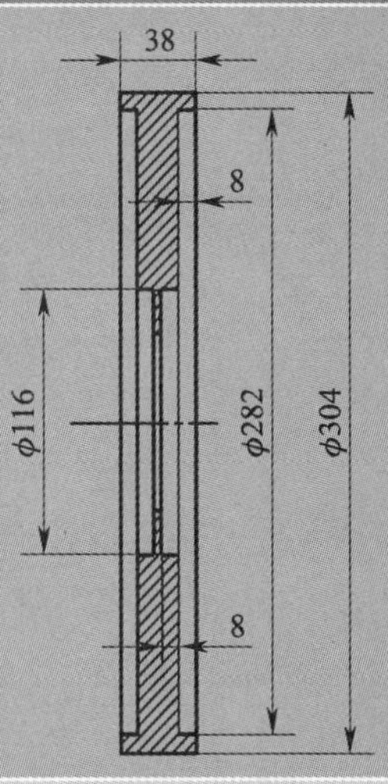 38；8；ϕ116；ϕ282；ϕ304；8
3	铣	找正，铣削安装孔	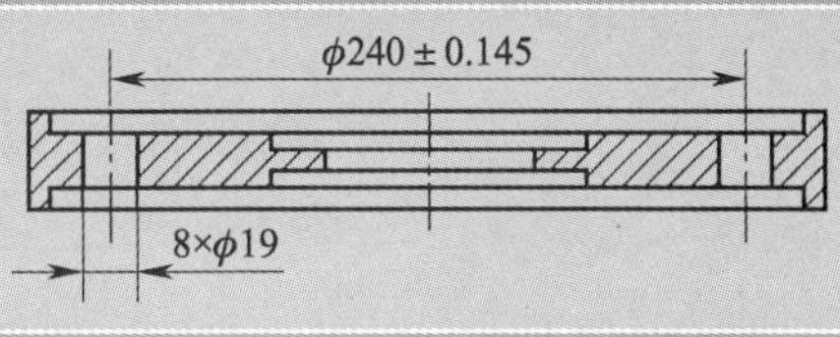 ϕ240±0.145；8×ϕ19
4	时效处理	时效处理，消除加工应力	
5	精车	精车外圆	37；ϕ300$_{-0.21}^{0}$
6	磨	磨端面，准备装夹基准	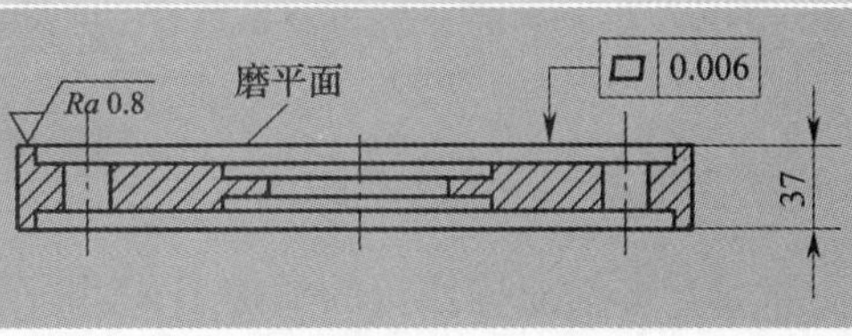 Ra 0.8；磨平面；□ 0.006；37

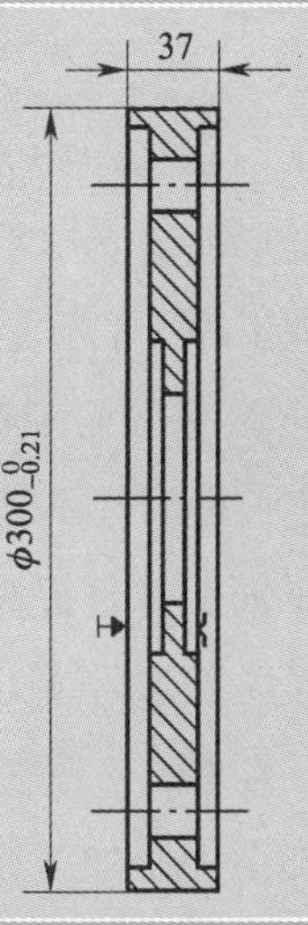

续表

工序号	工序名称	加工内容	加工简图
6	磨	磨端面，准备装夹基准。因基准转换，要提高装夹尺寸精度，保证工序技术要求	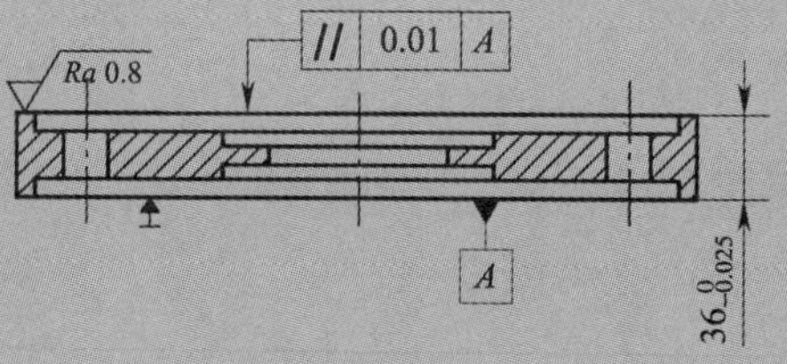
7	铣	用磨过的端面定位，加工各孔，同时加工凹平面，保证工序技术要求	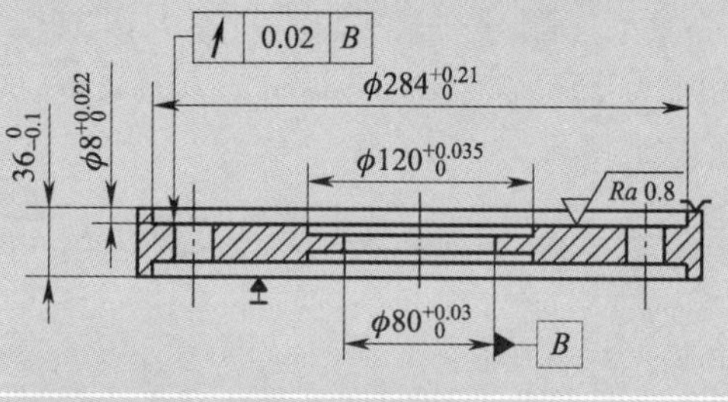
		用磨过的端面定位，加工各孔，同时加工凹平面。用试切或计算的方法，保证凹平面厚度	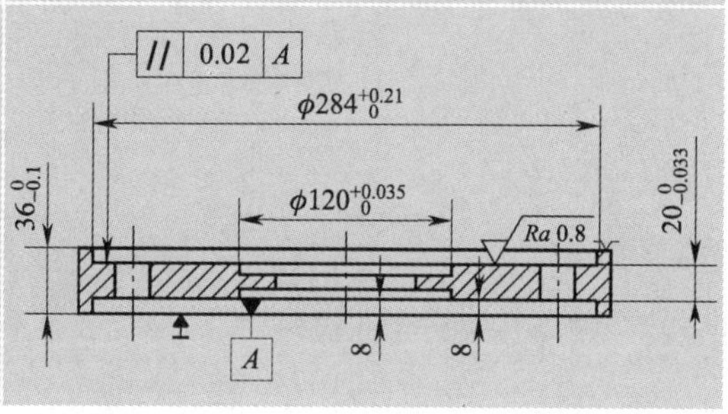

（1）粗加工阶段（2~3序）。因为连接盘的投料是锻件，加工余量大，为了防止工件精加工后变形，要安排粗加工工序。

（2）热处理工序（4序）。粗加工后安排时效处理工序，是为了消除加工应力。

（3）加工定位基准面工序（6序）。在加工盘类工件时，首先要有一个好的定位面，而在加工定位面时还不能使平面变形，也就是不能在加工平面时让工件受径向力，因此选择了磨平面，并且提高了几何精度，在磨平面时两个平面互为基准加工，保证了平行度和平面度，为后续工序打下了好的装夹基础。

（4）精加工阶段（7序）。因为生产纲领为试制产品，不需要设计及制造专用夹具，所以安排加工中心加工连接盘的两个凹面和孔。在装夹时采用了平面定位和端面压紧的方法。该精加工方案的缺点是加工效率低，刀具磨损快，表面质量差。

3. 连接盘批量生产的工艺改进

批量生产时对连接盘的加工工艺进行了改进，见表1-2-10。改进的内容如下：将原来的9序和10序改为车削加工，使用车床专用夹具。加工前在车床上精车夹具的定位端面，消除夹具安装和找正误差。装夹时采用端面和孔定位，压紧端面。改进后的工艺保证了质量，提高了效率。

表1-2-10 连接盘加工工艺流程（改进后）

工序号	工序名称	加工内容	加工简图
1	下料	锻件	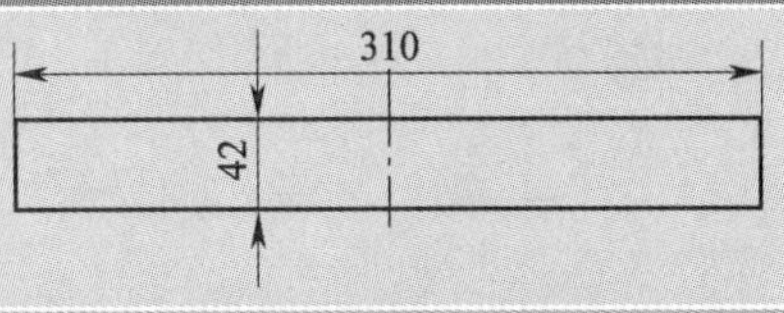
2	粗车	粗加工各外圆和凹面，留2mm余量	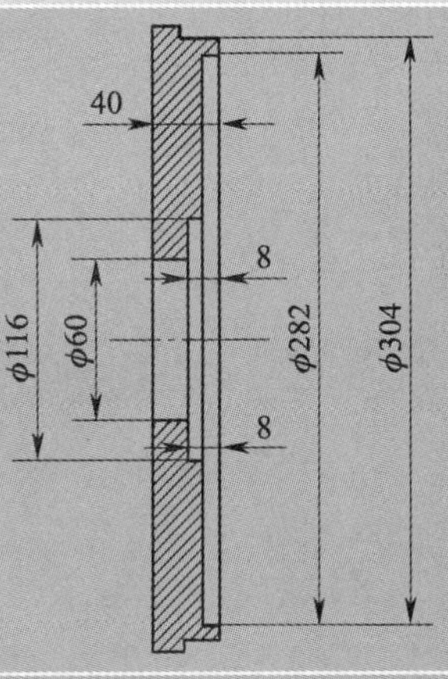
2	粗车	掉头，粗加工各外圆和凹面，留2mm余量	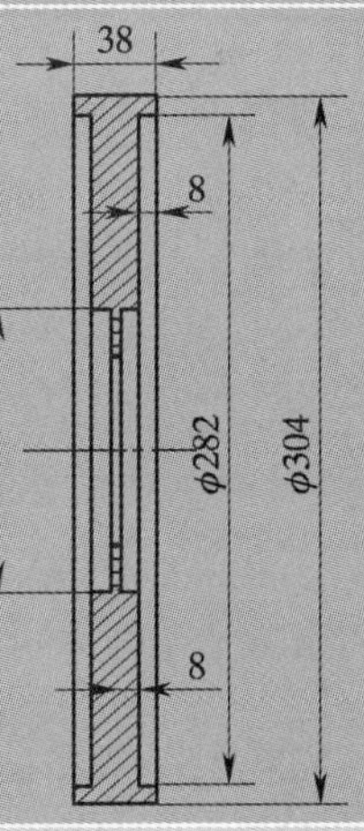
3	铣	铣削安装孔	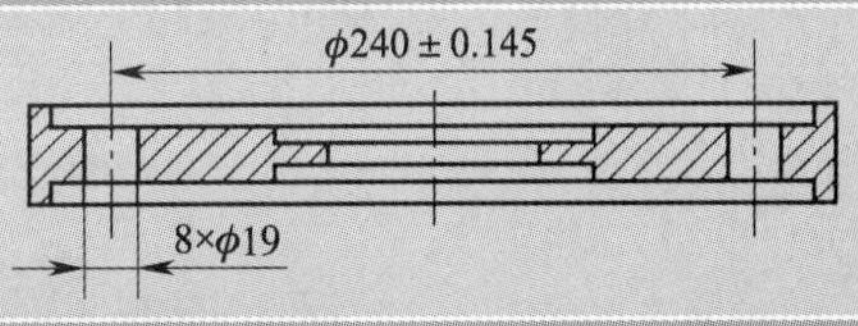
4	时效处理	时效处理，消除加工应力	

续表

工序号	工序名称	加工内容	加工简图
5	精车	精车外圆	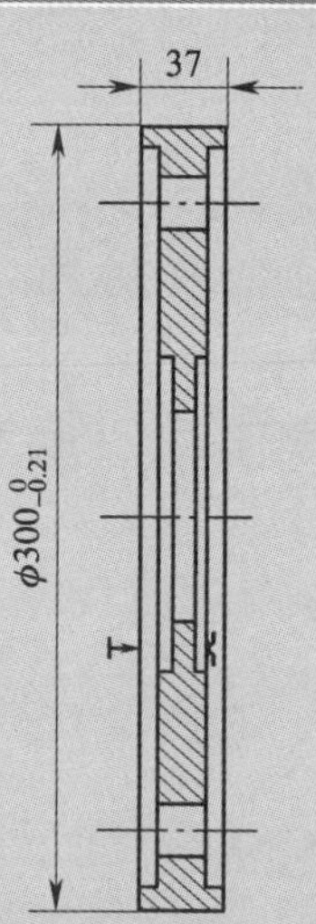
6	磨	磨端面,准备装夹基准	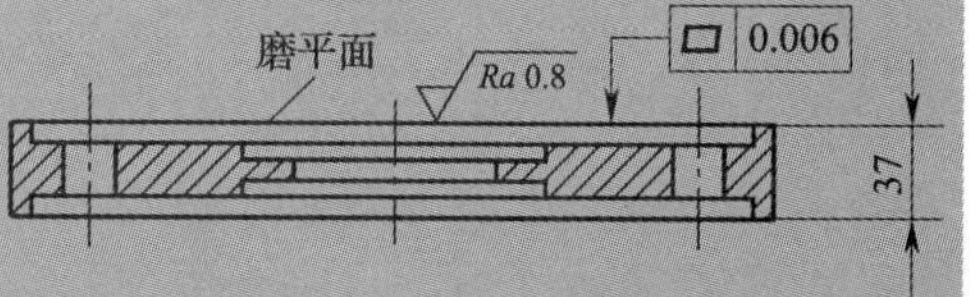
6	磨	磨端面,准备装夹基准。因基准转换,要提高装夹尺寸精度	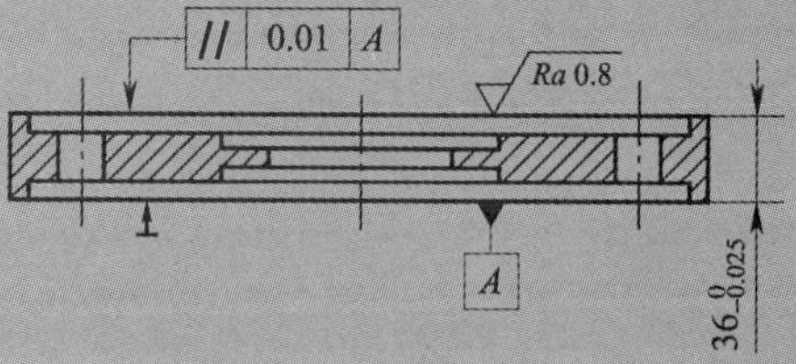
7	精车	使用车床专用夹具,以端面和孔定位,按工序图内容加工凹平面和各孔,保证工序图技术要求	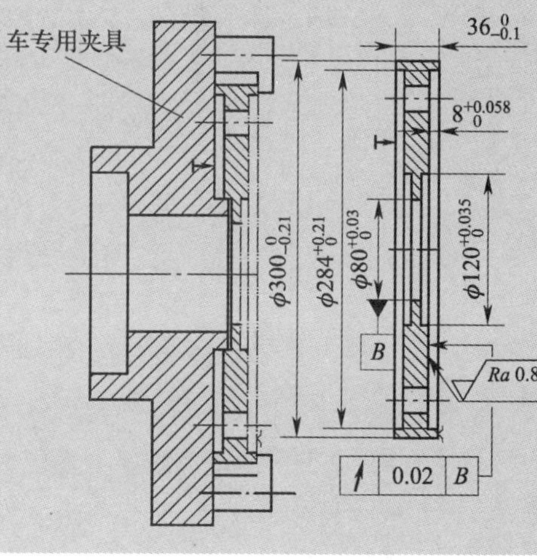

续表

工序号	工序名称	加工内容	加工简图
7	精车	使用车床专用夹具，以端面和孔定位，按工序图内容加工凹平面和各孔，保证工序图技术要求	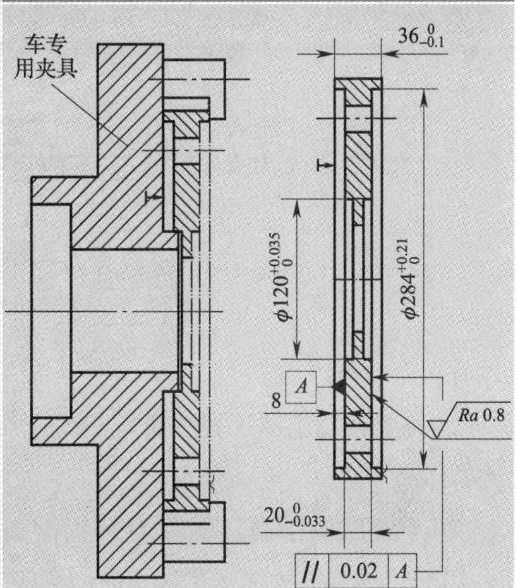

学习单元 5　数控加工新知识

一、高速加工

高速加工是一个相对的概念，由于不同的加工方式、不同工件材料有不同的高速加工范围，因而很难就高速加工的切削速度给出一个确切的定义。概括地说，高速加工技术是指采用超硬材料的刀具与磨具，能可靠地实现高速运动，极大地提高材料切除率，并保证加工精度和加工质量的现代制造加工技术，其切削速度通常比常规加工高 5～10 倍。

1. 高速加工的切削速度范围

如图 1-2-14 所示，以切削速度和进给速度界定，高速加工的切削速度和进给速度为普通切削的 5～10 倍；以主轴转速界定，高速加工的主轴转速 $n \geqslant 10\,000$ r/min。

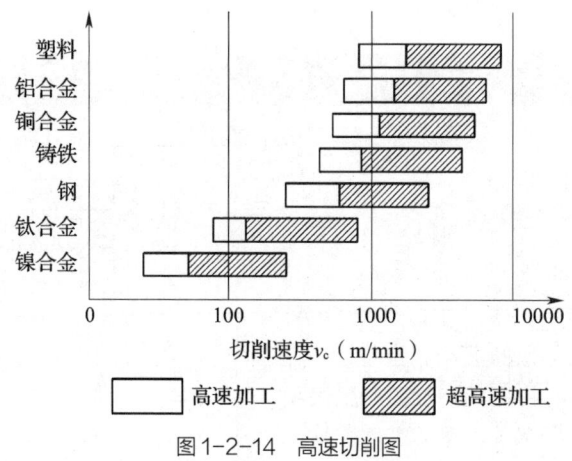

图 1-2-14 高速切削图

与传统的切削加工方法比较，高速切削加工具有明显的优势，主要体现在以下几个方面：

（1）切削效率高。随着刀具切削速度的大幅提高，工件进给速度也相应提高 5~10 倍，这样大大缩短了加工时间和空行程时间，生产效率显著提高。

（2）加工精度高，表面粗糙度值低。高速切削时，机床的激振频率相当高，远离了工艺系统的低阶固有频率，因而工作平稳、振动小，能加工出非常精密、光洁的工件，表面质量可达到磨削的水平。

（3）切削力小，变形小。高速切削工件无飞边、毛刺，可完成高硬度材料的加工。

（4）切削力小。当切削速度达到一定数值时，切削力可降低 30%，尤其是径向切削力的大幅度减小，特别有利于提高薄壁件和刚性差零件的加工。

（5）高速加工采用小直径刀具、小背吃刀量、小切削宽度和快速多次走刀来提高效率，而传统的加工一般采用大直径刀具、大背吃刀量、大切削宽度。

2. 高速切削理论的提出

德国切削物理学家 Carl Salmon 博士 1929 年进行了超高速模拟试验。如图 1-2-15 所示为切削温度与切削速度曲线。

在 1931 年 4 月，根据该模拟试验曲线，提出著名的"萨洛蒙曲线"和高速切削理论。即：一定的工件材料对应有一个临界切削速度，在该切削速度下其切削温度最高。如图 1-2-16 所示为不同切削速度下的温度变化曲线。

在常规切削速度范围内，切削温度随着切削速度的增大而提高。在切削速度达到临界切削速度后，随着切削速度的增大，切削温度反而下降。

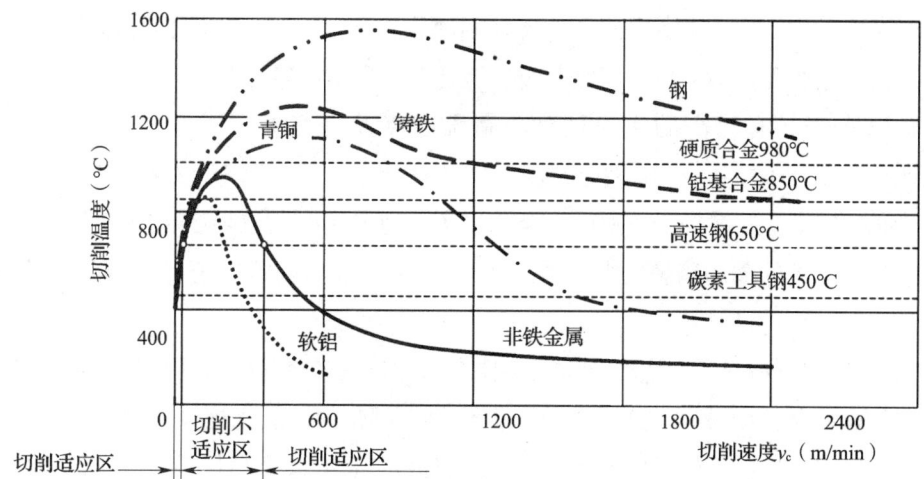

图 1-2-15　切削温度与切削速度曲线

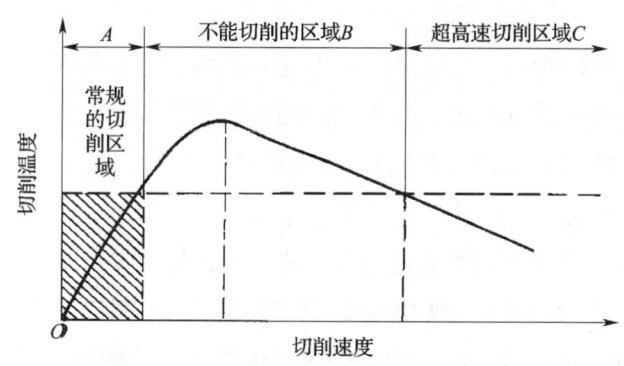

图 1-2-16　不同切削速度下的切削温度变化曲线

如果切削速度能超越切削"死谷",在超高速区域内进行切削,则有可能用现有的刀具进行高速切削,从而可大大减少切削工时,成倍地提高机床的生产效率。

3. 高速切削加工的关键技术

高速切削加工涉及很多相关的加工环节和关键技术。

（1）超高速切削的刀具材料。当今刀具材料的种类非常多,在高速切削时刀具的选择非常重要。以下是高速切削时常用的刀具品种。

1）涂层刀具材料。涂层刀具通过在刀具基体上涂覆金属化合物薄层,以获得远高于基体的表面硬度和优良的切削性能。常用的刀具基体材料主要有高速钢、硬质合金、金属陶瓷、陶瓷等。

硬涂层刀具的涂层材料主要有氮化钛（TiN）、碳氮化钛（TiCN）、氮化铝钛（TiAlN）、碳氮化铝钛（TiAlCN）等,其中 TiAlN 在超高速切削中性能优异,其最高工作温度可达800℃。软涂层刀具（如采用硫族化合物 MoS_2、WS_2 作为涂层材料的高速钢刀具）主要用于加工高强度铝合金、钛合金或贵重金属材料。

金属陶瓷具有较高的室温硬度、高温硬度及良好的耐磨性。金属陶瓷材料主要包括高耐磨性 TiC 基硬质合金（TiC+Ni 或 Mo）、高韧性 TiC 基硬质合金（TiC+TaC+WC）、强韧 TiN 基硬质合金（以 TiN 为主体）、高强韧性 TiCN 基硬质合金（TiCN+NbC）等。金属陶瓷刀具可在 300~500 m/min 切削速度范围内高速精车钢和铸铁。

2）陶瓷刀具材料。陶瓷刀具材料主要有氧化铝基和氮化硅基两大类，是通过在氧化铝和氮化硅基体中分别加入碳化物、氮化物、硼化物、氧化物等得到的，此外还有多相陶瓷材料。目前国外开发的氧化铝基陶瓷刀具有 20 余个品种，约占陶瓷刀具总量的 2/3；氮化硅基陶瓷刀具有 10 余个品种，约占陶瓷刀具总量的 1/3。陶瓷刀具可在 200~1 000 m/min 切削速度范围内高速切削软钢（如 Q235 钢）、淬硬钢、铸铁等。

3）聚晶金刚石（PCD）刀具材料。PCD 是在高温、高压条件下通过金属结合剂将金刚石微粉聚合而成的多晶材料，虽然它的硬度低于单晶金刚石，但有较高的抗弯强度和韧性。PCD 材料还具有高导热性和低摩擦因数。另外，其价格只有天然金刚石的几十分之一至十几分之一，因此得以广泛应用。

PCD 刀具主要用于加工耐磨有色金属和非金属，与硬质合金刀具相比能在切削过程中保持刃口锋利和切削效率，使用寿命一般是硬质合金刀具的 10~500 倍。

4）立方氮化硼（CBN）刀具材料。CBN 的硬度仅次于金刚石，它的突出优点是热稳定性好，化学惰性大，在 1 200~1 300℃下也不发生化学反应。

CBN 刀具具有极高的硬度及红硬性，可承受高切削速度，适用于超高速加工钢铁类工件，是超高速精加工或半精加工淬火钢、冷硬铸铁、高温合金等的理想刀具材料。

（2）刀具角度选择。高速切削刀具最佳前角和后角推荐值见表 1-2-11。

表1-2-11 高速切削刀具角度最佳推荐值

工件材料	最佳前角数值	最佳后角数值
铝合金	12°~15°	13°~15°
铜	0°~5°	12°~16°
铸铁	0°	12°
铜合金	8°	16°
纤维强化复合材料	20°	15°~20°

(3)高速切削机床

1)床身部件。为了适应粗精加工、轻重切削和快速移动,同时保证高精度,高速切削机床必须具有足够的刚度、强度和阻尼特性以及高的热稳定性。

大部分机床都采用高质量、高刚度和高抗胀性的灰铸铁作为支承部件材料,有的公司还在底座中添加高阻尼特性的聚合物混凝土,以增加其抗振性和热稳定性,不但保证了机床精度稳定,还可防止切削时刀具振颤。也可采用封闭式床身设计,整体铸造床身,"箱中箱"结构或对称床身结构并配有密布的加强肋,使机床获得了在静态和动态方面更大限度的稳定性。

2)电主轴技术。一般主轴转速达到 15 000 ~ 30 000 r/min,更高的能达到 100 000 ~ 150 000 r/min。交流伺服电动机采用内置式集成化结构。转子套装在机床主轴上,定子安装在主轴单元的壳体中,采用水冷或油冷。精度高,振动小,噪声低,结构紧凑。

采用的轴承有滚动轴承(陶瓷轴承)、磁悬浮轴承、气体静压轴承、液体动静压轴承等。如图 1-2-17 所示为陶瓷轴承高速主轴结构。

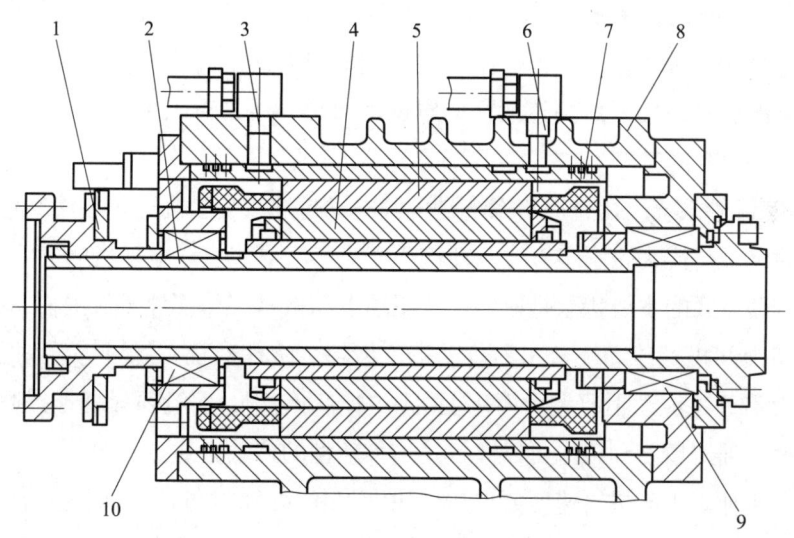

图 1-2-17 陶瓷轴承高速主轴结构
1—反馈装置 2—主轴 3—冷却液出口 4—转子 5—定子 6—冷却液进口
7—冷却套 8—主轴箱体 9—前轴承 10—后轴承

电主轴技术是高速切削机床的关键技术,它所融合的内容包括:电主轴通常采用角接触陶瓷(氮化硅 SiN)球轴承,与钢球轴承相比,耐磨,耐热,密度减小 60%,因而可大幅度降低离心力,使用寿命是传统轴承的几倍;角接触球轴承在 20 000 r/min 以下的高速主轴单元中应用,速度极限、承载能力、刚度、精度等各方面均能很好地满足要求,并已标准化,且价格低廉。目前90%的主轴组件采用这种类型的轴承。

也可采用磁悬浮轴承、液体动静压轴承、空气轴承等。磁悬浮轴承无机械接触,无须润滑,使用寿命长,可达到很高转速,它还是一种可控轴承,能自动消除不平衡引起的振动,具有很高的阻尼,但是磁悬浮轴承电气控制系统极其复杂且价格昂贵。液体动静压轴承的最大特点是运动精度高,回转误差一般在 0.2 μm 以下;另外,其动态刚度高,特别适合于铣削类的断续切削过程。空气动静压轴承径向刚度低并有冲击,但高速性能好,一般用在超高速、轻载、精密主轴上。

由于不平衡质量是以主轴转速的二次方影响主轴动态性能的,因此,对于在极高转速条件下工作的电主轴来说动平衡技术就显得格外重要。一些机床精度等级要求达到 G1~G0.4。除了装配前要对主轴的每个零件分别进行动平衡外,还要在装配后整体进行精确动平衡,甚至在加工时更换不同刀具后还要进行在线动平衡测量,以确保主轴高速平稳运行。

电主轴的润滑多采用定时、定量的油气润滑来替代污染严重的油雾润滑。油气润滑的润滑油不经雾化,易回收,对环境没有污染。喷射润滑是直接用高压润滑油对轴承进行润滑和冷却的,功率消耗较大,成本高,常用在 20 000 r/min 以上的超高速主轴上。环下润滑是一种改进的润滑方式,比普通的喷射润滑和油气润滑效果好,可进一步提高轴承的转速。为了给高速运行的电主轴散热,通常对电主轴的外壁通以循环冷却剂。

3)快速进给系统。快速进给系统是伺服电动机加大导程高速精密滚珠丝杠副、直流直线电动机、交流永磁同步直线电动机、交流感应异步直线电动机的进给系统。

这种传动方式的主要特点是取消了从驱动电动机至工作部件(如主轴、工作台等)之间的一切中间机械传动环节(如传动带、齿轮、滚珠丝杠、螺母等),把传动链的长度缩小为零。零传动不但大大简化了机床的传动结构,而且还显著地提高了机床的动态灵敏度、加工精度和工作可靠性,是一种新型的传动方式。

现代高速加工机床进给速度要求达到 40~120 m/min,同时还要求进给部件具有很高的加(减)速度 $[(1~8)g]$。要达到如此高的进给速度和加速度,传统的回转伺服电动机加滚动丝杠的传动方式很难实现。因此,高速机床理想的进给驱动电动机应是直线伺服电动机。采用直线伺服电动机无须任何运动转换机构,同样实现了"零传动"。与传统进给系统相比,直线电动机具有精度高、响应速度快、效率高、高进给速度和无机械磨损等明显优势。直线电动机进给驱动有以下优点:

①速度高。直线电动机直接驱动工作台,无任何中间机械传动元件,无旋转运动,不受离心力的作用,容易实现高速直线运动,目前最大进给速度可达 80~120 m/min。

②加速度大。直线电动机的启动推力大,结构简单,质量轻,运动变换时的过渡过程短,可实现灵敏的加速和减速,其加速度可达(2~10)g。

③定位精度高。直线电动机进给系统用光栅尺作为位置测量元件,采用闭环控制,通过反馈对工作台的位移精度进行精确控制,因而刚度高,定位精度高达0.01~0.1 μm。

④行程不受限制。直线电动机的次级一段一段地连续铺在机床床身上,次级铺到哪里,初级(工作台)就可运动到哪里,不管行程多远,对整个系统的刚度不会有任何影响。

⑤高速CNC控制系统。高速数控机床要求CNC控制系统具有快速数据处理能力和高的功能化特性,以保证在高速切削时,特别是在4~5轴坐标联动加工复杂曲面时仍具有良好的加工性能。CNC控制系统常使用32位或64位CPU,并采用多处理器,确保极短的单个程序段处理时间;采用前馈和大量超前程序段处理功能,保证高速加工时的插补精度。

(4)高速切削的刀具系统。刀柄是高速切削时的一个关键件,图1-2-18所示为HSK型刀柄及其主轴连接结构。

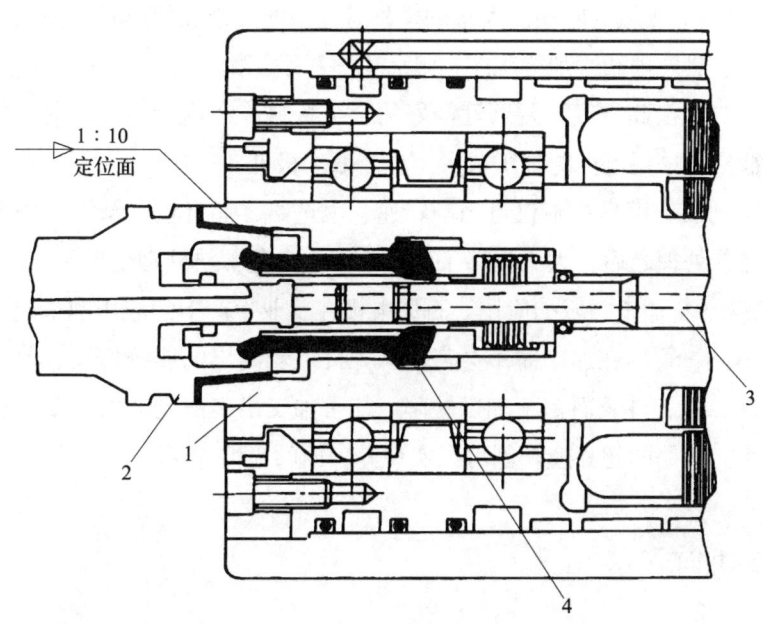

图1-2-18 HSK型刀柄及其主轴连接结构
1—主轴 2—HSK型刀柄 3—刀柄拉杆 4—卡爪

刀柄在主轴上由锥度和锥度的端面双重定位,主要体现它传递机床精度和切削力的作用。高速切削刀柄结构必须满足下列要求:

1)很高的几何精度和装夹重复精度。

2)很高的装夹刚度。

3)高速运转时安全可靠。传统的加工中心主轴与刀具的连接大多采用7∶24锥度的单面夹紧刀具系统。这种方法由于是靠长锥面结合,工具与主轴的连接刚度较低,在主轴转速超过10 000 r/min时,由于离心力的作用,主轴7∶24的大端会产生扩张,使工具定位精度和连接刚度下降,振动加剧,甚至发生刀柄与主轴咬合的现象。

(5)高速切削的应用

1)加工薄壁、细肋的复杂零部件。在飞机工业中,用高速加工中心,采用"整体制造法"加工大量薄壁、细肋的复杂轻合金构件,其材料切除率高达100～180 cm^3/min,为常规加工的3倍以上,大大压缩了切削工时,减小了部件之间的结合面,提高了飞机飞行的安全性。

航空发动机上的镍基合金和钛合金材料强度、硬度高,切削温度高,刀具磨损快,属于难加工材料。用传统加工方法不仅加工效率低,而且也容易造成工件表面烧伤。如果采用高速切削工艺,不仅加工效率比传统的方法提高10倍以上,还可以延长刀具寿命,改善零件的加工质量。

2)在模具制造领域的应用。大量的模具有复杂的三维几何形状,传统的加工方法要经过粗加工、热处理和磨削等工序,最后工序靠手工抛光。

大多数模具都由高硬度、耐磨性能好的合金材料(经热处理)制造而成,加工难度很大,以往广泛采用电火花加工成形,生产效率极低。

用高速铣削加工模具,不仅可用高转速、大进给,而且粗、精加工一次完成,且加工过程是在热处理之后,大大提高了生产效率,避免了热处理变形。

3)在特殊材料加工领域的应用。石墨电极在工业生产中的应用越来越广泛。石墨与金属材料不同,石墨在加工时不会产生从工件上剥离出的连续切屑,但它却容易产生挤压和剥落,在工件表面留下加工缺陷。能否加工出表面光洁的石墨电极是石墨加工的关键技术。石墨的超高速切削可以实现其表面的光洁加工。

二、互联网加工

1. 网络化制造技术

(1)网络化制造技术的概念。数控机床的网络化加工主要是指机床通过所配装的数控系统与外部的其他控制系统或计算机进行网络连接和网络控制。数控机床一般首先面向生产现场和企业内部的局域网，然后再经由互联网通向企业外部。网络化制造技术是支持企业设计、实施、运行和管理基于网络的制造系统所涉及的所有技术的总称。如图1-2-19所示为网络化制造信息结构图。

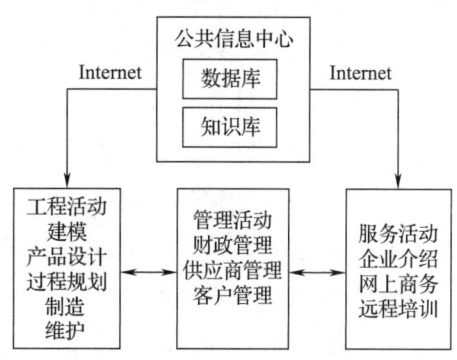

图1-2-19 网络化制造信息结构图

网络化制造是指企业利用计算机网络，面对市场机遇，针对某一市场需要，利用以互联网为标志的信息高速公路，灵活而迅速地组织社会制造资源，把分散在不同地区的现有生产设备资源、智力资源和各种核心能力，按资源优势互补的原则，迅速地组合成一种没有围墙的、超越空间约束的、靠电子手段联系的统一指挥的经营实体，网络联盟企业便可以快速推出高质量、低成本的新产品。其实质是通过计算机网络进行生产经营业务活动各环节的合作，以实现企业间的资源共享、优化组合和异地制造。

网络化制造作为一种全新的制造模式，以数字化、柔性化、敏捷化为基本特征。柔性化与敏捷化是快速响应客户需求的前提，表现为结构上的快速重组、性能上的快速响应、过程中的并行性与分布式决策。这意味着系统必须具有动态易变性，能通过快速重组快速响应市场需求的变化。

在网络化制造环境下，企业的组织形态、经营模式和管理机制需要有全方位的创新，使之适应网络化制造的要求。制造企业不再是孤立的个体，而是社会化大系统中的一个成员，并作为动态的制造环境中一个可供使用的制造个体资源，以企业集成的形式，通过合作与竞争，参与动态的制造系统重组。

（2）网络化制造模式的特点。网络化制造是一种先进的制造模式，覆盖了企业生产经营的所有活动，强调企业间的协同工作和资源共享，可以使制造企业提高敏捷性、快速响应能力和创新能力。网络化制造模式具有以下特点：

1）组织形式以动态性的网络联盟为主。在网络化制造环境下，某企业针对某个市场机遇或某项新技术、新发明的应用要求，联合具有某项核心优势技术的其他企业组建网络联盟，加快响应市场需求的速度，降低产品成本。网络联盟随合作项目结束而解散，具有动态性。

2）协同性。企业协同可以包括设计协同、制造协同、供应链协同和商务协同等。网络化制造模式实施应用的主要技术目标是实现协同。需要网络联盟内各企业协同工作，发挥各自的核心优势，通过协同来提高企业间合作的效率，缩短产品开发周期，降低制造成本，提高产品质量，缩短整个供应链的交货周期。

3）数字化。由于网络化制造是一种基于网络的制造系统，通过网络传递产品设计、制造、管理、商务、设备和控制等各种信息，因此，数字化是网络化制造的重要特征，也是实施网络化制造的重要基础。

4）异地分布性和应用系统异构性。网络技术使联盟内企业分布在全球不同地区成为可能，而各企业的应用系统也不尽相同，要利用网络技术共享、交换信息。

5）敏捷性。敏捷化是快速响应客户需求的前提，表现为系统结构上的快速重组，性能上的快速响应，过程中的并行性与分布式决策。

6）知识性。在现代生产模式下，决定产品成本、利润和竞争能力的主要因素是开发、生产该产品所需的知识的价值，而不是材料、设备或劳动力。

7）创新性。21世纪要求每个企业不仅需要有市场变化的快速响应能力，还要有不断通过技术创新和产品更新来开拓市场、引导市场的能力。价值法则告诉大家，一个新产品的价格总是高于其价值，通过竞争价格才逐渐接近其价值。只有不断推出有独占性技术的新产品，才能不断获取高额利润。

（3）网络化制造的实用性。网络化制造与传统制造不是对立的，不是对传统制造的取代。网络只是使信息的传递更快、更准确，使传递的信息更多。

网络化制造并不能代替传统制造业中的许多功能，如产品的创新设计需要人的创造性劳动，零件的加工及装配需要相应的设备和人员，产品的销售需要物流系统等。具体来讲，网络化制造应具有以下三种能力：

1）快速、并行地组织不同的部门或集团成员将新产品从设计转入生产。

2）快速地将产品制造厂家和零部件供应厂家组合成虚拟企业，形成高效经济的供应链。

3）在产品生产过程中，各参加单位能够就用户需求、计划、设计、模型、生产进度、质量以及其他数据进行实时交换和通信。

2. 柔性化加工

机械制造企业在普遍采用CAD/CAM的基础上，更加广泛地使用数控加工设备，数控应用软件日趋丰富和具有"人性化"，虚拟设计、虚拟制造等高端技术也越来越多地应用于机械制造中。通过软件智能替代复杂的硬件，正在成为当代机床发展的重要趋势。在数字化制造的目标下，通过流程再造和信息化改造，企业资源计划（Enterprise Resource Planning，ERP）等一批先进企业管理软件已经脱颖而出，为企业创造出更高的经济效益。

数控机床向柔性自动化系统发展的趋势如下：一方面，从点（数控单机、加工中心和数控复合加工机床）、线（FMC、FMS、FTL、FML）向面（工段车间独立制造岛、FA）、体（CIMS、分布式网络集成制造系统）的方向发展；另一方面，向注重应用性和经济性方向发展。柔性自动化技术是制造业适应动态市场需求及产品迅速更新的主要手段，是各国制造业发展的主流趋势，是先进制造领域的基础技术。其重点是以提高系统的可靠性、实用化为前提，以易于联网和集成为目标，注重加强单元技术的开拓、完善。CNC 单机向高精度、高速度和高柔性方向发展。数控机床及其构成的柔性制造系统能方便地与 CAD、CAM、CAPP、MTS 对接，向信息集成方向发展，网络系统向开放、集成和智能化方向发展。

3. 网络远程故障诊断

数控机床运行时，系统时刻监测机床的运行。数控装置对 PLC 系统进行运行检测，若发现问题立即报警，并且很多故障都会在屏幕上显示报警信息。如果发现故障或者发出的指令未执行，就及时将相应的信号传递给数控装置，数控装置将在屏幕上显示报警信息。网络远程诊断是近几年来发展起来的一种新型诊断技术。数控机床利用数控系统的网络功能通过互联网连接到机床制造厂家，出现故障后，由厂家的专业人员进行远程诊断，这是数控机床诊断技术的新发展。数控机床综合了机械、自动化、计算机技术、微电子技术等高端技术，有效减少了零部件的加工时间，极大地提高了生产效率，给企业带来了更多的经济效益。

学习单元 6 数控加工新技术

一、机床控制新技术

数控系统技术的突飞猛进为数控机床的技术进步提供了条件。为了满足现代加工的需要，达到现代制造技术对数控技术提出的更高要求，当前，世界数控技术及其装备的发展主要体现以下几方面技术特征：

1. 高速、高效

机床向高速化方向发展，不但可大幅度提高加工效率，降低加工成本，而且还可提高零件的加工质量和精度。高速加工技术对制造业实现高效、优质、低成本生产有广泛的适用性。新一代高速数控机床的主轴单元转速达到 15 000～100 000 r/min。高速数控机床的进给伺服系统运动部件快移速度达到 60～120 m/min，切削进给速度高达 60 m/min。随着高速切削机理、超硬耐磨长寿命刀具材料和磨料磨具、大功率高速电主轴、高加/减速度直线电动机驱动进给部件以及高性能控制系统（含监控系统）和防护装置等一系列关键技术问题的解决，为开发应用新一代高速数控机床提供了技术基础。

目前，数控机床系统在分辨率为 1 μm 时，快移速度达 100 m/min（有的到 200 m/min）以上，在分辨率为 0.1 μm 时达 24 m/min 以上；自动换刀速度在 1 s 以内；小线段插补进给速度达到 12 m/min。

2. 高精度

从精密加工发展到超精密加工，是数控机床的发展方向。其精度从微米级到亚微米级乃至纳米级（<10 nm），应用范围日趋广泛。

当前，在机械加工高精度的要求下，普通级数控机床的加工精度已由 ±10 μm 提高到 ±5 μm，精密级加工中心的加工精度则从 ±（3～5）μm 提高到 ±（1～1.5）μm 甚至更高，超精密加工精度进入纳米级（0.001 μm）。主轴回转精度要求达到 0.01～0.05 μm，加工圆度为 0.1 μm，加工表面粗糙度为 Ra0.003 μm 等。这些机床一般都采用矢量控制的变频驱动电主轴（电动机与主轴一体化），主轴径向跳动小于 2 μm，轴向窜动小于 1 μm，轴系不平衡度达到 G0.4。

高速、高精度加工机床的进给驱动主要有"回转伺服电动机加精密高速滚珠丝杠"和"直线电动机直接驱动"两种类型。此外，新兴的并联机床也易于实现高速进给。

滚珠丝杠属机械传动，在传动过程中不可避免地存在弹性变形、摩擦和反向间隙，相应地造成运动滞后和其他非线性误差，为了排除这些误差对加工精度的影响，目前开始在机床上应用直线电动机直接驱动，由于是没有中间环节的"零传动"，不仅运动惯量小，系统刚度高，响应快，可以达到很高的速度和加速度，而且其行程长度理论上不受限制。定位精度在高精度位置反馈系统的作用下也易达到较高水平，是高速、高精度加工机床特别是中、大型机床较理想的驱动方式。目前使用直线电动机的高速、高精度加工机床最大快移速度已达 208 m/min，加速度为 2g，并且还有发展余地。

3. 高可靠性

随着数控机床网络化应用的发展，数控机床的高可靠性已经成为数控系统的考核指标。对进行智能加工的无人企业而言,如果要求在 16 h 内连续正常工作,无故障率 $P(t)$ 在 99% 以上,则数控机床的平均无故障运行时间 MTBF 就必须大于 3 000 h。对一台数控机床而言,如主机与数控系统的失效率之比为 10∶1(数控系统的可靠性比主机高一个数量级),此时数控系统的 MTBF 就要大于 33 333.3 h,而其中的数控装置、主轴及驱动等的 MTBF 就必须大于 1×10^5 h。

当前国外数控装置的 MTBF 值已达 6 000 h 以上,驱动装置的 MTBF 值达 30 000 h 以上,但是可以看到距理想的目标还有差距。

4. 复合化

在零件加工过程中,有大量的无用时间消耗在工件搬运、装卸料、安装及调整、换刀和主轴的升降速上,为了尽可能减少这些无用时间,人们希望将不同的加工功能整合在同一台机床上,因此,复合功能机床成为近年来发展很快的机种。

柔性制造范畴的机床复合加工是指将工件一次装夹后,机床便能按照数控加工程序,自动进行同一类工艺方法或不同类工艺方法的多工序加工,以完成一个复杂形状零件的主要乃至全部车、铣、钻、镗、磨、攻螺纹、扩孔和铰孔等多种加工工序。就异型旋转体类零件而言,加工中心便是最典型的进行同一类工艺方法多工序复合加工的机床。事实证明,机床复合加工能提高加工精度和加工效率,节省占地面积,特别是能缩短零件的加工周期。

5. 多轴化

随着五轴联动数控系统和编程软件的普及,五轴联动控制的加工中心已经成为当前的一个开发热点。由于在加工自由曲面时,五轴联动控制对球头铣刀的数控编程比较简单,并且能使球头铣刀在铣削三维曲面的过程中始终保持合理的切削速度,从而显著改善加工表面的质量及大幅度提高加工效率,而在三轴联动控制的机床上无法避免切削速度接近于零的球头铣刀端部参与切削,因此,五轴联动机床以其无可替代的性能优势已经成为各大机床厂家积极开发和竞争的焦点。

6. 智能化

智能化是 21 世纪制造技术发展的一个大方向。智能加工是一种基于神经网络控制、模糊控制、数字化网络技术和理论的加工,它要在加工过程中模拟人类专家的智能活动,以解决加工过程中许多不确定的、要由人工干预才能解决的问题。智能化的内容包括在数控系统中的各个方面。

（1）为追求加工效率和加工质量的智能化，如自适应控制、工艺参数自动生成等。

（2）为提高驱动性能及使用连接方便的智能化，如前馈控制、电动机参数的自适应运算、自动识别负载、自动选定模型、自整定等。

（3）简化编程、操作的智能化，如智能化的自动编程，智能化的人机界面对话控制等。

（4）智能诊断、智能监控，方便系统的诊断及维修等。

7. 远程智能诊断

目前有很多数控系统有远程诊断功能，数控机床利用数控系统的网络功能通过互联网连接到机床制造厂家，出现故障后，由厂家的专业人员进行远程诊断，这是数控机床诊断技术的新发展。

8. 绿色化

21世纪的金属切削机床必须把环保和节能放在重要位置，即要实现切削加工工艺的绿色化。目前这一绿色加工工艺主要集中在不使用切削液上，这主要是因为切削液既污染环境和危害工人健康，又增加资源和能源的消耗，故出现了使用极微量润滑（MQL）的准干切削。目前在欧洲的干切削一般是在大气氛围中进行的，但也包括在特殊气体氛围中（如氮气中、冷风中或采用干式静电冷却技术）不使用切削液进行的切削。不过，对于某些加工方式和工件组合，完全不使用切削液的干切削目前尚难以实际应用于大批量机械加工中，已有10%~15%的加工使用了干切削和准干切削。对于面向多种加工方法，对加工中心之类的机床来说，主要是采用准干切削，通常是让极微量的切削液与压缩空气的混合物经由机床主轴与工具内的中空通道喷向切削区。在各类金属切削机床中，采用干切削最多的是滚齿机。

二、虚拟数控加工技术

随着计算机技术、控制技术和系统工程的发展，制造技术正逐步向集成制造、智能制造方向发展。数控技术是现代化加工设备的基础，发展先进制造技术，必须发展数控技术。为了有效地解决数控加工在实际应用中存在的问题，结合虚拟制造技术，实现CAD/CAM在车削和铣削加工中一体化加工。以车削和铣削加工为背景，在Windows环境下使用仿真数控铣削和车削软件，将仿真结果变换成指令直接输出给数控加工设备，检测NC编程的效率与质量。

1. 虚拟数控车削、铣削加工的概念

针对具有代表性的数控车削、铣削复合机床,利用虚拟制造的相关技术,通过计算机技术构造一个逼真的虚拟数控车削、铣削加工环境,在此环境中集成了车削、铣削加工从设计功能到制造功能的全部或者大部分功能,操作者可看到整个过程,及时发现加工中存在的问题并加以修正,最后向数控机床输出 NC 代码。虚拟数控加工技术可解决数控技术在实际中存在的问题,以指导实际生产,更好地发挥数控机床的优势。

2. 虚拟数控车削、铣削加工的特性

虚拟数控加工与实际数控车削、铣削加工在功能和结构上都应该是逐一对应的,如图 1-2-20 所示。它可以根据实际加工机床的状况进行初始化,然后在虚拟数控机床上进行车削、铣削加工仿真,可以真实地描述出刀具运动轨迹,完成如碰撞、干涉检验等功能。它生产的是数字产品,不消耗实际的资源和能量,仅是模拟产品的设计、开发与实现过程,具有功能一致性、结构相似性、组织灵活性、集成化、智能化五个特性。

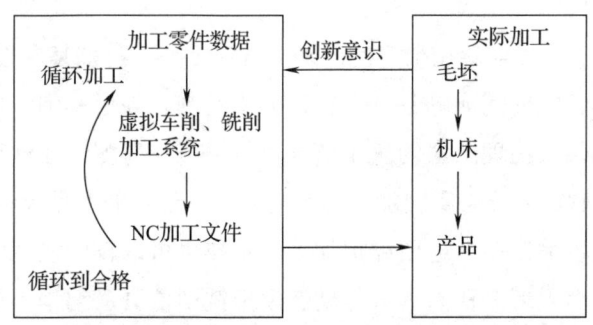

图 1-2-20　虚拟数控车削、铣削加工与实际加工

3. 虚拟加工平台的选择

现在已有的 CAD 软件(如 UG、Pro/E、IDEAS 等)有很好的接口,能创建零件数据模型(数字化模型是产品虚拟制造的条件和基础),因此可用来作为虚拟设计的主要支承软件。虚拟加工平台是 CAD 技术与数据库技术、计算机网络技术、人工智能技术、虚拟现实技术等相交叉的一门综合技术。

VB 是一种面向对象的程序设计软件,能支持动态链接库、动态数据交换和对象链接与嵌入等技术,并且可以直接处理 Solidworks 为开发者提供的宏记录,并可以进一步拓展。应用 VB 进行编程,调用 Solidworks API 中的库函数,能给出用户所需的各种零件，当要调用零件库中的零件时，运行建库时创建的可执行文件，输入适当的参数，库中相应的零件就会做出相应的修改，因此选为开发语言。

4. 虚拟环境建模

由于在国内外已经有了很多 CAD 三维造型软件，技术已经基本成熟，在开发系统时，对于零件毛坯的造型技术不需要投入很大的精力，只采取对接技术，即开发出符合 Step 标准的接口模块文件，来读取其他 CAD 三维造型软件产生的文件进行数据处理，变成虚拟加工环境可接收的三维模型数据。

刀具处理模块主要包括刀具的选择、刀具编辑和治理、刀具轨迹规划等。建立一个相应的虚拟现实的三维变参数刀具库，实现刀具的编辑、查询、修改功能，根据零件毛坯和夹具的空间几何关系及刀具特征参数，确定合适的加工方法，优化加工刀具轨迹，预测加工过程中可能的干涉情况。

数据处理模块根据给定的相应刀位文件转化成 NC 代码，利用 NC 程序翻译器来解释 NC 程序，获得刀位数据，最后输出给数控机床。

5. 机械加工过程仿真

车削、铣削加工是目前应用最广泛的加工方法之一，特别是虚拟车削、铣削加工，将对车削、铣削加工能够完成的各种工作，如面铣削、外形铣削、挖槽、钻孔、全圆车削等加工中的几何及物理因素的变化情况进行模拟与猜测，在计算机上给出预加工零件的硬件环境和软件环境，实现加工过程的演示。现在的产品大多由复杂曲面构成，数控编程效率低且容易出错，应用虚拟加工仿真技术可以较圆满地解决以上问题。在虚拟环境中放置一个毛坯，让刀具进行动态模拟铣削仿真，编程人员可以根据刀具的运行情况和毛坯切削情况及时反馈，调整加工工艺。虚拟车削、铣削加工结构图如图 1-2-21 所示。

6. 虚拟加工技术的特点

综上所述，虚拟数控车削、铣削加工技术具有以下优点：

（1）虚拟数控车削、铣削加工将完整的加工过程在一台计算机上显示出来，车削、铣削加工是在计算机上进行的，不涉及机床、刀具的磨损和加工原材料的消耗；同时，任何新型零件的加工都可以在虚拟环境下进行，可预先观察到实际加工中可能出现的情况，如是否存在刀具与工件的干涉等，并预测加工结果，不必为经常改装与调整设备花费不必要的人力、财力。

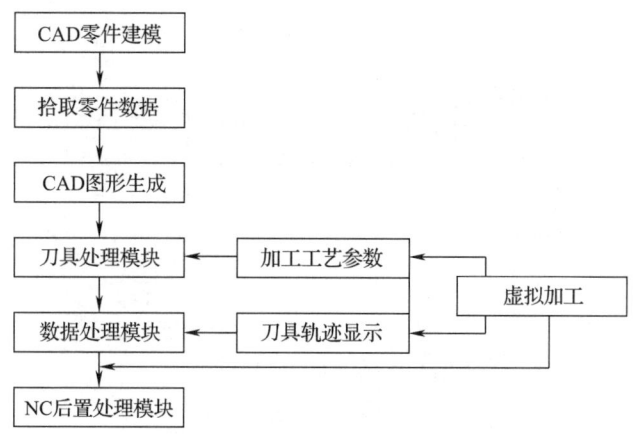

图 1-2-21 虚拟车削、铣削加工结构图

（2）车刀、铣刀的选择，加工轨迹路线的优化，加工过程的动画演示，CNC 程序代码的输出，全部在计算机上操作，友好的人机交互界面方便操作人员的使用；应用当今流行的专家系统、人工智能系统，将大大减少编程的工作量。

三、激光加工技术

1. 激光技术的概念

自然界存在着自发辐射和受激辐射两种不同的发光方式，前者发出的光是随处可见的普通光，后者发出的光便是激光。激光是激光器产生的，激光如果通过透镜将其聚焦成直径为几十微米到几微米的极小光斑，便能获得极高的能量密度（$10^8 \sim 10^{10}$ W/cm^2）。当激光照射在工件表面时，光能被工件吸收并迅速转化为热能，随着激光能量不断被吸收，工件材料迅速熔化甚至气化；材料凹坑内的金属蒸气迅速膨胀，压力突然增大，熔融物爆炸式地高速喷射出来，在工件内部形成方向性很强的冲击波。因此，激光加工是工件在光热效应下产生高温熔融和受冲击波抛出的综合作用过程。光斑区的温度可达 10 000 ℃ 以上，使材料熔化甚至气化，这就是激光加工。如图 1-2-22 所示为激光加工示意图。

2. 激光加工的特点

（1）几乎对所有的金属和非金属材料都可以进行激光加工。

（2）加工效率高，可实现高速切割和打孔。

（3）加工作用时间短，除加工部位外，几乎不受热影响，不产生热变形。

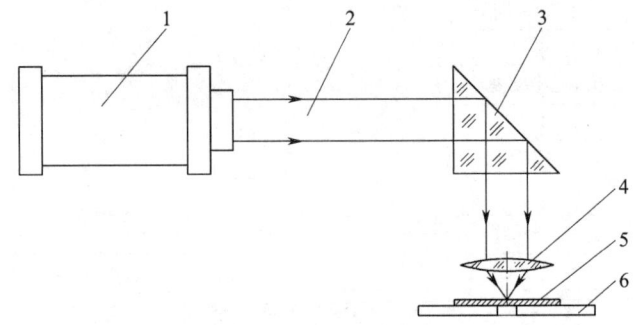

图 1-2-22 激光加工示意图
1—激光器 2—激光束 3—全反射棱镜 4—聚焦物镜 5—工件 6—工作台

（4）非接触加工，工件不受机械切削力，无弹性变形。

（5）激光束容易实现空间和时间控制，可进行微细的精密图形加工。

（6）不存在工具磨损问题。

（7）在大气中无能量损失，设备简单，不需要真空室。

（8）可通过空气、惰性气体或者光学透明介质，可对隔离室或真空室内的工件进行加工。

（9）加工时不产生振动和机械噪声。

（10）属于热加工，影响因素多。

（11）产生金属气体、火星等飞溅物，操作人员需戴防护眼镜。

（12）对工件无污染，不受电磁干扰。

（13）激光束易于聚焦，导向范围广泛，安全可靠。

3. 激光加工的工艺及装备

早期的激光加工由于功率较低，大多用于打小孔和微型焊接。到 20 世纪 70 年代，随着大功率二氧化碳激光器、高重复频率钇铝石榴石激光器的出现，以及对激光加工机理和工艺的深入研究，激光加工技术有了很大进展，使用范围随之扩大。数千瓦的激光加工机已用于各种材料的高速切割、深熔焊接和材料热处理等方面。各种专用的激光加工设备竞相出现，并与光电跟踪、计算机数字控制、工业机器人等技术相结合，大大提高了激光加工机的自动化水平和使用功能。通常用于加工的激光器主要是固体激光器和气体激光器。如图 1-2-23 所示为气体激光器加工原理，图 1-2-24 所示为固体激光器加工原理。激光有以下特点：

（1）高单色性。由于激光的单色性极高，从而保证了光束能精确地聚焦到焦点上，得到很高的功率密度。

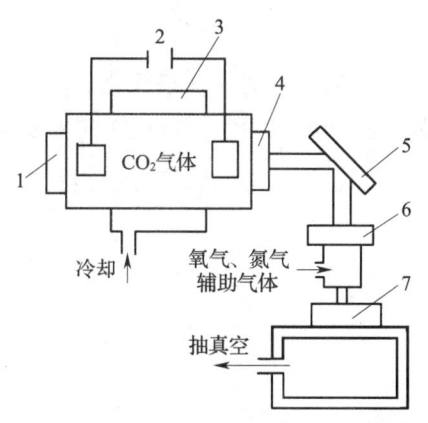

图 1-2-23　气体激光器加工原理
1—反射凹镜　2—电源　3—放电管　4—反射平镜
5—反射镜　6—聚焦透镜　7—工件

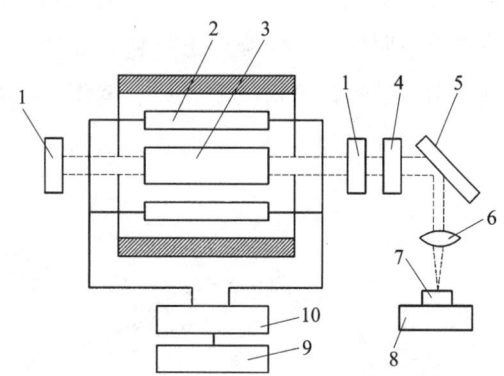

图 1-2-24　固体激光器加工原理
1—全反射镜　2—光泵　3—工作物质　4—光栅
5—反光镜　6—聚焦透镜　7—工件　8—工作台
9—控制盘　10—电源控制部分

（2）高相干性。相干性主要描述光波各部分的相位关系。

（3）高方向性。激光的高方向性使其能在有效地传递较长距离的同时，还能保证聚焦得到极高的功率密度，这两点都是激光加工的重要条件。

（4）高亮度。固体激光器的亮度更可高达 10^{11} W/cm^2。不仅如此，具有高亮度的激光束经透镜聚焦后，能在焦点附近产生数千度乃至上万度的高温，这就使其可能加工几乎所有的材料。

正是激光具有如上所述的奇异特性，因此在工业加工中得到了广泛应用。

4. 激光加工在先进制造技术中的应用

激光加工是利用激光束与物质相互作用的特性，对材料（包括金属与非金属）进行切割、焊接、表面处理、热处理、打孔、成型、雕刻及微加工等的一门加工技术。

（1）激光成型制造技术。快速成型技术是一种基于离散、堆积成型原理的新型数字化成型技术。快速成型制造技术简称 RPM，是计算机、激光、光学扫描、先进新型材料、计算机辅助设计、计算机辅助加工、数控技术等综合应用的高新技术。它是成型制造技术的革新，在成型概念上以平面离散、堆积为指导，在控制上以计算机和数控为基础，用数控激光机床按照平面模型的形状扫描，使其通过激光束逐层扫描，以最大柔性为总体目标，最终直接加工出与 UV9 模型相一致的原型或零件，是实现并行工程和敏捷制造的有效手段。

激光成型制造包括激光立体光刻技术、叠层轮廓制造技术、激光粉末选区烧结成型技术、激光近形制造技术和形状沉积制造技术。

（2）激光雕刻技术。激光雕刻技术原理如图 1-2-25a 所示，它是在足够功率密度的激光束照射下，使被加工材料表面达到熔化和气化温度，从而使材料气化蒸发或熔融溅出。随着计算机辅助设计、编程，能雕刻任何复杂图形标志，还可以进行射穿的镂空雕刻和表面雕刻，从而雕刻出深浅不一、质感不同、具有层次感和过渡颜色效果的各种图案。

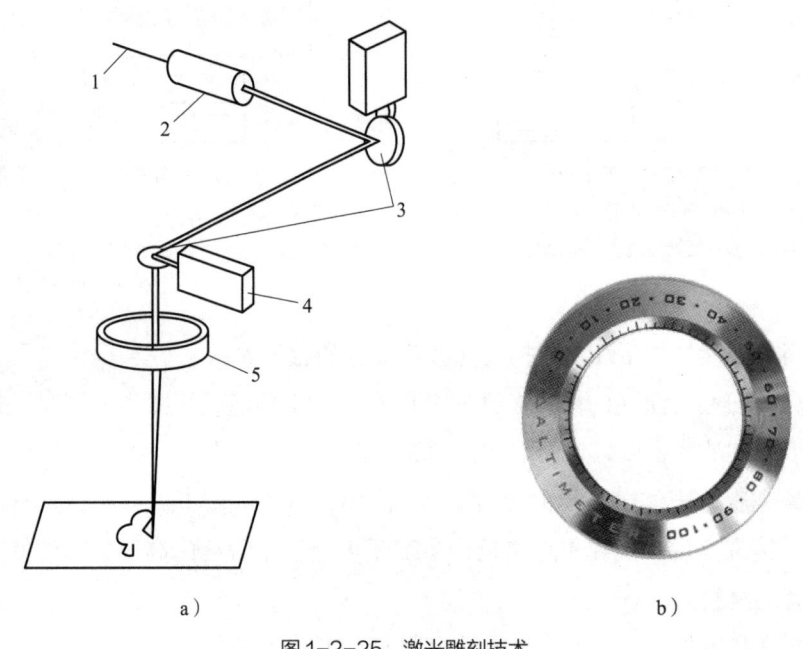

图 1-2-25　激光雕刻技术
a）原理　b）产品效果
1—激光束　2—光束准直仪　3—振镜　4—Y轴马达　5—透镜

（3）激光切割技术。激光切割是应用激光聚焦后产生的高功率密度能量来实现的。激光切割机由激光发生器、数控切割机床、光束传输组件、计算机编程软件和硬件等组成。在计算机的控制下，通过脉冲使激光器放电，从而输出受控的重复高频率的脉冲激光，形成一定频率、一定脉宽的光束，该脉冲激光束经过光路传导及反射并通过聚焦透镜组聚焦在加工物体的表面，形成一个个细微的高能量密度光斑，光斑位于待加工表面附近，以瞬间高温熔化或气化被加工材料。每一个高能量的激光脉冲瞬间就把物体表面溅射出一个细小的孔。在计算机控制下，激光加工头与被加工材料按预先绘好的图形进行连续相对运动打点，这样就把物体加工成想要的形状。切割时，一股与光束同轴的气流由切割头喷出，将熔化或气化的材料由切口的底部吹出。激光切割机工作原理如图 1-2-26 所示。

与其他常规的加工方法（如电加工、模冲、水切割、氧—乙炔切割）相比，激光

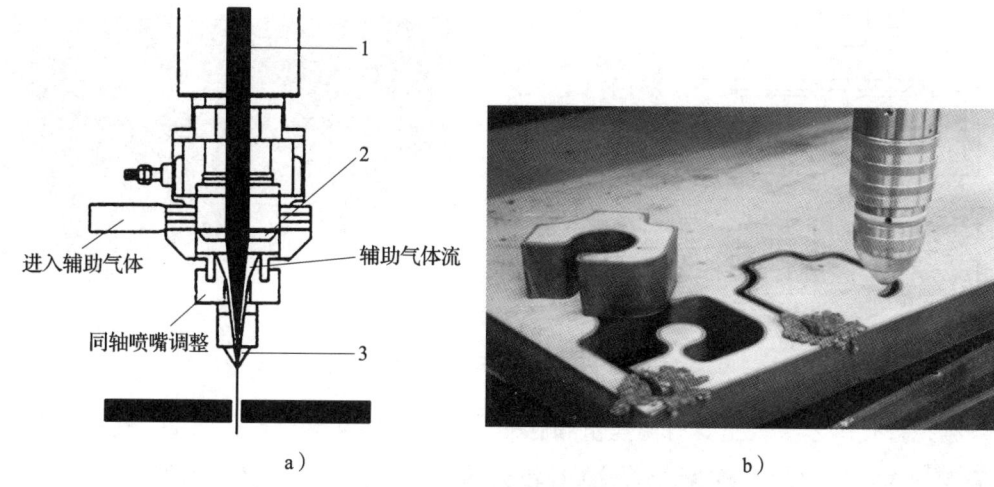

图 1-2-26 激光切割机工作原理
1—激光束 2—聚焦透镜 3—喷嘴

切割工件具有以下优点：无机械变形，与自动化装备相结合，容易实现切割自动化；无刀具磨损；具有高的切割质量（切口宽度窄、热影响区小、切口光洁）、高的切割速度和高的柔性（可随意切割任意形状）；广泛的材料适应性等。

（4）激光焊接技术。激光焊接是指利用激光的能量把工件上加工区的材料熔化，使之黏合在一起。激光焊接过程如图 1-2-27 所示。

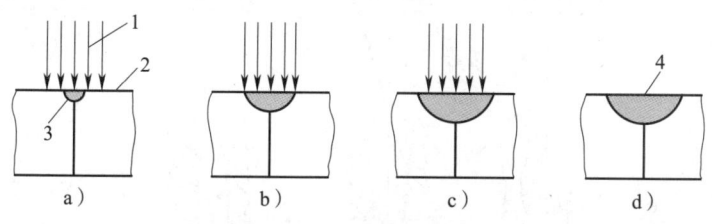

图 1-2-27 激光焊接过程
1—激光 2—被焊接件 3—熔化金属 4—已冷却的熔池

当激光的功率密度为 $10^5 \sim 10^7$ W/cm², 照射时间为 1/100 s 左右时，可进行激光焊接。激光焊接一般无须焊料和焊剂，可实现同种材料、不同种材料甚至于金属与非金属材料的焊接，只需将工件的加工区域"热熔"在一起即可。激光焊接速度快，热影响区小，焊接质量高，既可焊接同种材料，也可焊接异种材料，还可透过玻璃进行焊接。

（5）激光打孔技术。激光束在空间和时间上高度集中，利用透镜聚焦，可以将光斑直径缩小到微米级，从而获得 $10^5 \sim 10^{15}$ W/cm² 的激光功率密度，如此高的功率密度几乎可以对任何材料进行激光打孔。激光打孔机的基本结构包括激光发生器、加工头、冷却系统、数控装置和操作盘，如图 1-2-28 所示。

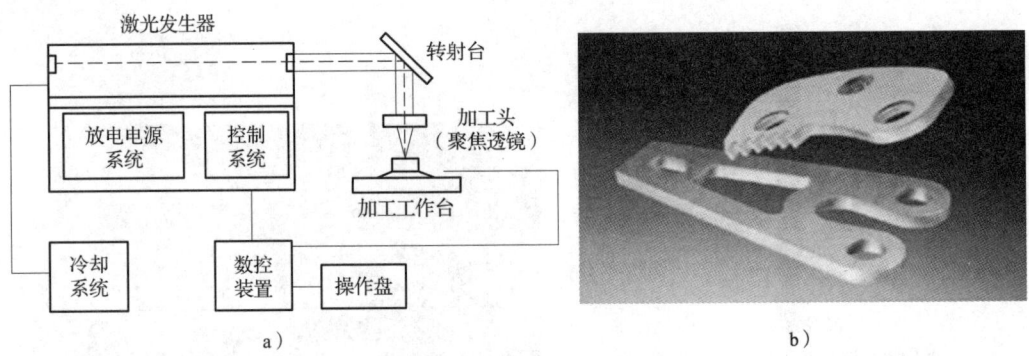

图 1-2-28 激光打孔机的基本结构

激光打孔工艺参数主要有离焦量和脉冲宽度。脉冲宽度对打孔深度、孔径、孔形的影响较大。窄脉冲能够得到较深而且较大的孔；宽脉冲不仅使孔深度、孔径变小，而且使孔的表面粗糙度值变大，尺寸精度下降。

用调整方法取得激光脉冲时，脉冲的平均功率基本不变，脉宽也不变，重复频率越高，脉冲的峰值功率越小，单脉冲的能量也越小，这样打出的孔深度要减小。当激光聚焦于材料上表面时，打出的孔比较深，锥度较小。在焦点处于表面下某一位置时，相同条件下打出的孔最深；而过分地入焦和离焦都会使激光功率密度大大降低，以至打成盲孔。不同的离焦量对打孔质量的影响如图 1-2-29 所示。

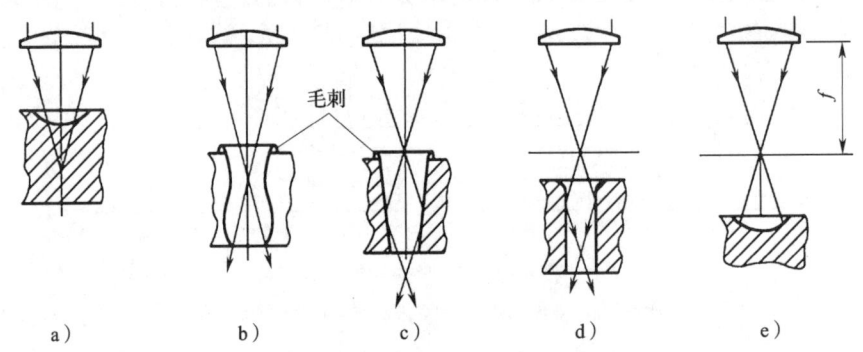

图 1-2-29 离焦量对打孔质量的影响

a）坑（$\Delta f \ll 0$） b）桶形孔（$\Delta f < 0$） c）锥形孔（$\Delta f = 0$） d）直孔（$\Delta f > 0$） e）坑（$\Delta f \gg 0$）

材料对激光的吸收率直接影响到打孔的效率。由于不同材料对不同激光波长有不同的吸收率，必须根据所加工的材料性质选择激光器。

与其他常规打孔方法（如机械钻孔、电火花加工等）相比，激光打孔具有以下显著的优点：

1）激光打孔速度快，效率高，经济效益好。

2）激光打孔可获得大的深径比。

3）激光打孔可在硬、脆、软等各类材料上进行。

4）激光打孔对工件装夹要求简单，易实现生产线上的联机和自动化。

5）激光打孔易对复杂形状零件打孔，也可在真空中打孔。

激光打孔已广泛用于钟表和仪表的宝石轴承、金刚石拉丝模、化纤喷丝头等工件的加工。

（6）激光热处理技术。激光热处理是一种表面热处理技术，即利用激光加热金属材料表面实现表面热处理。激光加热具有极高的功率密度，即激光照射区域的单位面积上集中极高的功率。由于功率密度极高，工件无法及时将热量传导走，结果使得工件被激光照射区域迅速升温到奥氏体化温度，实现快速加热。当激光加热结束后，因为快速加热时工件基体中仍保持较低的温度，被加热区域可以通过工件本身的热传导迅速冷却，实现淬火等热处理效果。如图 1-2-30 所示为用激光进行齿轮表面淬火的应用。

图 1-2-30　激光用于齿轮表面淬火

激光热处理技术具有以下特点：

1）无须使用外加材料，仅改变被处理材料表面的组织结构，处理后的改性层具有足够的厚度，可根据需要调整深浅，一般可达 0.1～0.8 mm。

2）处理层和基体结合强度高。激光表面处理的改性层和基体材料之间是致密的冶金结合，而且处理层表面是致密的冶金组织，具有较高的硬度和耐磨性。

3）被处理件变形极小。由于激光功率密度高，与零件的作用时间很短，故零件的热变形区和整体变化都很小，适用于高精度零件处理，作为材料和零件的最后处理工序。

4）加工柔性好，适用面广。利用灵活的导光系统可随意将激光导向待处理部位，从而可方便地处理深孔、内孔、盲孔和凹槽等，可进行选择性的局部处理。

激光加工技术融入信息、电子、计算机、材料、环境等新的知识和技术，随着激光加工技术的发展，会对这些学科提出新的课题，同时各学科的发展也会拓展激光加工的领域，可以实现快速、灵活、高效、清洁的生产模式。

四、超声波加工技术

1. 超声波加工的原理

超声波是声波频率高于人耳听觉频率上限的一种振动波，通常是指频率高于 16 kHz 的所有频率。超声波加工是利用振动频率超过 16 kHz 的工具头，通过悬浮液磨料对工件进行成型加工的一种方法，其加工原理如图 1-2-31 所示。

当工具以 16 kHz 以上的振动频率作用于悬浮液磨料时，磨料便以极高的速度强力冲击加工表面；同时，由于悬浮液磨料的搅动，使磨粒以高速度抛磨工件表面。此外，磨料液受工具端面的超声振动而产生交变的冲击波和"空化现象"。所谓空化现象，是指当工具端面以很大的加速度离开工件表面时，加工间隙内形成负压和局部真空，在磨料液内形成很多微空腔，当工具端面以很大的加速度接近工件表面时空泡闭合，引起极强的液压冲击波，从而使脆性材料产生局部疲劳而引起显微裂纹。这些因素使工件加工部位的材料粉碎破坏，随着加工不断进行，工具的形状就逐渐"复制"在工件上。由此可见，超声波加工是磨粒的机械撞击和抛磨作用以及超声波空化作用的综合结果，磨粒的撞击作用是主要的。因此，材料越硬脆，越易遭受撞击破坏，越易进行超声波加工。

当超声波经过液体介质传播时，将以极高的频率压迫液体质点振动，在液体介质中连续地形成压缩和稀疏区域。由于液体介质的不可压缩性，由此产生正、负交变的压力变化。由于这一过程时间极短，液体中的气体在此脉冲压力作用下会破开，产生冲击波，局部产生极大的冲击力、瞬时高温、物质的分散和破碎及各种物理化学作用。

如图 1-2-32 所示为超声波作用于液体介质时产生的流动，图 1-2-32a 是为便于观察，在液体中加入铝粉后拍摄的图片。

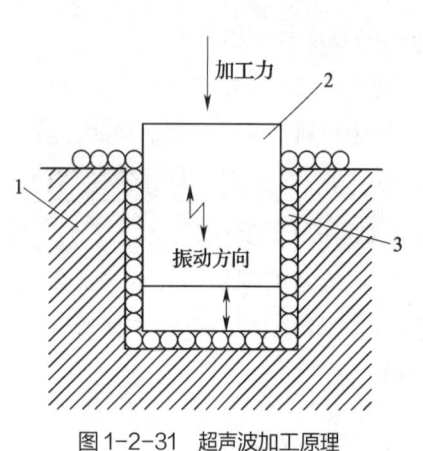

图 1-2-31 超声波加工原理
1—工件 2—工具 3—工具磨料

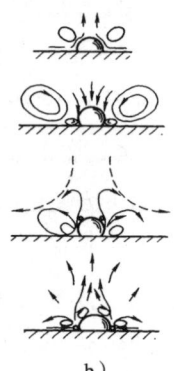

图 1-2-32 超声波作用于液体介质时产生的流动
a）液体中有铝粉观察到的直流液
b）气泡振动所致固体表面流动

2. 超声波及其特性

超声波可以在气体、液体和固体介质中传播。超声波的上限频率范围主要取决于发生器。由于超声波频率高、波长短、能量大，因此传播时反射、折射、共振及损耗等现象更显著。在不同的介质中，超声波传播的速度 c 也不同，如 $c_{空气}$=331 m/s，$c_{水}$=1 430 m/s，$c_{铁}$=5 850 m/s。

速度 c 与波长 λ 和频率 f 之间的关系可用下式表示：

$$\lambda = \frac{c}{f}$$

超声波具有以下主要性质：

（1）超声波能传递很强的能量。超声波的作用主要是对其传播方向的物体施加压力（声压），这个压力的大小表示超声波的强度。超声波的强度用能量密度来表示。超声波的能量密度用符号 J 表示，单位为 W/cm²。

$$J=\frac{1}{2}\rho c(\omega A)^2$$

式中　ρ——弹性介质的密度，kg/m³；

　　　c——弹性介质中的波速，m/s；

　　　ω——圆频率，$\omega=2\pi f$，rad/s；

　　　A——振动的振幅，mm。

液体、固体介质密度比空气大，因此，同一振幅时液体、固体中的超声波强度、功率、能量密度要比空气中的声波高千万倍。

（2）超声波适于加工硬质合金、淬火钢等脆硬金属材料，玻璃、陶瓷、半导体锗和硅片等非金属脆硬材料。

（3）超声波加工可用较软的材料做成形状较复杂的成型工具。

（4）加工时宏观切削力很小，不会引起变形、烧伤。工件表面粗糙度 Ra 值很小，可达 0.2 μm；加工精度可达 0.02～0.05 mm。可以加工薄壁、窄缝、低刚度的零件。

（5）生产效率较低。这是超声波加工的一大缺点。

3. 超声波加工装置

超声波加工装置如图 1-2-33 所示，由高频发生器、超声振动系统、机床本体和磨料工作液循环系统等部分组成。

（1）超声波加工装置的工作过程。超声波加工是利用工具端面的超声振动，通过磨料悬浮液加工脆硬材料的一种成型方法。加工时，在工具头 9 和工件 11 之间加入磨料悬浮液 13，同时使工具以一定的力作用在工件上。超声换能器 1 产生 16 kHz 以上超声波的纵向振动，并通过变幅杆 6 连接换能器锥体 4 把振幅放大到 0.05～0.1 mm，驱动工具端面做超声振动，迫使磨料悬浮液中的磨粒以很大的加速度和速度不断地锤击、冲击被加工表面，使工件材料被加工下来。

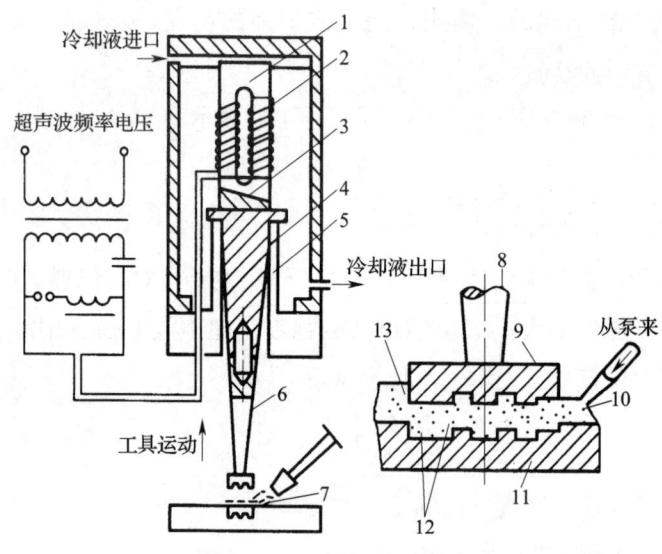

图 1-2-33 超声波加工装置

1—换能器　2—励磁线图　3—银钎接缝　4—换能器锥体　5—谐振支座　6—变幅杆　7—磨料射流
8—工具锥　9—工具头　10—磨料粒子　11—工件　12—工件材料碎粒　13—磨料悬浮液

（2）超声波加工装置关键技术。高频发生器即超声波发生器，其作用是将低频交流电转变为具有一定功率输出的超声频电振荡，以供给工具往复运动和加工工件的能量。

高频发生器产生的超声频电振荡通过换能器时得到的材料伸缩变形量很小，在共振情况下振幅只有 0.005~0.01 mm，是不能使用的。在实际应用中，将换能器锥体与变幅杆连接，把超声波振幅放大至加工所需要的 0.01~0.1 mm 振幅，放大后的机械振动作用于悬浮液磨料对工件进行冲击，满足加工要求。

变幅杆是按指数曲线设计的上粗下细形状，通过变幅杆每一截面的振动能量是不变的，所以，随着截面积的减小振幅就会增大，使得变幅杆内各点沿波的前进方向做往复振动。

超声加工时并不是整个变幅杆和工具都在做上下高频振动，而是超声波在金属杆内主要以纵波形式传播，引起杆内各点沿波的前进方向一般按正弦规律做往复振动，并以声速传导到工具端面，使工具端面做超声振动。

（3）磨料和工作液的混合物。常用的磨料有碳化硼、碳化硅、氧化硒或氧化铝等；常用的工作液是水，有时用煤油或机油。磨料的粒度大小取决于加工精度、表面粗糙度及生产效率的要求。

4. 超声波加工的应用

超声波加工的生产效率比电加工低,但其加工精度和表面质量都比电加工好。在实际生产中,超声波加工广泛应用于型腔加工,如图1-2-34所示。

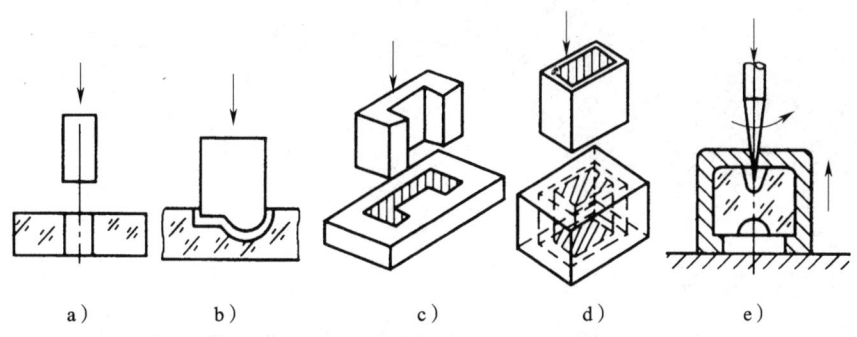

图1-2-34 超声波加工的型孔、型腔
a)加工圆孔 b)加工型腔 c)加工异形孔 d)套料加工 e)加工微细孔

用普通机械加工切割脆硬的半导体材料是很困难的,采用超声波切割则较为有效。图1-2-35a所示为用超声波加工法一次切割多片单晶硅片,图1-2-35b所示为用于一次切割多片陶瓷的焊接软钢刀具。

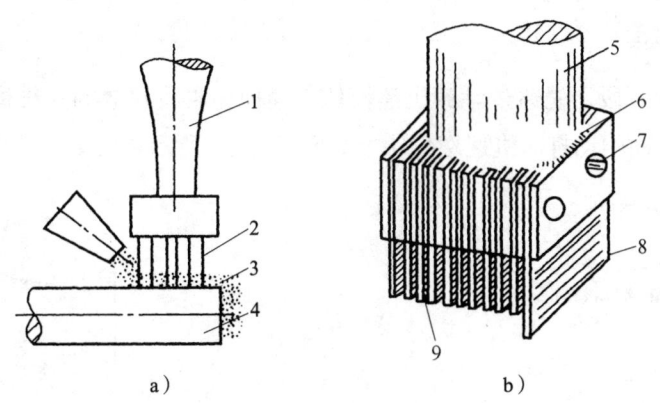

图1-2-35 超声波切割加工
a)超声波切割单晶硅片 b)刀具
1、5—变幅杆 2—工具(薄钢片) 3—磨料液 4—工件(单晶硅) 6—焊缝
7—铆钉 8—导向片 9—软钢刀片

超声波能对一些特殊的光学玻璃不规则曲面进行精磨和抛光,可以获得优质的表面质量。另外超声波还用于清洗工作。

学习单元 7 数控加工新工艺

一、3D 打印技术

1. 3D 打印的基本原理

3D 打印技术是依据零件图,由计算机软件设计三维模型,通过软件分层离散和堆积成型,并将这些切片的信息传送到 3D 打印机上,由计算机和数控成型系统控制,利用激光束、热熔喷嘴等将金属粉末、陶瓷粉末、塑料、特殊材料等进行逐层堆积黏结,最终叠加成型,制造出实体产品。与传统制造业的模具成型、机械加工方式相比,减少了很多复杂工艺,大大降低了制造的复杂程度。

2. 3D 打印的过程

在三维设计阶段,先通过计算机建模软件建模,再将建成的三维模型"分区"成逐层的截面,从而驱动打印机逐层打印,如图 1-2-36 所示。

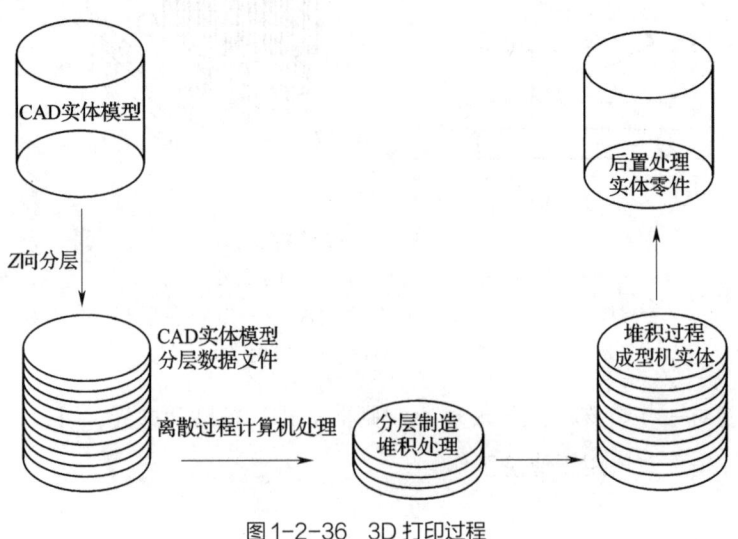

图 1-2-36 3D 打印过程

设计软件和打印机之间协作的标准文件格式是 STL 文件格式。一个 STL 文件使用三角面来近似模拟物体的表面，三角面越小，其生成的表面分辨率越高。PLY 是一种通过扫描产生的三维文件的扫描器，其生成的 VRML 或者 WRL 文件经常被用作全彩打印的输入文件。

打印机通过读取文件中的横截面信息，用液体状、粉状或片状材料将这些截面逐层打印出来，再将各层截面以各种方式黏合起来从而制造出一个实体。这种技术的特点在于其几乎可以造出任何形状的物品。

打印机打出截面的厚度（即 Z 方向）以及平面方向（即 X-Y 方向）的分辨率是以像素或者微米来计算的。一般的厚度为 100 μm，即 0.1 mm。打印机三维打印出稍大一点的物体，再经过表面打磨即可得到表面光滑的"高分辨率"物品。用 3D 打印技术可以将制作产品的时间缩短为数小时，当然这是由打印机的性能以及模型的尺寸和复杂程度而定的。

3. 3D 打印的技术

3D 打印的技术主要包括选择性激光烧结（SLS，Selective Laser Sintering）、立体平板印刷（SLA[①]）、分层实体制造（LOM，Laminated Object Manufacturing，也称叠层实体制造）和混合沉积建模（FDM，Fused Deposition Modeling，熔融沉积制造）。

（1）热可塑造型法（SLS）。这种方法是用激光熔融烧结树脂粉末的方法制作零件。激光在数控系统的控制下，依据各层横截面的几何信息对材料粉末进行横扫，使横扫的粉末熔化并凝固在一起，然后再铺上一层新的粉末烧结，直到制成零件。

（2）激光固化树脂材料的光造型法（SLA）。当激光器发出一束激光后，该光束在计算机和数控系统控制下扫描在光敏树脂表面上，利用光敏树脂遇紫外光凝固的机理，一层一层地固化光敏树脂，如此反复，直到制作成零件实体，如图 1-2-37 所示。

（3）纸张叠层造型法（LOM）。采用专用筒纸，用加热辊筒使纸张受热连接，然后用激光将纸切断，待加热辊筒离开后，再用激光将纸张裁切成层面要求的形状，如图 1-2-38 所示。

（4）熔融造型法（FDM）。由计算机和数控系统控制的挤压喷头挤出热塑料，并按照层面几何形状信息逐层由下而上制作模型，如图 1-2-39 所示。此方法速度快，无污染，可选用材料多，缺点是精度低。

---

① SLA，全称为立体光固化成型法（Stereo Lithography Appearance），是用激光聚焦到材料表面，使之由点到线、由线到面顺序凝固，周而复始，这样层层叠加构成一个三维立体。

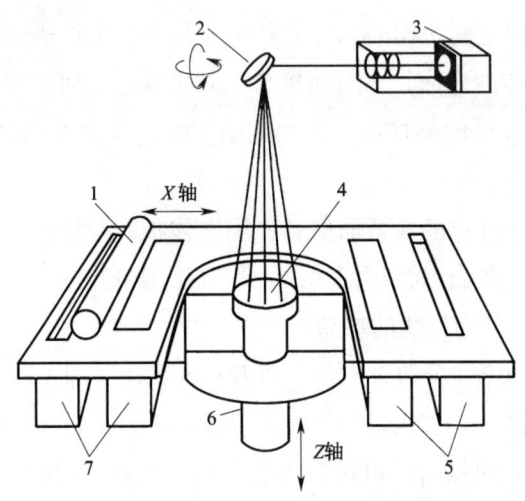

图1-2-37 激光固化树脂材料的光造型法
1—铺粉辊 2—XY偏转镜 3—激光器 4—模型 5—集粉缸 6—活塞 7—送粉缸

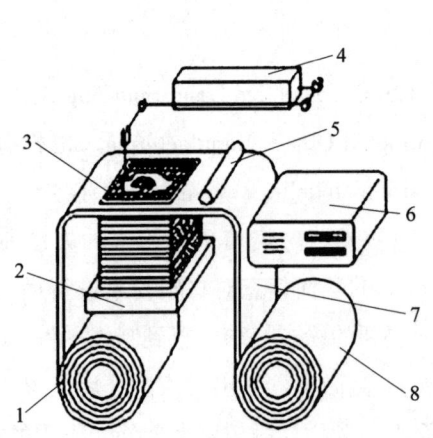

图1-2-38 纸张叠层造型法
1—收料轴 2—升降台 3—加工平面 4—CO_2激光器
5—热压辊 6—控制计算机 7—料带 8—供料轴

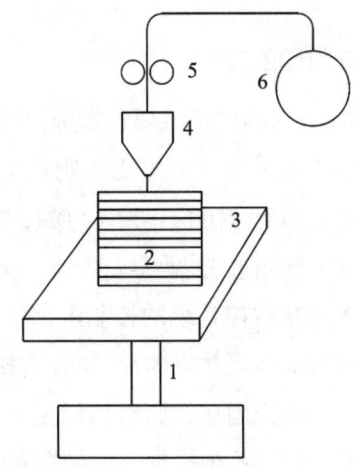

图1-2-39 熔融造型法
1—升降台 2—工件 3—工作台 4—喷嘴
5—线材轮 6—送线轮

4. 3D打印的优点

3D打印与传统的机械加工相比具有以下优点:

(1) 可以成型形状复杂的零件以及曲面,生产周期短,成本低。

(2) 它应用的是快速成型技术,只需特定的设备,工序简单,对操作人员技术要求不高。

(3) 3D打印的零件或毛坯精度不高,需要对零件进行处理。

(4) 整个生产过程可实现全自动化。

（5）加工效率高，能快速制成零件和模具。

（6）造型使用计算机和软件，能保证产品的正确性。

5. 3D打印的应用

采用三维层析数字化测量仪与激光扫描仪，并与CAD/CAM软件相结合，用于复杂形状的测量、造型和三维打印，可用于多种金属粉末的打印，如铝合金、不锈钢、钛合金等。

二、复合加工工艺

车铣复合机床，简单地说就是具有数控车削、数控铣削、数控镗孔加工，甚至数控五轴联动等多种功能的数控加工中心。采用车铣复合加工工艺，工件可以在一次装夹中完成大部分回转面和非回转面的切削加工，位置精度容易得到保证。

与普通数控加工相比，车铣复合加工采用工序集中的方式。为了能更好地发挥车铣复合中心的功能，在车铣复合机床上尽可能安排复合加工工艺，如复杂的零件，不宜二次装夹的零件，对尺寸和位置精度要求高的零件，加工内容有车削、铣削和复杂曲面的零件。

如图1-2-40所示的离合器轴就是一个适合用车铣复合机床加工的零件。如果用单工序加工离合器轴需要四道工序，并且需要专用夹具，加工中需要测量、对刀和找正，对操作人员的技术水平要求高，加工效率低，质量的可靠性差。而用车铣复合机床加工只需两道工序，加工时将棒料伸出长一点，从小端加工，完成车铣的加工内容，掉头装夹加工大端。加工中利用机床的精度保证键槽和端面四槽的位置精度，加工效率高，质量稳定性好。

通过对复合加工的认识，在制定复合加工工艺时要考虑以下问题：

（1）充分考虑零件加工中的装夹定位，满足径向和纵向铣削的坐标系设定、对刀、测量、加工，同时防止铣削时的干涉。

（2）合理安排加工顺序。

（3）编程时要用软件仿真，并且要进行试切，防止产生碰撞。

（4）在车铣复合机床上安排半精加工和精加工，尽量不做粗加工。

（5）用精加工的表面作装夹基准。

（6）合理选择刀具和切削参数，研究以车代磨的加工方法。

（7）充分考虑零件加工的全过程，如在加工过程中穿插超声波加工、电加工、去应力、淬火等工艺。

（8）复合加工的零件形状复杂，尺寸多，精度高，有车削和铣削，造成有许多尺寸的检测工艺性不好，如角度、空间尺寸、曲面尺寸和间接尺寸等。因此，在工艺中要制定好检测方法，确保在线检测能控制加工尺寸的精度。

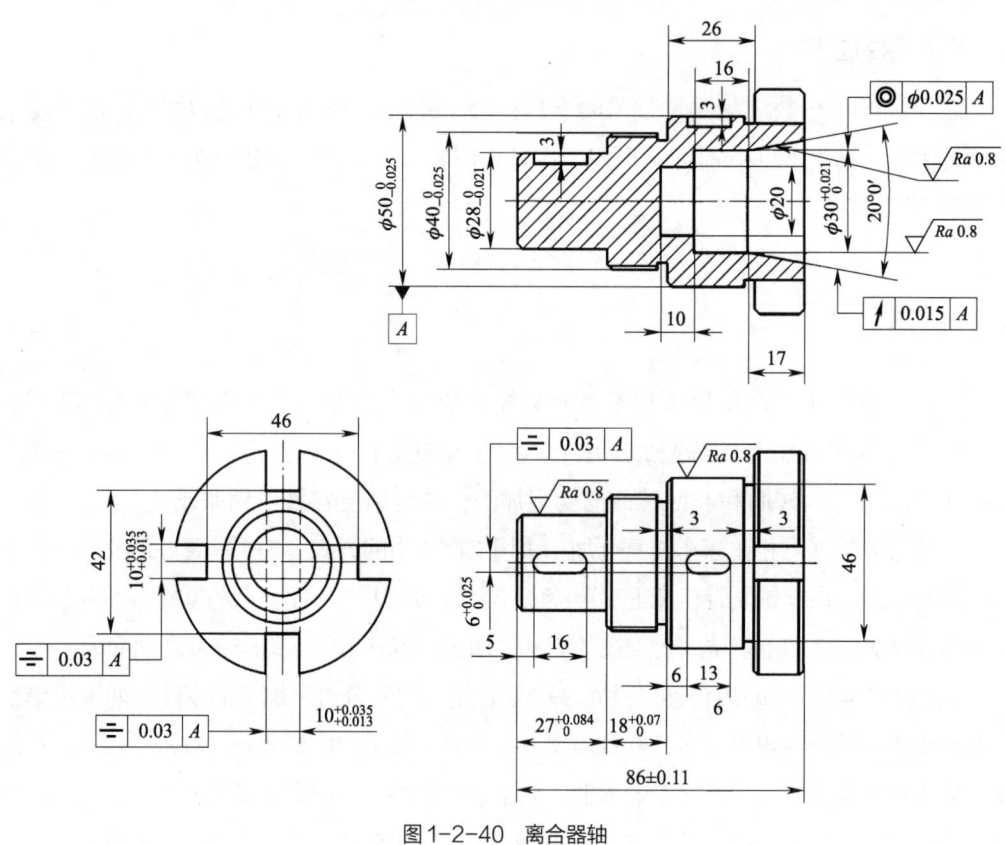

图1-2-40 离合器轴

学习单元8 新材料应用

一、复合材料的特性及加工特点

由两种或两种以上不同物理、化学性能的物质人工制成的多相组成的固体材料称为复合材料。复合材料的种类很多，用途非常广，因此发展也很快。复合材料的组成分为两大类，即基体相和增强相，前者起黏结作用，后者起提高强度和刚度的作用。

复合材料分为结构复合材料和功能复合材料两大类。结构复合材料的应用研究较多，发展很快，主要有以下两种：

1. 纤维增强复合材料

作为工程结构材料应用最多的是纤维增强复合材料。它以聚合物为基体，其中以树脂（如环氧树脂、酚醛树脂等）为基体较多。常用的有玻璃纤维增强复合材料（GFRP）、碳纤维增强复合材料（CFRP）、芳纶纤维增强复合材料（KFRP）和硼纤维增强复合材料。它们都属于树脂基纤维增强复合材料，也叫作纤维增强塑料（FRP）。

（1）纤维增强复合材料的特点

1）具有高的比强度和比刚度。比强度就是材料的强度和材料的密度之比，比刚度就是材料的弹性模量与材料的密度之比。

2）抗疲劳性能好。如碳纤维增强复合材料的疲劳强度为抗拉强度的70%~80%，而一般金属材料仅为30%~50%。

3）减振性能好。许多减振器械都广泛采用复合材料来制造。

4）断裂安全性好。纤维增强复合材料中的增强纤维过载时有部分断裂，但未断裂的纤维仍可承受负载，不至于造成构件瞬间断裂，故工作安全性好。

（2）纤维增强复合材料的加工特点

1）切削温度高，刀具耐用度低。聚合物基纤维增强复合材料的抗拉强度高，切削功率大，粗糙的纤维断面与刀具摩擦产生大量的切削热。由于材料的导热系数低（约为45钢的1/16），因此切削区形成高温，且集中在刀具切削刃很小的区域内。纤维的弹性恢复与粉末状的切屑使刀具磨损严重，耐用度低。

2）加工精度和表面粗糙度不易控制。由于树脂的基体和纤维的热膨胀系数、硬度和强度差别很大，加上纤维的弹性恢复大等原因，切削加工时工件的尺寸精度和表面粗糙度不易达到要求。

3）易产生高温变质和软化。切削纤维增强复合材料时，要限制切削速度，控制切削温度，否则，温度过高，将使基体的树脂烧焦、软化和有机纤维变质。

4）使用切削液要慎重。因为复合材料吸入切削液会影响材料的使用性能，所以要根据要求慎重使用。

2. 以金属或合金（铝、铝合金、钛合金、镍基合金）及陶瓷为基体的复合材料

金属基复合材料可分为颗粒增强复合材料、长纤维增强复合材料和短纤维（或晶须）增强复合材料。长纤维增强复合材料的切削加工有与纤维增强塑料相似的特点。短

纤维或晶须增强复合材料切削加工时有着独特的特点，例如，在加工表面上出现许多与增强纤维直径相对应的孔沟、纤维破断面露出、纤维从基体拔出或被压入加工表面等。

切削纤维增强金属复合材料（FRM）时用钨钴类（K类）硬质合金。刀具磨损的形式以后面磨损为主，副后面稍有边界磨损。当刀具材料硬度很高时，呈单纯的磨料磨损。刀具磨损与纤维含有率有关，纤维含有率越高，刀具磨损越大。

在铣削时，为防止切离时工件掉渣，采用顺铣为好。在钻孔时，钻头一定要锋利，并要减小钻头的横刃。在钻出时要减小进给量，以免轴向力大使钻出的孔在出口处崩边。

磨削铝复合材料时，因砂轮堵塞严重造成磨削困难，宜采用碳化硅砂轮，并要勤修整，保持砂轮锋利。也可采用CBN（立方碳化硼）砂轮和金刚石砂轮。磨削时一定要供给切削液，以防止砂轮堵塞和磨削温度过高而使加工表面变质。

传统的切割、车削、铣削、磨削等工艺一般都可用于金属基复合材料MMC（Metal Matrix Composite），但是刀具磨损较严重，往往随着增强材料体积分数和尺寸的增大而加剧，且大颗粒或纤维抵抗脱落的能力较强，因而刀具所受应力较强。因此，对于一些单纤维增强的MMC，往往必须用有金刚石尖或镶嵌有金刚石的刀具。对于短纤维或颗粒增强复合材料，有时也采用碳化钨或高速钢刀具。增强体的强度对刀具的磨损也有影响。一般增强体的强度越高，切削加工就越困难。研究发现，碳化硅晶须增强的铝基复合材料要比其他铝基复合材料难加工。对于多数MMC，使用锐利的刀具，合适的切削速度，大量的冷却、润滑液和较大的背吃刀量，可以得到很好的效果。一般来说，金刚石刀具比硬质合金及陶瓷刀具好，可更适用于高速车削。反之，如果使用碳化物刀具，若切削速度低，则刀具寿命长。线锯也可用来切割MMC，但一般速度较低，且只能切直线。

二、陶瓷材料的特性及加工特点

1. 陶瓷材料的特性

陶瓷材料具有高强度、高硬度、低密度、低膨胀系数以及耐磨、耐腐蚀、隔热、化学稳定性好等优良特性。另外，陶瓷材料同时具有高脆性、低断裂韧性及材料弹性极限与强度非常接近等特点，因此，陶瓷材料的加工难度很大，加工方法稍有不当便会引起工件表面层组织破坏，很难实现高精度、高效率、高可靠性加工，从而限制了陶瓷材料应用范围的进一步扩展。

氧化铝陶瓷零件的坯体通常采用热压烧结成型，由于烧结常常会带来变形和收缩，一般都需要进一步进行精加工来保证零件的尺寸精度和形状精度。由于陶瓷材料的特性，其机械加工难度主要表现在加工硬度和加工脆性上。

2. 陶瓷材料的加工特点

金属材料的加工可根据材料种类、工件形状、加工精度、加工成本、加工效率等因素选择不同的加工方法，而对于陶瓷材料，由于其特殊的物理力学性能，最初只能采用磨削方法进行加工，随着机械加工技术的发展，目前已可采用类似金属加工的多种工艺来加工陶瓷材料。

3. 常用加工陶瓷材料的方法

（1）磨削。对陶瓷材料进行磨削是应用最多的一种加工方法。其特点如下：用金刚石砂轮磨削去除材料，由于磨粒切入工件时磨粒切削刃前方的材料受到挤压，当压应力值超过陶瓷材料承受极限时便被压溃，形成大片碎屑；另一方面，磨粒切入工件时由于压应力和摩擦热的作用，磨粒下方的材料会产生局部塑性流动，形成变形层，当磨粒划过后，由于应力的消失引起变形层从工件上脱离形成切屑。

（2）研磨和抛光。研磨和抛光是陶瓷材料精密和超精密加工的主要方法。通过研具和工件之间的机械摩擦或机械化学作用去除余量，使工件表面产生微小龟裂，逐渐扩展并从母体材料上剥除，达到所要求的尺寸精度和表面粗糙度。

当采用细的粒度、软的研具、低的研磨压力和小的相对速度时，可获得高的表面质量和精度，但将使加工效率降低。

（3）超声波加工。超声波加工是在加工工具或被加工材料上施加超声波振动，在工具与工件之间加入液体磨料或糊状磨料，并以较小的压力使工具贴压在工件上。加工时，由于工具与工件之间存在超声振动，迫使工作液中悬浮的磨粒以很大的速度和加速度不断撞击、抛磨被加工表面，加上加工区域内的空化、超压效应，从而产生材料去除效果。超声波加工与其他加工方法相结合，形成了各种超声复合加工工艺，如超声车削、超声磨削、超声钻孔、超声螺纹加工、超声振动珩磨、超声研磨抛光等。超声复合加工方式较适用于陶瓷材料的加工，其加工效率随着材料脆性的增大而提高。

（4）激光加工。激光加工是利用高能量密度（$10^8 \sim 10^{10}$ W/cm^2）的均匀激光束作为热源，在陶瓷材料表面局部点产生瞬时高温，局部点熔融或气化而去除材料。激光加工是一种无接触、无摩擦式加工技术，加工过程中不需模具，通过控制激光束在陶瓷材料表面的聚焦位置，实现三维复杂形状材料的加工。一般激光钻孔和切割所需激光功率为 150 W ~ 15 kW。但同放电加工一样，由于陶瓷材料导热系数低，高能束可能会在材料表面产生热应力集中，形成微裂纹、大的碎屑，甚至使材料断裂。

（5）电火化加工。近年来许多高性能工程陶瓷中都含有 TiC 等导电材料，使得电火花加工能加工导电陶瓷。电火花加工主要是通过电极间放电产生高温熔化和气化蚀除材料，因此，材料的可加工性主要取决于材料的热学性质，如熔点、比热容、导热系数等，而材料的力学性能影响较小。电火花加工适合于超硬导电材料的加工。

三、其他新型材料的特性及加工特点

随着科学技术的发展，越来越多的新材料被研究开发出来。新材料是指近些年发展的或正在研发的、性能超群的一些材料，这些材料具有比传统材料更为优异的性能。新材料按组分不同有金属材料、无机非金属材料（如陶瓷、砷化镓半导体等）、有机高分子材料、先进复合材料四大类。下面以金属铝基复合材料和镁合金为例简述这两种新型材料的特性及加工特点。

1. 铝基复合材料

按照增强体的不同，铝基复合材料可分为纤维增强铝基复合材料和颗粒增强铝基复合材料。纤维增强铝基复合材料具有比强度、比模量高，尺寸稳定性好等一系列优异性能，但价格昂贵，目前主要用于航空航天领域，另外也用于汽车零部件、微波电路插件、涡轮增压推进器、电子封装器件等。

铝及其合金都适于作为金属基复合材料的基体。铝基复合材料的增强物可以是连续的纤维，也可以是短纤维，还可以是从球形到不规则形状的颗粒。目前铝基复合材料增强颗粒材料有 SiC、Al_2O_3、BN 等，金属间化合物如 Ni—Al、Fe—Al 和 Ti—Al 也被用作增强颗粒。

AlSiC 复合材料具有高比强度和比刚度、低热膨胀系数、低密度、高微屈服强度、良好的尺寸稳定性、导热性，以及耐磨、耐疲劳、耐腐蚀等优异的力学性能和物理性能。但是由于超硬的增强相颗粒的加入，特别是颗粒含量高、尺寸小时，该材料的切削加工性能非常差，从而限制了该材料的应用。

AlSiC 复合材料零件的毛坯是通过铸造或粉末冶金的方法制造出来的，然后通过机械加工达到零件所需的精度和表面粗糙度要求。SiC 增强体颗粒比常用刀具（如高速钢刀具和硬质合金刀具）的硬度高得多，在机械加工过程中会引起剧烈的刀具磨损。

在切削加工 AlSiC 复合材料时刀具磨损严重，难以获得良好的加工表面质量和尺寸精度，因此粗加工和半精加工用车削、铣削的方法切削 AlSiC 复合材料，获得较高的加工效率。在车削、铣削加工时要合理选择刀具材料（如陶瓷、立方氮化硼、金刚石刀具等），合理确定切削参数。精加工时可采用磨削的方法，对一些不能磨削加工的特殊几何形状，可用超声波加工、激光加工和电加工的方法。

2. 新型镁合金材料

对于镁这一新型轻质材料，通过传统的加工工艺加入一些改性元素，来进一步改善其应用性能，镁合金就是以镁为基体加入其他元素组成的合金。其特点是密度低（约 $1.8\ \text{g/cm}^3$），强度高，弹性模量大，消振性好，承受冲击载荷能力比铝合金强，耐有机物和碱的腐蚀性能好。主要合金元素有铝、锌、锰、铈、钍、钕以及少量锆或镉等。目前使用最广泛的是镁铝合金，其次是镁锰合金和镁锌锆合金，主要用于航空、航天、运输、化工等工业部门。

对于镁铝合金材料，主要采用热加工方法成型，如压铸、半固态铸造、低压铸造、挤压、轧制、热冲成型、热锻、热冲锻、等温锻造、超塑成型等。在切削性能方面，镁合金比其他金属的切削阻力小，在机械加工时可以较快的速度加工。

课程 1-3　零件定位与装夹

学习内容

学习单元	课程内容	培训建议	课堂学时
（1）轴套类零件专用夹具设计与制作	1）轴套类零件专用夹具的特点及构成 2）典型轴套类零件夹具设计制作	（1）方法：讨论法、练习法、案例教学法 （2）重点与难点：轴套类零件专用夹具的特点及构成	4
（2）盘类零件专用夹具设计与制作	1）盘类零件专用夹具的特点及构成 2）典型盘类零件夹具设计制作	（1）方法：讨论法、练习法、案例教学法 （2）重点与难点：盘类零件专用夹具的特点及构成	4

学习单元 1　轴套类零件专用夹具设计与制作

一、轴套类零件专用夹具的特点及构成

心轴类车床夹具多用于盘类、套类零件的车削加工，工件常以其经精加工过的内孔和端面在心轴上定位，车削外表面轮廓形状和端面，保证外圆与内孔的同轴度及端面对内孔轴线的垂直度。常见的心轴夹具有圆柱心轴夹具、弹簧夹管心轴夹具、顶尖心轴夹具。

1. 专用手动顶尖心轴夹具

专用手动顶尖心轴夹具主要用于加工直径较大且长度尺寸较长的套类零件，由心轴、固定顶尖套、活动顶尖套、快换垫圈、螺母组成。它用套件两端内孔的锥度定位，可限制工件5个自由度。使用时可用一夹一顶方式装夹工件，也可以用两顶尖方式装夹工件。其特点是在心轴上装有两个可调整的锥度套，也可修复锥度的角度。图1-3-1所示为常见顶尖心轴夹具的结构。

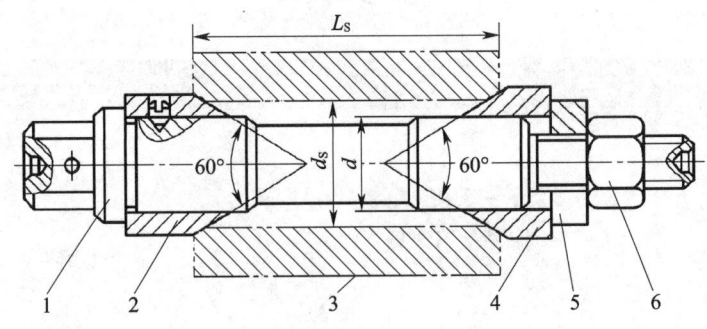

图1-3-1　专用手动顶尖心轴夹具
1—心轴　2—固定顶尖套　3—工件　4—活动顶尖套　5—快换垫圈　6—螺母

2. 专用弹簧夹管心轴夹具

专用弹簧夹管心轴夹具主要用于加工直径较小且长度尺寸较短、同轴度和尺寸精

度要求较高的套类零件,并且是批量生产加工。用工件内孔和端面定位,可限制 5 个自由度。这种夹具能保证较高的同轴度,适合半精加工和精加工。弹簧夹管心轴夹具由锥体、防转销、锥套、弹簧筒夹、螺母组成。使用时在工件内孔装入弹簧筒夹,旋转螺母推动锥套,使弹簧筒夹胀开而紧固工件。其特点是结构较为复杂,专用元件多,制造精度高。安装夹具时,锥体装在机床的主轴孔内,心轴轴线与机床轴线重合,不用找正。在心轴上装有弹簧筒夹,自动定心,起定位和紧固作用。弹簧夹管心轴夹具操作方便,速度快,用于批量加工。图 1-3-2 所示为常见的弹簧夹管心轴夹具的结构。

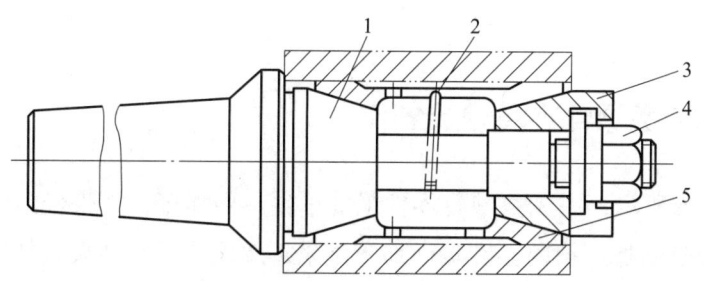

图 1-3-2 弹簧夹管心轴夹具
1—心轴锥体 2—防转销 3—锥套 4—螺母 5—弹簧筒夹

3. 专用套筒夹具

专用套筒夹具主要用于薄壁套零件的内孔加工,能解决薄壁套零件高精度、同轴度和垂直度的加工难题。用套筒工件外圆和端面定位,可限制 5 个自由度,定位精度通过套筒内径与工件外径配合来保证。使用时在机床上加工定位套,当定位套加工完成后,将工件装入并用螺母环压紧,加工内孔,这样可消除夹具的制造、装夹和找正误差。套筒夹具由定位套和螺母环组成,其特点是结构简单,制造精度高。套筒夹具操作方便、速度快,并且安全可靠。图 1-3-3 所示为常见的套筒夹具的结构。

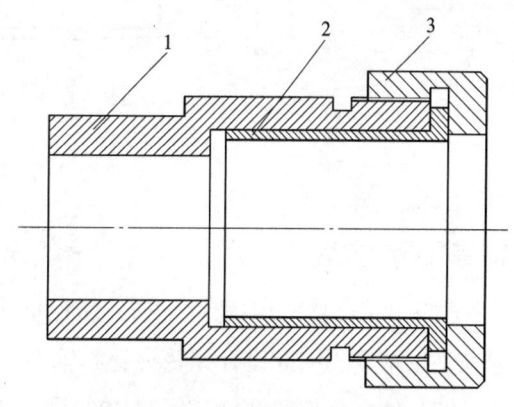

图 1-3-3 套筒夹具
1—定位套 2—薄壁套零件 3—压紧螺母环

4. 专用简易心轴夹具

专用简易心轴夹具主要用于薄壁套零件的外圆加工,能解决薄壁套零件高精度、同轴度和加工变形的难题。它用套筒内孔定位,定位精度通过心轴外径与工件内径配合来保证。使用时在机床上加工定位轴,当定位轴加工完成后,将工件装入并用垫圈和螺母压紧,加工外圆,这样可消除夹具的制造、装夹和找正误差。简易心轴夹具由定位心轴、垫圈和螺母组成,其特点是结构简单,制造精度高。简易心轴夹具操作方便、速度快,并且安全可靠。图1-3-4所示为简易心轴夹具结构。

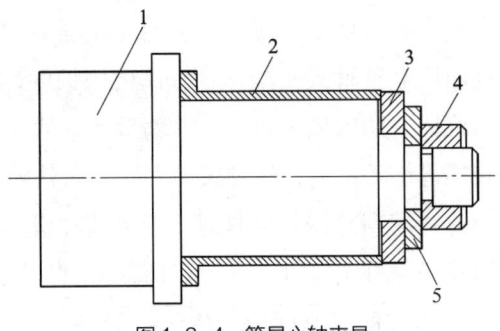

图1-3-4 简易心轴夹具

1—定位心轴 2—薄壁套零件 3、5—垫圈 4—螺母

二、典型轴套类零件夹具设计制作

如图1-3-5所示,完成薄壁套零件(批量生产)加工,零件经过粗加工、半精加工后,再经过精加工把内孔和端面加工出来,然后使用心轴夹具加工外圆并保证同轴度。

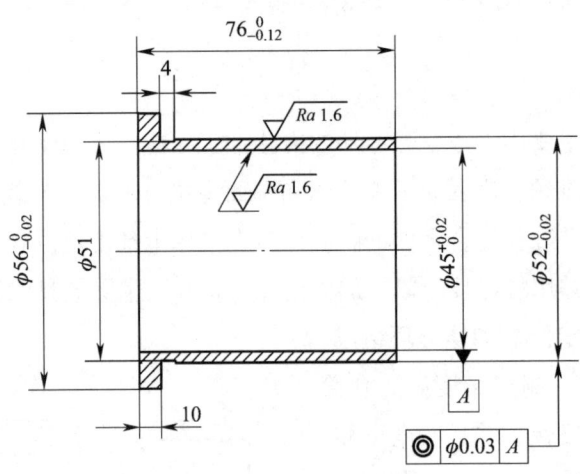

图1-3-5 薄壁套零件图

1. 夹具设计方案

(1)生产纲领为中批量生产,所以夹具要操作方便、速度快、性能可靠,同时能保证加工精度,因此设计弹簧夹管心轴夹具。

(2)依据零件的结构,用 $\phi 45_{0}^{+0.02}$ mm 孔和大端面定位,完成精加工工序。

(3)为了保证零件的同轴度,采用锥度胀套将工件内孔胀紧,达到无间隙配合要求。

（4）弹簧夹管心轴夹具设计

1）根据机床主轴的结构，确定弹簧夹管心轴夹具与机床主轴的连接方式。采用莫氏5号锥度与机床主轴连接，这种连接方式没有配合间隙。

2）弹簧夹管心轴夹具装配图如图1-3-6所示。夹具共有六个零件，夹具体、弹簧夹管、锥套为专用件，导向销、垫片和螺母为标准件。

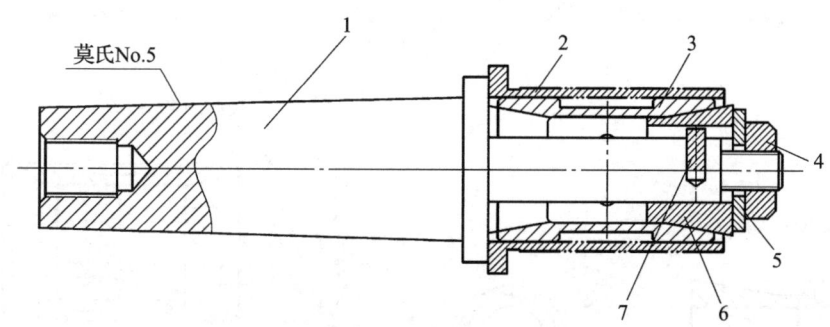

图1-3-6 弹簧夹管心轴夹具装配图
1—夹具体 2—工件 3—弹簧夹管 4—螺母 5—垫片 6—锥套 7—导向销

3）夹具的专用零件如图1-3-7所示。

4）夹具各标准件如图1-3-8所示。

5）在夹具结构上，要装夹定位可靠，操作方便。

6）在工件装夹定位时采用胀紧方式，没有间隙，对同轴度影响不大，影响同轴度的因素是夹具各零件的制造误差。

2. 夹具零件的设计要求

夹具的作用就是在加工零件的外圆和内孔时保证零件的同轴度要求 $\phi 0.05$ mm，所以在设计夹具零件时要遵循以下原则：

（1）夹具主要零件的精度取零件精度的1/3～1/2。

（2）设计基准要与加工基准统一。

（3）在夹具结构上，主要采用锥度配合方式，能自动定心。

（4）夹具零件的加工工艺性要好。

（5）夹具要方便装夹和找正。

（6）零件的定位孔及端面在精加工时要满足装夹定位的要求。

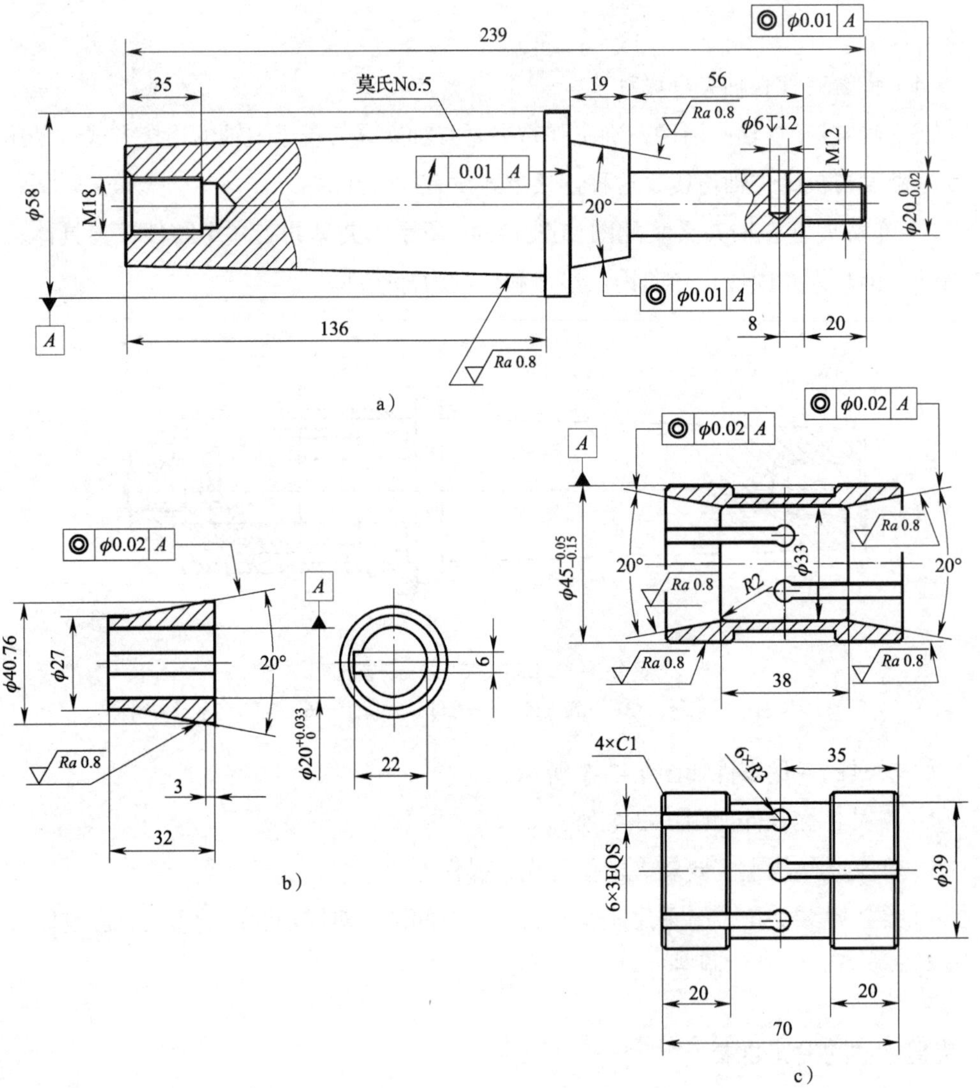

图 1-3-7 夹具专用零件图
a) 夹具体 b) 锥套 c) 弹簧夹管

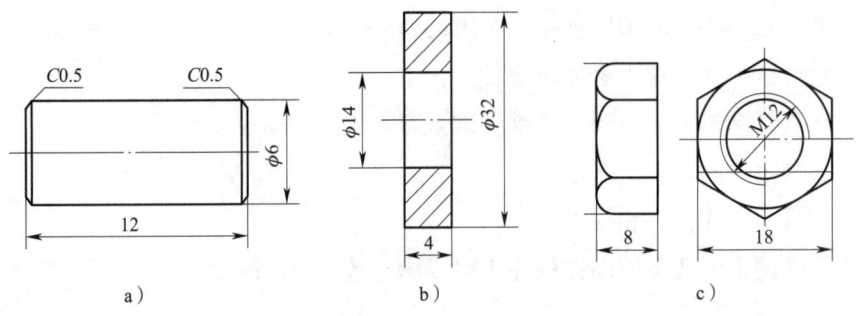

图 1-3-8 标准件
a) 导向销 b) 垫片 c) 螺母

学习单元 2 盘类零件专用夹具设计与制作

一、盘类零件专用夹具的特点及构成

1. 盘类零件专用夹具的结构

盘类车床夹具多用于盘、壳体和支架类零件的车削加工,工件常以精加工过的内孔及端面在花盘上定位车削外圆、端面等,保证加工的外圆对内孔的同轴度及端面对内孔轴线的垂直度。常见的盘类车床夹具结构是花盘式,这类夹具的夹具体称为花盘,上面开有若干个T形槽或孔系,用来安装定位元件、夹紧元件、分度元件等。如图 1-3-9 所示为专用花盘式夹具。

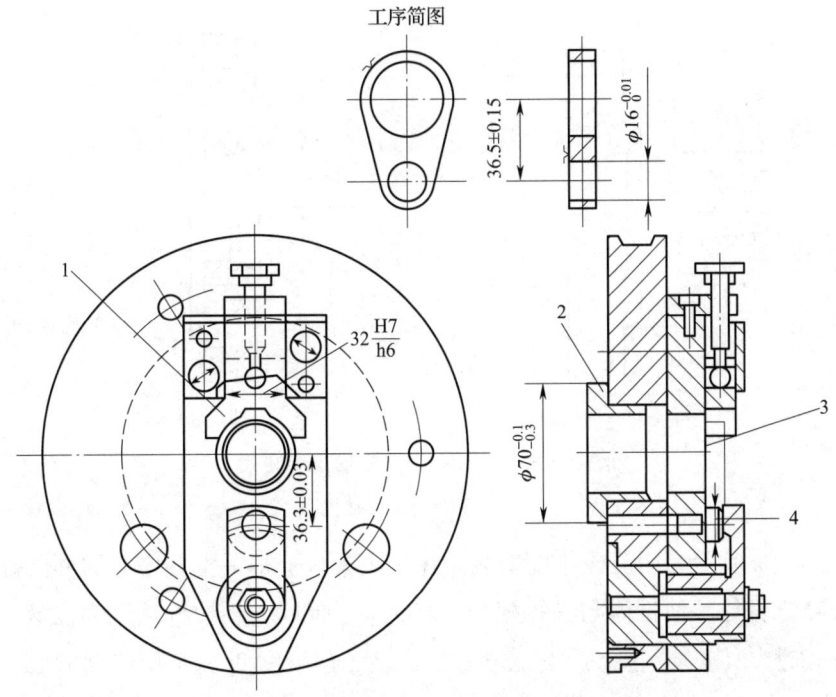

图 1-3-9 专用花盘式夹具
1—活动 V 形块 2—连接元件 3—定位平面 4—圆柱销

2. 盘类零件专用夹具的特点

（1）工件的定位。花盘式夹具的定位方式有孔和面定位、外形定位，在一般情况下至少限制五个自由度。

（2）工件的夹紧。花盘式夹具一般采用压紧方式，这样可以防止工件变形。压紧的结构常使用钩形压板，安全、可靠、紧凑。

（3）夹具的安装。为了保证夹具的安装精度，夹具体都与机床主轴连接，应依据机床主轴的定位结构设计夹具与机床的连接结构。车床夹具安装的实质是使夹具轴线与机床主轴回转轴线重合。常见的夹具与机床主轴连接方式如图 1-3-10 所示。

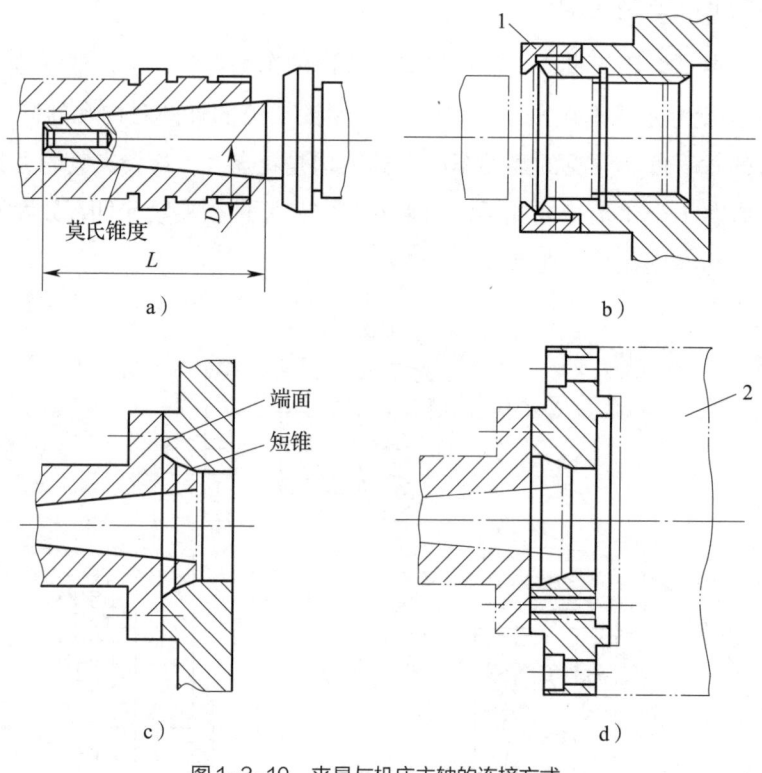

图 1-3-10 夹具与机床主轴的连接方式
1—压块 2—卡盘

图 1-3-10a 所示为用莫氏锥度安装。在车床夹具上根据主轴中心的莫氏锥孔制作夹具安装莫氏锥体，使锥体与锥孔配合。有时为了保险，用拉杆从尾部拉紧。采用这种安装方式时夹具安装精度高，定位迅速、方便，但刚度低，适用于轻切削。

图 1-3-10b 所示为根据车床主轴端部结构，在夹具上制作圆柱孔为安装面与机床主轴连接面（圆柱面）配合定位，常采用的配合为 H7/h6、H7/js6，用螺纹连接。为了

保证安全，用两个压块防松保险。这种安装方式存在配合间隙，安装精度较低。

图 1-3-10c 所示为用短锥和端面定位，螺钉夹紧。这种安装方式定位精度高，接触刚度高，但存在重复定位，必须提高端面和锥孔的制造精度。

图 1-3-10d 所示为用过渡盘安装。过渡盘一端与机床主轴端部结构相适应，另一端结构可标准化供夹具安装用，这样只要每台机床配有相应的过渡盘，夹具安装面便可统一。

（4）一般情况下夹具都要找平衡，安装配重装置。

二、典型盘类零件专用夹具设计制作

如图 1-3-11 所示加工连接盘，生产纲领为批量生产。零件经过粗加工、半精加工后，将两端面精磨。数控车床主要加工两端面的凹面和孔，保证两端面凹面孔与基准孔的同轴度，保证两端凹面的平行度以及相对主轴孔的跳动。此零件加工工艺性差，精度要求高，易变形。

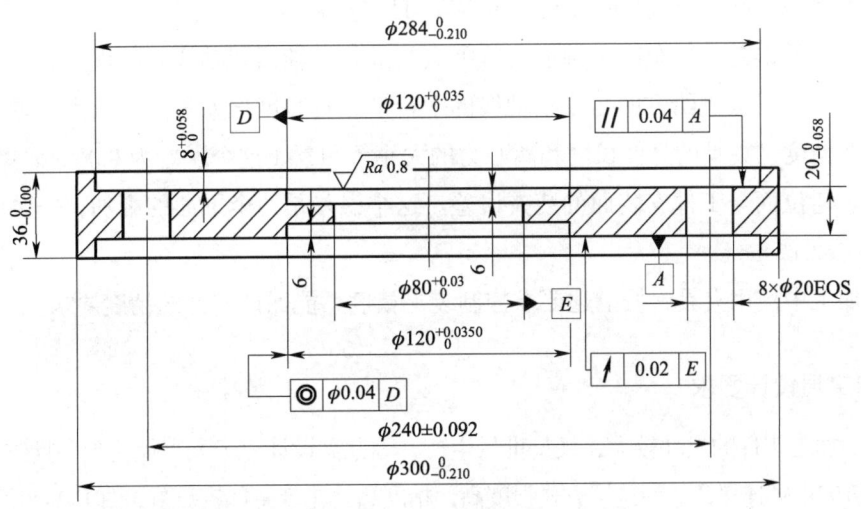

图 1-3-11 连接盘零件图

1. 夹具的设计方案

（1）夹具类型的确定。因加工的零件是高精度盘类零件，主要的精度要求是两端凹平面的平行度及孔的同轴度，故加工这类零件用花盘夹具效果最好。花盘式车床夹具是生产上应用数量较多的一类夹具。这种夹具本体是一个大圆盘，在圆盘的端面上固定着定位元件、夹紧元件及其他辅助元件等。这种夹具在大圆盘的外径上多数设有找正用的圆柱面；对大夹具配有安装套，供夹具安装时预对机床中心和确保安全作用。

（2）工件装夹定位。因连接盘的凹面不易定位，所以将定位面转换到磨过的两端面上，并将平面度和平行度公差均提高到 0.01 mm。加工时用一面一孔定位，限制 5 个自由度，端面压紧，这样工件在加工时不易变形。

（3）夹具与机床主轴的连接安装。为了保证夹具的安装精度，夹具体与机床主轴采用短锥和端面定位，用螺钉夹紧。这种安装方式定位精度高。当夹具体安装在机床主轴上后，要对夹具的定位面和定位孔进行加工，保证夹具定位面和孔与机床主轴的垂直度、同轴度，这样可以消除夹具的安装误差和找正误差。

2. 工件加工误差分析

（1）同轴度误差。零件的同轴度公差为 $\phi 0.04$ mm，为了保证同轴度精度，当工件装入夹具后，找正 $\phi 80$ mm 孔，找正误差小于 0.015 mm（因 $\phi 80$ mm 孔与定位孔是一次加工完成的，可以用作间接找正的基准）。

（2）夹具安装误差。由于把夹具安装到机床上后，进行了定位面和定位轴的再加工，所以减小了许多误差，故夹具安装误差可以忽略不计。

（3）夹具误差。如车床主轴上安装夹具基准与主轴回转轴线间的误差、主轴的径向跳动、车床滑板进给方向与主轴轴线的平行度或垂直度误差等。它的大小取决于机床的制造精度、夹具的悬伸长度和离心力的大小等因素（这个误差为 0.01 mm）。

（4）定位面与工件安装面的装夹误差。这个误差是两个平面的叠加，安装时控制在 0.01 ~ 0.015 mm。

在加工中使用夹具，按上述要求控制装夹精度，能保证零件的精度要求。

3. 花盘夹具设计要求

（1）加工零件的尺寸较大，又是批量生产，因此需设计一个大直径花盘夹具体，采用锥度与机床主轴连接，这种连接方式强度高，精度高。花盘夹具装配图如图 1-3-12 所示。

（2）花盘夹具由花盘夹具体、钩形压板和标准件螺栓三个元件组成。图 1-3-13a 所示为花盘夹具体零件图，图 1-3-13b 所示为钩形压板零件图。

在设计花盘夹具体时，设计基准要与机床主轴锥体基准一致。夹具体上的重要表面，如安装定位元件的表面、安装对刀块或导向元件的表面以及夹具体的安装基面应有适当的尺寸精度和形状精度要求，它们之间应有适当的位置精度要求。为使夹具体的尺寸保持稳定，铸造夹具体要进行时效处理，焊接和锻造夹具体要进行退火。夹具体的几何公差取零件尺寸公差的 1/3。

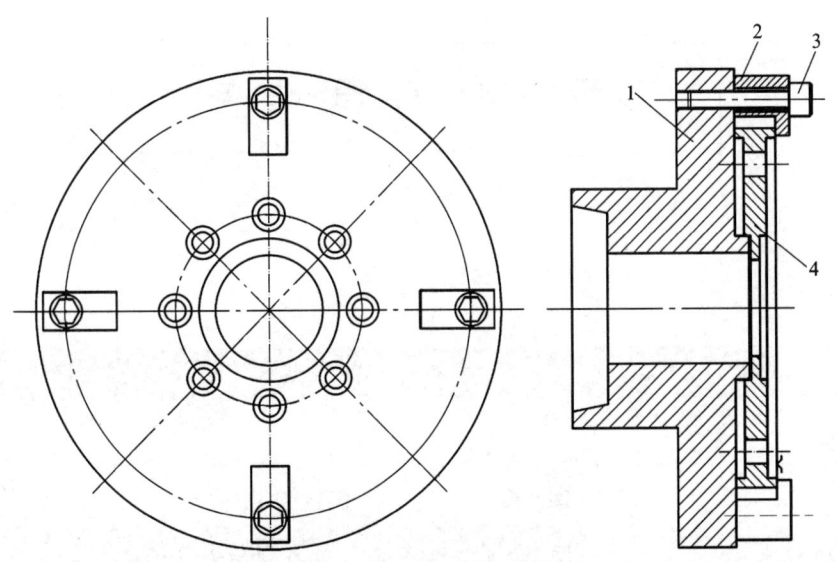

图1-3-12 花盘夹具装配图
1—花盘 2—钩形压板 3—螺栓 4—工件

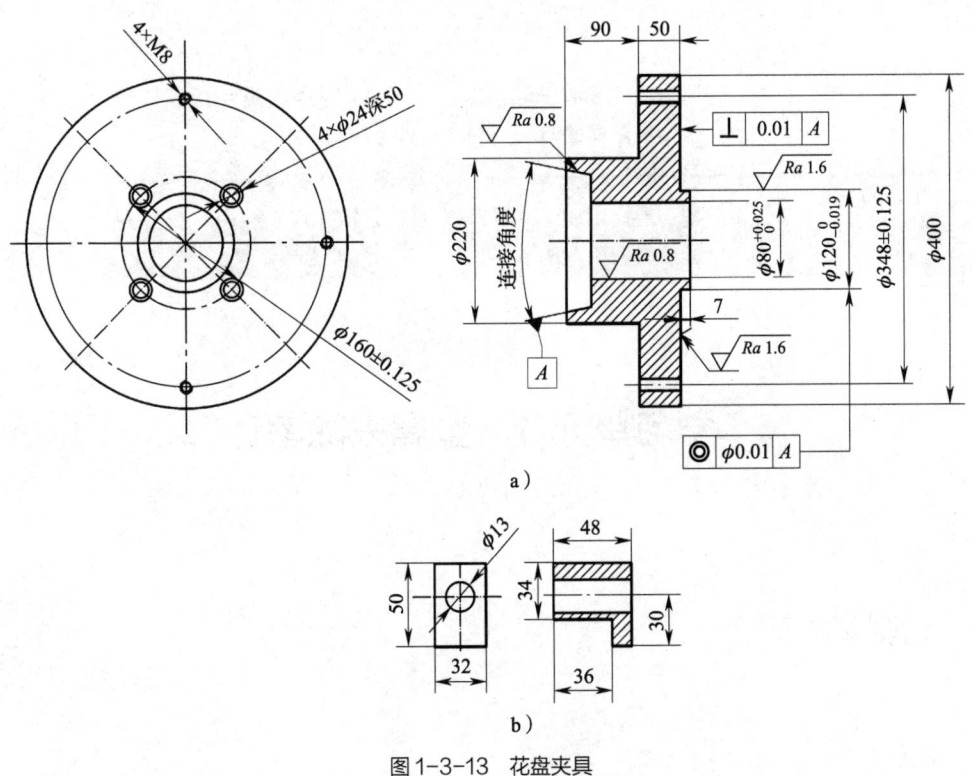

图1-3-13 花盘夹具
a) 花盘夹具体 b) 钩形压板

课程 1-4 刀具准备

学习内容

学习单元	课程内容	培训建议	课堂学时
（1）金属去除率计算	1）切削基本原理 2）切削用量三要素 3）金属去除率计算	（1）方法：讲授法 （2）重点与难点：切削用量三要素与金属去除率	2
（2）刀具寿命估算	1）刀具磨损形态及原因 2）影响刀具磨损的因素 3）刀具寿命估算	（1）方法：讲授法 （2）重点与难点：刀具磨损形态、影响刀具磨损的因素	2
（3）机床刀具寿命管理功能应用	1）机床刀具寿命管理功能及其特点 2）刀具寿命的参数设定方法 3）延长刀具寿命的方法	（1）方法：讲授法、演示法 （2）重点与难点：延长刀具寿命的方法	4
（4）新刀具应用	1）新型刀具材料的种类 2）新型刀具切削加工特点 3）新型刀具应用案例	（1）方法：讲授法、练习法 （2）重点与难点：新型刀具切削加工特点	2

■ 学习单元 1　金属去除率计算

一、切削基本原理

1. 切削条件

切削加工是用刀具从工件上切除多余材料，从而获得形状、尺寸精度及表面质量等符合要求的零件的加工过程。实现这一切削过程必须具备以下三个条件：

（1）工件和刀具之间要有相对运动，即切削运动。

（2）刀具材料必须具备一定的切削性能。

（3）刀具必须有合理的几何参数。

2. 切削运动

切削运动是同时存在的主运动和进给运动的合成运动，如图1-4-1所示。

（1）主运动。主运动是实现切除工件或毛坯上多余金属，形成工件新表面所必需的运动。主运动速度快，消耗功率大；主运动只有一个。

（2）进给运动。进给运动是实现依次或连续不断地切除金属，形成新表面的附加运动。进给运动速度慢，消耗功率小；进给运动可以是一个或多个运动的合成。

3. 金属切削变形过程

金属切削时的变形过程为：弹性变形→剪切应力增大，达到屈服极限→产生塑性变形→剪切与滑移量继续增大，达到断裂强度→切屑与母体脱离。金属切削变形过程主要有三个变形区，如图1-4-2所示。

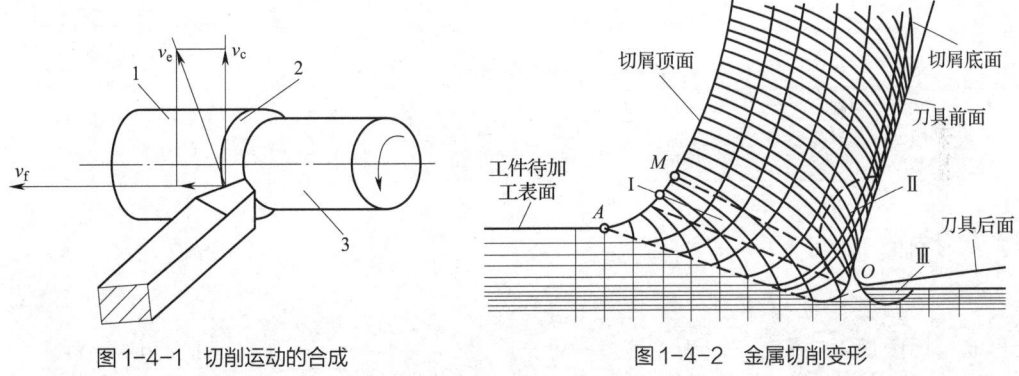

图1-4-1　切削运动的合成　　　　　图1-4-2　金属切削变形
1—待加工表面　2—过渡表面　3—已加工表面

（1）第Ⅰ变形区。近切削刃处在切削层内产生塑性变形（剪切滑移变形）的区域，即剪切变形区。金属切削过程的塑性变形主要集中于此区域。

（2）第Ⅱ变形区。当切屑沿刀具前面流动时，会进一步受到前面的强烈挤压和摩擦，进一步发生变形，变形主要集中在与前面摩擦的切屑底面一薄层金属区域。此区域为第Ⅱ变形区（挤压变形）。此变形区的变形是造成前面磨损和产生积屑瘤的主要原因。第Ⅱ变形区的特征是纤维化塑性变形，纤维化方向与前面平行，切屑底面光滑，外侧呈毛茸状。

（3）第Ⅲ变形区。在已加工表面纤维化形成了变质层。由于刀具不可能绝对锋利，刃口有圆弧半径，因此切削层不可能完全切除，有很小部分被挤压到已加工表面上，并与刀具后面发生摩擦，并进一步产生塑形变形，从而影响已加工表面质量。第Ⅲ变形区的特征为已加工表面的塑性变形，此变形是造成已加工表面加工硬化和残余应力的主要原因。

4. 切屑的种类

由于工件材料、刀具角度和切削用量的不同，切削过程中的变形情况也不同，因而产生的切屑种类也就多种多样。从变形观点出发，可将切屑归为带状切屑、挤裂切屑、单元切屑、崩碎切屑四种类型，见表1-4-1。

表1-4-1 切屑的种类

名称	带状切屑	挤裂切屑	单元切屑	崩碎切屑
简图	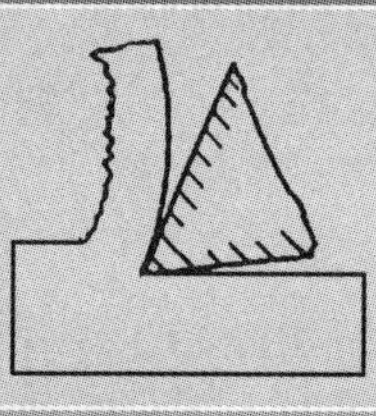		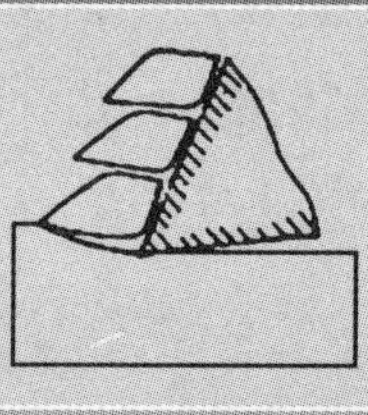	
形态	带状，底面光滑，背面呈毛茸状	节状，底面光滑有裂纹，背面呈锯齿状	粒状	不规则块状颗粒
变形	剪切滑移尚未达到断裂程度	局部剪切应力达到断裂强度	剪切应力完全达到断裂强度	未经塑性变形即被挤裂
形成条件	加工塑性材料，切削速度较高，进给量较小，刀具前角较大	加工塑性材料，切削速度较低，进给量较大，刀具前角较小	工件材料硬度较高、韧性较低，切削速度较低	加工脆硬材料，刀具前角较小
影响	切削过程平稳，表面粗糙度值小，妨碍切削工作，应设法断屑	切削过程欠平稳，表面质量欠佳	切削力波动较大，切削过程不平稳，表面质量不佳	切削力波动大，有冲击，表面质量恶劣，易崩刃

5. 切削力

（1）切削力的来源。切削时刀具切入工件，使被加工材料发生变形成为切屑所需要的力称为切削力。切削力来源于变形区内产生的弹性变形抗力和塑性变形抗力，以及切屑、工件与刀具间的摩擦力。

（2）切削力的分解。为了便于分析切削力的作用、测量、计算切削力的大小，通常将切削合力 F 分解为相互垂直的三个分力，即主切削力 F_c、进给力 F_f 和背向力 F_p，如图 1-4-3 所示。

1) 主切削力 F_c。主切削力切于过渡表面并与基面垂直，使车刀产生弯矩，是计算车刀强度、设计机床零件、确保机床功率的依据。

2) 进给力（轴向力、走刀力）F_f。进给力处于基面内，与工件轴线平行，与进给方向相反，作用在进给机构上，是计算进给机构功率的依据。

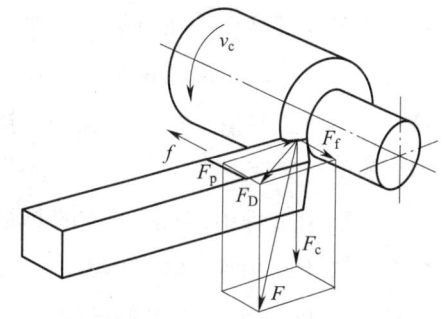

图 1-4-3　切削力的分解

3) 背向力（径向力、吃刀力）F_p。背向力处于基面内，与工件轴线垂直，使工件产生弯曲，用来确定与加工精度有关的工件挠度。背向力是切削过程中产生振动的力，是计算系统刚度的依据。

（3）影响切削力的因素。影响切削力的因素主要有工件材料、切削用量、刀具几何参数和其他方面的因素。

1) 工件材料。工件材料强度高，加工硬化倾向大，所以切削力大。

2) 切削用量。背吃刀量与切削力近似成正比。进给量增大，切削力增大，但不成比例。切削速度对切削力影响较为复杂，但是切削速度大，切削力会减小。

3) 刀具几何参数

①前角增大，切削力减小。

②主偏角对主切削力影响不大，对背向力和进给力影响较大。

③刃倾角对主切削力影响不大，对背向力和进给力影响较大。

④圆弧半径对主切削力影响不大，对背向力和进给力影响较大。

⑤切削液有润滑作用，可降低切削力。

⑥后刀面磨损、刀尖磨损使主切削力增大，对背向力和进给力影响不大。

6. 切削热

切削热是切削过程的产物，由于切削热引起的切削温度升高影响刀具磨损和耐用度，同时限制了切削速度的提高，还导致工件、机床、刀具和夹具的热变形，降低了零件的加工精度和表面质量。切削中要了解热的产生和传导及影响切削温度的因素。

（1）切削热的分布和传导。在切削过程中所产生的热量主要分布在刀尖附近和前面上，如图1-4-4所示。在加工塑性材料时，温度最高点不在刀尖上，而是在与刀尖有一小段距离的位置处。在切削脆性材料时，热量集中在刀尖处，接近刀尖的位置温度最高。

在切削过程中，3%～9%的热量传导到工件上，10%～40%的热量传导到刀具上，50%～80%热量传导到切屑中，传导到空气和冷却介质中的热量只有1%～2%。

（2）影响切削热的因素

1）在切削参数中，切削速度对切削热的影响最大，其次是背吃刀量和进给量。

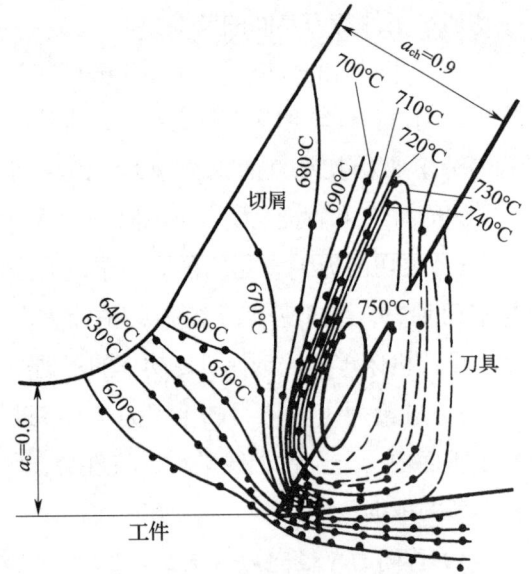

图1-4-4 切削热分布

2）在刀具几何参数中，对切削热影响大的是前角、主偏角和后角，其次是刀尖圆弧半径值。

3）刀具后面磨损时，后角减小，后面与工件磨损加剧，切削温度升高。

4）刀具刃口磨损后，切屑在形成过程中的塑性变形加剧，使切削温度升高。

5）材料的强度和硬度高，其切削抗力大，消耗的功率大，产生的热量多。材料的导热系数越小，传出的热量就越少，切削区的温度就越高。

6）切削液可以降低切削温度。

二、切削用量三要素

切削用量与金属去除率的关系是依据刀具材料、工件材料、尺寸精度和表面粗糙度来确定的。切削用量三要素即切削速度v_c、进给量f、背吃刀量a_p。切削用量虽然对加工质量、刀具耐用度和生产效率均有直接的影响，但影响程度却不同，且它们又是相互联系、相互制约的，不可能都选择得很大，因此，就存在着从不同角度出发，去优先选择三者之中的某一个要素。为提高生产效率，可以适当增加背吃刀量a_p，减少走刀次数；但是当加工余量太大、加工余量不均匀或工艺系统刚度不足时，为避免振动，需要分两次或多次走刀完成。提示：在保证刀具强度、机床刚度的情况下，尽可能选择大的背吃刀量a_p、进给量f，适中的切削速度v_c。

确定切削用量三要素的原则如下：背吃刀量 a_p 通常依据加工余量确定，进给量 f 依据工件表面粗糙度确定；当以上两个要素确定后，依据刀具耐用度确定切削速度 v_c。

三、金属去除率计算

金属去除率是指毛坯经机械加工后切去的质量与毛坯质量之比。一般来说，零件的质量在图样上都有，是经过设计人员计算好的。毛坯的质量是工艺人员先计算出余量，加上零件的质量得到毛坯质量，以便提请有关部门备料。一般金属去除率要达到 20%～30%，是一个不小的数字。也就是说，100 kg 料只能用 70～80 kg。以下是计算金属去除率的公式：

$$v_c = \frac{\pi D n}{1\,000}$$

$$n = 1\,000 v_c / D$$

$$Q = v_c a_p f$$

式中　v_c——切削速度，m/min；

　　　n——主轴转速，r/min；

　　　Q——金属去除率，cm³/min；

　　　a_p——背吃刀量，mm；

　　　f——进给量，mm/r。

学习单元 2　刀具寿命估算

一、刀具的磨损形态及原因

在切削过程中，刀具本身要发生正常磨损和非正常磨损（破损）。刀具的正常磨损是连续的、逐渐的过程，而破损是随机的、突发的破坏。刀具磨损使工件尺寸精度受到影响，同时切削条件变差，加工表面质量下降。刀具磨损分三个阶段，既初期磨损阶段、正常磨损阶段和剧烈磨损阶段，如图 1-4-5 所示。

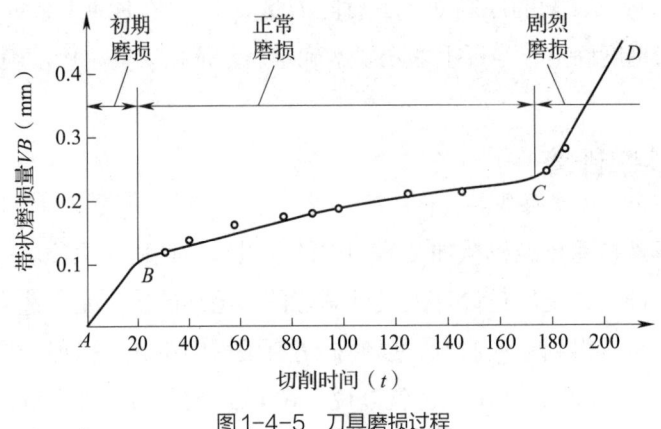

图1-4-5 刀具磨损过程

1. 刀具的正常磨损

在刀具的正常磨损中，分前面磨损、后面磨损、前后面同时磨损以及边界磨损四种情况，如图1-4-6所示。

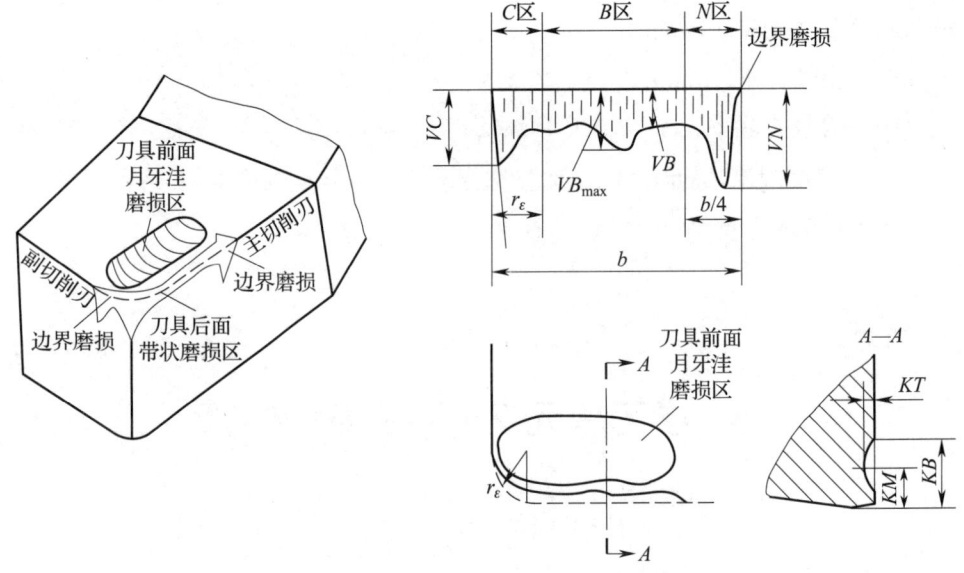

图1-4-6 刀具磨损形态

（1）前面磨损。在切削过程中，切削塑性材料，切削速度、切削厚度较大时，在前面上磨出一个月牙洼。

（2）后面磨损。在切削过程中，加工脆性材料或切削速度较低、切削厚度较小（小于0.1 mm）时，由于前面上刀具、切屑间的作用相对较弱，主要发生后面磨损。

（3）前后面同时磨损。一般在以中等切削用量加工塑性金属材料时会出现这种磨损形态。

（4）边界磨损。切削钢件时，常在主切削刃靠近工件外皮处以及刀尖处的后面上磨出较深的沟纹，这就是边界磨损。加工铸件、锻件等外皮脆且粗糙的工件也容易发生边界磨损。

2. 刀具的非正常磨损

刀具的非正常磨损是指刀具在切削过程中突然过早产生损坏，分为脆性破损和塑性破损两种情况。

（1）脆性破损。在振动、冲击等切削条件作用下，刀具没有发生明显磨损，但是刀具切削部分出现了切削刃微崩或崩碎、刀片或刀具折断、表面剥落、热裂纹等现象，使刀具不能继续工作，这种破损称为脆性破损。

（2）塑性破损。切削时，刀具由于高温、高压的作用，使前面、后面的材料发生塑性变形，刀具丧失切削能力，这种破损称为塑性破损。

3. 刀具磨损的原因

由于工件、刀具材料和切削条件变化很大，刀具磨损形态也多种多样，其磨损的原因很复杂。但从温度的角度来看，刀具正常磨损的原因主要是机械和热、化学磨损。前者是由工件材料中硬质点的刻划作用引起的磨损，后者是粘结、扩散、化学反应等引起的磨损。如图1-4-7所示为切削速度（切削温度）对刀具磨损的影响。

（1）机械磨损。机械磨损是指工件、切屑中的硬质点（如碳化物、氮化物、氧化物等）、积屑瘤碎片等划擦刀具表面造成的磨损。低速切削时也能造成机械磨损。

（2）粘结磨损。切屑、材料与刀具在高压力和摩擦的条件下发生冷焊粘结，带走刀具材料，产生表面破坏伤痕。

（3）扩散磨损。工件、刀具材料在高温条件下相互扩散，造成刀具磨损。扩散磨损是硬质合金刀具磨损的主要原因之一。

（4）化学磨损。化学磨损是指高温下刀具材料与周围介质起化学作用，在刀具表面形成一层硬度较低的化合物，被切屑或工件擦掉而形成磨损。高速加工容易产生化学磨损。

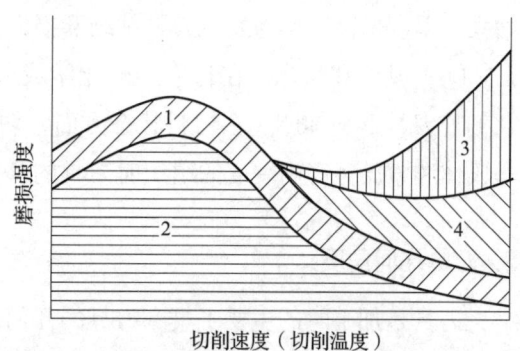

图1-4-7 切削速度（切削温度）对刀具磨损的影响
1—机械磨损 2—粘结磨损 3—扩散磨损 4—化学磨损

二、影响刀具磨损的因素

切削时的刀具磨损是切削热和机械摩擦所产生的物理作用和化学作用的综合结果。刀具磨损表现为在刀具后面上出现磨损带、缺口和崩刃，前面上常出现月牙洼状磨损，副后面上有时出现氧化坑和沟纹状磨损等。当这些磨损扩展到一定程度以后就引起刀具失效，不能继续使用。影响刀具磨损的因素有以下几个方面：

1. 切削参数对刀具磨损的影响

造成刀具磨损的主要因素是切削温度。在切削参数中，切削速度对刀具磨损的影响最大，其次是进给量，背吃刀量的影响较小。

2. 工件材料对刀具磨损的影响

工件材料的种类很多，但是归纳起来主要是以下因素影响刀具磨损：

（1）硬度。加工材料硬度高，切屑与刀具前面接触面积小，前面上法向应力增大，摩擦热集中在刀尖上，温度剧增，磨损加剧。

（2）硬质点。材料中的硬质点越多，分布越广，则材料的切削性能降低，这些硬质点在切削过程中会划伤刀具，加快磨损。

（3）加工硬化。钢材料在加工过程中会产生加工硬化，使切削力增大，造成刀具的边界磨损。

（4）强度。当材料的强度高时，切削抗力就大，产生的温度就高，这样会造成刀具的边界磨损。

（5）塑性。当材料塑性好时，它的断后伸长率大，切削过程中变形区扩大，摩擦增大，温度增高，容易发生刀具粘结磨损。

（6）成分和状态。在材料中的化学成分有多种，硅和铝能形成氧化硅和氧化铝，它们使刀具磨损加剧。在材料状态方面，切削珠光体组织时刀具的耐用度高，当加工马氏体和索氏体等高硬度的组织时刀具的磨损较大。

3. 刀具几何角度

刀具是加工时的主要工具，刀具的几何角度影响刀具的磨损，具体影响因素如下：

（1）刀具的前角。增大刀具前角，可使切削变形减弱，摩擦减小，切削力减小，热量降低，改善刀具磨损。但是过度地增大刀具前角会降低刀具强度，使刀具的散热条件不好，加快刀具磨损。因此，在加工中要依据加工材料、刀具材料以及加工条件合理选择刀具前角。

（2）刀具的后角。在切削过程中，刀具的后面一般都会磨损，因此常用后面的磨损量 VB 作为车刀的磨钝标准。后角越小，后面越容易磨损。但过大的后角会降低刀具的强度，使刀具散热条件恶化，加快刀具磨损。因此，在加工中要依据加工条件合理选择刀具后角。

（3）刀具主偏角。刀具主偏角小，使切削宽度增大，切削厚度减小，切削温度降低，有利于提高刀具耐用度。刀具主偏角越大，磨损越快。

（4）负倒棱角和刀尖圆弧半径。刀具几何参数中，采用负倒棱角和大的刀尖圆弧半径能提高刀具耐用度，减小刀具磨损。

4. 刀具材料

刀具材料的硬度、强度和韧性都影响刀具磨损。刀具材料的耐热性不好会降低刀具的耐磨性。另外，在高温的切削条件下，刀具要有抗氧化能力和抗粘结、扩散的能力，否则会降低刀具耐用度。

5. 切削液

在金属切削加工中，正确选用切削液对降低切削温度和切削力，减小刀具磨损，提高刀具耐用度，改善加工表面质量，保证加工精度，提高生产效率，都非常重要。切削液的作用是能带走大量的热量，减小工件和刀具的膨胀，降低切削时的温度差和热应力，减少热裂。

切削液的性能取决于它的导热系数、比热容、汽化速度以及流量和流速等。非水溶性切削液以矿物油为主，如机械油、煤油、柴油和植物油，这类切削液主要起润滑作用；水溶性切削液是在水中加防锈剂和乳化液，这类切削液主要起冷却作用。如乳化液冷却降温 60~90℃，油冷降温 35~60℃。

三、刀具寿命估算

刀具由开始切削到达到刀具磨钝标准所经过的切削时间叫作刀具寿命（曾称刀具耐用度），符号为 T，单位为 min 或 s。刀具寿命的判定一般采用刀具磨损量的某个预定值，也可以把某一现象的出现作为判定依据，如振动激化、加工表面质量恶化、断屑不良和崩刃等。达到刀具寿命后，应将刀具重磨、转位或废弃。刀具在废弃前的各次刀具寿命之和称为刀具总寿命。

生产中常根据加工条件按最低生产成本或最高生产效率的原则来确定刀具寿命及拟定工时定额。

零件被切削加工成合格品的难易程度，根据具体加工对象和要求，可用刀具寿命的长短、加工表面质量的好坏、金属切除率的高低、切削功率的大小和断屑的难易程度等作为判据。在生产和实验研究中，常以刀具寿命作为某种材料的切削加工性的指标，它的含义如下：当刀具寿命为××分钟时切削该材料所允许的切削速度。该值越高，表示切削加工性越好，一般取60、30、20、15或10 min。

1. 刀具磨损过程及磨钝标准

（1）刀具的磨钝标准。刀具允许达到的最大磨损量称为磨钝标准。

对于一般刀具，常以后面磨损带高度 VB 的允许极限值作为磨钝标准。固定加工尺寸刀具和自动化生产中的精加工刀具常以径向磨损量 NB 的允许值作为磨钝标准，如图1-4-8所示。

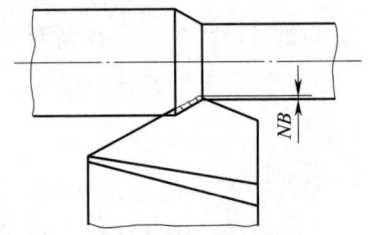

图1-4-8 径向磨损量 NB 值

（2）刀具磨钝标准的取值

1）精加工 $VB = 0.1 \sim 0.3$ mm。

2）粗加工 $VB = 0.6 \sim 0.8$ mm。

3）工艺系统刚度较低时，应规定较小的磨钝标准。

4）一般材料加工 VB 可取大值，难加工材料（如高温合金、不锈钢、钛合金等）加工 VB 要取小值。

5）加工同一种工件材料时，硬质合金刀具的磨钝标准要比高速钢刀具取得小些。

6）加工精度和表面质量要求高时，VB 要取小值。

7）加工大尺寸工件时，VB 要取小值。

（3）刀具寿命的影响因素。刀具寿命是衡量刀具切削性能、工件材料的切削加工性及刀具几何参数是否合理的重要参数。影响刀具寿命的因素如下：

1）刀具几何参数。合理选择刀具几何参数能延长刀具寿命。

2）刀具材料。合理选择刀具材料能延长刀具寿命。

3）工件材料。工件材料的物理、力学性能影响刀具寿命。工件材料的强度、硬度和韧性越高，断后伸长率越小，切削时温度越高，刀具寿命越短。

4）切削用量。切削速度、进给量和背吃刀量也是影响刀具寿命的因素。

（4）刀具寿命的估算。切削用量三要素与刀具寿命的关系式如下：

$$T=\frac{C_\mathrm{T}}{v_c^x f^y a_p^z}$$

如用 YT15 硬质合金车刀切削抗拉强度 R_m=637 MPa 的碳钢时，切削用量与刀具寿命的关系为：

$$T=\frac{C_\mathrm{T}}{v_c^5 f^{2.25} a_p^{0.75}}$$

从上式可以分析出，切削速度对刀具寿命影响最大，其次是进给量，背吃刀量影响最小。

制定工艺规程时，如果既要保证较长的刀具寿命，又要追求较高的切削效益，那么，确定切削用量就应该遵循下列原则：采用最大的背吃刀量；在满足表面粗糙度要求的前提下，尽可能选择大的进给量；根据所确定的刀具寿命值，按切削用量与刀具寿命公式计算切削速度。

学习单元 3　机床刀具寿命管理功能应用

一、机床刀具寿命管理功能及其特点

在数控加工自动化生产线上，配置的刀具品种多、数量大，刀具管理需要自动化，因此，很多高档数控机床系统配置了刀具管理功能。机床的数控系统不同，在刀具管理功能及使用方面有所区别，但是它们的原理基本相同。

1. 刀具寿命管理功能

刀具寿命管理功能是一单独的块功能，在使用时要依据系统要求设置相关参数，可以当作子程序调用，也可以用指令编程使用。刀具寿命管理功能基本逻辑原理如图 1-4-9 所示。

在刀具寿命管理功能中有三大功能块。读取功能用来读取各组刀具设置的刀具寿命参数；比对功能用来将各刀具寿命使用值与预设值比对，经过条件判断和运算得出结论值；状态报警功能用来将运算得出的结论值通过数控系统的 PLC 装置控制机床运行状态。

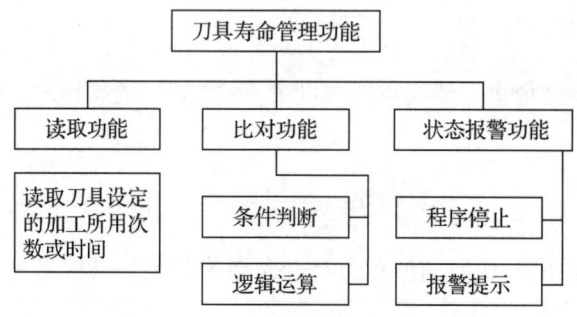

图 1-4-9　刀具寿命管理功能基本逻辑原理

2. 刀具寿命管理程序功能框架

加工时往往用的刀具很多，在加工程序中控制刀具寿命，只要有换刀程序，就连接刀具寿命管理程序，如图 1-4-10 所示。图中虚线框中是刀具管理程序，换刀时就用它对刀具进行寿命控制。

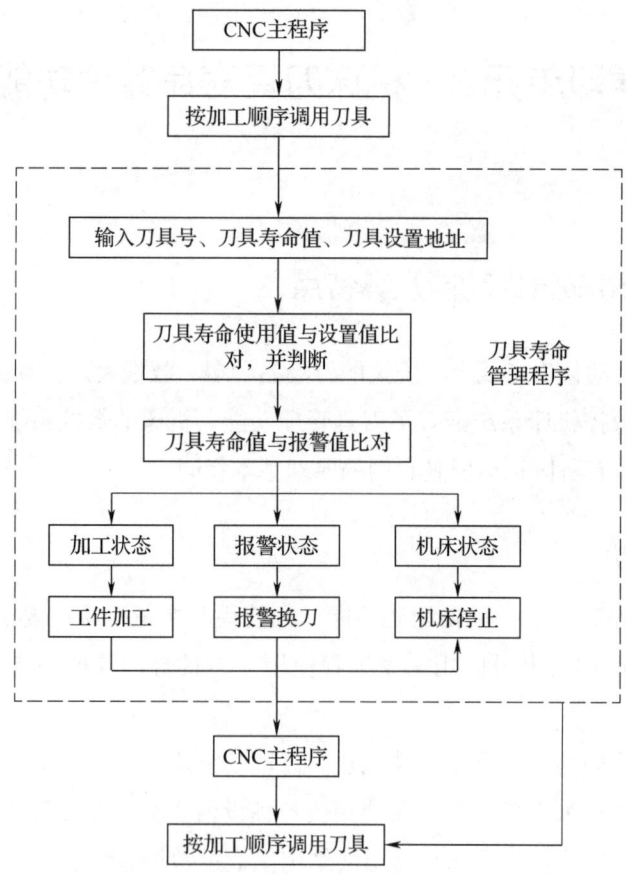

图 1-4-10　刀具寿命管理程序功能框架

3. 机床刀具寿命管理功能的特点

（1）机床刀具寿命管理功能的通用性。作为子程序预先存储在机床数控系统中，这样可以在主程序中灵活调用，具有很好的通用性。

（2）机床刀具寿命管理功能的有序性。在进行刀具寿命管理时，可对少量的刀具进行单独管理，也可以分组、分类管理，对刀具按加工顺序排列管理。

（3）机床刀具寿命管理功能的赋值性。在使用刀具寿命功能时，对刀具寿命可按次数设置，也可按使用时间设置。虽然这些设置参数是经过试验得到的，但是还是间接地控制了刀具的实际磨损。

（4）机床刀具寿命管理功能对机床的控制。当刀具寿命预设值达到临界值时，其功能提示换刀具，能对机床进行停机控制。

（5）机床刀具寿命管理功能的智能性。集中管理刀具寿命，可全面提升机床设备自动化水平，在自动化和智能制造方面广泛应用。

（6）机床刀具寿命管理功能的要求。机床数控系统要具备刀具寿命管理功能，能提供变量参数设置地址和界面，具备刀具管理可编程控制功能。

二、刀具寿命的参数设定方法

在网络化、数据化制造生产模式下实现刀具寿命的管理，要求刀具寿命与数控机床系统性能匹配，尤其对大批量的生产和智能制造特别重要。数控机床系统要能满足刀具寿命管理、刀具寿命值补偿以及机床报警和控制等要求。一般情况下，数控机床系统对刀具寿命管理都是用设置参数、PLC 装置和 CNC 程序来实现的。

1. 机床数控系统参数

（1）补偿地址。数控系统能提供设置刀具序号、刀具半径、刀具长度、刀具寿命预设值、刀具寿命临界值的地址和界面。

（2）系统参数。在数控系统中要有多个用于刀具寿命管理的参数，这些参数具有刀具寿命的管理功能（生产厂家已设置好，用户不能更改）。

（3）用户参数。在数控系统中要有用户参数，这些参数主要用于设置刀具寿命参数变量。

（4）补偿参数。在数控系统中的补偿参数主要用于刀具寿命的次数、时间和磨损值的补偿。

（5）机床控制参数。机床控制参数主要用于刀具寿命到临界值时机床能报警和停止。

（6）刀具寿命的启用参数。刀具寿命的启用参数用于此功能的开启和关闭。

（7）联网功能参数。联网功能参数用于刀具寿命的单独管理、成组管理和集中网络化管理。

目前数控系统种类很多，刀具寿命管理功能的先进性和智能性也有差异，对于一些有特殊要求的刀具寿命管理功能，要依据用户的需求进行开发。

2. 刀具寿命管理参数设置

现在以 FANUC 数控系统为例设置刀具寿命管理参数，如图 1-4-11 所示。常用刀具寿命管理参数见表 1-4-2。

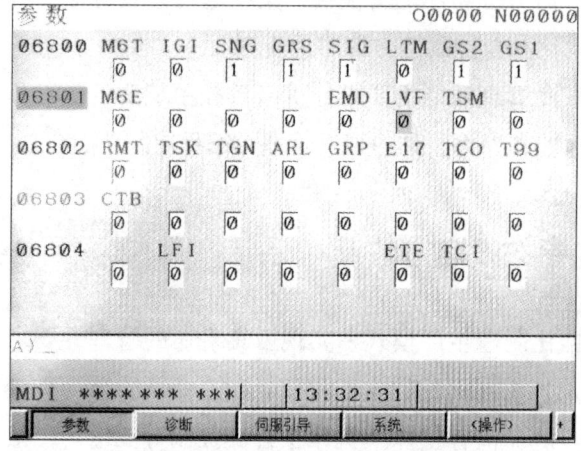

图 1-4-11 刀具寿命管理参数设置界面

表 1-4-2 常用刀具寿命管理参数

参数		组数	每组刀具数
6 800.0	6 800.1		
0	0	P6813/8	16
0	1	P6813/4	8
1	0	P6813/2	4
1	1	P6813	2

（1）#8132.0=1，使用刀具管理功能。

（2）最大组数设定。P6813 设定最大组数，需要为 8 的倍数，最大为 128。设为 0

等同于设定为 128，即 #6813=0 刀具寿命数据表总容量是 128。

（3）#6800.2=1，刀具寿命计数类型按时间予以指定；#6800.2=0，刀具寿命计数类型按次数予以指定。

（4）设定刀具交换复位信号功能。#6800.4 设为 0，表示在刀具交换复位信号时只清除指定组的数据；设为 1，则清除所有组的数据。

（5）设定刀具寿命管理忽略号。#6810=1 000，刀具调用号超过该值时，扣除该值的为刀具号。

（6）#6811=71M71，刀具寿命计数再启动。

（7）#3032=8T，设定代码的最大位数。

3. 刀具寿命管理程序指令格式

按照 FANUC 系统操作要求完成刀具寿命参数设定，系统会自动将刀具寿命数据登录在 CNC 中，当刀具寿命达到时就需换刀，更换完成后在程序画面运行 G10L3 刀具寿命管理程序，见表 1-4-3。

表 1-4-3　G10L3 刀具寿命管理程序

格式	说明
O0001	
G10 L3	固定格式，设定刀具寿命数据开始
P01 L4	设定第一组刀具寿命，P01 代表第一组，L4 代表 4 次
T0101	将刀具号为 01 的刀具归到第一组，对应刀偏补偿为 01
P02 L5	设定第二组刀具寿命，P02 代表第二组，L5 代表 5 次
T0303	将刀具号为 03 的刀具归到第二组，对应刀偏补偿为 03
G11	设定刀具寿命管理数据结束
M30	结束程序

4. 确认设置结果

【OFFSET】→【>】→【TL 管理】

如图 1-4-12 所示，第一组有一把刀 00000101，寿命是 4 次，已使用 0 次；第二组有一把刀 00000303，寿命是 5 次，现已使用 0 次。

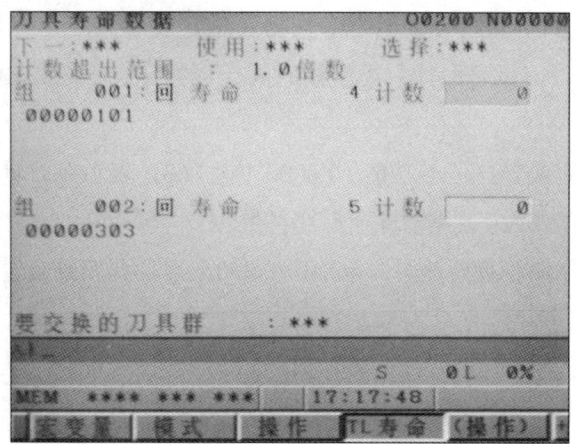

图1-4-12 确认设置结果

5. 打开软开关

在设置中打开软开关：

【offset】→【>】→【操作】

将光标移到"toollife"项，将该软开关打开。按左右键可以关闭、打开软开关。

6. 编制加工程序

将加工程序中代表刀号的T代码更改为代表刀组号的T代码。格式为：

T××99；

如T0199代表第一组刀，T0299代表第二组刀。

7. 换刀后刀具寿命管理数据复位

在刀具寿命到达后，会出现相关报警，在"TL管理"界面，将光标移到更换完刀具的刀具计数栏，选【操作】→【清除】→【执行】，清除已计算的刀具寿命数据，清除报警，如图1-4-13所示。

数控系统的强大功能，全面提升了机床自动化水平。随着高档先进数控系统在机床上的广泛使用，技术人员要掌握刀具寿命管理功能的原理。

三、延长刀具寿命的方法

延长刀具寿命能提高生产效率，降低生产成本，提高产品质量。通常延长刀具寿命的方法要从切削参数、刀具几何参数、工件材料、刀具材料、切削液、振动等方面考虑。

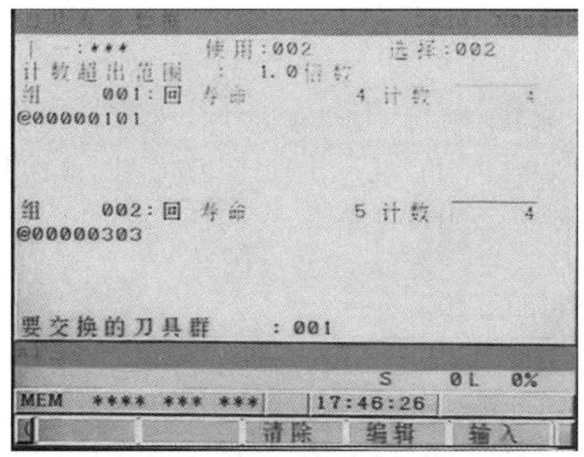

图 1-4-13 刀具寿命管理数据复位界面

1. 合理选择切削参数

切削参数在加工中非常重要，合理选择切削参数能很好地延长刀具寿命。切削参数中有三个重要指标，即切削速度 v_c、进给量 f 和背吃刀量 a_p，这三个参数对刀具磨损和寿命影响非常大。通过下式可以看出三者与刀具寿命的关系：

$$v_c T^m = C_o$$

$$T = \frac{C_T}{v_c^x f^y a_p^z}$$

式中　　v_c——切削速度；

　　　　T——刀具使用寿命；

　　　　m——切削速度影响常数，$x=1/m$；

　　　　C_T——1 分钟刀具寿命的切削参数；

　　　　f——进给速度；

　　　　y——进给速度影响常数；

　　　　a_p——切削深度；

　　　　z——切削深度影响常数。

切削速度 v_c 对刀具寿命影响最大，进给量 f 次之，背吃刀量 a_p 影响最小。

2. 用工艺方法延长刀具寿命

在制定加工工艺规程时，要在保证较长刀具寿命的前提下，采用大的背吃刀量；如能满足已加工表面粗糙度要求，采用尽可能大的进给量；根据所确定的刀具寿命值，按切削用量与刀具寿命的关系式计算切削速度。

3. 合理使用切削液

切削液有油质和水溶两种,它们能带走加工中大量的热,降低切削温度,减少刀具磨损。油质切削液以润滑作用为主,同时也起冷却作用;水溶切削液主要起冷却作用。因此在加工中要选择合适的切削液。

4. 根据加工材料制定加工工艺

工件材料的硬度和强度高,在加工中会使切削力增大、切削温度升高,使刀具磨损加大、耐用度降低。工件材料的断后伸长率大,导热系数小,会使切削温度升高,同样会缩短刀具寿命。因此,在加工时要根据工件的材料性能、生产纲领合理确定切削参数,合理选择刀具材料和刀具几何参数,延长刀具寿命。

5. 刀具材料

刀具的材料很多,有加工塑性材料的刀具,加工脆性材料的刀具,也有加工高硬度材料的刀具。刀具在高温下的红硬性越高,它的耐磨性就越好,寿命就越长。因此选择刀具时要考虑以下几点:

(1)在加工中要依据加工材料合理选择刀具。

(2)复杂和高精度的刀具,寿命要制定得长一些。

(3)对可换刀片的刀具,寿命可制定得短一些。

(4)在自动生产线上的刀具,寿命可制定得长一些。

6. 减小加工振动

在加工中振动对刀具磨损影响很大。振动产生的原因很多,包括机床刚度、工艺装备刚度、工件强度、切削参数、刀具几何参数、刀具强度和伸长量等。这些因素使刀具在加工表面上不停地振动,形成了刀具与工件之间的高频率敲击,而不能正常切削,使刀具产生微小裂纹和崩刃,缩短了刀具寿命。因此,在加工中要针对上述影响振动的因素逐个排除。对加工高精度零件和生产线的刀具,要进行试制后再投入使用。

7. 合理选择刀具几何角度

刀具几何角度对刀具寿命影响很大,主要体现在前角、后角、主偏角和刃倾角,为了延长刀具寿命,在加工时选择刀具几何角度要考虑以下几点:

（1）刀具前角。在加工中当刀具前角过大时，刀具的散热体积减小，强度降低，影响刀具寿命。在加工塑性材料时，要考虑切削参数，选择较大的前角。加工脆性和硬度高的材料时，重点考虑切削速度，选择较小的刀具前角，一般取 $-5°\sim15°$。

（2）刀具后角。合适选择刀具后角可以减小工件与刀具主后面的摩擦，减小主后面的磨损。刀具后角过大，刀具刃部强度降低，散热体积减小，导热性差。切削厚度小和精加工时选择较大的后角，粗加工时选择较小的后角，一般取 $6°\sim12°$。

（3）主偏角。在背吃刀量相等的前提下，改变主偏角可以改变切削厚度和宽度。小的主偏角可使切削刃长度加大，刃口受力减小，散热性好，刀具耐用性提高，但是工件承受径向力加大。因此，在粗加工和加工硬度高的材料时选用较小的主偏角，在精加工时选用大的主偏角。

（4）刃倾角。刀具刃口和刀尖部分的强度与刃倾角有很大关系。一般在粗加工和加工高硬度材料时，刃倾角选用负值；加工塑性材料和精加工时，刃倾角选用正值。一般取刃倾角为 $6°\sim12°$。

学习单元4　新刀具应用

一、新型刀具材料的种类

高速切削、超精密加工、绿色制造的实现，对刀具提出了更新更高的性能要求，原有的硬质合金和工具钢刀具材料已不能满足现代的加工需求，因此，在20世纪是刀具材料大发展的历史时期，各种新型刀具材料有了长足发展，出现了陶瓷材料、立方氮化硼、金刚石以及各种涂层材料等。刀具的发展历程如图1-4-14所示。

综观各种刀具材料，除人造金刚石的原料为石墨（碳元素）外，其他品种都离不开碳化物、氮化物、氧化物和硼化物。在现代刀具中，碳化物用得最多。在刀具材料的各成分中，以 Fe_3C、WC、TiC、Mo_2C、TiN、Al_2O_3、Si_3N_4 等用量最大，此外还需用到金属钴。

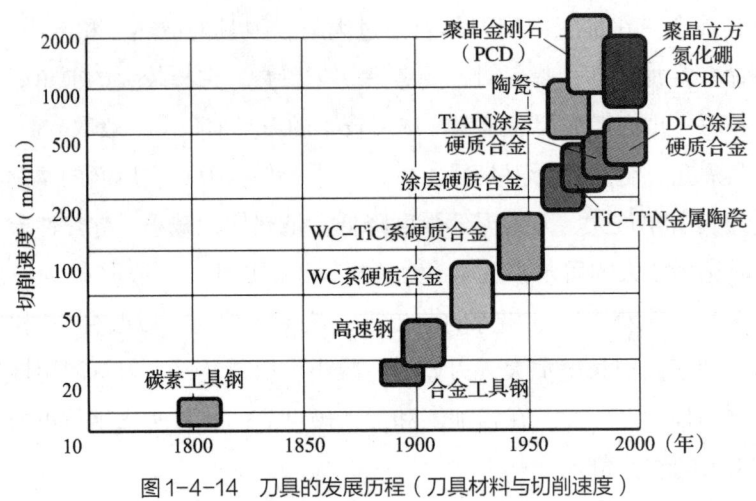

图 1-4-14　刀具的发展历程（刀具材料与切削速度）

1. 高速钢

在现代切削加工中，高速钢的稳定性好。传统的高速钢以钨系的 W18Cr4V 和钨钼系的 W6Mo5Cr4V2 为代表，传统的高速钢硬度和耐磨性较差。目前新型高速钢材料有以下几种：

（1）高钴高速钢。这种高速钢提高了材料的硬度（硬度为 68~70HRC）、强度和耐磨性，主要用于制造切削难加工金属（如高温合金、钛合金和高强钢等）的刀具，常用的钢号有 W12Cr4V5Co5、W2Mo9Cr4VCo8 等。

（2）涂覆高速钢。在高速钢基体上，用物理气相沉积（PVD）法涂覆耐磨材料薄层（如 TiN、TiAlN 等），可显著延长刀具寿命，提高加工表面质量。

2. 硬质合金

硬质合金是碳化物（如 WC、TiC 等）的粉末冶金制品。

（1）细晶粒和超细晶粒硬质合金。晶粒细化后可提高合金的硬度和耐磨性，适当增加含钴量后还可提高抗弯强度。普通刀具牌号合金平均晶粒尺寸为 $2~3~\mu m$，细晶粒合金为 $1~2~\mu m$，亚微细晶粒合金为 $0.5~1~\mu m$，超细晶粒合金为 $0.5~\mu m$ 以下。我国硬质合金刀具已达细晶粒和亚微细晶粒水平。

（2）TiC 基和 Ti（C、N）基硬质合金。碳化钨（WC）基硬质合金主要成分为 WC，主要分为钨钴（WC—Co）类硬质合金（YG 类）、钨钛钴（WC—TiC—Co）类硬质合金（YT 类）、钨钛钽（铌）钴［WC—C—TaC（NbC）—Co］类硬质合金（YW 类）三类。

YG 类（国际上统称为 K 类）与 YT 类合金相比，有较高的抗弯强度和冲击韧度，同时导热性较好。

YT类（国际上统称为P类）合金由于加入TiC使材料的硬度和耐磨性有所提高，但抗弯强度有所降低，有高硬度和高耐热性，抗粘结、抗氧化能力较好，高温时的硬度和抗压强度比YG类高。

YW类（国际上统称为M类）合金具有很高的高温硬度、高温强度和较强的抗氧化能力，兼具YG、YT类合金的良好性能。

近年ISO又增设了三类硬质合金：H类，用于切削高硬材料；S类，用于切削高温合金、耐热材料；N类，用于切削有色金属。应当注意：立方氮化硼（PCBN）用于切削淬硬钢，被列入H类；热压聚晶金刚石（PCD）主要用于切削有色金属，被列入N类。故当今硬质合金已分为K、P、M、H、S、N六大类。

（3）表面涂层硬质合金。表面涂层硬质合金刀具是在硬质合金刀具表面涂覆一层高硬度耐磨材料（如TiC、TiN、Al_2O_3、PCD和PCBN等）。涂层硬质合金刀具的表面硬度和耐磨性完全反映TiC等涂层材料自身的性能，故可延长刀具寿命提高，加工效率，降低切削力，提高已加工表面质量。

3. 陶瓷

（1）氧化铝基陶瓷。一般在Al_2O_3基体中加入TiC、WC、SiC、TaC和ZrO_2等成分，经热压制成复合陶瓷。硬度达93～95HRA，抗弯强度达0.7～0.9 GPa。为提高韧性，常添加少量的钴、镍等金属。

（2）氮化硅基陶瓷。常用的是Si_3N_4+TiC+Co的氮化硅基复合陶瓷，其韧性常高于氧化铝基陶瓷，硬度相当。

（3）复合氮化硅—氧化铝陶瓷。化学成分为Si_3N_4含量约77%、Al_2O_3含量约13%、Y_2O_3含量约10%，硬度高，最适宜切削高温合金与铸铁。陶瓷的高温性能优于硬质合金，故适用于高速切削。

纯氧化铝陶瓷是指仅含少量氧化物的高纯度氧化铝陶瓷。纯氧化铝陶瓷具有较好的耐磨性，但由于强度较低，适用面较窄，因此通常用ZrO_2、TiC晶须来增韧。强化后的氧化铝陶瓷韧性明显改善，硬度也得到较大提升。

与硬质合金刀具相比，陶瓷刀具有良好的化学稳定性、耐磨性和耐热性，在相同的加工条件下，磨损较小，加工表面质量也较高。

4. 超硬刀具材料

超硬刀具材料是指金刚石和立方氮化硼（CBN），它们的硬度比其他刀具材料高出好几倍。金刚石是自然界中最硬的物质，CBN 的硬度仅次于金刚石。近年来，超硬刀具材料发展迅速。

（1）金刚石。金刚石刀具材料的分类如图 1-4-15 所示。

1）天然金刚石（ND）。

2）人造聚晶金刚石（PCD）。以石墨为原料，经高温、高压制成。

3）人造聚晶金刚石复合片（PCD/CC）。以硬质合金为基底，表面有一层金刚石（厚度约 0.5 mm），制造方法与 PCD 相同。

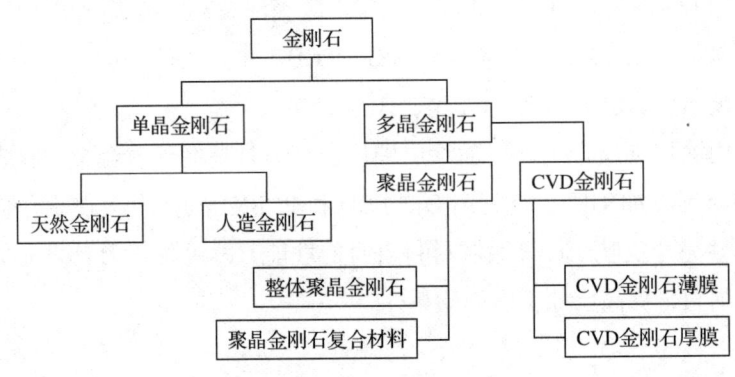

图 1-4-15　金刚石刀具材料的分类

4）金刚石薄膜涂层（CD）。用 CVD 工艺，在刀具表面涂覆一层 $10 \sim 25\,\mu m$ 的薄膜。

5）金刚石厚膜（TFD）。采用 CVD 工艺，在另一基体上涂出 0.2 mm 以上的厚膜，再将厚膜切割成一定的大小，然后焊在硬质合金刀片上使用。

（2）立方氮化硼。聚晶立方氮化硼（PCBN）是由 CBN 微粉与少量黏结相（Co、Ni 或 TiC、TiN、Al_2O_3）在高温、高压下加入催化剂烧结而成的。它具有很高的硬度（仅次于金刚石）和耐热性（$1\,300 \sim 1\,500\,℃$），优良的化学稳定性，比金刚石刀具高得多的热稳定性（达 $1\,400\,℃$）和导热性，低的摩擦因数，但其强度较低。与金刚石相比，PCBN 的一个突出优点是热稳定性高得多，达 $1\,200\,℃$（金刚石为 $700 \sim 800\,℃$），可承受较高的切削速度；另一个突出优点是化学惰性大，与铁族金属在 $1\,200 \sim 1\,300\,℃$ 下也不起化学反应，可用于加工钢铁。因此，PCBN 刀具主要用于高效加工黑色难加工材料。如图 1-4-16 所示为立方氮化硼的分类。

1）立方氮化硼（CBN）。通常使用六方氮化硼（HBN），在触媒（金属 Mg 粉、Li、Na、Ai 等碱金属）作用下，采用高温、高压合成制得。CBN 结构与金刚石相似，晶格常数相近；晶体中的结合键为配位共价键，与金刚石的结合键稍有不同。这就决定了 CBN 既与金刚石具有相近的硬度、耐磨性等，又存在性质上的差异。HBN 是微细白色结晶体，其结构与石墨相似。

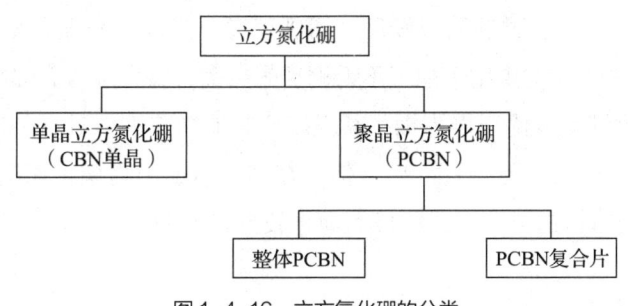

图 1-4-16　立方氮化硼的分类

2）聚晶立方氮化硼（PCBN）。目前主要分为整体 PCBN 和 PCBN 复合片两种。整体 PCBN 是由 CBN 单晶体与结合剂在高温、高压下烧结而成的，PCBN 复合片是在强度、韧性较好的硬质合金基体上烧结一层 0.5～1.0 mm 的 PCBN 层而形成的。结合剂通常有金属系、陶瓷系和金属陶瓷系，金属系目前有 Ai、Ai+Ti、Ni、Co 等，陶瓷系有 TiN、TiC、TiCN、Al_2O_3 等。

PCBN 的性能主要与 CBN 的粒度、CBN 的含量及结合剂种类有关。按其组织大致可分为两大类：一类是由 CBN 晶粒直接结合而成的，CBN 含量高（70% 以上），硬度高，适用于耐热合金、铸铁和铁系烧结金属的切削加工；另一类是以 CBN 晶粒为主体，通过陶瓷结合剂（主要有 TiN、TiC、TiCN、AlN、Al_2O_3 等）烧结而成，这类 PCBN 中 CBN 含量低（70% 以下），硬度低，适用于切削加工淬硬钢。

由于 PCBN 刀具既具有高硬度（仅次于金刚石），又具有高的红硬性（耐热温度达 1 300～1 500℃）及高抗氧化性（与铁系材料在 1 200～1 300℃也不发生化学反应）等优点，非常适合淬火钢、冷硬铸铁的半精加工和精加工，实现以车代磨；还能胜任高温合金、热喷涂材料、硬质合金及其他难加工材料的切削加工；可实现灰铸铁的高速切削（普通灰铸铁加工切削速度可达 500～2 000 m/min）。

二、新型刀具切削加工特点

现代的新型刀具材料在硬度、强度、切削速度和耐磨性方面有了很大的提高，但是在韧性方面有所降低，因此各种新型刀具材料的加工特点大不相同。

1. 高性能高速钢刀具

高性能高速钢是在普通高速钢成分中加一些 C、V、Co、Al 等合金成分，包括钴高速钢（W12Cr4V5Co5、W2Mo9Cr4VCo8，简称 M42）、铝高速钢（W6Mo5Cr4V2Al，简称 501）。这类高速钢刀具常温硬度为 67～69HRC，切削速度达 60～100 m/min，具有很好的综合性能，提高了切削时的高温硬度、切削速度、强度、韧性和耐磨性，耐用度为普通高速钢的 2~3 倍，主要用于加工不锈钢、耐热钢、钛合金等高强度难加工材料。

粉末冶金高速钢性能优于熔炼钢，其强度比其他高速钢刀具材料提高 30%~40%，韧性提高 80%~90%，耐用度提高 2~3 倍。在其刀体上用物理气相沉积（PVD）法涂覆耐用材料（TiN、TiAlN）薄层，能极大地延长刀具寿命。

2. 新型硬质合金刀具

硬质合金刀具是由硬度和熔点很高的碳化物（称硬质相）和金属黏结剂（称粘结相）经粉末冶金方法制成的，在常温时其硬度达 89~93HRA，远高于高速钢，切削速度达 120~180 m/min。

（1）YG 类硬质合金。新型细晶粒 YG 类硬质合金刀具材料（YG3X、YG6X）硬度、强度和韧性都高于一般 YG 类刀具材料，主要用于加工硬度高的铸铁、奥氏体不锈钢、耐热合金、钛合金等难加工材料。

（2）YT 类硬质合金。YT 类硬质合金的突出优点是硬度高，耐热性好，高温时的硬度和抗压强度比 YG 类高，抗氧化性能好，适用于加工塑性材料，如钢材，但不宜加工钛合金、硅铝合金。当要求刀具有较高的耐热性及耐磨性时，应选用 TiC 含量较高的牌号。

（3）YW 类硬质合金。YW 类硬质合金兼具 YG 类、YT 类硬质合金的良好性能，综合性能好，既可用于加工钢料，又可用于加工铸铁和有色金属。这类合金如适当增加含钴量，强度可很高，可用于各种难加工材料的粗加工和断续切削。

3. 涂层刀具

在普通硬质合金刀具上涂覆一层或多层高硬度、高耐磨性的难熔金属化合物（如 TiC、TiN、Al_2O_3、PCD 和 PCBN 等），表面硬度可达 1 500~3 500HV，PCD 和 PCBN 硬度达 4 000~7 000HV，耐热性达 400~1 200℃，在高速切削和干切削时，比没有涂层刀具的使用性能提高 5~10 倍。

4. 陶瓷刀具

陶瓷是主要用于高速精加工和半精加工的刀具材料之一。陶瓷刀具适用于切削加工各种铸铁（如灰铸铁、球墨铸铁、可锻铸铁、冷硬铸铁、高合金耐磨铸铁等）和钢材（如碳素结构钢、合金结构钢、高强度钢、淬火钢等），也可用于切削铜合金、石墨、工程塑料和复合材料。陶瓷刀具材料一般可分为氧化铝基陶瓷、氮化硅基陶瓷、复合氮化硅—氧化铝基陶瓷三大类。其中以氧化铝基和氮化硅基陶瓷刀具材料应用最为广泛，氮化硅基陶瓷的性能更优于氧化铝基陶瓷。

陶瓷刀具的性能特点如下：

（1）硬度高，耐磨性能好。陶瓷刀具的硬度虽然不及 PCD 和 PCBN 高，但远远高于硬质合金和高速钢刀具，达到 93~95HRA。陶瓷刀具可以加工传统刀具难以加工的高硬材料，适合于高速切削和硬切削。

（2）耐高温，耐热性好。陶瓷刀具在 1 200℃ 以上的高温下仍能进行切削。陶瓷刀具具有很好的高温力学性能，Al_2O_3 陶瓷刀具的抗氧化性能特别好，切削刃即使处于赤热状态也能连续使用。因此，陶瓷刀具可以实现干切削，从而可省去切削液。

（3）化学稳定性好。陶瓷刀具不易与金属产生黏结，且耐腐蚀，化学稳定性好，可减小刀具的粘结磨损。

（4）摩擦因数低。陶瓷刀具与金属的亲和力小，摩擦因数低，可降低切削力和切削温度。

（5）陶瓷刀具有较高的红硬性、与金属亲和力小等。

（6）陶瓷刀具也有较大的缺点，主要是脆性大，耐热冲击性能也较差。

注意：从加工材料硬度来讲，金属陶瓷刀具主要适合半精加工和精加工硬度为 45HRC 以下的钢件和铸铁件；对于 45HRC 以上的难加工材料，如高硬度铸铁轧辊、高铬铸铁、高温合金等，还是选择立方氮化硼刀具比较好。

5. 金刚石刀具

（1）金刚石刀具的性能特点

1）具有极高的硬度和耐磨性。天然单晶金刚石的显微硬度达 10 000HV，是自然界已发现的最硬的物质。人造单晶金刚石、CVD 金刚石、聚晶金刚石的硬度依次有所降低。

2）具有各向异性。单晶金刚石晶体的不同晶面及晶向的硬度、耐磨性、微观强度、研磨加工的难易程度以及与工件材料的摩擦因数等相差很大。

3）具有很低的摩擦因数。金刚石与有色金属之间的摩擦因数通常比其他刀具都低，约为硬质合金刀具的 1/2，通常在 0.1~0.3。摩擦因数由小到大的顺序为单晶金刚石、CVD 金刚石、聚晶金刚石。在切削过程中切削变形小，可减小切削力。

4）切削刃锋利。金刚石刀具切削刃可以磨得非常锋利，切削刃钝圆半径一般可达 0.1~0.5 μm，天然单晶金刚石刀具可高达 0.002~0.01 μm，使切削变形减小，切削力降低。天然单晶金刚石刀具可进行超薄切削和超精加工。

5）具有很高的导热性能。金刚石的导热系数为硬质合金的 1.5~9 倍，为铜的 2~6 倍，切削时切削热易散出，刀具切削部分温度低。

6）具有较低的热膨胀系数。金刚石的热膨胀系数比硬质合金小许多，约为高速钢的 1/10，由切削热引起的金刚石刀具尺寸变化很小，这对尺寸精度要求很高的精密和超精密加工来说尤为重要。

7）具有长的刀具寿命。聚晶金刚石材料虽然在硬度、耐磨性及导电性等方面不如单晶金刚石，但强度、韧性在金刚石材料中是最高的，且各向同性、焊接性能（硬质合金基体）好，制造、刃磨成本低，广泛应用于有色金属合金和非金属材料的高速精密加工等，其寿命是硬质合金刀具的几十甚至几百倍。聚晶金刚石可制成金刚石面铣刀、镗刀、车刀、铰刀及复合孔加工刀具等。

（2）金刚石刀具使用注意事项

1）金刚石是脆性材料，为此要求加工工艺系统的刚度高，机床转速高。若为断续切削加工，应在允许的范围内尽量减小冲击，如可在断续切削处加工艺倒角等。

2）金刚石刀具必须用金刚石砂轮在专用磨床上刃磨，保证刃磨表面光洁，并采用合理的磨削工艺，使最终刃口无磨削损伤层。金刚石刀具的前角、后角通常比硬质合金刀具小，如一般情况下金刚石刀具前角为 0°~10°（甚至为负前角），后角为 4°~10°。

6. 立方氮化硼刀具

（1）CBN 刀具的性能特点

1）高的硬度和耐磨性。CBN 晶体结构与金刚石相似，晶体常数相近，因此具有与金刚石相近的硬度和强度。CBN 微粉的显微硬度为 8 000~9 000HV，PCBN 的硬度可达 3 000~5 000HV。

2）具有高的热稳定性。CBN 在大气中的热稳定性可达 1 300~1 500℃，而金刚石的热稳定性为 700~800℃。PCBN 在 800℃时的硬度高于陶瓷和硬质合金的常温硬度。

3）高的化学稳定性。CBN 对铁族元素及其合金的化学惰性远高于金刚石，在 1 200~1 300℃时与其他物质不发生化学作用，不像金刚石会发生急剧磨损，与碳在 2 000℃时才起反应。对各种材料的抗黏结、扩散作用比硬质合金好很多。PCBN 刀具特别适合加工钢铁材料。

4）具有较好的导热性。在各类刀具材料中，CBN 的导热性仅次于金刚石，且 PCBN 的导热系数随温度的升高而增大。

5）具有较低的摩擦因数。CBN 的摩擦因数为 0.1~0.3，且随着温度的升高摩擦因数减小。

（2）PCBN 刀具使用注意事项

1）PCBN 是脆性材料，且切削高硬度材料时切削力很大，为此要求机床具有高刚度、大功率，加工工艺系统刚度高；若为断续切削加工，应在允许的范围内尽量减小冲击，如可在断续切削处加工艺倒角等。

2）PCBN 刀具必须用金刚石砂轮在专用磨床上刃磨，保证刃磨表面光洁，并采用合理的磨削工艺，使最终刃口无磨削损伤层。

3）在焊接过程中，焊接工艺要合理，既保证有足够的焊接强度，又不产生热裂纹。

4）PCBN 刀具的前角及刃倾角通常取 0°，大部分情况还带有负倒棱，以增加抗破损能力。负倒棱尺寸如下：负倒棱宽度为 0.05～0.3 mm，负倒棱角度为 –10°～–25°，后角为 4°～7°；为增强刀尖强度可将刀尖部分研磨成 r_ε=0.4～1.2 mm 的刀尖圆弧。

三、新型刀具应用案例

在生产中有很多淬火钢需进行精加工来保证工件的精度，但淬火钢硬度一般在 45HRC 以上，比较难加工，传统的加工方式是磨削，但对于批量加工淬火钢时效率太低。正确选择车刀刀具牌号及切削参数，采用"以车代磨"的加工方法，可以有效地提高加工效率，降低加工成本。

某企业有三种不同形状的淬火零件需要加工。图 1-4-17 所示的连接套材料为 40CrMo，淬火后硬度为 58～63HRC；图 1-4-18 所示连接轴材料为 GCr15，淬火后硬度为 58～63HRC；图 1-4-19 所示的传动轴材料为 65Mn，淬火后硬度为 58～63HRC。生产纲领为新品试制生产，每个零件加工 20 件。零件加工表面有外圆、内孔、端面、台阶、沟槽等，这些加工内容都需要精加工。

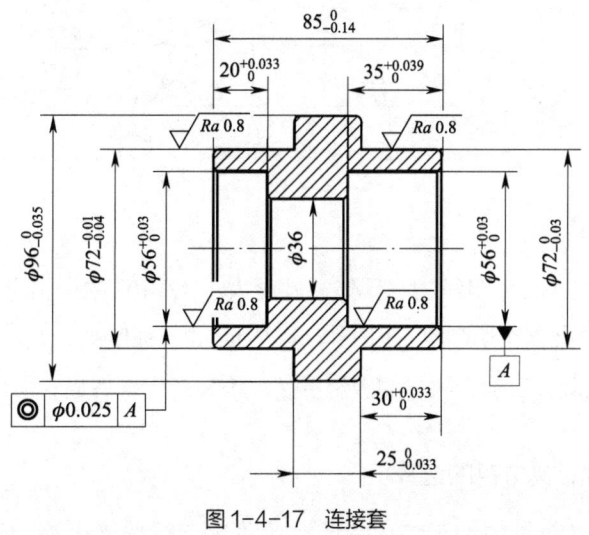

图 1-4-17 连接套

因为是新品试制，企业不投入专用设备、夹具和辅具，采用以车代磨、工序集中的方法完成三个零件的加工任务。以下是对淬火件加工的讨论。

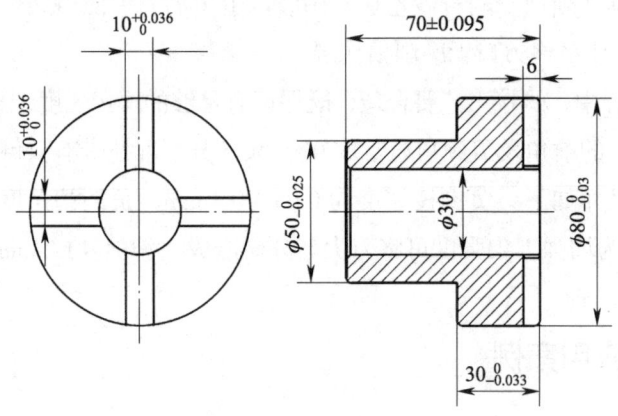

图 1-4-18 连接轴

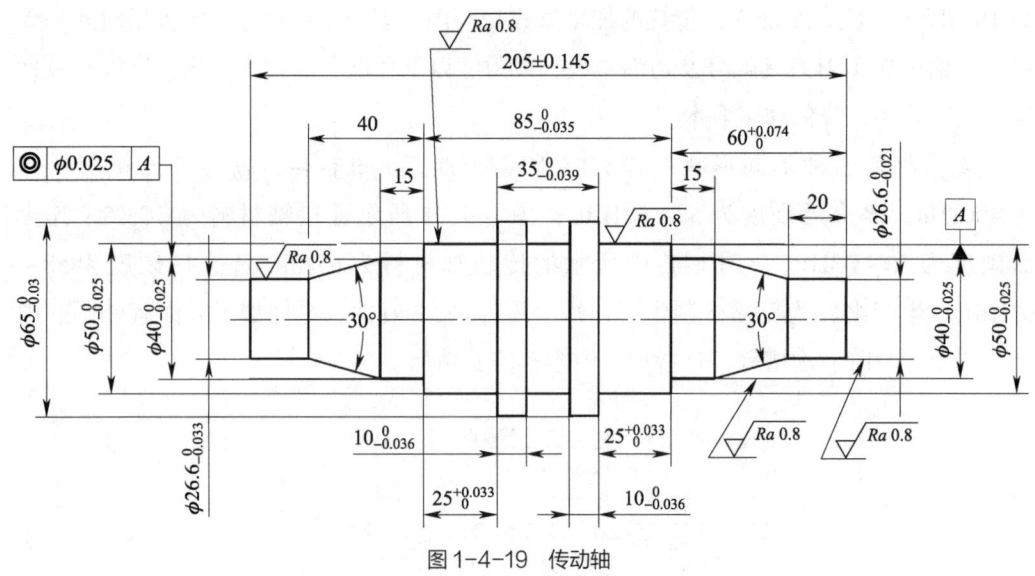

图 1-4-19 传动轴

1. 淬火钢的切削特点

淬火钢是指经过淬火后组织为马氏体、硬度大于 42HRC 的钢，它在难切削材料中占有相当大的比重。淬火钢在切削时有以下特点：硬度高，强度高，几乎没有塑性（主要切削特点）；导热系数低；切削力大，切削温度高；不易产生积屑瘤；切削刃易崩碎、磨损。

2. 精加工淬火钢时刀具材料的选择

合理选择刀具材料是精加工淬火钢的重要条件。根据淬火钢的切削特点，刀具材料不仅要有高的硬度、耐磨性、耐热性，而且要有一定的强度和导热性。

（1）硬质合金刀具。硬质合金刀片的硬度为 89~94HRA，相当于 71~76HRC，加工 40HRC 以上的淬火钢时，硬质合金刀片容易烧刀，造成磨损快且加工效率低，所以适合 45HRC 以下硬度工件的精加工。

（2）陶瓷刀具。陶瓷刀片脆性大，容易崩刀，硬度一般为 3 000~5 000HV，相当于 95~100HRC，适合硬度为 40~55HRC 工件的精加工，但应尽量避免断续车削。

（3）立方氮化硼刀具。立方氮化硼刀具的硬度高（8 000~9 000HV），耐热性高（1 300~1 500℃），在使用时可以高于硬质合金几倍的切削速度切削淬火钢，而耐用度是硬度合金的几倍到几十倍，加工淬火后硬度在 55HRC 以上的钢件最为合适。精加工背吃刀量为 0.3 mm，并且可断续切削，也可切削大余量的淬硬层。

通过以上三种刀具的对比，立方氮化硼刀具是加工本案例三个零件的首选刀具。但是立方氮化硼刀具材料品种较多，因此，要依据零件的结构特点进行立方氮化硼刀具品种的选择。

BN—H10 和 BN—H20 都属于焊接复合式立方氮化硼刀具，两种刀具的区别在于 BN—H10 只适合连续切削，而 BN—H20 可断续加工工件。当背吃刀量为 0.5 mm 以上的粗加工或者断续精加工淬火钢时可考虑非金属粘结相立方氮化硼刀具 BN—S20，它不仅可以断续切削淬火钢，也可以大余量切除工件的淬硬层。

3. 刀具和切削参数的选择

（1）连接套的加工。连接套投料为圆钢，加工时要进行粗加工，留余量 2 mm，淬火后进行精加工。连接套的几何形状加工工艺性好，能连续切削，所以选择 BN—H10 立方氮化硼刀具。加工外圆和内孔时选择镗孔刀和外圆车刀。

切削参数：$a_p = 0.2~0.4$ mm，$f=0.06~0.08$ mm/r，$v_c=180$ m/min。切削状态为连续切削外圆和内孔，干式切削。

（2）连接轴的加工。连接轴投料为圆钢，加工时要进行粗加工，留余量 2 mm，淬火后进行精加工。连接轴的几何形状加工工艺性差，端面是断续切削，所以选择 BN—H20 型立方氮化硼刀具。加工外圆、内孔、端面和槽时所选择的刀具有镗孔刀、外圆车刀和 $\phi 8$ mm 的铣刀（涂覆陶瓷）。

切削参数：$a_p = 0.2~0.4$ mm，$f=0.06~0.08$ mm/r，$v_c=120$ m/min。

立铣刀切削参数：$a_p = 0.2~0.4$ mm，$v_f=200$ mm/min，$v_c=80$ m/min。

切削状态为连续切削外圆和内孔，断续切削端面，干式切削，用立铣刀精铣槽。

（3）传动轴的加工。传动轴投料为锻件毛坯，加工时要进行粗加工，留余量

2 mm，淬火后进行精加工。传动轴的几何形状加工工艺性好，能连续切削。传动轴的毛坯是锻件，余量大而不均匀，材料为65Mn，不易加工，所以选择BN—S20型立方氮化硼刀具。加工外圆、锥度和槽时所选择的刀具有外圆车刀和车槽刀。

粗加工外圆车刀切削参数：$a_p = 2\sim4$ mm，f=0.1 mm/r，v_c=90 m/min。

精加工外圆车刀切削参数：$a_p = 0.1\sim0.2$ mm，f=0.06~0.1 mm/r，v_c=70 m/min。

切削状态为连续切削，干式切削。

通过对典型难加工材料加工过程中刀具材料的运用情况分析，可以看出难加工材料各自有其难加工的原因，刀具材料也各自有其性能特点，有特定的适应性。这里需要指出的是，刀具材料应具备足够的强度与韧性、高硬度和高耐磨性、良好的耐热性和化学稳定性，刀具的切削效果还与它的化学成分、导热性能等有很大关系，只有在生产实践中做到正确合理地运用，才能获得良好的切削效果。

数控编程

- 课程 2-1　手工编程
- 课程 2-2　计算机辅助编程
- 课程 2-3　数控加工仿真

课程设置

课程	学习单元	课堂学时
2-1 手工编程	（1）编制分度孔加工程序	6
	（2）编制端面方形铣削程序	6
	（3）编制外圆柱面凸轮槽车铣加工程序	8
2-2 计算机辅助编程	（1）车削零件造型	6
	（2）车削加工轨迹生成	6
	（3）后置参数设置	4
	（4）程序生成及校验	4
2-3 数控加工仿真	加工过程仿真及优化	6

课程 2-1 手 工 编 程

学习内容

学习单元	课程内容	培训建议	课堂学时
（1）编制分度孔加工程序	1）C轴分度加工指令 2）C轴分度加工刀具路径控制 3）C轴分度加工手工编程	（1）方法：讲授法、练习法 （2）重点与难点：C轴分度加工指令，C轴分度加工刀具路径控制	6
（2）编制端面方形铣削程序	1）三轴加工指令 2）三轴加工刀具路径控制 3）三轴加工手工编程	（1）方法：讲授法、练习法 （2）重点与难点：三轴加工刀具路径控制	6
（3）编制外圆柱面凸轮槽车铣加工程序	1）Y轴车床结构与功能 2）Y轴编程指令及刀具路径 3）Y轴手工编程	（1）方法：讲授法、练习法 （2）重点与难点：Y轴车床结构与功能，Y轴编程指令及刀具路径	8

数控编程通常包括设计走刀轨迹、计算刀位数据、编写数控加工程序、制作控制介质四个阶段。手工编程是指由人工来完成数控编程中各阶段的工作，要求编程人员熟悉数控机床的功能、具体的程序指令及代码，否则难以编写出正确的加工程序。手工编程常用于几何形状不太复杂、所需的程序量不大、计算较简单的零件加工。

车铣复合数控加工包括分度孔加工、端面铣削、圆柱铣削加工编程，难点是走刀轨迹较特殊，相关程序指令格式复杂，不易理解。

学习单元 1　编制分度孔加工程序

法兰盘等零件有安装孔的加工，在完成车削加工后，可利用车铣复合机床 C 轴分度功能完成钻孔、镗孔及攻螺纹等孔加工工艺过程，大大提高生产效率和质量。

SINUMERIK 数控车削中心（其功能见图 2-1-1）提供用于铣削和钻削的第二主轴功能，使用动态转换功能 TRANSMIT 和 TRACYL 进行端面及柱面的钻削和铣削（第二主轴用于铣削和钻削）。

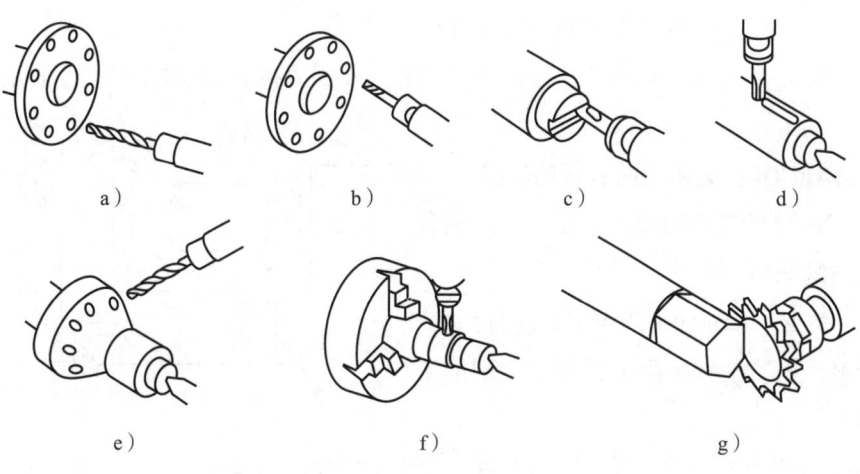

图 2-1-1　车削中心的功能

a）钻孔　b）攻螺纹　c）端面车槽　d）侧面车槽
e）角度钻孔　f）曲线铣削　g）侧面铣削

一、C 轴分度加工指令

为了实现第二主轴端面钻孔或铣削，一般需要使用虚拟 Y 轴，这时就要使用 TRANSMIT 功能。

1. 端面铣（钻）削加工——TRANSMIT 适用范围

数控系统将编程的进给指令从笛卡儿坐标系转换到实际坐标系，将 C 轴与 X 轴的实际运动转换为 X、Y 平面的运动。TRANSMIT 转换用于在车床上对车削部件进行端面铣削加工（无 Y 进给轴）。

2. 功能说明

（1）对车削件的端面进行钻孔和轮廓铣削。
（2）加工编程可以使用 XYZ 直角坐标系。
（3）控制系统将编程设计的直角坐标系的运动转换成实际加工轴的运行。
（4）运行相对于旋转中心的刀具中心偏移。
（5）速度考虑到旋转运行的限制。

3. 指令格式

下面以图 2-1-2 所示铣削端面为例进行说明。

TRANSMIT 或 TRANSMIT（n）：激活第一个约定的 TRANSMIT 功能，n 最大可以是 2。

TRANFOOF：关闭当前有效的转换。

OFFN：偏移轮廓是端面加工与已编程参考轮廓的间距。

X、Y、Z：端面加工的笛卡儿坐标系。

ASM：第二主轴（用于铣削、钻削的工作主轴）。

ZM Z：机床进给轴（线性轴）。

XM X：机床进给轴（线性轴）。

CM C：进给轴（第一主轴作为回转轴）。

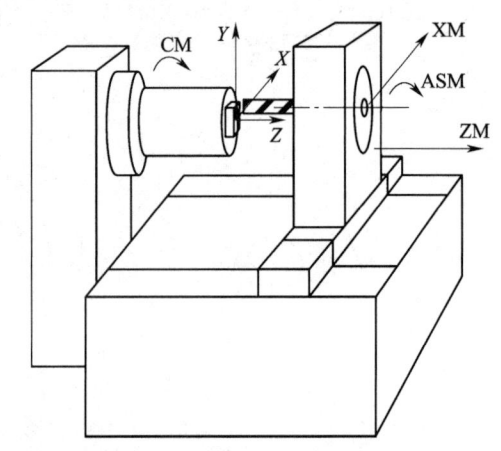

图 2-1-2 通过 TRANSMIT 铣削端面

4. 机床运动要求

（1）两个线性轴（XM，ZM）必须相互垂直。

（2）回转轴（CM）必须与线性轴 ZM 平行（围绕 ZM 旋转）。

（3）线性轴 XM 与回转轴 CM 相交（车削中心）。

5. 编程举例

N10 G0 X100.0 Z150.0 SPOS［4］=0	初始位置，含主轴 C 轴位置控制
N20 G17 G94 DIMAOOF T5D1	平面、进给类型、半径编程、调用铣削刀具
N30 SETMS（2）	转换第二主轴为当前主轴
N40 TRANSMIT	激活 TRANSMIT，将 X、C 轴的实际移动转换为 X、Y 轴的移动
N50 Z10	移动 Z 轴到准备切削位置
N60 G1 G41 F200 X... Y...S... M3	建立刀具半径补偿用于铣削加工，第二主轴起转，为后续钻削或铣削做准备
…	铣削加工
N90 G40 X...Y...	取消铣削刀具半径补偿
N100 TRANFOOF	关闭 TRANSMIT
N110 G18 G95 T...	返回车削加工
N120 SETMS（1）	转换第一主轴为车削主轴

说明：根据所编程的 X—Y 路径（直线或路径），移动机床进给轴 XM 和 CM，使得在车削部件的端面上可以通过铣刀进行轮廓加工。

二、C 轴分度加工刀具路径控制

在车铣复合机床上实现 C 轴分度加工（端面钻孔加工），需要使用特定的刀具路径。SINUMERIK 数控车削中心为实现常用的钻削加工，提供了多个钻削循环指令，通过选择循环指令及相应参数实现刀具路径控制。

1. 说明

（1）几何参数。几何参数在所有钻孔循环中都相同，包括参考平面和返回平面，以及安全间隙和绝对或相对最后钻孔深度。

（2）加工参数。加工参数在各循环中具有不同的含义和作用，因此它们在每个循环中单独编程。

（3）平面定义。钻孔循环时，通常通过选择平面G17并激活可编程的偏移来定义进行加工的当前工件坐标系。钻孔轴始终是垂直于当前平面坐标系的轴。

（4）刀具长度补偿。循环调用前必须选择刀具长度补偿。它的作用是始终与所选平面垂直并保持有效。

（5）停留时间编程。钻孔循环中的停留时间参数以秒（s）为单位。

2. 钻削、中心钻孔——CYCLE81

（1）编程格式

CYCLE 81（RTP，RFP，SDIS，DP，DPR）；

（2）功能说明

1）钻孔刀具按照编程的主轴速度和进给率钻孔，直至到达输入的最后的钻孔深度。

2）钻孔循环是由垂直于所选当前平面的坐标轴来完成的，钻削时，深度进给也在该轴方向上。钻孔循环工作顺序如下：

①钻孔循环执行前，前面的程序必须使刀具到达钻孔位置上方。

②使用G0运行到开始加工平面。

③按循环调用前所编程的进给率（G1）和主轴转速钻削到最后的钻孔深度。

④使用G0退回返回平面。

（3）参数说明。参数类型及定义见表2-1-1，指令运用如图2-1-3所示。

表2-1-1 CYCLE 81指令中参数的类型及定义

参数	类型	定义
RTP	实数	返回平面（绝对值）
RFP	实数	参考平面（绝对值）
SDIS	实数	安全间隙（无符号输入）
DP	实数	最后钻孔深度（绝对值）
DPR	实数	相对于参考平面的最后钻孔深度（无符号输入）

1）RFP和RTP（参考平面和返回平面）。在循环中，参考平面（RFP）和返回平面（RTP）定义为不同的值。返回平面位置定义在参考平面位置之上，这说明返回平面到最后钻孔深度的距离大于参考平面到最后钻孔深度的距离。

2）SDIS（安全间隙）。安全间隙定义为钻孔加工开始平面与参考平面之间的距离。

3）DP 和 DPR（最后钻孔深度和相对最后钻孔深度）。最后钻孔深度可以定义成参考平面的绝对值或相对值。如果是相对值定义，钻孔循环内部会根据所定义的参考平面和返回平面的位置数值自动计算出相应的最后钻孔深度。

（4）循环运行说明

1）如果一个值同时输入 DP 和 DPR，最后钻孔深度则来自 DPR。如果该值不同于由 DP 定义的绝对值深度，在信息栏会出现"深度：符合相对深度值"。

2）如果参考平面和返回平面的值相同，则不允许定义深度的相对值，循环将被中止并产生报警61101，输出"参考平面定义不正确"。如果返回平面位置在参考平面下面，即到最后钻孔深度的距离更小时，也会输出此错误信息。

（5）编程举例

【例 2-1-1】如图 2-1-4 所示，用 CYCLE81 指令钻孔。

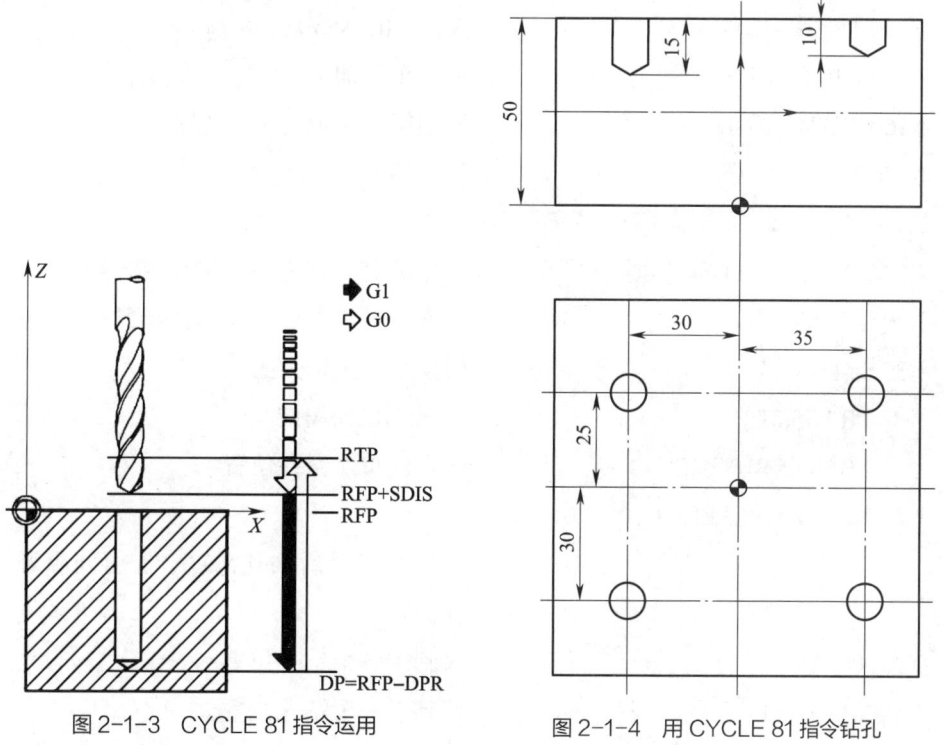

图 2-1-3　CYCLE 81 指令运用　　　　图 2-1-4　用 CYCLE 81 指令钻孔

1）非模态调用钻孔固定循环，程序如下：

CYC8101_MPF

N10 G0 X150.0 Z150 SPOS［4］=0　　初始位置，含主轴 C 轴位置控制

程序	说明
N20 G17 G94 DIMAOOF T5D1	平面、进给类型、半径编程、调用钻孔刀具
N30 SETMS（2）	转换第二主轴为当前主轴
N40 TRANSMIT	激活 TRANSMIT
N50 X35 Y25 S1000 M3	运行到首次钻孔位置
N60 CYCLE81（100，0，5，-10,,）	使用绝对钻孔深度、安全间隙以及不完整的参数表调用钻孔循环
N70 X35 Y-30	移到下一个钻孔位置
N80 CYCLE81（100，0，5，-10,,）	钻孔深度不一样，需再次设置钻孔循环参数
N90 X-30 Y-30	移到下一个钻孔位置
N100 CYCLE81（100，0，5，-15,,）	钻孔深度不一样，需再次设置钻孔循环参数
N110 X-30 Y25	移到下一个钻孔位置
N120 CYCLE81（100，0，5，-15,,）	钻孔深度不一样，需再次设置钻孔循环参数
N130 G0 Z150	快速提刀
N140 TRANFOOF	关闭 TRANSMIT
N150 G18 G95 T_	返回车削加工
N160 SETMS（1）	转换第一主轴为车削主轴
N170 M30	程序结束

2）模态调用钻孔固定循环，程序如下：

程序	说明
N10 G0 X_ Z_ SPOS=［4］_	初始位置，含主轴 C 轴位置控制
N20 G17 G94 T_	平面、进给类型、调用钻孔刀具
N30 SETMS（2）	转换第二主轴为当前主轴
TRANSMIT	激活 TRANSMIT
X35 Y25 S1000M3	运行到首次钻孔位置
N40 MCALL CYCLE81（100，0，5，-10,,）	使用绝对最后钻孔深度、安全间隙调用钻孔循环
N50 X35 Y25	移到下一个钻孔位置
N60 X35 Y-30	移到下一个钻孔位置
N70 MCALL	取消模态调用
N80 MCALL CYCLE81（100，0，5，-15,,）	钻孔深度不一样，再次设置钻孔循环参数
N90 X-30 Y-30	移到下一个钻孔位置

N100 X–30 Y25	移到下一个钻孔位置
N110 MCALL	取消模态调用
N120 G0 Z150	快速提刀
N130 TRANFOOF	关闭 TRANSMIT
N140 G18 G95 T_	返回车削加工
N150 SETMS（1）	转换第一主轴为车削主轴
N160 M30	程序结束

3. 钻削沉孔——CYCLE82

（1）编程格式

CYCLE82（RTP，RFP，SDIS，DP，DPR，DTB）；

（2）功能说明

1）刀具按照编程的主轴速度和进给率钻孔，直至到达输入的最后钻孔深度，到达最后钻孔深度后进给暂停指定时间。

2）操作顺序循环执行前面已到达的位置，钻孔位置是所选平面两个坐标轴中的位置。

3）循环形成的运动顺序

①使用 G0（红色路线，长线）回到安全间隙之前的参考平面。

②按循环调用前所编程的进给率（G1）（绿色路线，短线）移到最后的钻孔深度。

③在最后钻孔深度处的停顿时间。

④使用 G0（红色路线，长线）返回退回平面。

（3）参数说明。CYCLE 82 指令中的参数类型及定义见表 2-1-2，该指令运用如图 2-1-5 所示。

表 2-1-2　CYCLE 82 指令中参数的类型及定义

参数	类型	定义
RTP	实数	返回平面（绝对值）
RFP	实数	参考平面（绝对值）
SDIS	实数	安全间隙（无符号输入）
DP	实数	最后钻孔深度（绝对值）
DPR	实数	相对于参考平面的最后钻孔深度（无符号输入）
DTB	实数	最后到达钻孔深度时的停顿时间

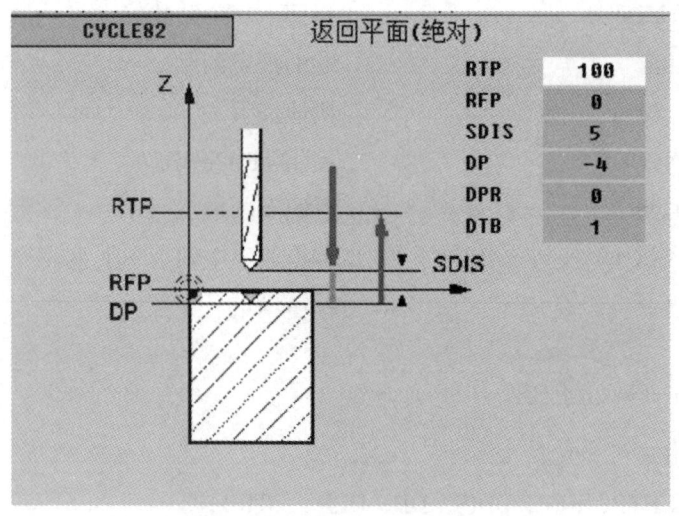

图 2-1-5 CYCLE 82 指令运用

1）DTB（停顿时间）。DTB 定义了到达最后钻孔深度的停顿时间，单位为秒（s）。

2）如果一个值同时输入给 DP 和 DPR，最后钻孔深度则来自 DPR。如果该值不同于由 DP 编程的绝对值深度，在信息栏会出现"深度：符合相对深度值"。

3）如果参考平面和返回平面的值相同，则不允许定义深度的相对值，循环将输出错误信息 61101"参考平面定义不正确"且不执行循环。如果返回平面在参考平面后，即到最后钻孔深度的距离更小时，也会输出此错误信息。

（4）编程举例

【例 2-1-2】在（X25，Y-25）位置，以零件表面为零点，加工一个深 4 mm 的孔，如图 2-1-6 所示。孔底暂停 1 s。

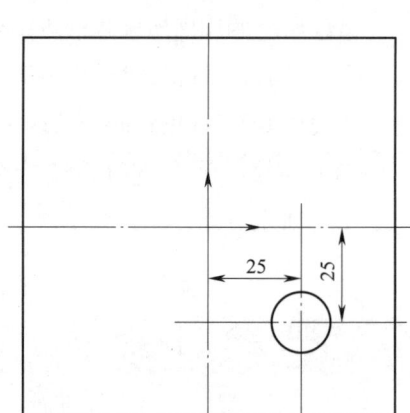

图 2-1-6 用 CYCLE 82 指令钻孔

程序如下：

N10 G0 X_ Z_ SPOS[4]=_   初始位置，含主轴 C 轴位置控制
N20 G17 G94 DIMAOOF T5D1   平面、进给类型、半径编程、调用钻孔刀具
N30 SETMS（2）   转换第二主轴为当前主轴
  TRANSMIT   激活 TRANSMIT

　　　　X25 Y-25 S1000 M3　　　　　　　　运行到首次钻孔位置，主轴旋转
　　N40 CYCLE82（100，0，5，-4,，1）　孔最后返回100平面，安全间隙为5，最
　　　　　　　　　　　　　　　　　　　　后钻孔深度为-4，孔底暂停1 s
　　N50 M30　　　　　　　　　　　　　　程序结束

4. 深孔钻孔——CYCLE83

（1）编程格式

CYCLE83（RTP，RFP，SDIS，DP，DPR，FDEP，FDPR，DAM，DTB，DTS，FRF，VARI）;

（2）功能说明。刀具以编程的主轴速度和进给率开始钻孔，直至定义的最后钻孔深度。深孔钻削是通过多次执行最大可定义的深度并逐步增加直至到达最后钻孔深度来实现的。

（3）参数说明。参数的类型及定义见表2-1-3。

表2-1-3　CYCLE 83指令中参数的类型及定义

参数	类型	定义
RTP	实数	返回平面（绝对值）
RFP	实数	参考平面（绝对值）
SDIS	实数	安全间隙（无符号输入）
DP	实数	最后钻孔深度（绝对值）
DPR	实数	相对于参考平面的最后钻孔深度（无符号输入）
FDEP	实数	起始钻孔深度（绝对值）
FDPR	实数	相对于参考平面的起始钻孔深度（无符号输入）
DAM	实数	递减量（无符号输入）
DTB	实数	最后钻孔深度时的停顿时间（断屑）
DTS	实数	起始点处和用于排屑的停顿时间
FRF	实数	起始点钻孔深度的进给率系数值，范围为0.001~1（无符号输入）
VARI	整数	加工类型：断屑=0，排屑=1

1）钻头可以在每次进给深度完成后退回参考平面+安全间隙用于排屑，或者每次退回1 mm用于断屑。

2）动作组成。循环启动前到达位置，钻孔位置在所选平面的两个进给轴中。

①深孔钻削排屑（VARI=1）如图2-1-7所示。使用G0返回安全间隙之前的参考平面；使用G1移到起始钻孔深度，进给率来自程序调用中的进给率，它取决于参数FRF（进给率系数）；在最后钻孔深度处的停顿时间（参数DTB）；使用G0返回安全间隙之前的参考平面，用于排屑；起始点的停顿时间（参数DTS）；使用G0回到上次到达的钻孔深度，并保持预留量距离；使用G1钻削到下一个钻孔深度（持续动作顺序直至到达最后钻孔深度）；使用G0回到返回平面。

②深孔钻削断屑（VARI=0）如图2-1-8所示。使用G0返回安全间隙之前的参考平面；使用G1钻孔到起始深度，进给率来自程序调用中的进给率，它取决于参数FRF（进给率系数）；在最后钻孔深度的停顿时间（参数DTB）；使用G1从当前钻孔深度后退1mm，采用调用程序中编程的进给率（用于断屑）；使用G1按所编程的进给率执行下一次钻孔切削（该过程一直进行下去，直至到达最终钻孔深度）；使用G0回到返回平面。

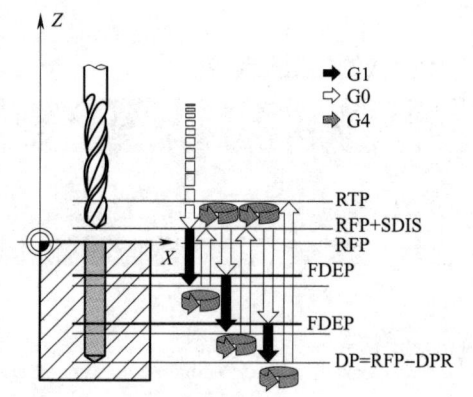
图2-1-7 深孔钻屑排屑（VARI=1）

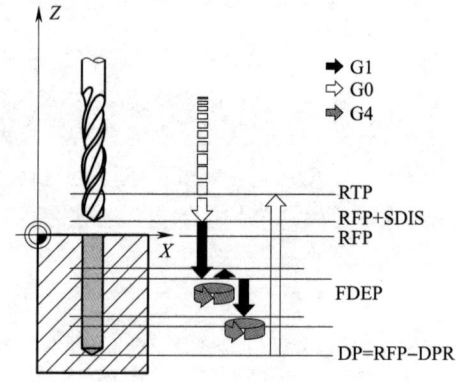
图2-1-8 深孔钻削断屑（VARI=0）

3）参数DP（或DPR）、FDEP（或FDPR）和DAM。中央钻孔深度是以最后钻孔深度、首次钻孔深度和递减量为基础，在循环中按以下方法计算出来的：首先，进行首次钻孔，不超出总的钻孔深度；从第二次钻孔开始，行程由上一次钻深减去递减量获得，但要求钻深大于所编程的递减量；当剩余量大于两倍递减量时，以后的钻削量等于递减量；最终的两次钻削行程被平分，所以始终大于一半递减量；如果第一次的钻孔深度值和总钻孔深度不符，则输出错误信息61107"首次钻深定义错误"且不执行循环程序。

参数FDPR和DPR在循环中有相同的作用。如果参考平面和返回平面的值相等，首次钻孔深度则可以定义为相对值。

4）DTB（停顿时间）。DTB定义了到达最终钻孔深度的停顿时间（断屑），单位为秒（s）。

5）DTS（停顿时间）。起始点的停顿时间，只在 VARI=1（排屑）时执行。

6）FRF（进给率系数）。对于此参数，可以输入一个有效进给率的缩减系数，该系数只适用于循环中的首次钻孔深度。

7）VARI（加工类型）。如果参数 VARI=0，钻头在每次到达钻深后退回 1 mm 用于断屑。如果 VARI=1（用于排屑），钻头每次移到安全间隙之前的参考平面。

注意：预期量的大小由循环内部计算所得。如果钻孔深度为 30 mm，预期量的值始终是 0.6 mm；对于更大钻孔深度，为钻孔深度/50（最大值为 7 mm）。

（4）编程举例

【例 2-1-3】在位置 X0 处执行循环 CYCLE83。首次钻孔时，停留时间为零且加工方式为断屑，最后钻孔深度和首次钻孔深度的值为绝对值。钻孔轴是 Z 轴。

程序如下：

程序	说明
N10 G00 G54 G90 F5 S500 M04	工艺值的规定
N20 D1 T6 Z50	回到返回平面
N30 G17 X0	返回钻孔位置
N40 CYCLE83（3.3，0，0，-80，0，-10，0，0，0，0，1，0）	调用循环，深度参数的值为绝对值
N50 M30	程序结束

5. 镗孔——CYCLE85

（1）编程格式

CYCLE85（RTP，RFP，SDIS，DP，DPR，DTB，FFR，RFF）；

（2）功能说明。刀具以编程的主轴转速和进给速度钻削，直至输入的钻削深度。分别以相应参数 FFR 和 RFF 中规定的进给率进行向内运动和向外运动。该循环可以用于铰孔（研磨）。

（3）参数说明。参数类型及定义见表 2-1-4，指令运用如图 2-1-9 所示。

表 2-1-4　CYCLE 85 指令中参数的类型及定义

参数	类型	定义
RTP	实数	返回平面（绝对值）
RFP	实数	参考平面（绝对值）
SDIS	实数	安全间隙（输入时不带正负号）
DP	实数	最后钻孔深度（绝对值）

续表

参数	类型	定义
DPR	实数	相对于参考平面的最后铰孔坐标（输入时不带正负号）
DTB	实数	铰孔到孔底时的停留时间（断屑）
FFR	实数	进给率
RFF	实数	退回进给率

1）DTB（停留时间）。DTB以秒（s）为单位设定到达最后铰孔深度的停留时间。

2）FFR（进给率）。铰孔时FFR下编程的进给率值有效。

3）RFF（退回进给率）。从孔底退回参考平面+安全间隙时，RFF下编程进给率值有效。

（4）编程举例

【例2-1-4】在（Z70，X0）处调用循环CYCLE85。铰孔轴为Z轴。循环调用中最后铰孔深度的值作为相对值来编程，未指定停留时间。工件的上沿在Z0处。

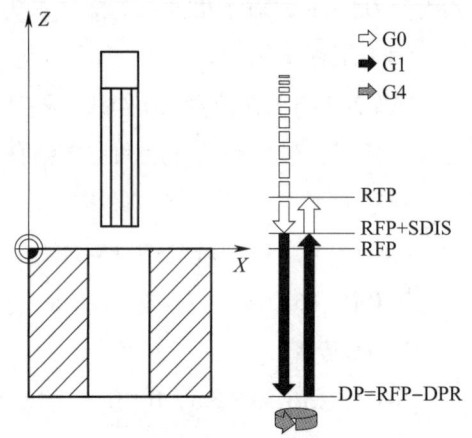

图2-1-9 CYCLE 85指令运用

程序如下：

N10 G90 G00 S300 M03
N20 T3 G17 G54 Z70 X0   返回钻孔位置
N30 CYCLE85（10，2，2，，25，，300，450）   循环调用
N40 M30   程序结束

6. 钻成排孔——HOLES1

（1）编程格式

HOLES1（SPCA，SPCO，STA1，FDIS，DBH，NUM）；

（2）功能说明。使用该循环可以加工孔系，也就是说钻一系列的孔，它们位于一条直线上，或者成为一个钻孔栅格。孔的类型由事先模态选择的钻削循环确定。

（3）参数说明。参数类型及定义见表2-1-5，指令运用如图2-1-10所示。

1）此循环可以用来钻削一排孔，即沿直线分布的孔或网格孔。

2）为了避免不必要的空行程，通过平面轴的实际位置和排孔的几何分布，循环计算出是从第一孔或是最后一孔开始加工。

表 2-1-5　HOLES1 指令中参数的类型及定义

参数	类型	定义
SPCA	实数	直线上参考点横坐标（绝对值）
SPCO	实数	参考点纵坐标（绝对值）
STA1	实数	与横坐标的夹角。取值范围：$-180° < STA1 \leq 180°$
FDIS	实数	第一个钻孔与参考点的距离（不输入符号）
DBH	实数	两个钻孔之间的距离（不输入符号）
NUM	整数	钻孔个数

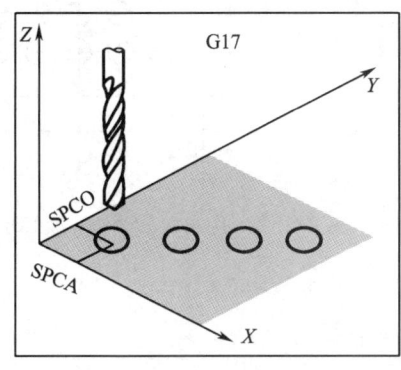
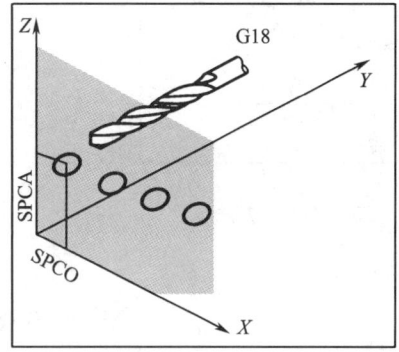
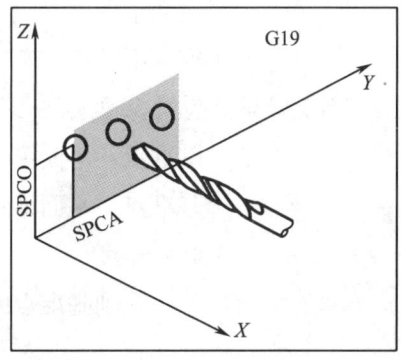

图 2-1-10　HOLES1 指令运用

3）SPCA 和 SPCO（平面的第一坐标轴和第二坐标轴的基准点）。如图 2-1-11 所示，排孔形成的直线上的某一点定义为基准点，用于计算孔之间的距离。

4）STA1（角度）。直线可以是平面中的任何位置。它是由 SPCA 和 SPCO 定义的点以及直线和循环调用时有效的工件坐标系平面中的第一坐标轴间形成的角度来确定的。角度值以（°）为单位输入 STA1。

5）FDIS 和 DBH（距离）。FDIS 为第一个钻孔与基准点的距离（不输入符号）。DBH 为两个钻孔之间的距离（不输入符号）。

6）NUM（数量）。参数 NUM 用来定义孔的数量。

（4）编程举例

【例 2-1-5】加工如图 2-1-12 所示的网格孔。网格孔包括 5 行，每行 5 个孔，分布在 XY 平面内，孔距为 10 mm。网格的起始点在（X30，Y20）处。用 R 参数编程。

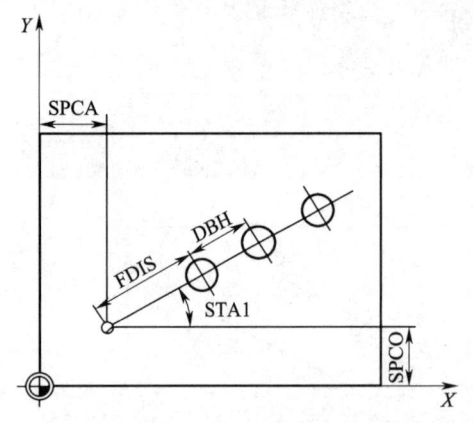

图 2-1-11　基准点

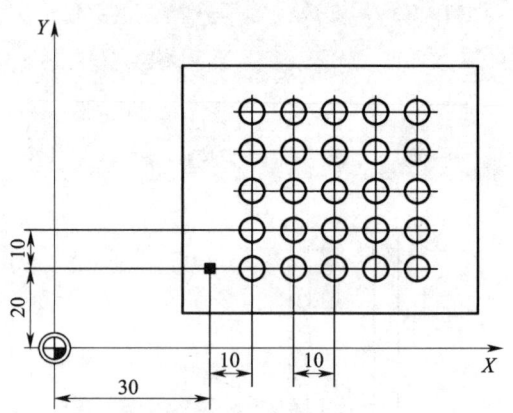

图 2-1-12　用 HOLES1 指令加工网格孔

程序如下：

R10=102	参考平面
R11=105	返回平面
R12=2	安全间隙
R13=75	钻孔深度
R14=30	基准点：平面第一坐标轴的排孔
R15=20	基准点：平面第二坐标轴的排孔
R16=0	起始角度
R17=10	第一孔到基准点的距离
R18=10	孔间距
R19=5	每行孔的数量
R20=5	行数
R21=0	行计数
R22=10	行间距
G0 X150.0 Z150 SPOS［4］=0	初始位置，含主轴 C 轴位置控制
G17 G94 DIMAOOF T10D1	平面、进给类型、半径编程、调用钻孔刀具
SETMS（2）	转换第二主轴为当前主轴
TRANSMIT	激活 TRANSMIT

N10 G90 F300 S500 M03	工艺值规定
N20 G17 G00 X=R14 Y=R15 Z105	回到起始位置
N30 MCALL CYCLE82（R11，R10，R12，R13，0，1）	
	钻孔循环的模态调用
N40 LABEL1	调用排孔循环
N41 HOLES1（R14，R15，R16，R17，R18，R19）	
N50 R15=R15+R22	计算下一个Y值
N60 R21=R21+1	增量行计数
N70 IF R21 < R20 GOTOB LABEL1	如果满足条件，返回LABEL1
N80 MCALL	取消模态调用
N90 G90 G00 X30 Y20 Z105	回到起始位置
N100 M30	程序结束

三、C 轴分度加工手工编程

综合实训

使用子程序进行钻孔编程。如图 2-1-13 所示，毛坯材料选用 ϕ65 mm×100 mm 的 45 钢。采用三爪卡盘装夹，选用 ϕ4 mm 麻花钻、ϕ8 mm 合金材质倒角刀加工孔。先

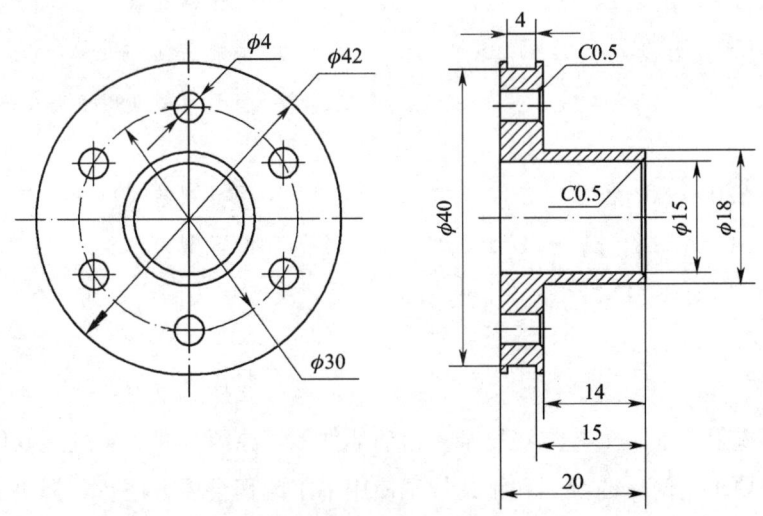

图 2-1-13 C 轴分度钻孔

用外径车刀加工工件端面及外圆，再用 $\phi 4$ mm 麻花钻、$\phi 8$ mm 合金材质倒角刀加工 $\phi 4$ mm 孔及倒角。

1. 加工参数

子程序钻孔编程加工参数见表 2-1-6。

表 2-1-6　子程序钻孔编程加工参数

刀具编号	刀具名称	刀具规格	切削次数	背吃刀量	进给量 F	主轴转速
T3	麻花钻	$\phi 4$ mm	1	6 mm	320 mm/min	3 200 r/min
T4	倒角刀	$\phi 8$ mm	1	2.5 mm	240 mm/min	2 000 r/min

2. 路径设计

采用 $\phi 4$ mm 麻花钻、$\phi 8$ mm 合金材质倒角刀加工孔和孔的倒角。

3. 基于 C 轴多点定位的钻孔程序

```
O0010                                       主程序名
N10 G0 Z100.0 SPOS [4] =0                   初始位置，含主轴 C 轴位置控制
N20 G17 G94 DIAMOOF                         平面、进给类型、半径编程
    T3 D1                                   调用 φ4 mm 钻孔刀具
N30 SETMS (2)                               转换第二主轴为当前主轴
    TRANSMIT                                激活 TRANSMIT
    X15 Y0 S3200 M3 F320                    运行到首次钻孔位置
    Z5                                      到达参考平面
    CYCLE82 (5, -12, 2, -21,, 0, 10, 1, 12) 设置钻孔参数
    HOLES2 (30, 0, 15, 30, 30, 6, 1010, 0,,, 1)  调用圆周钻孔循环
    T4 D1                                   调用 φ8 mm 倒角刀具
    Z10
    X15 Y0 S2000 M3 F240                    运行到首次倒角位置
    CYCLE82 (5, -12, 2, -18,, 0, 0, 1, 12)  设置倒角参数
    HOLES2 (30, 0, 15, 30, 30, 6, 1010, 0,,, 1)  调用圆周倒角循环
    G0 Z150
N90 M30                                     程序结束
```

由于车铣复合加工工艺方法复杂、运动部件多等原因，对后置处理软件及技术提出了更高的要求。简单的铣削和钻孔加工使用手工编程会更方便。掌握手工编程方法可以优化自动编程不合理的程序，使程序更简单、合理。

学习单元 2　编制端面方形铣削程序

一、车铣复合加工概述

1. 车铣复合加工的特点

为了提高复杂异形零件的加工效率和加工精度，工艺人员一直在寻求更为高效、精密的加工工艺方法。车铣复合加工设备的出现为提高此类零件的加工精度和效率提供了一种有效的解决方案。车铣复合并不只是车削和铣削这两种加工手段的简单合并，而是一种利用工件旋转与铣刀旋转的合成运动来实现对工件的切削加工，以保证工件加工精度和表面质量的先进切削加工工艺方法。这种独特的切削加工工艺方法具有以下特点：

（1）变形小。与传统车削相比，引起工件变形的径向力明显下降，这有利于提高薄壁件和细长件的形状精度。由于切削力小，机床和刀具承受的负荷小，也有利于机床精度的保持。工件转速相对较低，加工薄壁件时几乎没有由于离心力产生的变形。

（2）断屑好。车铣复合加工是间断切削，因此，无论加工何种材料的工件都能得到较短的切屑，易于除屑。

（3）刀具寿命长。多刃切削，切削过程平稳，刀具磨损小。间断切削使刀具有充足的冷却时间，刀具切削温度相对较低；刀具散热好，切屑和刀具带走热量较多，因此工件温度相对较低，热变形也小。这对难加工材料和大型回转体毛坯的加工十分有益。

2. 动力刀座

车削中心动力刀座是指安装在动力刀塔上、可由伺服电动机驱动的刀座。动力刀座俗称动力头，一般应用在车铣复合机床上，可实现端面铣削。

动力刀座的接口形式一般可分为德式快换刀座 VDI 系统、日韩标准 BMT 系统等。

（1）VDI 系统

1）一字型动力刀座（见图 2-1-14），如意大利 Duplomatic 轴向入刀式刀塔专用驱动齿 DIN1809；零点定位齿型（渐开线栓槽型），如德国 SAUTER 刀塔改良型专用驱动齿 DIN5480/5482。

2）梅花型动力刀座。如意大利 BARUFFALDI 刀塔专用驱动齿 SPURMTTOEM。

3）T 字齿动力刀座。如美国 HASS 刀塔专用驱动齿。

4）斜伞齿轮动力刀座。如德国特劳伯 TRAUB 刀塔专用驱动齿。

（2）BMT 系统

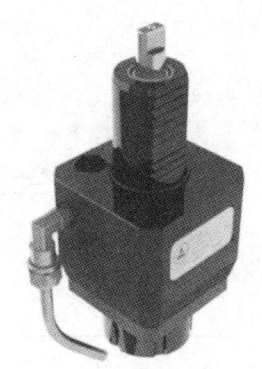

图 2-1-14　一字型动力刀座

1）一字型动力刀座。如韩国斗山 DOOSAN（PUMA 系列）刀塔专用动力刀座 DIN1809。

2）零点定位齿动力刀座。如德国 SAUTER 刀塔改良型专用驱动齿 DIN5480。

3）特殊一字型动力刀座。如日本森精机 MORISEIKI（NL 系列）刀塔专用动力刀座。

二、三轴加工指令（端面铣削加工 TRANSMIT）

1. 编程格式

TRANSMIT　　　　开启 TRANSMIT（单独程序段）

TRANFOOF　　　　关闭（单独程序段）。TRANFOOF 将取消任何转换功能

2. 说明

（1）使用动态转换功能 TRANSMIT 时，可以对夹在旋转夹具上的待车削工件进行端面铣削或钻削。

（2）对此加工工序编程时，应使用笛卡儿坐标系。

（3）控制系统将编程的笛卡儿坐标系中的进给运动转换为实际加工轴的运动。

（4）必须通过专用的机床数据设计 TRANSMIT 程序。

（5）除了刀具长度补偿外，也可使用刀具半径补偿（G41、G42）进行加工。

（6）速度控制考虑到了旋转运动定义的极限。

三、三轴加工刀具路径控制

车铣复合刀具路径包括车削刀具路径和铣削、钻削刀具路径两部分。车削刀具路

径与数控车削相同，这里重点探讨铣削、钻削刀具路径及其控制

刀具路径按功能可分为进刀路线部分、切削路线部分和退刀路线部分。车铣复合加工进行铣削、钻削刀具路径进、切、退路线设计时，要考虑避免刀具、刀座与工件、夹具等发生干涉。下面就车铣复合加工的几种常见形式展开说明。

车铣复合加工包括四个基本运动。如图2-1-15a所示，1为铣刀旋转运动，2为工件旋转运动，3为铣刀径向进给运动，4为铣刀轴向进给运动，其中铣刀的旋转运动是主切削运动。根据工件旋转轴线与刀具旋转轴线的相对位置，车铣复合加工主要可分为轴向车铣、正交车铣和一般车铣。其中，轴向车铣和正交车铣应用较为广泛，如图2-1-15b、图2-1-15c所示。车削中心是车铣复合加工技术的典型代表，在直角坐标X轴、Z轴的基础上，增设了旋转轴C轴，利用数控系统所提供的极坐标插补功能和圆柱插补功能，能够将回转体类工件的内、外轮廓及等分孔、螺旋槽和异形槽等车铣复合加工的主要运动和加工方法在一次装夹后连续加工完成，工序集中，便于保证工件的加工精度。此外，车削中心在凸轮、多面体工件和复杂形状工件的完整加工等方面也具有独特的优势。

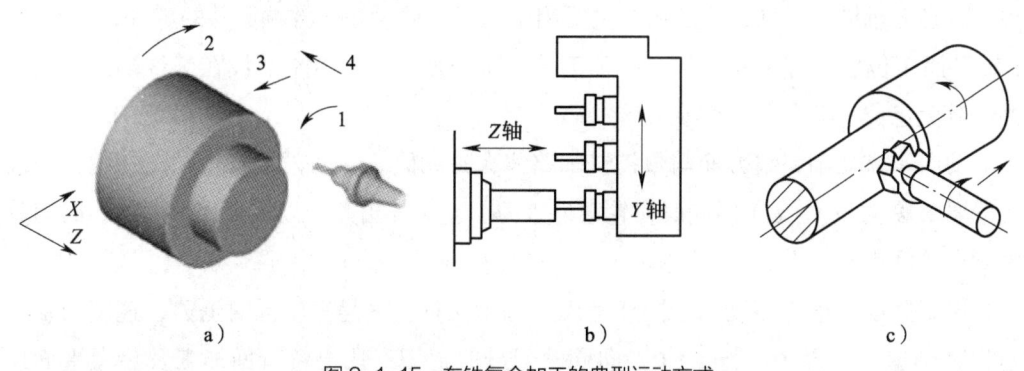

图2-1-15 车铣复合加工的典型运动方式
a）车铣复合加工的主要运动　b）轴向车铣　c）正交车铣

1. 正交车铣刀具路径控制

正交车铣是铣刀的回转轴线与工件的回转轴线相互垂直。正交车铣的切削轨迹为空间曲线，比较复杂，在进行切削加工时，采用的偏心量不同，切削区域的大小也不一样。

考虑到避免刀具、刀座与工件、夹具等发生干涉，正交车铣的进刀路线分为两种：一是三轴同时运动，速度快，主要用于径向偏心量变化不大的零件；二是X、Y轴平面定位后，再Z向定位，用于径向偏心量变化大的零件，避免定位过程中发生干涉。

正交车铣是加工大型回转体和细长轴类零件的一种先进、高效的方法，切削路线方面与数控铣削路线大致相同；与传统加工方法有所不同的是，正交车铣的瞬时背吃刀量和切削厚度沿刀具轴线方向和回转方向总是变化的，即为变切深。变切深切削由于刀具轨迹与诸多的切削参数有密切而复杂的关系，而这些参数的优化组合对提高、保证车铣的表面加工质量起重要作用。

退刀路线与进刀路线出于同样考虑，分为两种：一是三轴同时退刀，速度快，用于径向偏心量变化不大的零件；二是先 X 轴退刀，再 Z 向与 $Y(C)$ 向同时或分时退刀，用于径向偏心量变化大的零件，避免刀具、刀座与工件、夹具等发生干涉。

2. 轴向车铣刀具路径控制

轴向车铣由于铣刀与工件的旋转轴线相互平行，因此不但可以加工外圆表面，也可加工内孔表面，但是由于旋转轴线相互平行，不适宜加工轴向行程较长的外圆表面或较深的内孔表面。

考虑到避免刀具、刀座与工件、夹具等发生干涉，轴向车铣的进刀路线分为两种：一是三轴同时运动，速度快，主要用于参考平面设在工件端面外的零件；二是 X、Y 轴平面定位后，再 Z 向定位，用于工件台阶面加工及参考平面设在工件端面内的零件，避免定位过程中发生干涉。

轴向车铣切削路线方面与数控铣削路线大致相同。钻削要求必须轴向切削；铣削一般要求 X 向与 $Y(C)$ 向同时在轮廓外入刀、轮廓外出刀，以减少入刀、出刀时刀具停顿在轮廓表面产生的刀痕缺陷。

退刀路线与进刀路线出于同样考虑，分为两种：一是三轴同时退刀，速度快；二是先 Z 轴退刀，再 X 向与 $Y(C)$ 向同时或分时退刀，用于台阶面加工及参考平面设在工件端面内的零件，避免刀具、刀座与工件、夹具等发生干涉。

3. 一般车铣刀具路径控制

一般车铣就是在加工过程中铣刀的回转轴线与工件的回转轴线既不平行也不垂直，而是成介于两者之间的一个夹角的车铣加工方式。

轴向车铣和正交车铣这两类加工方法是最常用的车铣加工方法，是车铣加工的主流。但是随着加工零件的日趋复杂和数控机床性能的日渐增强，在加工中由于工件形状的要求必须自动转换两种基本加工方式的情况也经常出现，对介于轴向车铣和正交车铣之间的一般车铣的需求也在逐渐增加。这种形式的切削刀具路径考虑较为复杂，一般采用自动编程方式实现，并通过仿真检验以避免干涉。

四、编程实例

【例 2-1-6】加工图 2-1-16 所示的零件。使用 TRANSMIT 编程时,笛卡儿坐标系 X、Y、Z 的原点位于工件的端面。

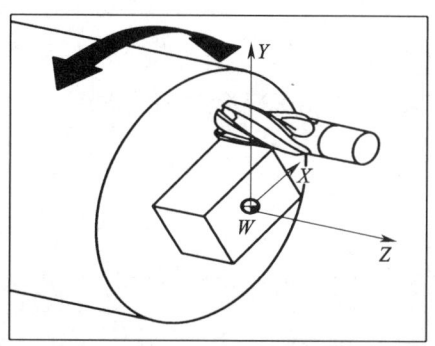

图 2-1-16　端面铣削编程

铣四边形端面的程序如下:

N10 T1 D1 F400 G94 G54	铣刀,进给量,进给方式
N20 G00 X50 Z60 SPOS[4]=0	返回起始位置
N30 SETMS(2)	转换第二主轴为当前主轴
N40 TRANSMIT	激活 TRANSMIT 功能
N50 G55 G17	激活零点偏移,XY 平面
N60 ROT RPL=-45	在 XY 平面内的可编程旋转
N70 ATRANS X-2 Y3	可编程偏移
N80 S600 M03	主轴正转
N90 G01 X12 Y-10 G41	开启刀具半径补偿
N100 Z-5	加工深度
N110 X-10	坐标值
N120 Y10	
N130 X10	
N140 Y-12	
N150 G00 Z40	铣刀退刀
N160 X15 Y-15 G40	关闭刀具半径补偿
N170 TRANS	关闭可编程偏移和旋转

N180 M05　　　　　　　　　　　　　关闭铣刀主轴
N190 TRANFOOF　　　　　　　　　关闭 TRANSMIT
N200 SETMS（1）　　　　　　　　　转换第一主轴为当前主轴
N210 G54 G18 G00 X50 Z60 SPOS［4］=0　　返回起始位置
N220 M30　　　　　　　　　　　　　程序结束

注意：车削中心将（X0，Y0）标记为原点，因此不建议在原点附近加工工件，因为在某种情况下要求进给率减小，以防止旋转轴过载；刀具位置正处于极点时，应避免选择 TRANSMIT；避免原点（X0，Y0）经过刀具中点。

学习单元 3　编制外圆柱面凸轮槽车铣加工程序

一、Y 轴车床结构与功能

如图 2-1-17 所示为 Mori seiki DT310 车削中心。

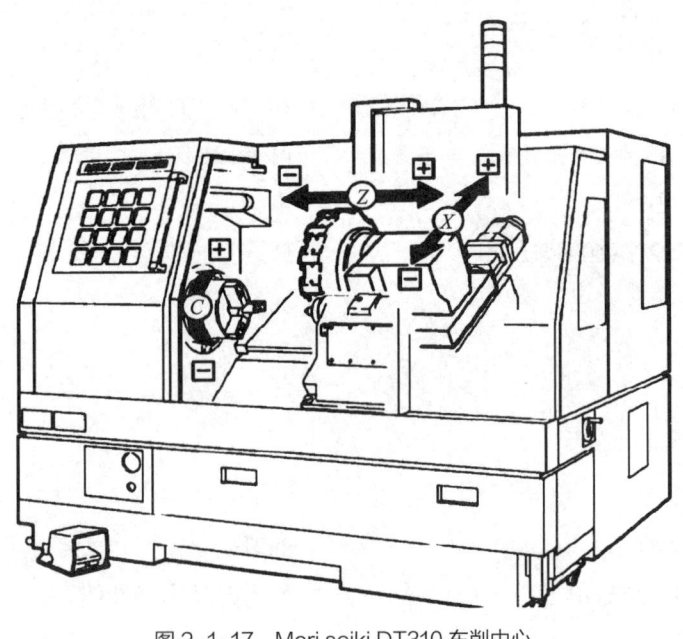

图 2-1-17　Mori seiki DT310 车削中心

1. 传统插补 Y 轴车床

插补 Y 轴又称虚拟 Y 轴，多数车铣复合加工中心机床厂家早期开发的产品均采用此结构。该结构机床采用传统卧式车削中心的布局，床身采用高刚度斜床身，通过 X 轴与刀具主轴的倾斜运动合成，插补实现 Y 轴功能。在实现 Y 坐标方向运动时，X 轴和虚拟 Y 轴同时运动，因此对这两个轴运动的动态特性要求较高。Y 坐标与 X 坐标的垂直关系由插补精度决定。该类型机床结构紧凑，但是受机床结构限制，Y 轴行程较小，铣削能力不足，车削功能占绝对主导。鉴于以上不足，目前新开发的车铣复合加工中心很少采用此类结构。此类结构的代表有 DMG 的 GMXLinear 系列、Mazak 的 Integrex Ⅳ 系列、DOOSAN 的 PUMAMX 和大连机床的 CHD25 机床，部分机床如图 2-1-18 所示。

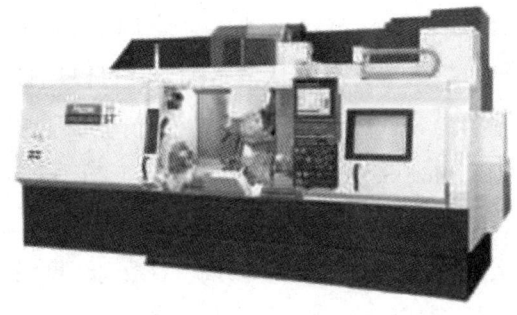

a)　　　　　　　　　　　　　　　　b)

图 2-1-18　传统插补 Y 轴车铣复合加工中心
a) DMG 的 GMX 系列　b) Mazak 的 Integrex Ⅳ 系列

2. 传统垂直 Y 轴车床

该结构机床床身采用传统卧式车削中心的斜床身，刀具主轴沿垂直 X 轴方向上下运动，实现 Y 轴功能，X、Y、Z 三轴正交，在铣削 Y 方向平面时能达到较高的平面质量。受其结构限制，Y 轴行程不大，车削功能还是占主导地位。此类结构的代表有 WFL 的 M 系列（见图 2-1-19）、沈阳机床的 HTM 系列（原 SSCKZ 系列）和 Niles-Simmons（德国奈尔斯—西蒙斯）的 C 系列机床。

以上两种结构车铣复合加工中心的思想源于传统的卧式车削中心，受自身结构限制，Y 轴行程相对较小，铣削加工能力不足。

3. 箱中箱式垂直 Y 轴车床

此类机床为平床身和"箱中箱"BoxBox 式结构，八角滑枕前、后移动实现 Y 轴功

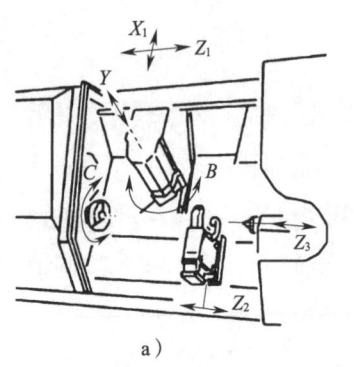 

a) b)

图 2-1-19 WFL 的 M 系列

能，X、Y、Z 三轴正交。该类结构机床是 Mori Seiki 在 2005 年开发出的 3Moriadto NT 系列的新款车铣复合加工中心，应用了很多新技术并取得了专利，如 DCG（重心驱动）、DDM（直接驱动式的力矩电动机）、ORC（八角滑枕）和 BMT（内置电动机的刀塔）等技术。机床的 Y 轴行程可以比较长，如 Mori Seiki 的 NT4300，其 Y 轴行程可达 420 mm，比上述两种传统结构同等规格机床的 Y 轴行程大 1/3~1/2，铣削能力加强。Mori Seiki 正是看中了此优点，而放弃了其原有的 MT 系列车铣复合加工中心（属于传统插补 Y 轴），全部转向"箱中箱"式垂直 Y 轴结构的车铣复合加工中心。此类结构的代表是 Mori Seiki 的 NT 系列（见图 2-1-20）和大连光洋的 KDW-4200FH 机床。

图 2-1-20 Mori Seiki 的 NT 系列

4. 动立柱式垂直 Y 轴车床

该结构机床采用平床身（或梯形床身），通过立柱移动带动刀具动力主轴等部件移动，刀具主轴上下移动实现 Y 轴功能，X、Y、Z 三轴正交，可实现大直径加工。大加工直径的动立柱式垂直 Y 轴车铣复合加工中心的代表有 Mazak 的 Integrex e-H 系列、

DMG 的 CTX gamma 系列、Weingärtner 的 mpmc 系列、沈阳机床的 HTM125600 和北一机床的 CXHA6130 等，部分机床如图 2-1-21 所示。

图 2-1-21 动立柱式垂直 Y 轴车铣复合加工中心
a）Mazak 的 Integrex e-H 系列　b）DMG 的 CTX gamma 系列　c）Weingärtner 的 mpmc 系列

以上两种机床的开发思想源于卧式加工中心，Y 轴采用滑枕结构提高了伸出刚度，加大了 Y 轴行程，扩大了加工范围，虽然还是以车削为主，但是增强了铣削能力。

二、Y 轴编程指令及刀具路径

1. 柱面铣削加工——TRACYL

TRACYL 转换用于对圆柱体外表面的加工，主要用于槽的铣削。如图 2-1-22 所示，其中一个 TRACYL 变量用于车床，另一个变量用于带 Y 轴的车床或带旋转工作台的铣床。要求车床必须具有一个可用作 C 轴的主轴，第二个主轴必须可以驱动铣刀。使用 TRACYL 时，铣床必须具有旋转工作台用于和其他轴插补。

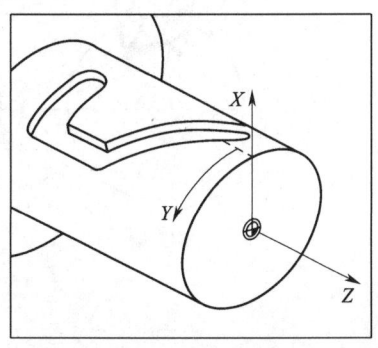

图 2-1-22 柱面铣削加工

（1）功能说明

1）动态转换功能。TRACYL用于圆柱体外表面的铣削加工，可以生成任意方向开口的槽。

2）以特定的加工圆柱直径将柱面展开并编写铣削外表面槽的程序。

3）控制系统将笛卡儿坐标系中的进给动作转换为实际机床轴的动作要求使用回转轴，此时第一主轴用作机床回转轴。

4）必须使用专用的机床参数设置TRACYL，同时定义在回转轴的哪个位置Y=0。

5）如图2-1-23所示，铣床具有一个实际的加工轴Y（YM），因此可以设计一个扩展的TRACYL变量，这样就可以加工柱面槽。

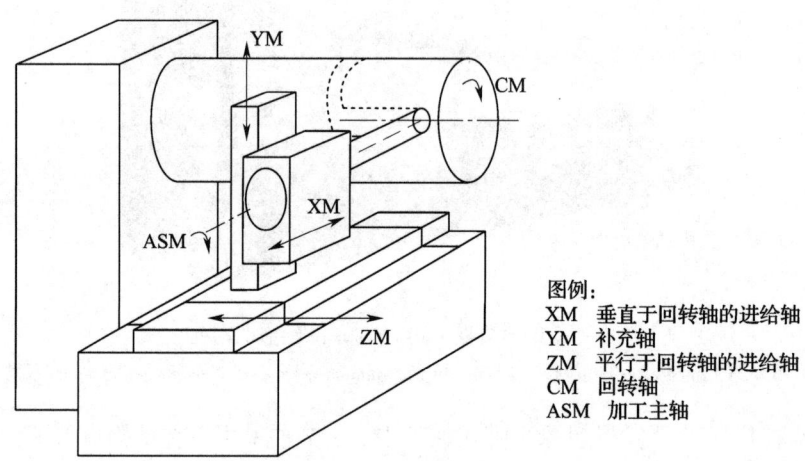

图例：
XM 垂直于回转轴的进给轴
YM 补充轴
ZM 平行于回转轴的进给轴
CM 回转轴
ASM 加工主轴

图2-1-23 带有附件机床Y轴（YM）的特殊机床运动

6）使用槽壁修正，如图2-1-24所示。槽壁与槽底相互垂直，刀具直径小于槽宽，否则，只能采用直径与槽宽相等的刀具。

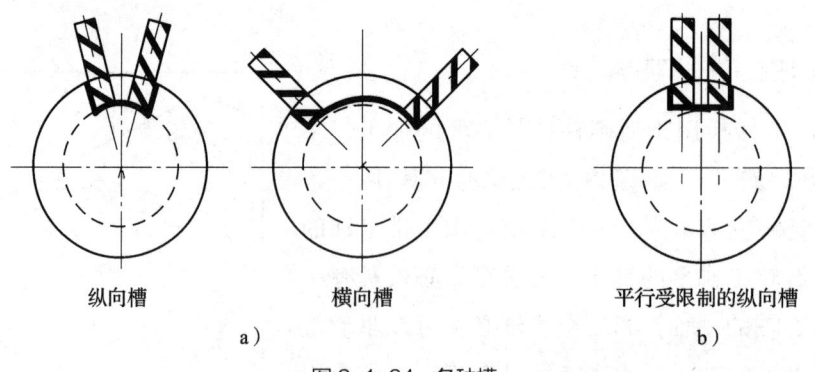

纵向槽　　　　横向槽　　　　平行受限制的纵向槽
a)　　　　　　　　　　　　　　b)

图2-1-24 各种槽
a）没有槽壁补偿（没有YM轴）　b）有槽壁补偿（使用YM轴）

（2）TRACYL 编程格式

TRACYL（d）；　　激活 TRACLY（单独程序段）

TRANFOOF；　　　取消（单独程序段）

指令中的 d 为圆柱加工直径，单位为毫米（mm）。使用 TRANFOOF 将取消任何有效的转换功能。

（3）OFFN 说明。OFFN 指令用于产生等距离的轨迹，一般用于半精加工，本处用于实现等距离刀具偏移，从而实现槽宽的调整。

1）用于指定槽壁到所编程的路径的距离，以毫米（mm）为单位。使用时通常需对槽中心线编程。使用刀具半径补偿（G41、G42）时，应注意 OFFN 定义应为槽宽的一半，如图 2-1-25 所示。

2）编程格式

OFFN=___；　　　定义槽宽

3）槽加工好后，设定 OFFN=0。除了用 TRACYL 时，OFFN 也用于编程中使用 G41、G42 时毛坯余量的定义。

4）为了可以使用 TRACYL 铣削槽，程序通过槽的中心线定义坐标，并且通过 OFFN 设定槽宽（一半）。

5）OFFN 只在刀具半径补偿选择后才生效，而且必须保证 OFFN 所指定的数值不小于刀具半径，以避免损坏槽壁。

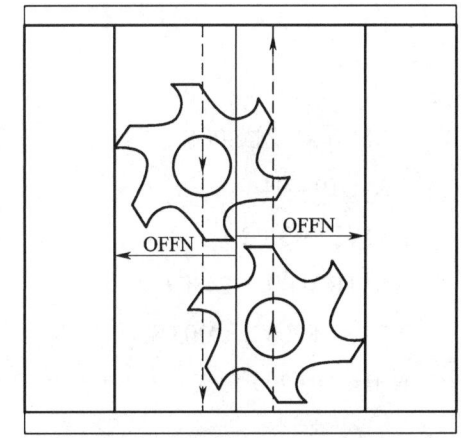

图 2-1-25　使用 OFFN 定义槽宽

6）通常铣削槽的程序中包含以下内容：刀具的选择→TRACYL 的选择→相应零点偏移的选择→定位→OFFN 编程→刀具半径补偿的选择→返回程序段→通过槽中心线的槽加工程序→取消刀具半径补偿→出发程序段→定位→OFFN 删除→TRANFOOF→重新选择原来的零点偏移。

7）导槽。使用与槽宽完全匹配的刀具直径，可以准确加工槽。刀具半径补偿需一直有效。使用 TRACYL 时，也可以用小于槽宽的刀具直径来加工槽。在这种情况下，需充分利用刀具半径补偿（G41、G42）和 OFFN。为了达到精度要求，刀具直径可略小于槽宽。

8）使用带槽壁补偿的 TRACYL 时，应根据槽中心编程。

9）选择刀具半径补偿。为了使刀具移动到槽壁的左侧（槽中心线的右侧），应输入 G42；相应地，如果要使刀具移向槽壁的右侧（槽中心线的左侧），必须输入 G41。

如果要修改刀具补偿方式，可以在 OFFN 中定义负的槽宽。

10）刀具半径补偿有效时，如果也不使用 TRACYL，但考虑 OFFN，则在 TRANFOOF 之后 OFFN 应复位到零。使用与不使用 TRAYCL 时 OFFN 的作用不同。

11）可在零件程序中更改 OFFN，这样可以修改实际的中心线。

（4）编程举例。如图 2-1-26 所示圆柱面的加工程序如下：

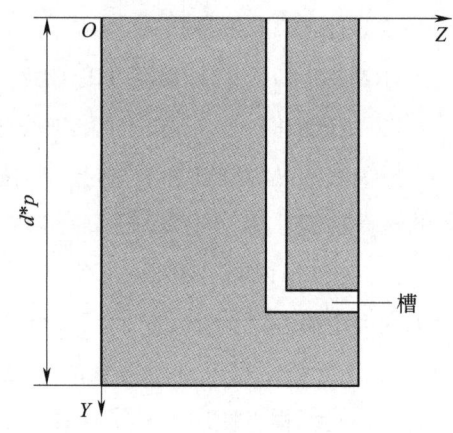

图 2-1-26　圆柱面 G19（Y—Z 平面）

	没有 YM 轴
	编程几何轴 X、Y、Z
N10 G0 X_ Z_ SPOS［4］=_	初始位置，主轴在位置控制中
N20 G19 G94 T—	平面、进给类型、选择铣刀
N30 SETMS（2）	转换第二主轴为当前主轴
N40 TRACYL（24.876）	激活 TRACYL，直径为 24.876 mm
N50 G1 F200 X_ M03 S_	进刀，接通铣削主轴
N60 G41 F200 Y_ Z_	使用刀具半径补偿铣削圆柱面
...	
N90 G40 ...	
N100 TRANFOOF	关闭 TRACYL
N110 G18 G95 T_	返回车削加工
N120 SETMS（1）	转换第一主轴为当前主轴

说明：根据所编程的 Y-Z 路径（直线或路径）移动机床进给轴 ZM 和 CM，使得在圆柱面上可以通过铣刀进行轮廓加工；编程的 X 轴（进给）仍然作为 X 轴进给；沿着圆柱体的外直径 d 展开，从而得到一个外表面，编程平面为 Y—Z（G19），并确定 G2、G3 时的圆弧旋转方向。

2. TRACYL 的特点

（1）POWER ON/RESET。上电或复位（程序结束）后的响应由下列机床数据中的设定值决定：

MD20110 RESET_MODE_MASK（仅保护级 1/1 可对该机床数据进行存取）。

MD20140 TRANFO_RESET_VALUE（复位后生效的转换）。

（2）选择功能时应遵守的规则

1）确保未选择刀具半径补偿（G40）。

2）数控系统取消选择 TRACYL 功能前的动作。

3）数控系统取消受转换功能影响的任何轴的有效工作区域极限（WALIMOF）。

4）连续路径控制和精磨被中断。

5）包含倒角或半径的任何中间的动作程序段将不插入。

（3）取消功能时应遵守的规则

1）确保未选择刀具半径补偿（G40）。

2）连续路径控制和精磨被中断。

3）包含倒角或半径的任何中间的动作程序段将不插入。

4）TRACYL 功能取消后，所有用于车削的零点偏移和设定值必须重新设定。

（4）运行方式切换

1）使用 TRACYL 功能时，程序在自动方式下执行。

2）可以中断自动方式并转换到 JOG 方式。当返回自动方式时，操作人员必须确保刀具可以毫无问题地重新定位。

3）转换功能有效时，进给轴不能回参考点。

三、Y 轴手工编程

【例 2-1-7】加工图 2-1-27 所示槽零件，其进给路线如图 2-1-28 所示。其中，槽底部圆柱形的加工直径为 35.0 mm，所要求的槽的总宽度为 24.8 mm，所使用的铣刀半径为 10.123 mm。

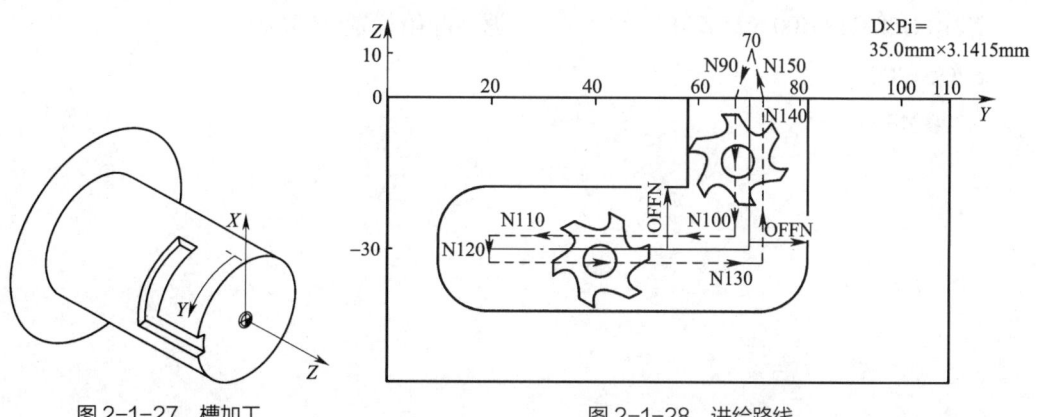

图 2-1-27 槽加工　　　　图 2-1-28 进给路线

加工程序如下:

程序	说明
N10 T1 D1 F400 G94 G54	指定铣刀、进给率、进给方式及零点偏置补偿值
N20 G00 X25 Z50 SPOS[4]=4	返回起始位置
N30 SETMS(2)	设定第二主轴为当前主轴
N40 TRACYL(35.0)	开启 TRACYL,加工直径为 35.0 mm
N50 G55 G19	零点偏移补偿值,选择 YZ 平面
N60 S800 M03	主轴正转
N70 G00 Y70 Z10	起始位置 YZ 坐标
N80 G01 X17.5	铣刀进到槽底部
N90 OFFN=12.4	槽壁与槽中心线间的距离为 12.4 mm
N100 G01 Y70 Z1 G42	开启刀具半径补偿,返回槽壁
N110 Z-30	槽横截面平行于圆柱轴
N120 Y20	横截面平行于圆周
N130 G42 G01 Y20 Z-30	刀具半径补偿重新开始,返回另一个槽壁,槽壁与槽中心线间的距离仍为 12.4 mm
N140 Y70 F600	槽横截面平行于圆周
N150 Z1	横截面平行于圆柱轴
N160 Y70 Z10 G40	关闭刀具半径补偿
N170 G00 X25	铣刀退刀
N180 M05 OFFN=0	关闭铣削主轴,删除槽壁距离
N190 TRANFOOF	关闭 TRANFOOF
N200 SETMS(1)	设定第一主轴为当前主轴
N210 G54 G18 G00 X25 Z50 SPOS=200	返回起始位置
N220 M30	

课程 2-2　计算机辅助编程

学习内容

学习单元	课程内容	培训建议	课堂学时
（1）车削零件造型	1）CAD/CAM 软件使用 2）车削轮廓造型 3）刀具参数设置	（1）方法：讲授法、练习法 （2）重点与难点：CAD/CAM 软件使用	6
（2）车削加工轨迹生成	1）切削路径选择 2）刀具参数设置 3）轨迹生成及校验	（1）方法：讲授法、练习法 （2）重点与难点：切削路径选择	6
（3）后置参数设置	1）后置参数功能 2）后置参数设置	（1）方法：讲授法、练习法 （2）重点与难点：后置参数设置	4
（4）程序生成及校验	1）G 代码生成与传输 2）程序模拟校验	（1）方法：讲授法、练习法 （2）重点与难点：程序模拟校验	4

自动编程系统通常称为 CAM 系统。CAM 系统利用计算机以人机图形交互方式完成零件几何形状造型、刀路轨迹生成与加工仿真、数控程序生成全过程，操作过程形象生动，效率高，出错率低，得到广泛应用。

数控车床自动编程一般包括以下几个内容：

（1）图样分析。确定需要进行数控加工的部分。

（2）加工部位建模。利用图形软件对数控加工部分进行造型。

（3）生成刀路轨迹。根据加工条件，选择合适的加工参数，生成刀路轨迹（包括粗加工、半精加工、精加工轨迹）。

(4)轨迹仿真。对生成的轨迹进行仿真检验。

(5)生成程序。配置好机床,生成 G 代码传给机床进行加工。

(6)程序优化与传输。

学习单元 1　车削零件造型

车削零件造型又称加工部位建模,是利用图形软件对零件的数控加工部分进行造型,用于后续生成刀路轨迹。车削运动轨迹是二维轮廓,故车削零件造型又称车削轮廓造型。

一、CAD/CAM 软件使用

CAXA CAM 数控车软件是优秀的国产 CAD/CAM 软件,它高效易学,具有卓越的工艺性能和完善的数据接口。该软件的轨迹生成手段功能强大且使用简便,可按加工要求生成复杂图形的加工轨迹。通用的后置处理模块使 CAXA 数控车软件可以满足各种机床的代码格式,并可对生成的代码进行校验及加工仿真。

1. 用户界面

CAXA 数控车基本应用界面如图 2-2-1 所示。与其他 Windows 风格的软件一样,各种应用功能通过菜单条和工具条驱动,状态条指导用户进行操作并提示当前状态和所处位置,绘图区显示各种绘图操作的结果,同时,绘图区和参数栏为用户实现各种功能提供数据交互。

软件基本应用界面主要包括四个部分,即菜单条、工具栏、绘图区和状态栏部分。同时,提供了立即菜单的交互方式,所有命令和功能都可以在主菜单的下拉菜单中找到,使交互过程更加直观和快捷。状态栏显示当前命令和当前鼠标点的位置。

2. 键盘与鼠标应用

(1)回车键和数字键。在 CAXA 数控车软件中,当系统要求输入点时,用数字键

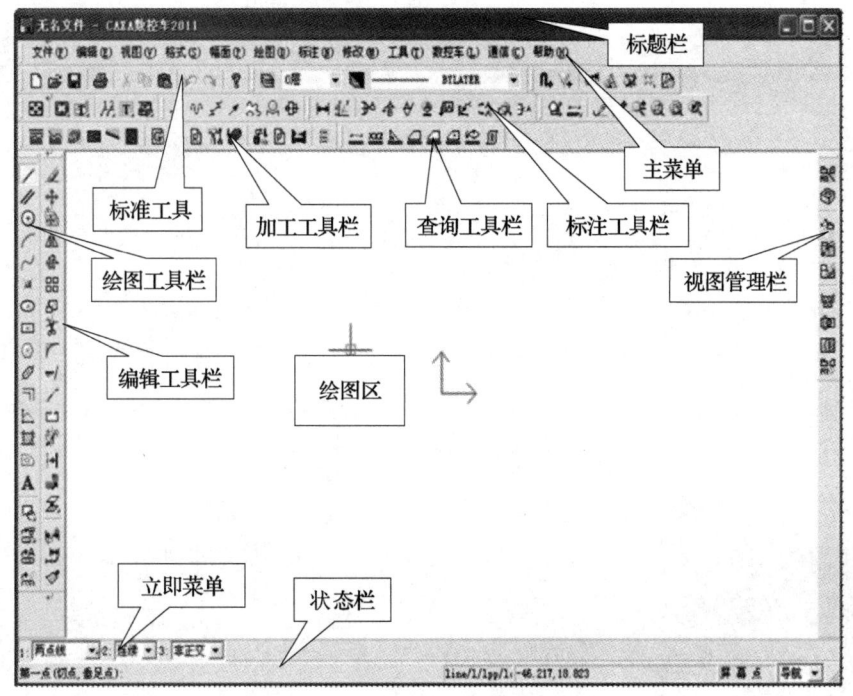

图 2-2-1　CAXA 数控车基本应用界面

和回车键可完成输入。用数字键输入坐标（如坐标"X100 Z100"的输入方式为 100，100），按回车键确认输入坐标。输入坐标时要注意用英文半角方式。

（2）空格键。弹出点工具菜单。当需要一些特殊点时，按空格键可以弹出点工具菜单。

（3）鼠标键。鼠标左键可以用来激活菜单、确定位置、拾取元素等。鼠标右键用来确认拾取、结束操作、终止命令。

3. 命令执行

执行命令的方式主要有以下三种：

（1）菜单命令方式。通过鼠标或键盘选择主菜单中的命令进行操作。

（2）工具栏按钮方式。工具栏按钮与菜单中的命令相对应，单击工具栏按钮相当于选择菜单栏中的菜单命令。

（3）输入命令方式。由键盘直接输入命令名称，常用的命令及说明见表 2-2-1。实践证明，输入命令方式比菜单命令方式效率更高。

CAXA 数控车软件为用户设置了若干个快捷键，其功能是利用这些键可以迅速激活相对应功能，以加快操作速度。常用快捷键及功能说明见表 2-2-2。

表 2-2-1 常用的命令及说明

命令	键盘指令	说明
直线	line	画直线
圆弧	arc	画圆弧
圆	circle	画圆
矩形	rect	画矩形
中心线	centerl	画圆、圆弧的十字中心线，或两平行直线的中心线
样条	spline	画样条曲线
轮廓线	contour	画由直线与圆弧构成的首尾相连的封闭或不封闭的曲线
等距线	offset	画直线、圆或圆弧的等距离的线
剖面线	hatch	画剖面线
正多边形	polygon	画正多边形
椭圆	ellipse	画椭圆
孔/轴	hole	画孔或轴并同时画出它们的中心线
波浪线	wavel	画波浪线，即断裂线
双折线	condup	用于表达直线的延伸
公式曲线	fomul	可以绘制出用数学公式表达的曲线
填充	solid	对封闭区域的填充
箭头	arrow	单独绘制箭头或为直线、曲线添加箭头
点	point	画一个孤立的点
尺寸标注	dim	按不同形式标注尺寸
坐标标注	dimco	按坐标方式标注尺寸
倒角标注	dimch	标注倒角尺寸
文字标注	text	标注文字
引出说明	ldtext	画出引出线
基准代号	datum	画出几何公差等基准代号
粗糙度	rough	标注表面粗糙度
几何公差	fcs	标注几何公差
裁剪	trim	将多余线段进行裁剪
过渡	corner	在直线或圆弧间作圆角、倒角过渡
齐边	edge	将系列线段按某边界齐边或延伸

续表

命令	键盘指令	说明
打断	break	将直线或曲线打断
拉伸	stretch	将直线或曲线拉伸
平移	move	将实体平移或拷贝
旋转	rotate	将实体旋转或拷贝
镜像	mirror	将实体作对称镜像和拷贝
比例缩放	scale	将实体按比例缩放
阵列	array	将实体按圆形或矩形阵列

表 2-2-2 CAXA 数控车常用快捷键及功能说明

序号	快捷键	功能说明
1	方向键（↑↓→←）	在输入框中用于移动光标的位置，其他情况下用于显示平移图形
2	PageUp 键	显示放大
3	PageDown 键	显示缩小
4	Home 键	在输入框中用于将光标移至行首，其他情况下用于显示复原
5	End 键	在输入框中用于将光标移至行尾
6	Delete 键	删除
7	Shift+ 鼠标左键	动态平移
8	Shift+ 鼠标右键	动态缩放
9	F1 键	请求系统帮助
10	F2 键	拖画时切换动态拖动值和坐标值
11	F3 键	显示全部
12	F4 键	指定一个当前点作为参考点，用于相对坐标点的输入
13	F5 键	当前坐标系切换开关
14	F6 键	点捕捉方式切换开关，用于捕捉方式的切换
15	F7 键	三视图导航开关
16	F8 键	正交与非正交切换开关
17	F9 键	全屏显示和窗口显示切换开关

4. 点的输入

点是最基本的图形元素，点的输入是各种绘图操作的基础。CAXA数控车软件中点的输入方式有三种，即键盘输入方式、鼠标输入方式和工具点捕捉方式。

（1）键盘输入方式

1）绝对坐标。绝对坐标的输入方法很简单，可直接通过键盘输入X、Y、Z坐标，各坐标值之间必须用逗号隔开，如"30，40，0""-20，10，-100"。

如果省略Z坐标，系统认为Z坐标值为0，如输入"32.4，-45"，则系统解释为（32.4，-45，0）。用户可以通过在坐标分量的"，"之间省略数值的方式输入数值为0的分量，例如，输入点"-30，""-30，40"" ，20"和"，，20"分别对应X、Y、Z坐标为（-30，0，0）、（-30，40，0）、（0，20，0）和（0，0，20）。

2）相对坐标。相对坐标是指相对于当前点的坐标，与坐标系原点无关。输入时，为了区分不同性质的坐标，系统规定：输入相对坐标时必须在第一个数值前面加上一个符号"@"，以表示相对。例如，输入"@60，84，"，表示相对当前点来说，输入了一个X坐标为60、Y坐标为84的点。当前点是前一次使用的点，在按下"@"后，系统以黄色方块显示当前点。

用户在输入任何一个坐标值时均可利用系统提供的表达式计算服务功能，直接输入表达式，如"123.45/4*sin（36），-45.67*cos（67），3.9*4.5"，而不必事先计算好各分量的值。

CAXA数控车软件具有计算功能，它不仅能进行加、减、乘、除、平方、开方和三角函数等常用的数值计算，还能完成复杂表达式的计算。

（2）鼠标输入方式。CAXA数控车软件中设置了四种自动点捕捉方式，分别为自由、智能、栅格和导航。

（3）工具点捕捉方式。在交互过程中，常常会遇到输入精确定位点的情况。这时，系统提供了点工具菜单，可以利用点工具菜单来精确定位一个点。

用键盘的空格键激活点菜单。例如，在生成直线时，当系统提示"输入起点："后，按空格键就会弹出点工具菜单，根据需要选择一种点定位方式即可。

用户也可以使用热键来切换到所需要的点状态。热键就是点菜单中每种点前面的字母。例如，在生成直线时需要定位一个圆的圆心，那么当系统提示"输入起点："后，按C键就可以将点状态切换到圆心点状态。以下是各种点状态的具体含义：

屏幕点（S）：鼠标在屏幕上点取的当前平面上的点。

端点（E）：曲线的起点、终点，取离拾取点较近者。

中点（M）：曲线的弧长平分点。

交点（I）：曲线与曲线的交叉点，取离拾取点较近者。

圆心点（C）：圆或弧的中心。

增量点（D）：给定点的坐标增量点。

垂足点（P）：用于作垂线。

切点（T）：用于作切线和切圆弧。

最近点（N）：曲线上离输入点距离最近的点。

控制点（K）：样条线的型值点，直线的端点和中点，圆弧的起点、终点和象限点。

刀位点（O）：刀具轨迹上的点。

存在点（G）：已生成的点。

缺省点（F）：对拾取点依次搜索端点、中点、交点和屏幕点。

5. 拾取与选择实体

在CAXA数控车软件中，绘制图形时所用的直线、圆、圆弧、块或图符等被称为实体。对这些实体的选择也叫拾取实体。已选中的实体集合称为选择集。

CAXA数控车软件中拾取实体的方法主要有点选方式、框选方式和利用"拾取元素菜单"方式。

6. 对话框操作

CAXA数控车软件中部分命令是使用对话框进行人机交互的，这些命令都比较复杂和相对集中，如颜色设置、线型设置、图层设置、图纸幅面设置、系统设置及文件管理等。

对话框中列出了用户需要进行对话的内容，用户根据当前操作的需要做出相应的设置，然后单击该对话框的"确定"按钮，以完成交互操作。如果要取消操作可以单击"取消"按钮。如果对对话框中的选项不了解，可以单击对话框右上角的"？"按钮获得帮助。

7. 右键操作

当系统处于无命令执行的状态时，用鼠标左键或选框拾取实体，实体将变为亮红色。此时可以用鼠标单击被选中元素，然后移动鼠标来随意拖动元素。对于直线、圆弧、圆等基本曲线还可单击其控制点来进行拉伸。

拾取实体后，单击鼠标右键，则弹出相应的快捷菜单，将对选中的实体进行操作。拾取不同类型的实体（或实体组）将弹出不同的右键菜单。

8. 基本曲线绘制

CAXA 数控车软件提供了八种基本曲线的功能，包括绘制直线、圆、圆弧、矩形、中心线、样条线、等距线、剖面线。

（1）直线。直线是图形构成的元素，是绘制其他复杂图形的基础。直线不仅可以组成其他图形，而且通常作为绘制图形过程中的参考线，如轴线、中心线等。其中绘制直线的方法包括两点线、平行线、角度线、角等分线、切线/法线五种。

（2）圆。圆是图形构成的基本元素，是复杂图形的重要组成部分之一。绘制圆的方法有圆心_半径、两点、三点、两点_半径四种。

（3）圆弧。圆弧是图形构成的基本元素之一。圆弧可以直接绘制，也可以通过对圆的裁剪得到。绘制圆弧的方法有三点圆弧、圆心_起点_圆心角、两点_半径、圆心_半径_起终角、起点_终点_圆心角、起点_半径_起终角六种。

（4）矩形。绘制矩形有两角点和长度与宽度两种方法。

（5）中心线。绘制中心线有两种情况：如果拾取一个圆、圆弧或椭圆，则生成一对相互正交的中心线；如果拾取两条相互平行或非平行线，则生成这两条直线的中心线。

（6）样条线。样条线是指给定一系列顶点按插值方式生成样条曲线。绘制样条线的方法有"直接作图"和"从文件读入"两种。"直接作图"方式是指通过鼠标拾取或键盘输入点来生成样条曲线；"文件读入"方式是指从文本文件中读入样条插值点的数据并生成样条，文本文件可用任何一种文本编辑器生成。

（7）等距线。等距线是指以等距方式生成一条或同时生成数条与给定曲线等距的曲线。绘制等距线的方法有"链拾取"和"单个拾取"两种。"链拾取"方式可以把首尾相连的图形元素作为一个整体进行等距，这将大大加快作图过程中某些薄壁零件剖面线的绘制；"单个拾取"方式可以选取单个的一条直线（圆或圆弧）作为给定曲线进行等距。

（8）剖面线。系统提供了两种绘制剖面线的方法，即"拾取点"和"拾取边界"。"拾取点"方式是指以拾取环内点方式生成剖面线。根据拾取点搜索最小封闭环，根据环生成剖面线。搜索方向为从拾取点向左的方向，如果拾取点在环外，则操作无效。用鼠标左键单击封闭环内任意点，可以同时拾取多个封闭环，如果所拾取的环相互包容，则在两环之间生成剖面线。"拾取边界"方式是指根据拾取到的曲线搜索封闭环，根据封闭环生成剖面线。如果拾取到的曲线不能生成互不相交的封闭环，则操作无效。

9. 曲线编辑

CAXA 数控车软件提供了十余种编辑指令，但常用的有五种，即曲线裁剪、曲线间过渡、曲线齐边、曲线打断和曲线拉伸。

（1）裁剪。裁剪命令用于对给定曲线（或称为被裁剪线）进行修整，删除不需要的部分，得到新的曲线。裁剪是所有 CAD 软件中都具有的功能。裁剪有"快速裁剪""拾取边界"和"批量裁剪"三种方法。

（2）过渡。过渡功能包含了一般 CAD 软件的圆角、尖角、倒角等功能。过渡有"圆角过渡""多圆角过渡""倒角过渡""外倒角过渡""内倒角过渡""多倒角过渡"和"尖角过渡"七种方法。

（3）齐边。齐边是指以一条曲线为边界对一系列曲线进行裁剪或延伸。如果选取的曲线与边界曲线有交点，则系统按"裁剪"命令进行操作；如果被裁剪的曲线与边界曲线没有交点，那么系统将把曲线延伸至边界（圆或圆弧可能会有例外，因为它们无法向无穷远处延伸，它们的延伸范围是有限的）。

（4）打断。打断是指将一条曲线在指定点处打断成两条曲线，以便于分别操作，原来的曲线变成了两条互不相干的曲线，各自成了一个独立的实体。在需要组合或分块时，打断有着明显的作用。

（5）拉伸。拉伸命令主要用于对已存在的单个曲线和曲线组进行拉伸或缩短的处理。拉伸的作用在于对已存在的曲线进行变形处理。拉伸有"单个拾取"和"窗口拾取"两种方法。

二、车削轮廓造型

车削轮廓造型又称车削零件造型，是应用软件对数控加工部位绘制轮廓，用于后续生成刀具路径。

轮廓是一系列连接在一起的曲线的集合，用来界定被加工的表面及被加工的毛坯。在 CAXA 数控车软件中绘制零件的轮廓循环车削加工工艺图，不必绘制出全部零件的轮廓线，只要绘制出要加工部分的轮廓即可。如图 2-2-2 所示为要加工零件的零件图，图 2-2-3 所示为该零件轮廓循环加工所需绘制的图样。

轮廓造型的原则是应用软件提供的绘图及编辑功能快速完成轮廓绘制，并按要求做到相接处无交叉。

图 2-2-2 零件图

图 2-2-3 零件的加工轮廓图

1. 利用孔/轴功能进行轴的绘制（ ）

在机械零件中，孔和轴是两种最为常见的零件。"孔/轴"命令是指在给定位置画出带有中心线的孔和轴或画出带有中心线的圆锥孔和圆锥轴。孔与轴的绘制方法一样，区别在于孔没有端部直线，而轴有。针对车削轮廓建模，使用孔/轴功能能快速完成绘制。

点选 ，具体操作见表 2-2-3。

表 2-2-3 利用孔/轴功能进行轴的绘制

键盘、鼠标操作	立即菜单	显示结果
在立即菜单"中心线角度"栏输入 0，再点选坐标原点作为起点	1.轴▼ 2.直接给出角度▼ 3.中心线角度 0	
在"起始直径"处输入 20，然后直接输入轴的长度 20	1.轴▼ 2.起始直径 20 3.终止直径 20 4.有中心线▼ 5.中心线延伸长度 3 1.轴▼ 2.起始直径 2 轴上一点或轴的长度:20	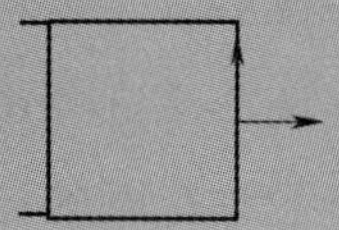 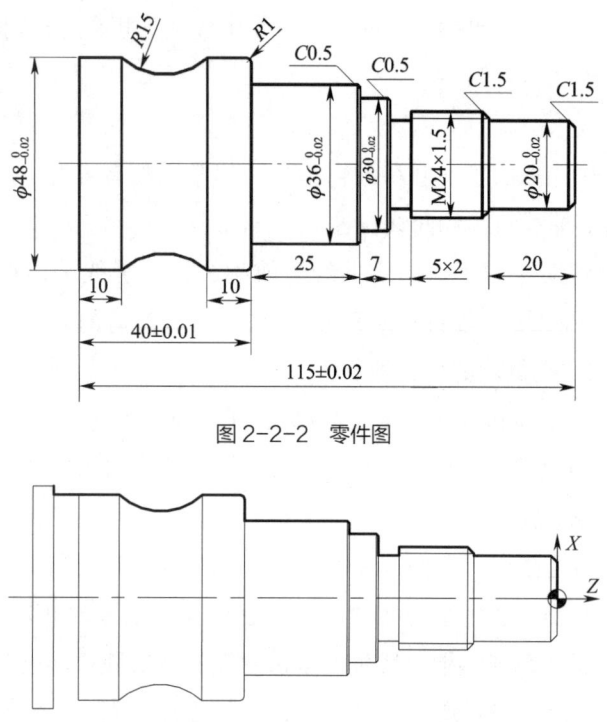

续表

键盘、鼠标操作	立即菜单	显示结果
在"起始直径"处输入23.8（M24×1.5的螺纹外径应为24-1.5×0.13≈23.8），长度处输入18（115-40-25-7-5-20=18）	1.轴 2.起始直径 23.8 3.终止直径 23.8 轴上一点或轴的长度：18	
在"起始直径"处输入20（5×2槽的深度为2，24-2×2=20），长度处输入5	1.轴 2.起始直径 20 3.终止直径 20 轴上一点或轴的长度：5	

最终完成图如图 2-2-4 所示。

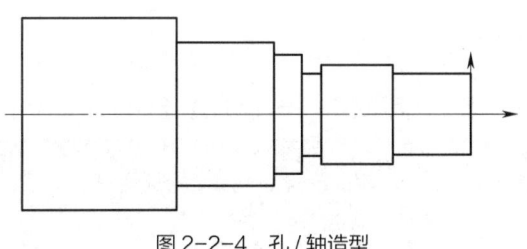

图 2-2-4　孔/轴造型

2. 利用倒角功能对图形进行倒角（ ）

点选 ，具体操作见表 2-2-4。

表 2-2-4　利用倒角功能对图形进行倒角

键盘、鼠标操作	立即菜单	显示结果
在立即菜单中心线长度栏输入1.5，再点选轴20×20的两个相交边	1.长度和角度方式 2.裁剪 3.长度 1.5 4.角度 45	

续表

键盘、鼠标操作	立即菜单	显示结果
用同样的方法，拾取另外两个相交边，完成倒角操作		

其余 C0.5 mm 倒角按上述步骤依次完成后，结果如图 2-2-5 所示。

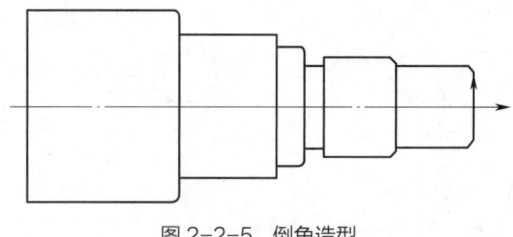

图 2-2-5 倒角造型

3. 利用两点_半径方法绘制 $R15$ mm 圆弧（ ⌒ ）

点选 ⌒，具体操作见表 2-2-5。

表 2-2-5 利用两点_半径方法绘制 $R15$ mm 圆弧

键盘、鼠标操作	立即菜单	显示结果
选择"两点_半径"		
按 F4 提示指定参考点，此时点选左上角点为参考点		

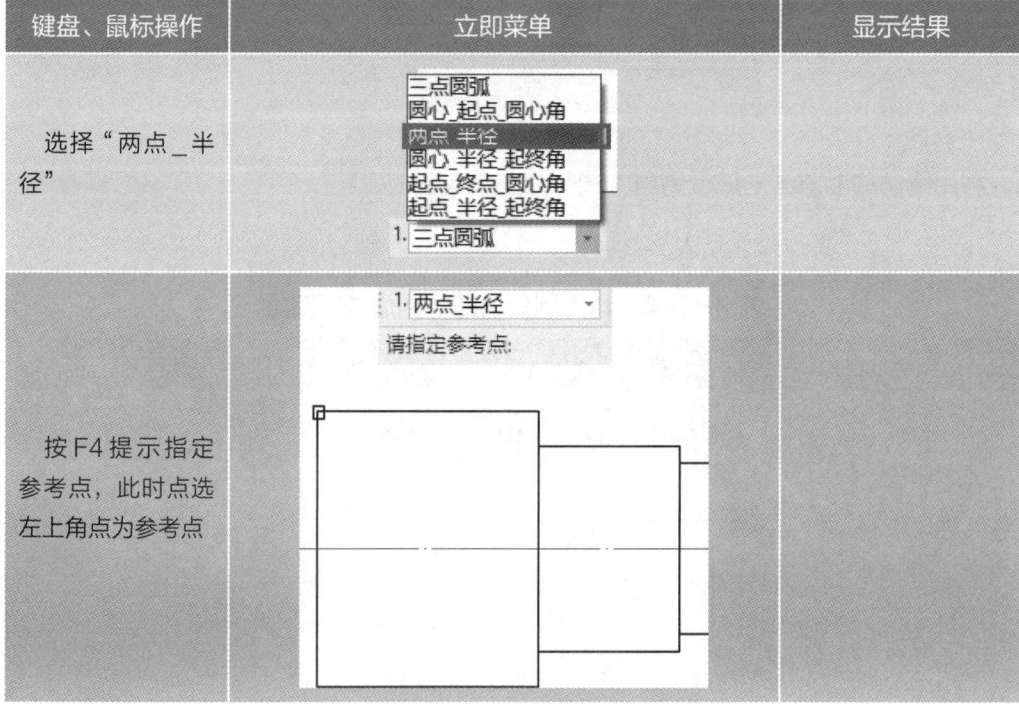

续表

键盘、鼠标操作	立即菜单	显示结果
输入（@10，0）并按回车键输入，此时已确定圆弧起点位置	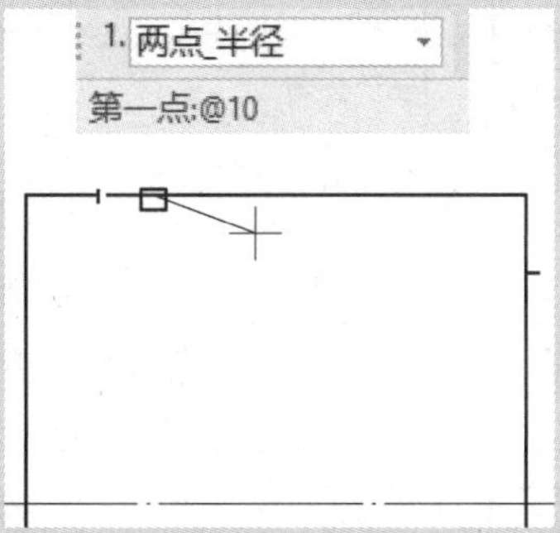 1. 两点_半径 第一点:@10	
输入（@20，0）并按回车键输入	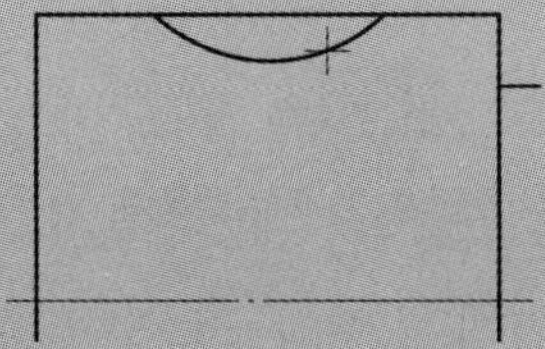	
输入15并按回车键输入	 1. 两点_半径 第三点(半径):15	
使用相同方法完成下部圆弧		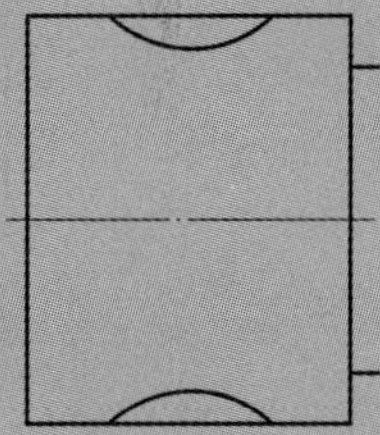
使用裁剪功能，点选需裁剪部分	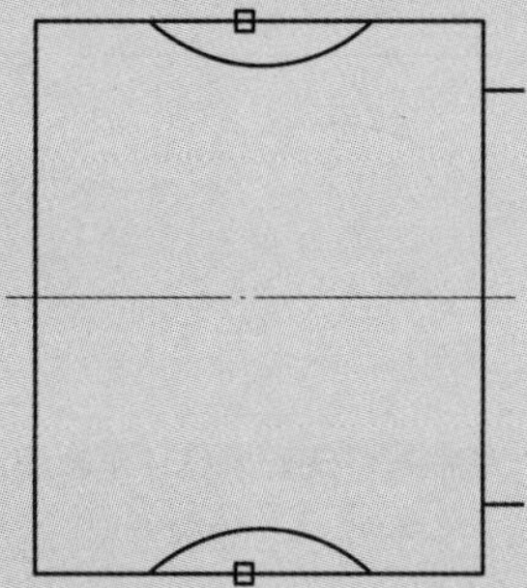	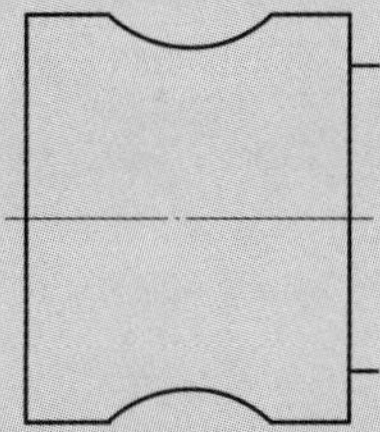

最终完成图如图2-2-6所示。

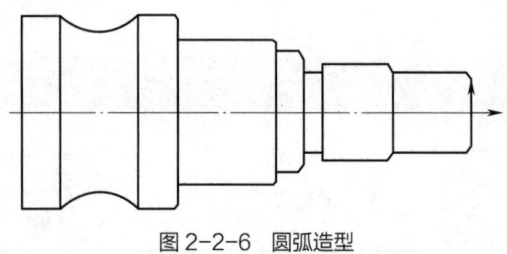

图 2-2-6 圆弧造型

进行轮廓造型会应用到 CAXA 数控车软件的曲线绘制及曲线编辑功能，相应内容可参考软件中提供的帮助文件，最终得到所需的轮廓，如图 2-2-7 所示。

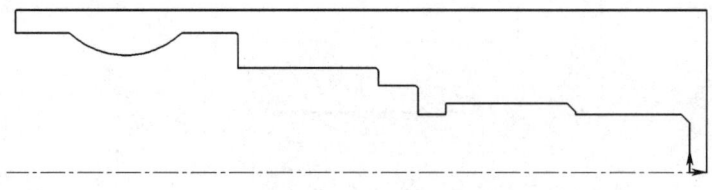

图 2-2-7 造型图

绘制零件的轮廓循环车削加工工艺图时，将坐标系原点选在零件的右端面和中心轴线的交点上，绘出毛坯轮廓、零件实体和切断位置，如图 2-2-8 所示。

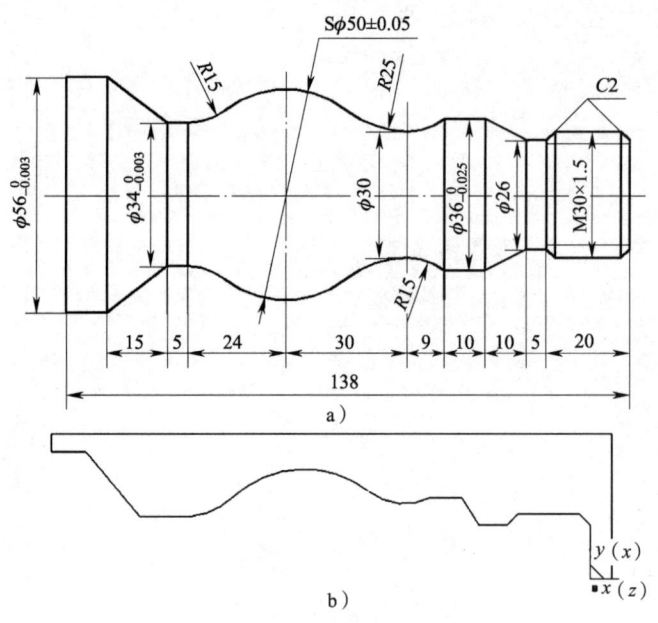

图 2-2-8 绘制零件的轮廓循环车削加工工艺图
a）零件图　b）轮廓造型图

提示：在生成后置代码时，必须保证绘图零件的工件坐标系原点与绘图坐标系原点重合，否则生成出来的后置 G 代码的坐标值就会不正确，如图 2-2-9 所示。

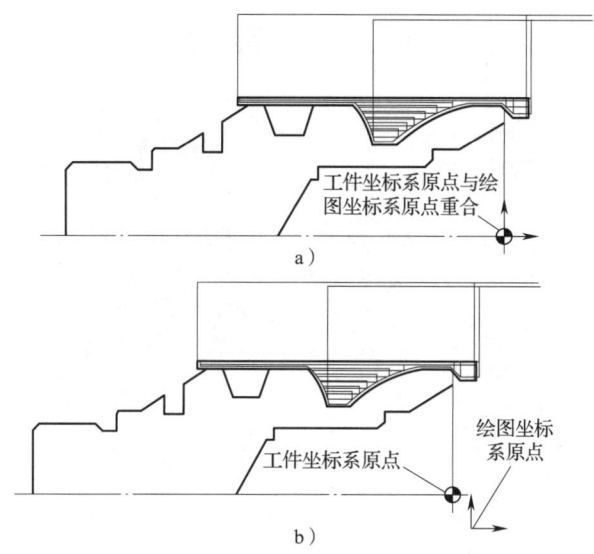

图 2-2-9 生成后置代码的坐标系原点
a）重合的状态（正确） b）不重合的状态（错误）

三、刀具参数设置

用如图 2-2-10 所示工具栏方式打开刀具库管理（也可以通过菜单方式打开），进入刀具库管理界面，如图 2-2-11 所示。刀具分为轮廓车刀、切槽刀具、钻孔刀具和螺纹车刀。

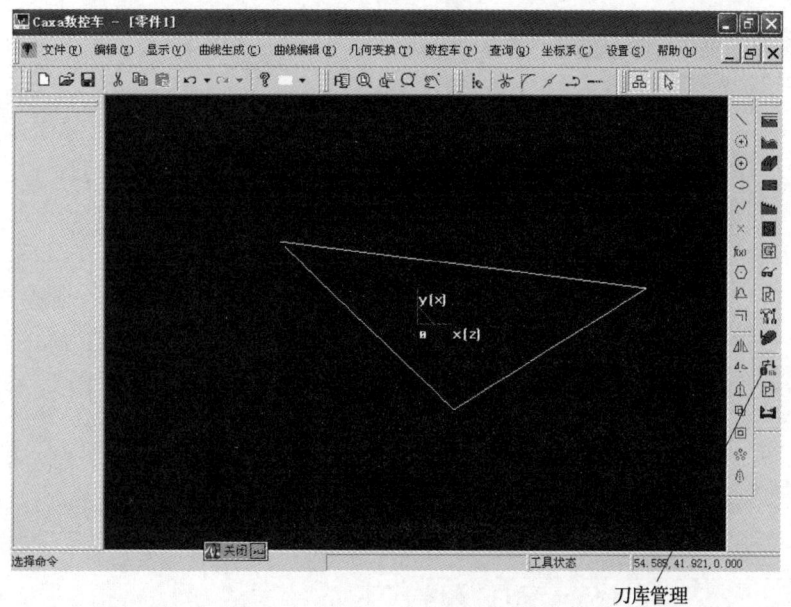

图 2-2-10 打开刀具库管理

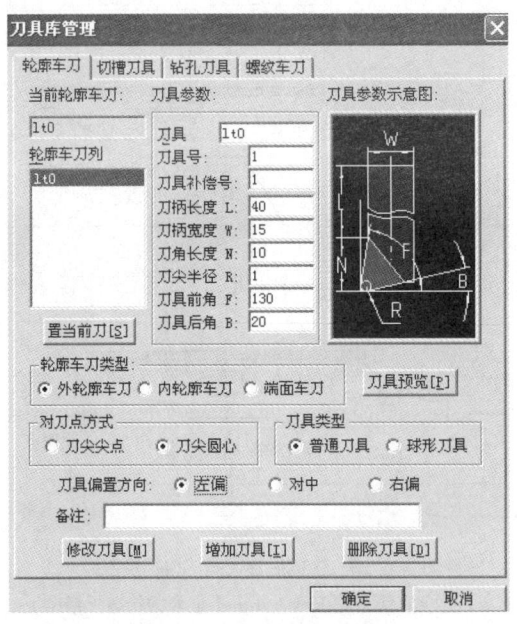

图 2-2-11 刀具库管理界面

1. 轮廓车刀参数设置（见表 2-2-6）

表 2-2-6 轮廓车刀参数设置

界面	参数说明
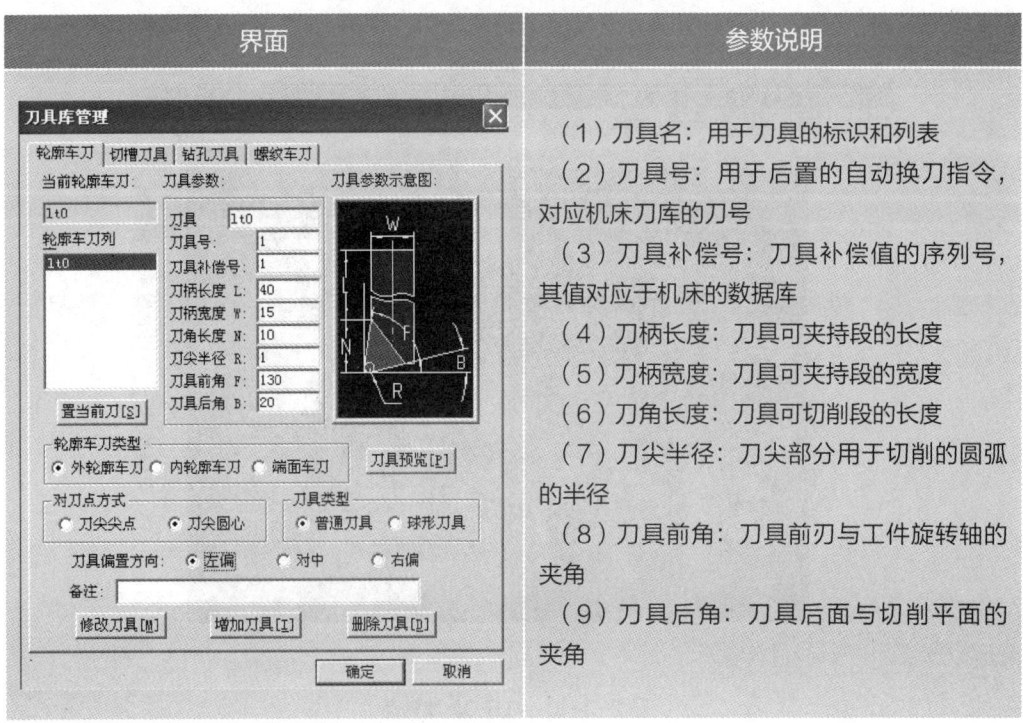	（1）刀具名：用于刀具的标识和列表 （2）刀具号：用于后置的自动换刀指令，对应机床刀库的刀号 （3）刀具补偿号：刀具补偿值的序列号，其值对应于机床的数据库 （4）刀柄长度：刀具可夹持段的长度 （5）刀柄宽度：刀具可夹持段的宽度 （6）刀角长度：刀具可切削段的长度 （7）刀尖半径：刀尖部分用于切削的圆弧的半径 （8）刀具前角：刀具前刃与工件旋转轴的夹角 （9）刀具后角：刀具后面与切削平面的夹角

2. 切槽刀具参数设置（见表2-2-7）

表2-2-7 切槽刀具参数设置

界面	参数说明
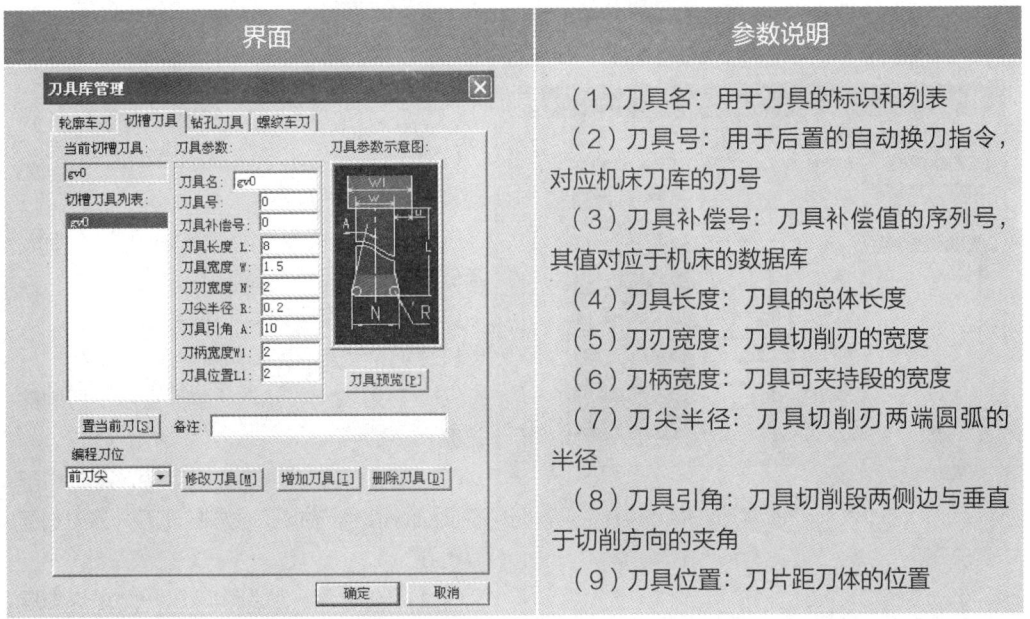	（1）刀具名：用于刀具的标识和列表 （2）刀具号：用于后置的自动换刀指令，对应机床刀库的刀号 （3）刀具补偿号：刀具补偿值的序列号，其值对应于机床的数据库 （4）刀具长度：刀具的总体长度 （5）刀刃宽度：刀具切削刃的宽度 （6）刀柄宽度：刀具可夹持段的宽度 （7）刀尖半径：刀具切削刃两端圆弧的半径 （8）刀具引角：刀具切削段两侧边与垂直于切削方向的夹角 （9）刀具位置：刀片距刀体的位置

3. 钻孔刀具参数设置（见表2-2-8）

表2-2-8 钻孔刀具参数设置

界面	参数说明
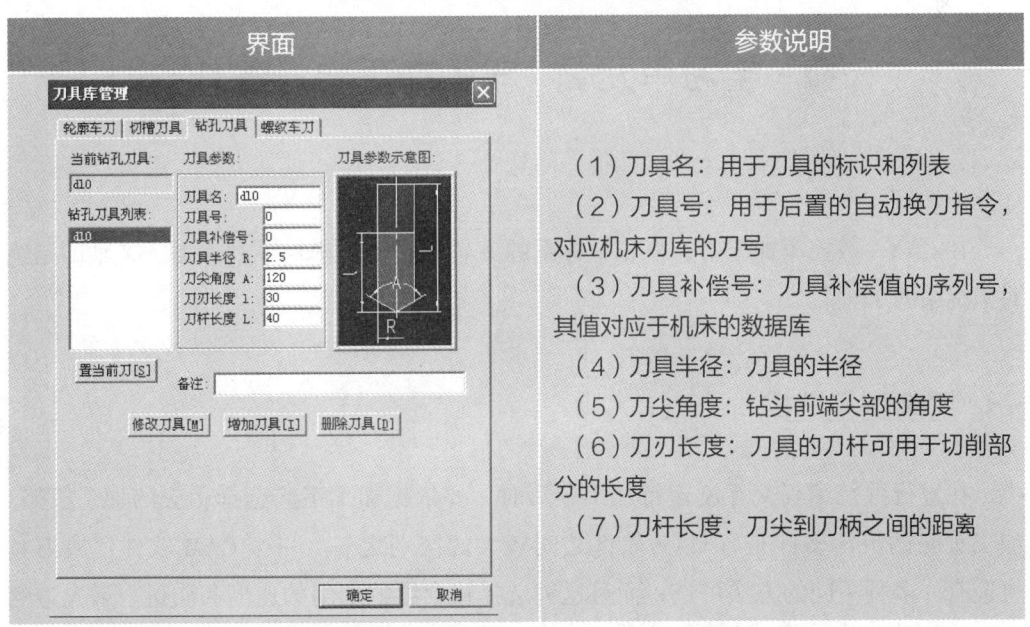	（1）刀具名：用于刀具的标识和列表 （2）刀具号：用于后置的自动换刀指令，对应机床刀库的刀号 （3）刀具补偿号：刀具补偿值的序列号，其值对应于机床的数据库 （4）刀具半径：刀具的半径 （5）刀尖角度：钻头前端尖部的角度 （6）刀刃长度：刀具的刀杆可用于切削部分的长度 （7）刀杆长度：刀尖到刀柄之间的距离

4. 螺纹车刀参数设置（见表2-2-9）

表2-2-9 螺纹车刀参数设置

界面	参数说明
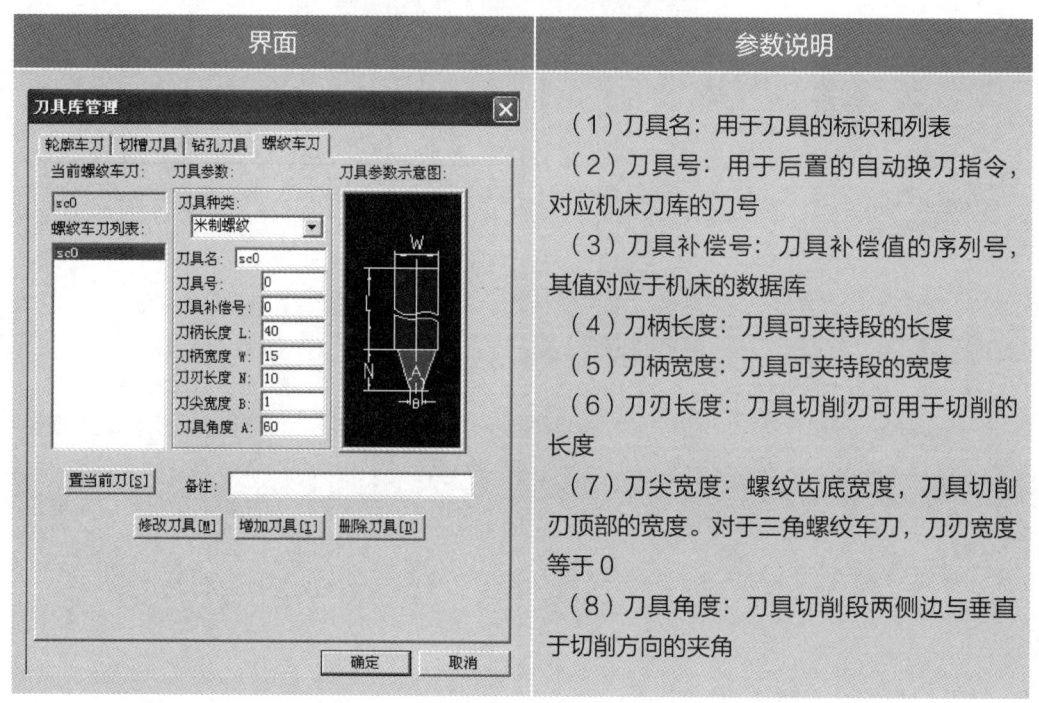	（1）刀具名：用于刀具的标识和列表 （2）刀具号：用于后置的自动换刀指令，对应机床刀库的刀号 （3）刀具补偿号：刀具补偿值的序列号，其值对应于机床的数据库 （4）刀柄长度：刀具可夹持段的长度 （5）刀柄宽度：刀具可夹持段的宽度 （6）刀刃长度：刀具切削刃可用于切削的长度 （7）刀尖宽度：螺纹齿底宽度，刀具切削刃顶部的宽度。对于三角螺纹车刀，刀刃宽度等于0 （8）刀具角度：刀具切削段两侧边与垂直于切削方向的夹角

学习单元2 车削加工轨迹生成

在CAXA数控车加工中，机床坐标系的Z轴即是绝对坐标系的X轴，X轴即是绝对坐标系的Y轴。

一、切削路径选择

在进行数控编程交互制定待加工图形时，要依据加工工艺选择相应的加工策略。加工策略的灵活多样是各CAM软件之间较大的区别之一。一个CAM软件生成刀具轨迹有许多种不同的方法可选，而且这种选择将会影响切削的速度和质量。最先进的

CAM 软件提供的多种加工策略都是基于最大效率加工某类零件的方法，不同加工策略之间的不同之处在于不同的切削路径。

CAXA 数控车软件提供了多种加工路径，需要用户指定毛坯的轮廓，用来界定被加工的表面或被加工的毛坯本身。如果毛坯轮廓是用来界定被加工表面的，则要求指定的轮廓是闭合的；如果加工的是毛坯轮廓本身，则毛坯轮廓也可以不闭合，从而实现不同特征的高效加工。

1. 切削路径的种类

CAXA 数控车软件提供的切削路径有以下几种：

（1）轮廓粗车。实现对工件外轮廓表面、内轮廓表面和端面的粗车加工，快速清除毛坯的多余部分。

（2）轮廓精车。实现对工件外轮廓表面、内轮廓表面和端面的精车加工。

（3）切槽。用于工件外轮廓表面、内轮廓表面和端面切槽。

（4）钻中心孔。钻旋转中心孔。孔加工方式为高速啄式深孔钻、左攻螺纹、精镗孔、钻孔、镗孔和反镗孔。

（5）车螺纹。为非固定循环方式加工螺纹。

对应的工具栏如图 2-2-12 所示。

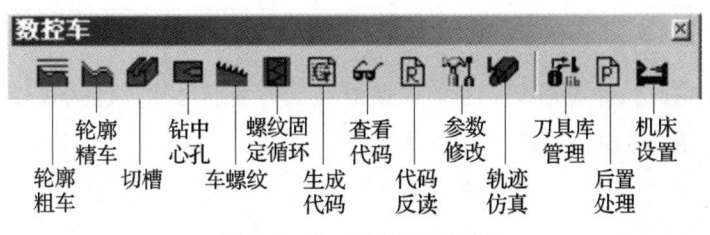

图 2-2-12 切削路径工具栏

2. 轮廓拾取

轮廓分为加工轮廓和毛坯轮廓，如图 2-2-13 所示。轮廓拾取方式有以下几种：链拾取，自动搜索连接的曲线；限制链拾取，将起始段和最后一段拾取，中间自动连接；单个拾取，一个一个拾取。

（1）加工轮廓。确定参数后拾取被加工轮廓，当拾取第一条轮廓线后，此轮廓线变成红色的虚线，系统给出提示：选择方向。若被加工轮廓与毛坯轮廓首尾相连，则采用链拾取会将被加工轮廓与毛坯轮廓混在一起，采用限制链拾取或单个拾取则可将加工轮廓与毛坯轮廓区分开。

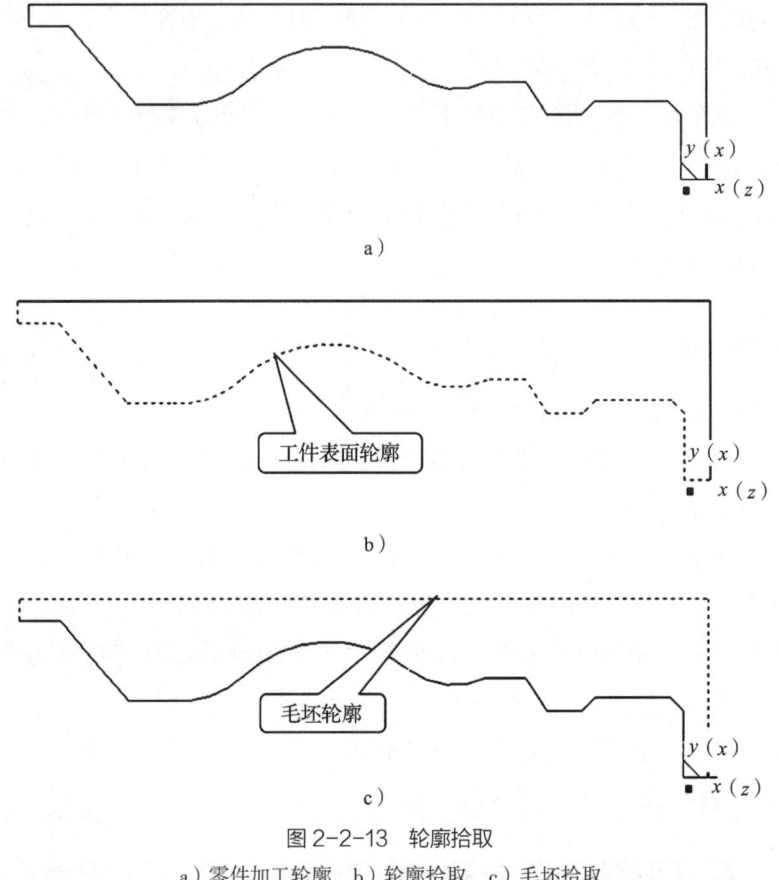

图 2-2-13 轮廓拾取
a) 零件加工轮廓 b) 轮廓拾取 c) 毛坯拾取

（2）毛坯轮廓。针对粗车，需要设置毛坯最大外形尺寸，包括直径及端面最大尺寸，以便系统能够计算、生成刀具路径。

二、刀具参数设置

为保证能生成刀具路径并且不发生切削干涉等情况，需要根据待加工零件的形状选择加工时所需要使用的刀具，并依据实际刀具角度及尺寸设置刀具参数，如图 2-2-14 所示。

三、轨迹生成及校验

轨迹生成首先要依据工艺要求选择加工方式，然后依次设置加工参数表，选取被加工的轮廓和毛坯轮廓，确定进、退刀点等信息，生成刀具轨迹。

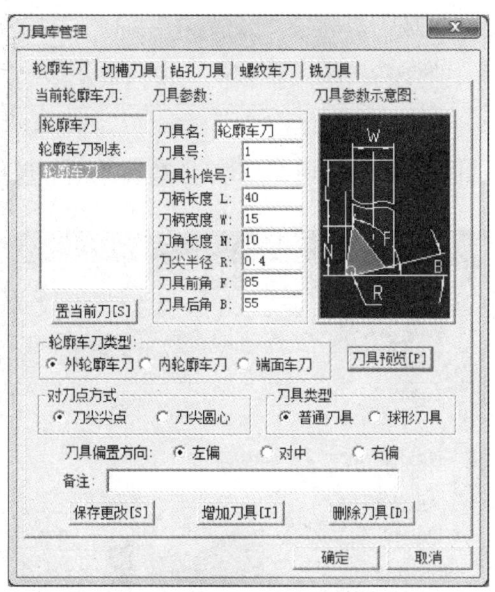

图 2-2-14 刀具参数表界面

1. 轮廓粗车

（1）功能。实现对工件外轮廓表面、内轮廓表面和端面的粗车加工，快速清除毛坯的多余部分。

（2）操作步骤。要确定加工件表面轮廓和毛坯轮廓，加工件表面轮廓和毛坯轮廓两端点相连，共同构成一个封闭的加工区域，此区域的材料将被加工去除，如图 2-2-15 所示。

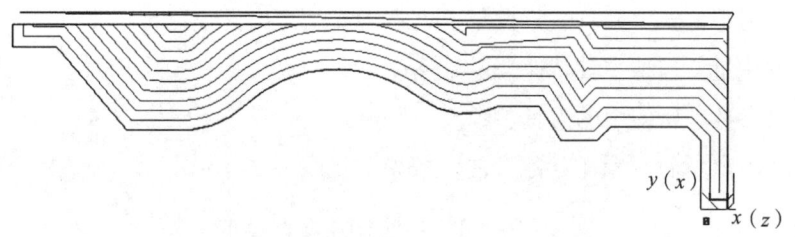

图 2-2-15 粗加工刀具轨迹

1）在"数控车"菜单的子菜单中选取"轮廓粗车"，或在工具条中点击 ![icon] 图标，系统弹出加工参数表。

2）在参数表中首先确定加工件表面的是外轮廓还是内轮廓或端面，接着按加工要求确定其他各加工参数。

3）拾取加工件表面的轮廓和毛坯轮廓，拾取方法大多为"限制链拾取"，此外还有"链拾取"和"单个拾取"。拾取箭头方向与实际加工方向无关。

4）确定进、退刀点，生成刀具轨迹。

5）生成 G 代码。点击工具条中的 图标，再拾取相应的刀具轨迹，即可生成加工指令。

（3）加工参数表。如图 2-2-16 所示，加工参数表选项卡包括以下内容：

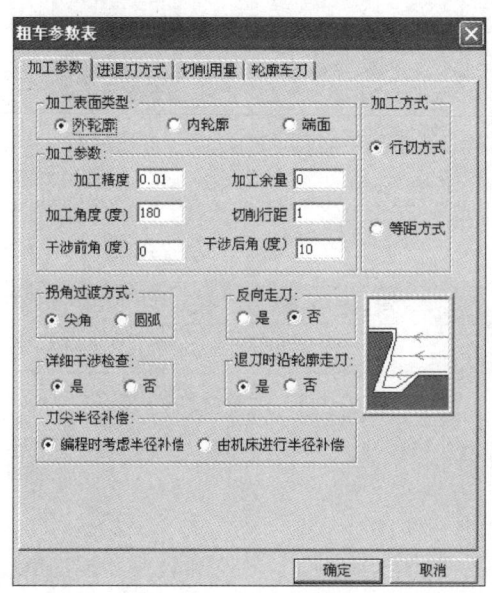

图 2-2-16　加工参数表选项卡

1）加工参数，即机床参数。数控车床的参数有主轴转速、接近速度、进给速度和退刀速度。

2）进、退刀方式。刀具进刀点与退刀点的安全距离设定。

3）切削用量。包括主轴转速与进给速度。

4）刀具参数。所使用的刀具参数。

图 2-2-16 所示轮廓粗车参数表的参数说明见表 2-2-10。

表 2-2-10　轮廓粗车参数说明

参数	说明
加工表面类型	（1）外轮廓：采用外轮廓车刀，缺省加工方向角度为 180°（与 X 轴正方向为 0°） （2）内轮廓：采用内轮廓车刀，缺省加工方向角度为 180°（与 X 轴正方向为 0°） （3）端面：采用外端面车刀，缺省加工方向角度为 -90° 或 270°（与 X 轴正方向为 0°）

续表

参数	说明
加工参数	（1）加工精度：对于直线和圆弧，机床可以精确地加工，机床将按给定的加工精度把样条转化成直线段处理 （2）加工角度：刀具切削方向与机床 Z 轴正方向的夹角 （3）干涉前角：做前角干涉检查时，确定干涉检查的角度 （4）干涉后角：做后角干涉检查时，确定干涉检查的角度 （5）加工余量：加工结束后，加工表面与最终加工结果相比的剩余量 （6）切削行距：行与行之间的距离。沿加工轮廓走刀一次称为一行
拐角过渡方式	（1）圆弧：在切削过程中遇到拐角时刀具从轮廓的一边到另一边的过程中，以圆弧方式过渡 （2）尖角：在切削过程中遇到拐角时刀具从轮廓的一边到另一边的过程中，以尖角方式过渡
反向走刀	否：刀具按缺省方向走刀，即刀具从机床 Z 轴正向向 Z 轴负向移动 是：刀具按缺省方向相反的方向走刀
详细干涉检查	否：假定刀具前、后干涉角均为 $0°$，对凹槽部分不做加工 是：加工凹槽时，用定义的干涉角度检查加工中是否有刀具前角及底切干涉，并按定义的干涉角度生成无干涉的切削轨迹
退刀时沿轮廓走刀	否：刀位行首末直接进退刀，不加工行与行之间的轮廓 是：两刀位行之间如果有一段轮廓，在后一刀位行之前、之后增加对行之间轮廓的加工
刀尖半径补偿	（1）编程时考虑半径补偿：所生成代码即为已考虑半径补偿的代码，无须机床再进行刀尖半径补偿 （2）由机床进行半径补偿：在生成加工轨迹时，假设刀尖半径为 0，按轮廓编程，不进行刀尖半径计算。所生成代码在用于实际加工时，应根据实际刀尖半径由机床指定补偿值

（4）进、退刀方式。进、退刀方式选项卡如图 2-2-17 所示，参数说明见表 2-2-11。

（5）切削用量。轮廓粗车切削用量设置选项卡如图 2-2-18 所示，参数说明见表 2-2-12。

（6）轮廓车刀。对加工中所用的刀具参数进行设置，具体如图 2-2-19 所示。

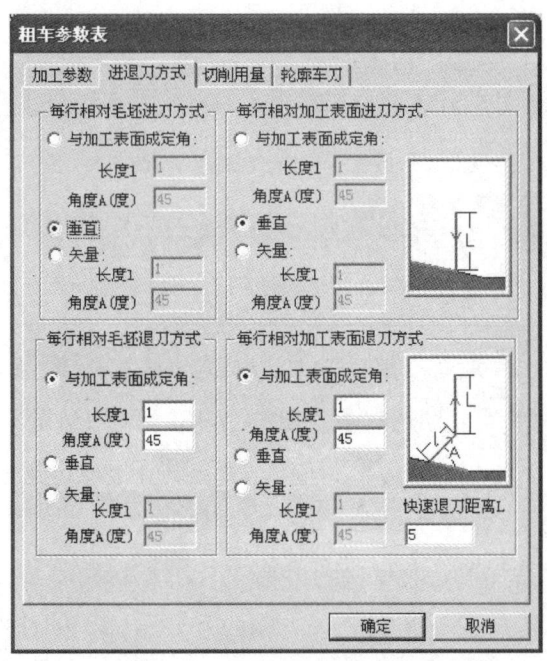

图 2-2-17 进、退刀方式选项卡

表 2-2-11 轮廓粗车进、退刀方式参数说明

参数	说明
进刀方式	（1）与加工表面成定角：指在每一切削行前加一段与轨迹切削方向夹角成一定角度的进刀段，刀具垂直进刀到该进刀段的起点，再沿该进刀段进刀至切削行。角度定义该进刀段与轨迹切削方向的夹角，长度定义该进刀段的长度 （2）垂直：指刀具直接进刀到每一切削行的起始点 （3）矢量：指在每一切削行前加入一段与系统 X 轴（机床 Z 轴）正方向成一定夹角的进刀段
退刀方式	（1）与加工表面成定角：指在每一切削行后加一段与轨迹切削方向夹角成一定角度的退刀段，刀具先沿该退刀段退刀，再从该退刀段的末点开始垂直退刀。角度定义该退刀段与轨迹切削方向的夹角，长度定义该退刀段的长度 （2）垂直：指刀具直接退刀到每一切削行的终止点 （3）矢量：指在每一切削行后加入一段与系统 X 轴（机床 Z 轴）正方向成一定夹角的退刀段

【例 2-2-1】对图 2-2-20 所示轮廓进行粗车，主要步骤同前，用"单个拾取"拾取被加工的轮廓，按回车键，再用"限制链拾取"拾取毛坯的轮廓，按回车键，给定进、退刀点，产生如图 2-2-21 所示的轨迹。

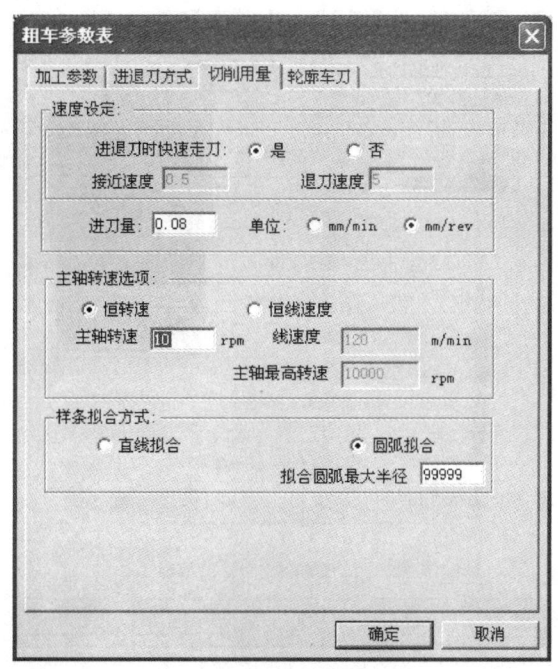

图 2-2-18 切削用量选项卡

表 2-2-12 轮廓粗车切削用量参数说明

参数	说明
速度设定	根据加工的实际情况选择进、退刀时是否快速走刀，进刀量单位可以选择 mm/min 或 mm/r
主轴转速选项	机床主轴旋转的速度
样条拟合方式	（1）直线拟合：对加工轮廓中的样条线根据给定的加工精度用直线段进行拟合 （2）圆弧拟合：对加工轮廓中的样条线根据给定的加工精度用圆弧段进行拟合

2. 轮廓精车

（1）功能。实现对工件外轮廓表面、内轮廓表面和端面的精车加工。

（2）操作步骤

1）在"数控车"菜单的子菜单中选取"轮廓精车"，或在工具条中点击 ![icon] 图标，系统弹出加工参数表。

2）在参数表中首先确定加工表面是外轮廓还是内轮廓或端面，接着按加工要求确定其他各加工参数。

3）拾取加工表面的轮廓，拾取方法大多为"限制链拾取"，此外还有"链拾取"和"单个拾取"。拾取箭头方向与实际加工方向无关。

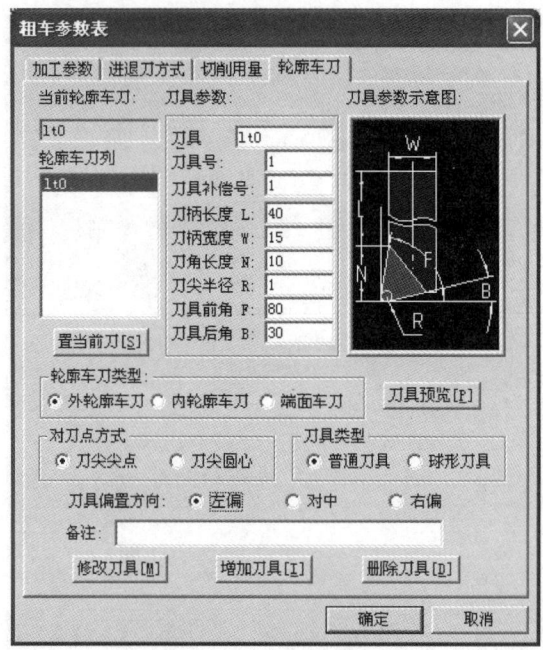

图 2-2-19 轮廓车刀选项卡

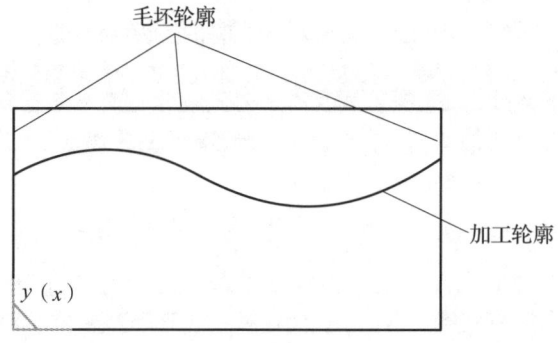

图 2-2-20 轮廓粗车

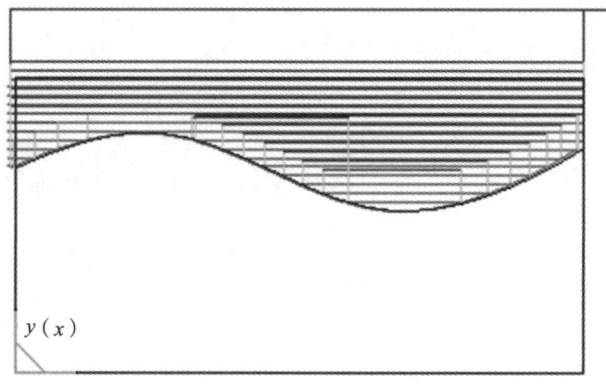

图 2-2-21 轮廓粗车轨迹

4）确定进、退刀点，生成刀具轨迹。

5）生成 G 代码。点击工具条中的 图标，再拾取相应的刀具轨迹，即可生成加工指令。

（3）加工参数表。轮廓精车参数表如图 2-2-22 所示，参数说明见表 2-2-13。

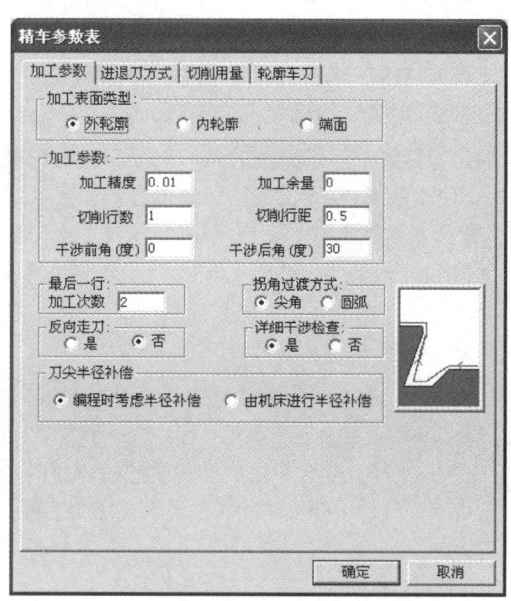

图 2-2-22　轮廓精车参数表加工参数选项卡

表 2-2-13　轮廓精车参数说明

参数	说明
加工表面类型	（1）外轮廓：采用外轮廓车刀，缺省加工方向角度为 180°（与 X 轴正方向为 0°） （2）内轮廓：采用内轮廓车刀，缺省加工方向角度为 180°（与 X 轴正方向为 0°） （3）端面：采用外端面车刀，缺省加工方向角度为 -90° 或 270°（与 X 轴正方向为 0°）
加工参数	（1）加工精度：对于直线和圆弧，机床可以精确地加工，机床将按给定的加工精度把样条转化成直线段处理 （2）切削行数：刀具轨迹的加工行数，不包括最后一行的重复次数 （3）干涉前角：做前角干涉检查时，确定干涉检查的角度，避免前刀面与工件干涉 （4）干涉后角：做后角干涉检查时，确定干涉检查的角度，避免后刀面与工件干涉 （5）加工余量：加工结束后，加工表面与最终加工结果相比的剩余量 （6）切削行距：行与行之间的距离。沿加工轮廓走刀一次称为一行
最后一行加工次数	精车时，为提高车削的表面质量，最后一行常常在相同进给量的情况进行多次车削

续表

参数	说明
拐角过渡方式	（1）圆弧：在切削过程中遇到拐角时刀具从轮廓的一边到另一边的过程中，以圆弧方式过渡 （2）尖角：在切削过程中遇到拐角时刀具从轮廓的一边到另一边的过程中，以尖角方式过渡
反向走刀	（1）否：刀具按缺省方向走刀，即刀具从机床 Z 轴正向向 Z 轴负向移动 （2）是：刀具按缺省方向相反的方向走刀
详细干涉检查	（1）否：假定刀具前、后干涉角均为 $0°$，对凹槽部分不做加工 （2）是：加工凹槽时，用定义的干涉角度检查加工中是否有刀具前角及底切干涉，并按定义的干涉角度生成无干涉的切削轨迹
退刀时沿轮廓走刀	（1）否：刀位行首末直接进退刀，不加工行与行之间的轮廓 （2）是：两刀位行之间如果有一段轮廓，在后一刀位行之前、之后增加对行之间轮廓的加工
刀尖半径补偿	（1）编程时考虑半径补偿：所生成代码即为已考虑半径补偿的代码，无须机床再进行刀尖半径补偿 （2）由机床进行半径补偿：在生成加工轨迹时，假设刀尖半径为 0，按轮廓编程，不进行刀尖半径计算。所生成代码在用于实际加工时，应根据实际刀尖半径由机床指定补偿值

（4）进退刀方式。轮廓精车进退刀方式选项卡如图 2-2-23 所示，参数说明见表 2-2-14。

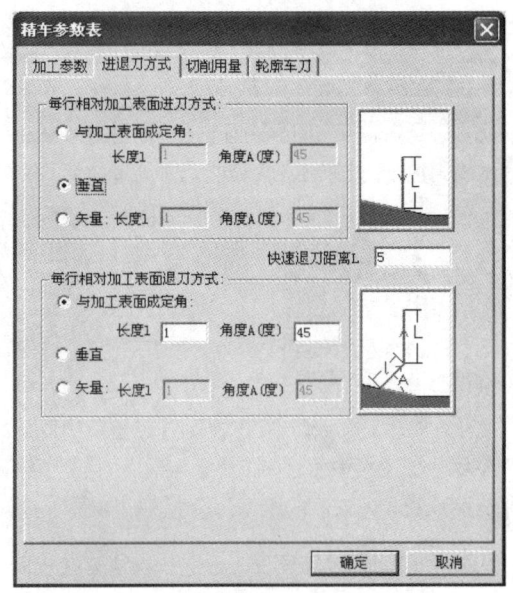

图 2-2-23 轮廓精车进退刀方式选项卡

表 2-2-14　轮廓精车进、退刀方式参数说明

参数	说明
进刀方式	（1）与加工表面成定角：指在每一切削行前加一段与轨迹切削方向夹角成一定角度的进刀段，刀具垂直进刀到该进刀段的起点，再沿该进刀段进刀至切削行。角度定义该进刀段与轨迹切削方向的夹角，长度定义该进刀段的长度 （2）垂直：指刀具直接进刀到每一切削行的起始点 （3）矢量：指在每一切削行前加入一段与系统 X 轴（机床 Z 轴）正方向成一定夹角的进刀段
退刀方式	（1）与加工表面成定角：指在每一切削行后加一段与轨迹切削方向夹角成一定角度的退刀段，刀具先沿该退刀段退刀，再从该退刀段的末点开始垂直退刀。角度定义该退刀段与轨迹切削方向的夹角，长度定义该退刀段的长度 （2）垂直：指刀具直接退刀到每一切削行的终止点 （3）矢量：指在每一切削行后加入一段与系统 X 轴（机床 Z 轴）正方向成一定夹角的退刀段

（5）切削用量。见轮廓粗车参数表说明。

（6）轮廓车刀。见刀库管理说明。

3. 切槽

（1）功能。用于工件外轮廓表面、内轮廓表面和端面切槽。

（2）操作步骤

1）在"数控车"菜单的子菜单中选取"切槽"，或在工具条中点击  图标，系统弹出加工参数表。

2）在参数表中首先确定加工表面是外轮廓还是内轮廓或端面，接着按加工要求确定其他各加工参数。

3）拾取加工表面的轮廓，拾取方法大多为"限制链拾取"，此外还有"链拾取"和"单个拾取"。

4）确定进、退刀点，生成刀具轨迹。

5）生成 G 代码。点击工具条中的 图标，再拾取相应的刀具轨迹，即可生成加工指令。

（3）加工参数表。切槽加工参数表如图 2-2-24 所示，参数说明见表 2-2-15。

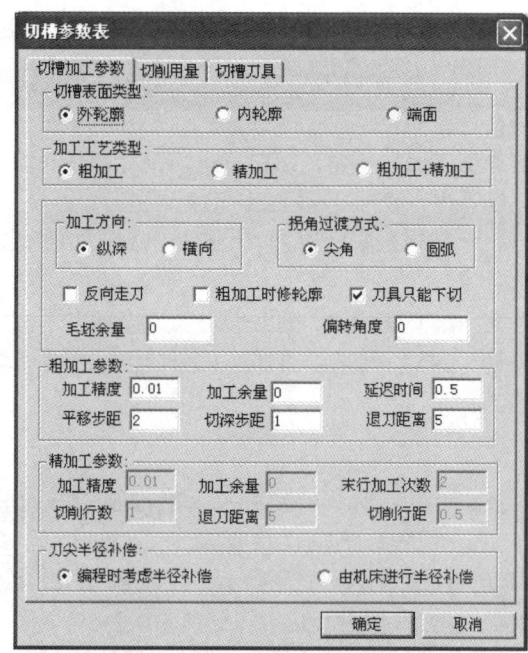

图 2-2-24 切槽加工参数选项卡

表 2-2-15 切槽加工参数说明

参数	说明
切槽表面类型	在参数表中首先确定加工表面是外轮廓还是内轮廓或端面
加工工艺类型	（1）粗加工：对槽只进行粗加工 （2）精加工：对槽只进行精加工 （3）粗加工+精加工：对槽进行粗加工后接着进行精加工
加工方向	（1）纵深：顺着槽深的方向加工 （2）横向：垂直于槽深的方向加工
拐角过渡方式	（1）圆弧：在切削过程中遇到拐角时刀具从轮廓的一边到另一边的过程中，以圆弧方式过渡 （2）尖角：在切削过程中遇到拐角时刀具从轮廓的一边到另一边的过程中，以尖角方式过渡
修改切槽平移步距的方向	（1）反向走刀 （2）粗加工时修轮廓：粗加工时增加对轮廓的修理 （3）刀具只能下切
毛坯余量	参照最终轮廓留的余量
偏转角度	刀具偏转的角度

续表

参数	说明
粗加工参数	（1）加工精度 （2）加工余量：被加工表面未被加工部分的预留量 （3）延迟时间：粗车槽时，刀具在槽底部停留的时间 （4）平移步距：沿槽宽方向，第一刀和第二刀之间的距离 （5）切深步距：沿槽深方向进刀量 （6）退刀距离：粗车槽中进行下一行切削前退刀到槽外的距离
精加工参数	（1）加工精度 （2）加工余量：被加工表面未被加工部分的预留量 （3）末行加工次数：精车槽时，为提高加工表面质量，最后一行常常在相同进给量的情况下进行多次车削 （4）切削行数：精加工刀位轨迹的加工行数，不包括最后一行的重复次数 （5）退刀距离：精加工中切削完一行后，进行下一行切削前退刀的距离 （6）切削行距：精加工行与行之间的距离
切削用量	见轮廓粗车参数说明
切槽刀具	见刀库管理说明

（4）切削用量。参数表的说明见轮廓粗车的说明。

（5）切槽刀具。见刀库管理说明。

【例2-2-2】加工如图2-2-25所示的槽型。

操作过程如下：

（1）选择切槽加工，填写加工参数表，如图2-2-26所示。注意切槽刀宽应小于或等于槽宽，刀宽等于槽宽时应将加工余量设为0。

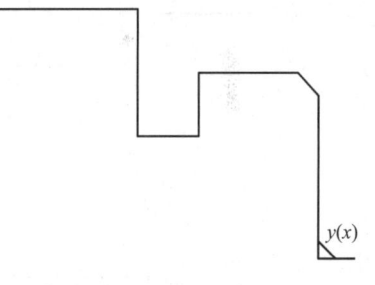

图2-2-25 切槽

（2）设定完参数后选加工的轮廓，采用限制链拾取，如图2-2-27所示。

（3）输入进、退刀点，生成刀具轨迹，如图2-2-28所示。

（4）刀具轨迹仿真，生成G代码。

4. 钻中心孔

（1）功能。钻旋转中心孔。孔加工方式为高速啄式深孔钻、左攻螺纹、精镗孔、钻孔、镗孔和反镗孔。

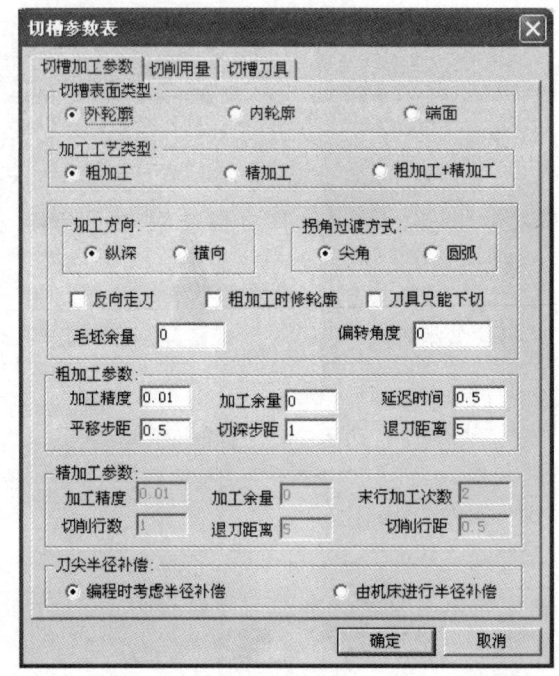

图 2-2-26 切槽加工参数选项卡

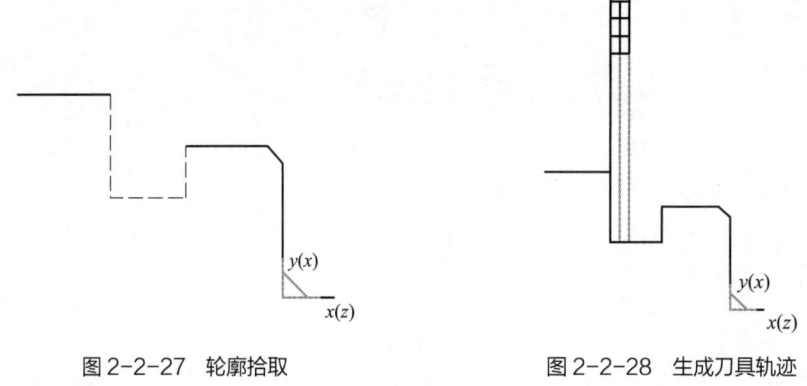

图 2-2-27 轮廓拾取　　　　图 2-2-28 生成刀具轨迹

（2）操作步骤

1）在"数控车"菜单的子菜单中选取"钻中心孔"，或在工具条中点击 ◁ 图标，系统弹出加工参数表。

2）确定各加工参数后，拾取钻孔的起始点。因为轨迹只能在系统的 X 轴（机床的 Z 轴）上，所以把输入的点向系统的 X 轴投影，得到的投影点作为钻孔的起始点，然后生成钻孔加工轨迹。

（3）加工参数表如图 2-2-29 所示。

1）钻孔模式：钻孔方式。

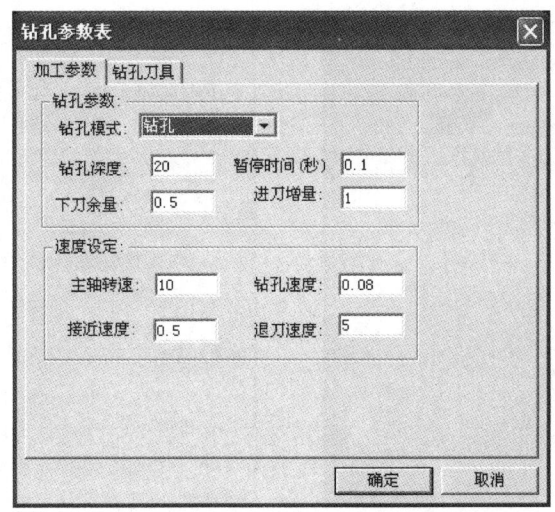

图 2-2-29　钻中心孔加工参数选项卡

2）钻孔深度：指要钻孔的深度。

3）暂停时间：钻孔时刀具在工件底部的停留时间。

4）下刀余量：钻下一个孔时，刀具从前一个孔顶端的抬起量。

5）进刀增量：钻深孔时每次进刀量或镗孔时每次侧进量。

6）接近速度：刀具接近工件时的进给速度。

7）钻孔速度：钻孔时的进给速度。

8）主轴转速：主轴旋转速度。

9）退刀速度：刀具离开工件的速度。

（4）钻孔刀具。见刀库管理说明。

5. 车螺纹

（1）功能。非固定循环方式加工螺纹。

（2）操作步骤

1）在"数控车"菜单的子菜单中选取"车螺纹"，或在工具条中点击 图标，依次拾取螺纹的起点和终点，系统弹出加工参数表。

2）加工参数填写完毕，按确认按钮，即生成螺纹车削刀具轨迹。

3）生成 G 代码。点击工具条中的 图标，再拾取相应的刀具轨迹，即可生成加工指令。

（3）螺纹参数和螺纹加工参数分别如图 2-2-30、图 2-2-31 所示，参数说明见表 2-2-16。

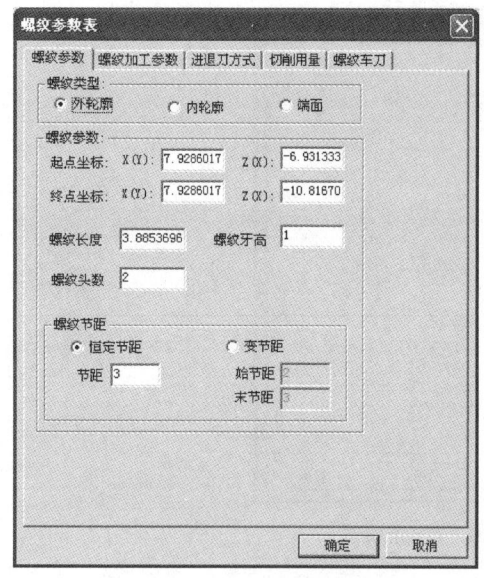

图 2-2-30 螺纹参数选项卡

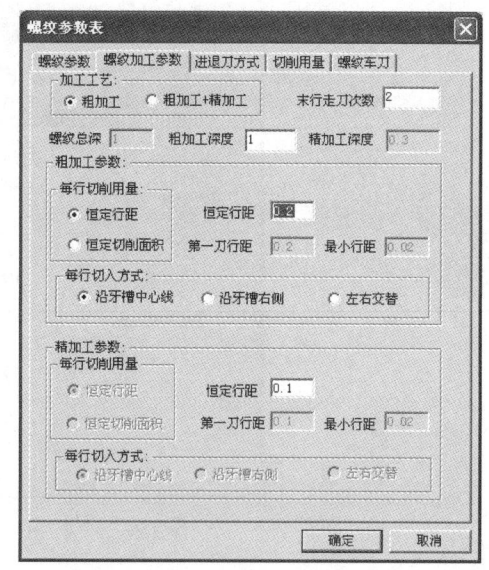

图 2-2-31 螺纹加工参数选项卡

表 2-2-16 车螺纹参数说明

参数	说明
螺纹参数	（1）在参数表中首先确定加工表面是外轮廓还是内轮廓或端面 （2）螺纹参数中的起点、终点坐标由图中拾取。在此进行螺纹长度的修改，以达到从螺纹外进刀、退刀的目的 （3）螺纹牙高、头数、节距均根据螺纹具体尺寸给出
加工工艺	（1）粗加工：指直接采用粗切方式加工螺纹 （2）粗加工+精加工：指根据指定的粗加工深度进行粗切后，再采用精切方式 （3）精加工深度：螺纹精加工的切削深度 （4）粗加工深度：螺纹粗加工的切削深度
粗加工参数	（1）每行切削用量 1）恒定行距：每一切削行的间距保持恒定 2）恒定切削面积：为保证每次切削的切削面积恒定，各次切削将逐步减小行距，直至等于最小行距。用户需指定第一刀行距和最小行距 切削深度规定如下：第 n 刀的切削深度为第一刀切削深度的 $\sqrt{n}$ 倍 （2）末行走刀次数：为提高加工质量，最后一个切削行有时需要重复走刀多次，此时需要指定重复走刀次数 （3）每行切入方式：指刀具在螺纹始端切入时的切入方式。刀具在螺纹末端的退出方式与切入方式相同 （4）其他参数的设定依照前面的解释

(4)切削用量。参照轮廓粗车的参数说明。

(5)螺纹车刀。见刀库管理说明。

【例2-2-3】完成图2-2-32所示右端的螺纹车削。

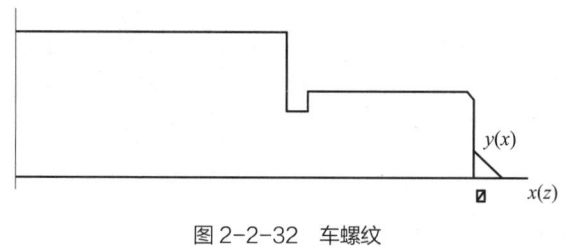

图2-2-32 车螺纹

步骤如下：

(1)点击车螺纹图标 ，拾取螺纹的起点和终点，如图2-2-33所示。

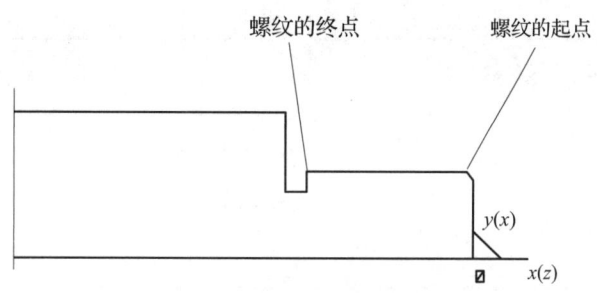

图2-2-33 拾取螺纹轮廓

(2)弹出对话框，修改螺纹参数，修改螺纹起点坐标、螺纹的长度，依照要求改写其他螺纹参数，如图2-2-34、图2-2-35所示。注意：这个对话框中的螺纹高度应与前面的螺纹高度一致；如果是粗加工＋精加工，则粗加工＋精加工的高度之和应等于第一个对话框中的螺纹高度。

(3)其他对话框的设置参照前面所述。

(4)设定完成后确定，给定刀具的进、退刀点，生成刀具路径，如图2-2-36所示。

(5)生成G代码。

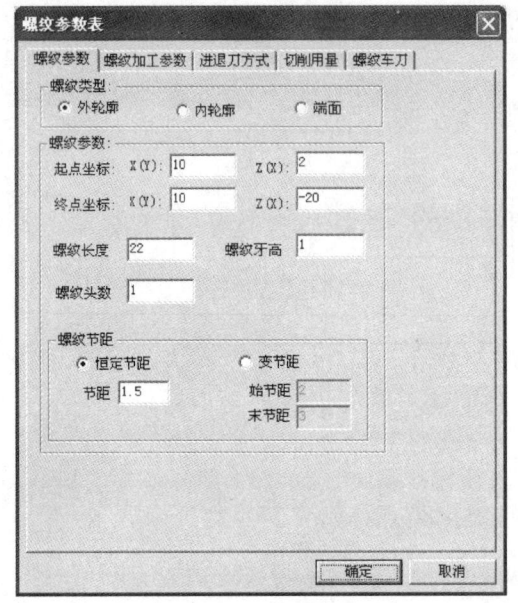
图 2-2-34 螺纹参数选项卡

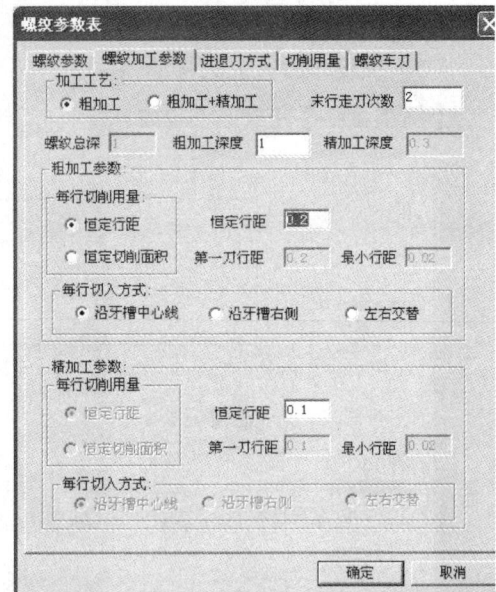
图 2-2-35 其他加工参数设置

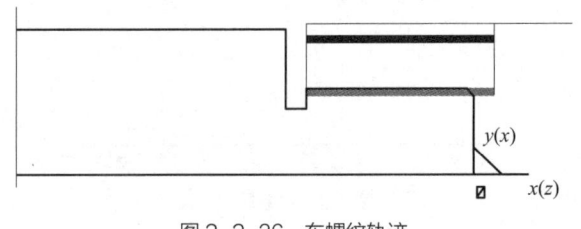
图 2-2-36 车螺纹轨迹

学习单元 3　后置参数设置

一、后置参数功能

1. 刀位文件

刀位文件（Cutter Location Source file，CLS）是使用自动编程软件，经过刀位计算所生成的文件。刀位文件不是数控加工程序，需要设法把刀位文件转换成指定数控机床能执行的数控加工指令程序。

2. 后置处理

后置处理是指把刀位文件转换成指定数控机床能执行的数控加工指令程序的过程。后置处理过程原则上是解释执行，即每读出刀位文件中的一个完整记录（行），便分析其类型，根据类型和所选数控机床确定是进行坐标变换还是进行文件代码转换，并生成一个完整的数控程序段，将其写到数控程序文件中去，直到刀位文件结束。

（1）后置处理过程。具体包括以下内容：

1）生成加工程序起始段。

2）编辑生成起刀点位置段。

3）编辑生成启动机床主轴、换刀、开关切削液等程序段。

4）编辑各类刀具运动程序段。

5）其他辅助功能（M指令）程序段的编辑等。

后置处理流程如图2-2-37所示。

（2）各类刀具运动程序段。各类刀具运动程序段的编辑构成了后置处理的主要内容，通常包括以下内容：

1）刀具走直线程序段（有刀补或无刀补）。

2）刀具走圆弧程序段（有刀补或无刀补）。

3）刀具空走（无切削的空行程）程序段。

4）刀具上升（抬刀）程序段。

5）刀具下降（下刀）程序段。

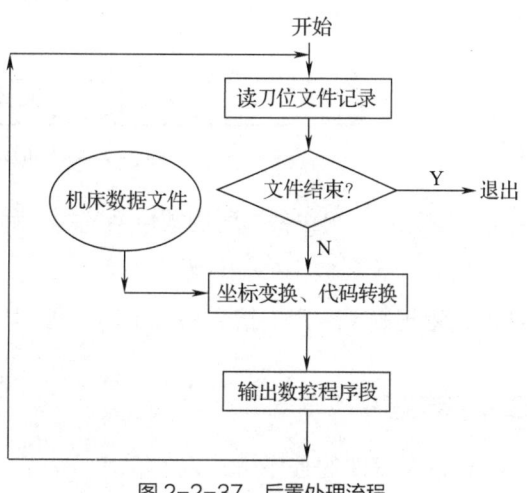

图2-2-37 后置处理流程

二、后置参数设置

1. 机床参数设置

如图2-2-38所示，选择"数控车"→"机床设置"。可以选已存在的机床，也可以单击"增加机床"按钮增加系统中没有的机床，或通过"删除机床"按钮删除当前机床。

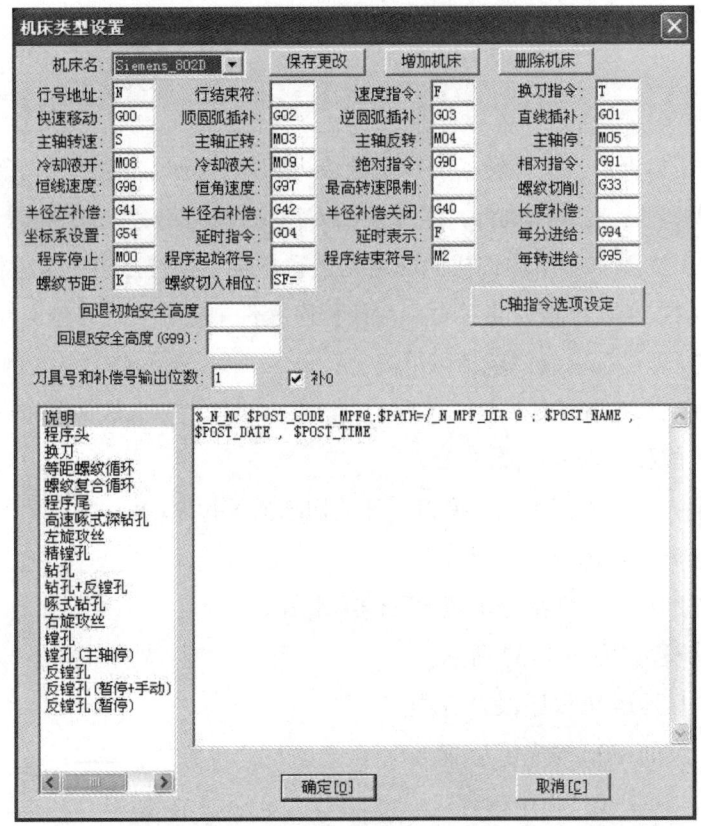

图 2-2-38 机床类型设置界面

在这个界面中,可以根据所用数控系统的代码规则对机床的各种指令地址进行设置。

机床配置参数中的"说明""程序头""换刀"和"程序尾"必须按照所用数控系统的编程规则,利用宏指令格式书写,否则生成的数控加工程序可能无法使用。

2. 常用宏指令

CAXA 软件的程序格式以字符串、宏指令@字符串和宏指令的方式进行设置,其中宏指令为 $+宏指令串。表 2-2-17 所列为系统提供的宏指令串。

表 2-2-17 系统提供的宏指令串

序号	宏指令串	含义
1	POST-NAME	当前后置文件名
2	POST-DATE	当前日期
3	POST-TIME	当前时间
4	COORD-Y	当前 Y 坐标值

续表

序号	宏指令串	含义
5	COORD-X	当前 Z 坐标值
6	POST-CODE	当前程序号
7	LINE-NO-ADD	行号指令
8	BLOCK-END	行结束符
9	COOL-ON	切削液开
10	COOL-OFF	切削液关
11	PRO-STOP	程序停
12	DCMP-LFT	左补偿
13	DCMP-RGT	右补偿
14	DCMP-OFF	补偿关闭
15	@	换行标志，若是字符串则输出 @ 本身
16	$	输出空格

3. 后置处理设置

后置处理是针对特定的机床，结合已经设置好的机床配置，对后置输出的数控程序格式进行设置。

在"数控车"菜单中选择"后置设置"功能项，系统弹出"后置处理设置"对话框，如图 2-2-39 所示。用户可按自己的需要更改已有机床的后置设置。

（1）一些常用参数设定

1）工件坐标系设定：G54。

2）直线/旋转进给率：G94/G95。

3）恒线速度：G96。

4）恒转速：G97。

5）恒螺纹加工：G32。

（2）应用宏指令完成后置处理输出文件头设置

1）$ POST_NAME：设置程序名。

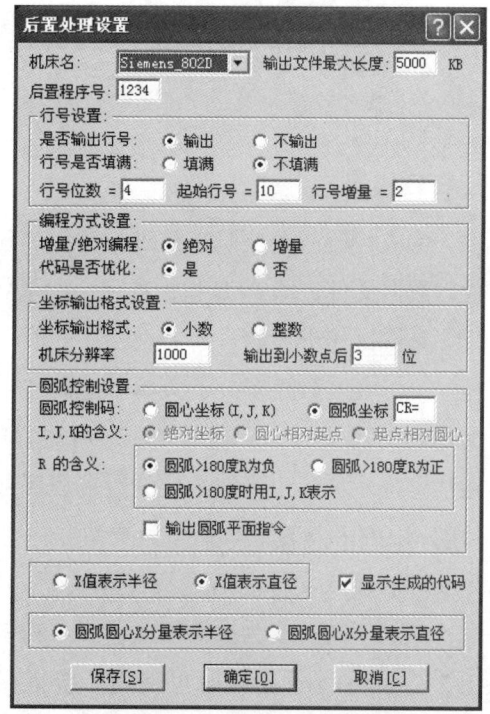

图 2-2-39 后置处理设置对话框

2）＄POST_DATA：设置程序日期。

3）＄POST_TIME：设置程序时间。

(3) 应用宏指令完成后置处理输出程序头设置

＄WCOORD@＄SPN_F＄SPN_SPEED＄＄SPN_CW＄T＄TOOLNO＄COMPNO＄＄COOL ON（主轴起转方向及转速、切削液开）

(4) 应用宏指令完成后置处理输出换刀设置

＄＄SPN_OFF＄＄COOL OFF @ ＄T ＄TOOLNO ＄COMP_NO @ ＄SPN_F ＄SPN_SPEED ＄＄SPN_CW @ ＄COOL ON（调用刀具号及调用刀具补偿）

(5) 应用宏指令完成后置处理输出程序尾设置

＄COOL_OFF @ ＄SPN_OFF @ ＄PRO-STOP（切削液关，程序停止）

学习单元 4　程序生成及校验

一、G 代码生成与传输

1. 生成代码

生成代码就是按照当前机床类型的配置要求，把已经生成的加工轨迹转化生成 G 代码数据文件，即 CNC 数控程序，有了数控程序就可以直接输入机床进行数控加工。

具体操作步骤如下：

(1) 在"数控车"子菜单中选取"生成代码"功能项，则弹出一个需要用户输入文件名的对话框，要求用户填写后置程序文件名，如图 2-2-40 所示。此外，系统还在信息提示区给出当前生成的数控程序、所适用的数控系统和机床系统信息，它表明目前调用的机床配置和后置设置情况。

(2) 输入文件名后选择保存按钮，系统提示拾取加工轨迹。当拾取到加工轨迹后，该加工轨迹变为被拾取颜色。点击鼠标右键结束拾取，系统即生成数控程序，如图 2-2-41 所示。拾取时可使用系统提供的拾取工具，可以同时拾取多个加工轨迹，被拾取轨迹的代码将生成在一个文件当中，生成的先后顺序与拾取的顺序相同。

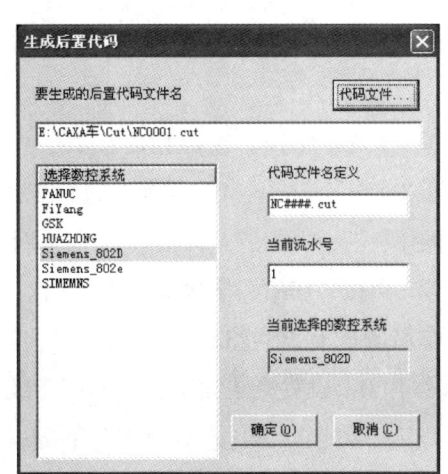

图 2-2-40 生成后置代码对话框

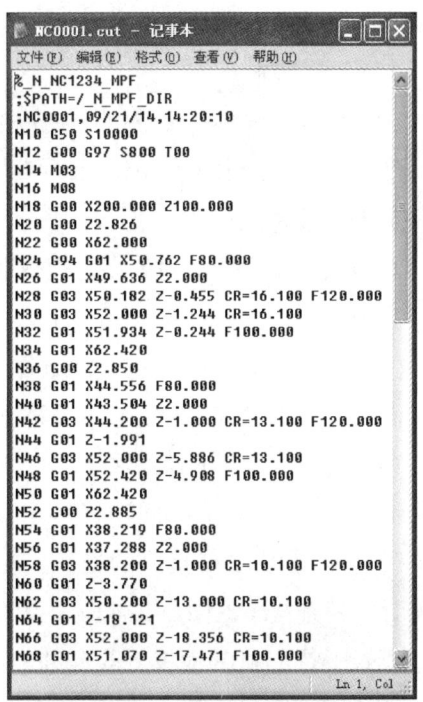

图 2-2-41 生成的数控程序文本

2. 程序传输

要把程序输入机床，首先要确定选用哪种通信方式，如 USB、CF 卡、RS-232 串口等。选用 USB、CF 卡传输文件时，西门子数控系统操作简单（与 Windows 系统操作方式相仿），FANUC 数控系统操作较为烦琐。下面以 FANUC 系统为主进行介绍。

（1）使用存储卡进行文件传输操作。在 FANUC 显示器的左侧配有存储卡插槽，将存储卡插入插槽中。使用存储卡时需设置 20 号参数为 4，设置方法如下：在 MDI 模式下按下 MDI 面板上的"OFS"设定键，再按"设定"，然后再按"PAGE"下翻，找到"00020 I/O CHANNEL"时停止，打开程序锁，将光标移至此行，按数字 4 后再按"INPUT"即可。

1）输入。打开程序锁，选择编辑模式，按下 MDI 面板上的"PROG"键，再依次按下屏幕下方的软键"操作""+""+""输入/输出""F 输入"，输入待输入文件在卡中的文件号，按"F 设定"，再输入该文件的文件名，按"O 设定"，再按"执行"即可。

2）输出。打开程序锁，选择编辑模式，按下 MDI 面板上的"PROG"键，再依次按下屏幕下方的软键"操作""+""+""输入/输出""F 输出"，输入待输出文件在机床中的文件号，按"F 设定"，再输入该文件的文件名，按"O 设定"，再按"执行"即可。

3）使用 BOOT SYSTEM 输入。参照 B-64305CM/01 维修说明书中附录 C.2 画面配

置和操作方法进行操作。

4）注意事项

①如果存储卡是初次使用，应先格式化（格式化成 FAT 格式）。

②对于从存储卡传入系统的程序，若其程序名称与系统中已有的程序名称相同时，系统会提示报警。

③当从系统中传出的程序名称与存储卡中已有的程序名称相同时，从系统中传出的程序则覆盖存储卡中名称相同的程序。

（2）使用存储卡进行在线加工操作（DNC）。打开程序锁，选择 DNC 模式，按下 MDI 面板上的"PROG"键，按下屏幕下方的软键"操作"，按下 MDI 面板上的"PROG"键，再依次按下屏幕下方的软键"+""列表""操作""+""设备""M-F""+""更新"，然后输入程序在存储卡中的文件号（DNC 文件名），再按"DNC""循环启动"即可。

（3）使用 RS-232 接口的操作。在机床操作箱侧配有 RS-232 接口，首先将传输线与计算机连接（见图 2-2-42），设置 20 号参数为 0，设置方法如下：在 MDI（或急停）模式下按下 MDI 面板上的"OFS"设定键，按"设定"，再按"PAGE"下翻，找到"00020 I/O CHANNEL"时停止，打开程序锁，将光标移至此行，然后按数字 0，再按"INPUT"即可。其他相关参数（见表 2-2-18）参照相关参数表进行设定。

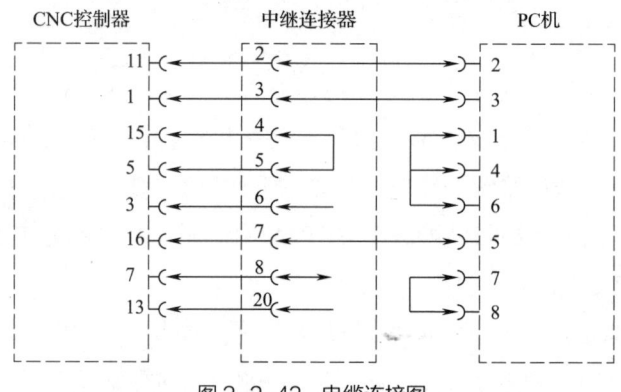

图 2-2-42　电缆连接图

表 2-2-18　RS-232 接口相关参数

名称	设定值	参数号
ISO 代码	1	0000#1
TV 检查	0	0100#1
EOB 输出	0	0100#2
EOB 输出	1	0100#3

续表

名称	设定值	参数号
停止位数	1	0101#0
输入/输出代码	0	0101#3
同步孔输出	0	0101#7
设备号	0	0102
波特率	11	0103

1) 使用 RS-232 和系统进行程序的输入/输出

①输入。首先在计算机里安装标准的 FANUC RS-232 传输用软件, 打开软件做好传输准备。在机床侧打开程序锁, 选择编辑模式, 按下 EDIT 面板上的"PROG"键, 再依次按下屏幕下方的软键"操作""+""+""+""输入/输出""F 输入", 输入要输入的文件名, 按"O 设定", 再按"执行", 在计算机传输软件中点击发送文件即可。

②输出。首先在计算机里安装标准的 FANUC RS-232 传输用软件, 打开软件做好传输准备。在机床侧打开程序锁, 选择编辑模式, 按下 EDIT 面板上的"PROG"键, 再依次按下屏幕下方的软键"操作""+""+""输入/输出""F 输出", 输入要输出的文件名, 按"O 设定", 在计算机传输软件中点击接收并确定, 再按机床侧的"执行"即可。图 2-2-43 所示为程序输出对话框。

2) 使用 RS-232 进行在线加工操作 (DNC)。在机床侧打开程序锁, 选择 DNC 模式, 按下"循环启动", 机床运行信号灯亮, 在计算机传输软件中点击发送即可。

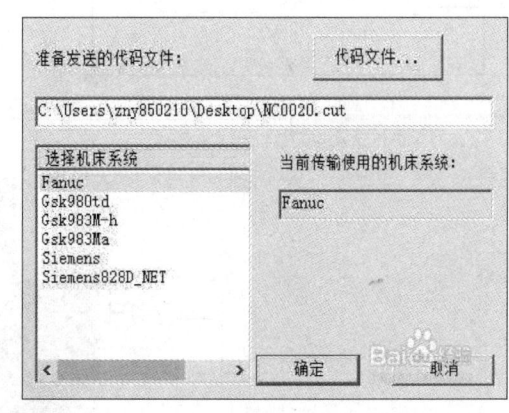

图 2-2-43 程序输出对话框

二、程序模拟校验

1. 代码反读 (校核 G 代码)

代码反读就是把生成的 G 代码文件反读进来, 生成刀具轨迹, 以检查生成的 G 代码的正确性。如果反读的刀位文件中包含圆弧插补, 则用户应指定相应的圆弧插补格式, 否则可能得到错误的结果。

在"加工"菜单中选择"代码反读"菜单项,弹出一个供用户选取数控程序的对话框。选择要校对的数控程序后,系统根据程序 G 代码生成刀具轨迹。由于精度等方面的原因,用户应避免将反读出的刀位重新输出,因为系统无法保证其精度。

2. 轨迹仿真

轨迹仿真即对已有的加工轨迹进行加工过程模拟,以检查加工轨迹的正确性。对系统生成的加工轨迹,仿真时用生成轨迹的加工参数,即轨迹中记录的参数;对从外部反读进来的刀位轨迹,仿真时用系统当前的加工参数。轨迹仿真的操作步骤如下:

(1)在"加工"菜单中选择"轨迹仿真"菜单项,在屏幕左下角弹出对话框。可指定仿真的步长。

(2)在对话框中选择三种仿真模式。三种仿真模式的效果如图 2-2-44 所示。

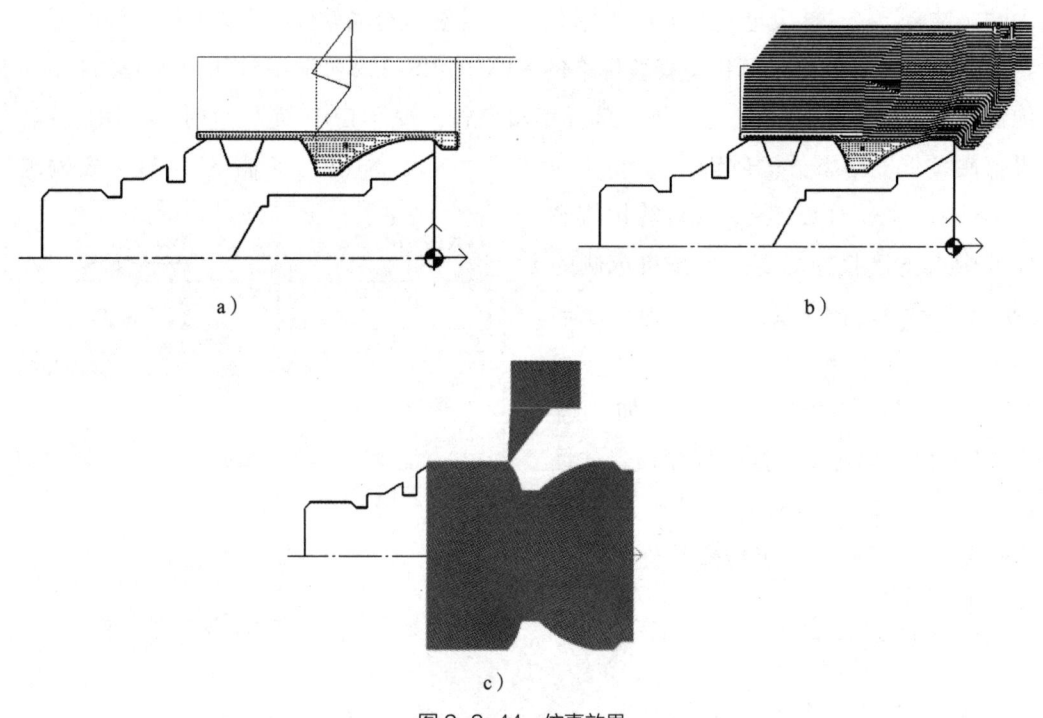

图 2-2-44 仿真效果
a)动态效果 b)静态效果 c)二维实体效果

(3)拾取要仿真的加工轨迹,此时可使用系统提供的拾取工具。在结束拾取前仍可修改仿真的类型或仿真的步长。

(4)点击鼠标右键结束拾取,系统即开始仿真。仿真过程中可按键盘左上角的"Esc"键终止仿真。

课程 2-3　数控加工仿真

学习内容

学习单元	课程内容	培训建议	课堂学时
加工过程仿真及优化	1）模拟软件功能 2）干涉检查 3）形状检查 4）程序优化	（1）方法：讲授法、练习法 （2）重点与难点：模拟软件功能	6

学习单元　加工过程仿真及优化

一、模拟软件功能

1. VERICUT 软件及功能

（1）VERICUT 软件简介。VERICUT 是美国 CGTech 公司开发的一款专业数控加工仿真软件，是当前全球数控加工程序验证、机床模拟、工艺程序优化软件领域的领导者。

该软件自 1988 年开始推向市场以来，始终与世界先进的制造技术保持同步，采用了先进的三维显示及虚拟现实技术，可以验证和检测 NC 程序可能存在的碰撞、干涉、过切、欠切、切削参数不合理等问题，广泛应用于航空、航天、船舶、电子、汽车、机床、模具等行业的车削、铣削（三轴及多轴加工）、车铣复合、线切割、电加工等实际生产中。

使用 VERICUT 进行程序验证和机床模拟仿真，可以避免由于编程人员粗心大意、CAM 软件系统出错、后置处理有误造成的 NC 程序出错，从而避免发生机床碰撞、超行程、刀具折断等事故，同时可节省空运行试切程序的时间和成本；而且，能够确定零件各加工尺寸的正确性，在程序已经验证无误的情况下，通过优化程序较准确地掌握零件加工时间，以便安排生产计划等，更进一步地提高加工效率，保证质量更加稳定，从而提高企业的竞争力。

（2）VERICUT 软件主要功能

1）应用机床加工仿真，实现程序验证、碰撞检查。VERICUT 加工仿真软件既可以模拟刀位轨迹文件，也可以模拟 G 代码程序，甚至包括子程序、宏程序、循环、跳转、变量等。

2）切削模型尺寸分析。

3）切削速度优化。

4）模型输出。

5）工艺文件生成。

2. VERICUT 程序仿真入门

VERICUT 软件界面如图 2-3-1 所示。

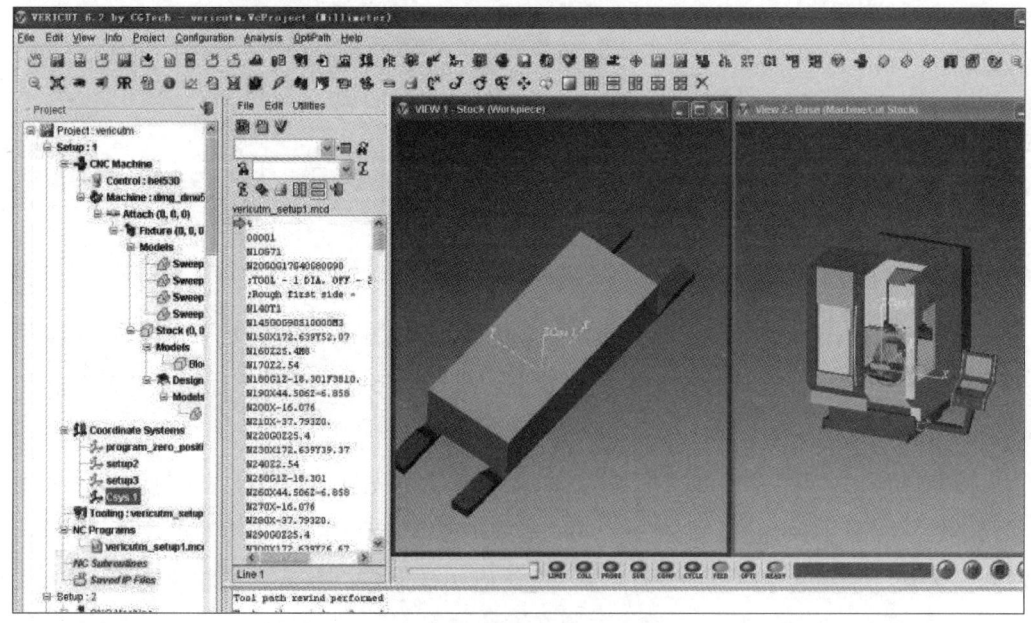

图 2-3-1　VERICUT 软件界面

VERICUT 软件可以通过两种方式建立虚拟的加工环境。一是在 VERICUT 中创建虚拟的加工环境,进行刀轨模拟(前置文件)、G 代码模拟,在 VERICUT 中新建一个项目,按照实际加工依次添加和创建各文件。二是通过 VERICUT 与其他 CAM 软件的集成接口,方便、快捷地从 CAM 软件中将所有的数据(包括毛坯、夹具、刀具、加工坐标系、程序、设计模型等)传输到 VERICUT 中,直接进行模拟仿真。

(1)在 VERICUT 中建立虚拟加工仿真环境

1)创建虚拟加工环境

①定义毛坯,如图 2-3-2 所示。

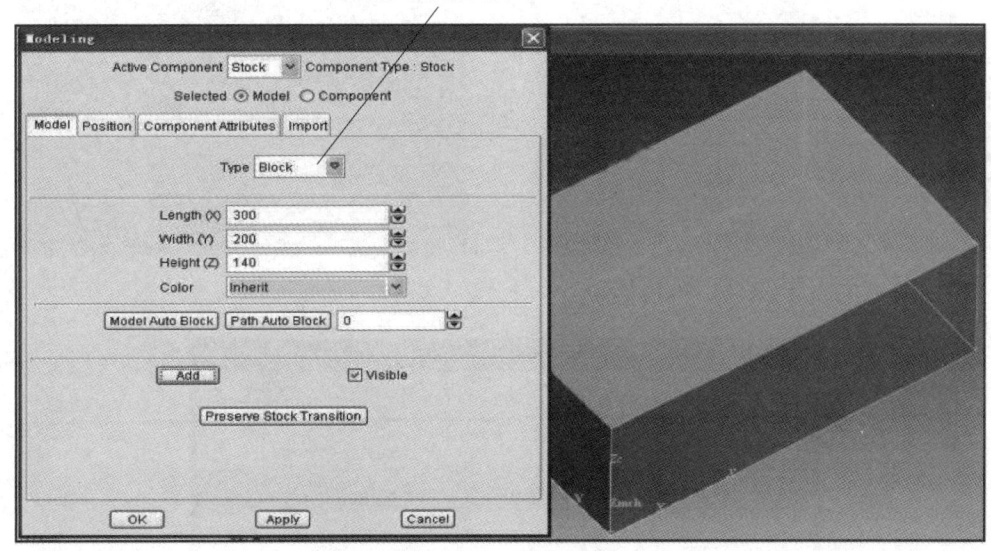

图 2-3-2 定义毛坯

②设定加工坐标系,如图 2-3-3 所示。

③按照加工工艺顺序添加程序,如图 2-3-4 所示。

2)刀位轨迹模拟分析。刀位轨迹模拟只是对简单的点位进行模拟仿真,对于程序中出现的工艺性错误体现不出来,另外,不能真实体现实际机床加工用的代码。

刀位轨迹模拟(G 代码模拟)分析的步骤如下:

①调用相应的机床和控制系统,如图 2-3-5 所示。

②定义模型。定义夹具、毛坯、设计模型,如图 2-3-6 所示。注意夹具、毛坯、设计模型的属性。

夹具属性:用来检测刀柄、主轴等与夹具之间的碰撞。

毛坯属性:被切削的属性。

设计模型属性:用来与切削完的零件进行对比,检测零件加工是否合格。

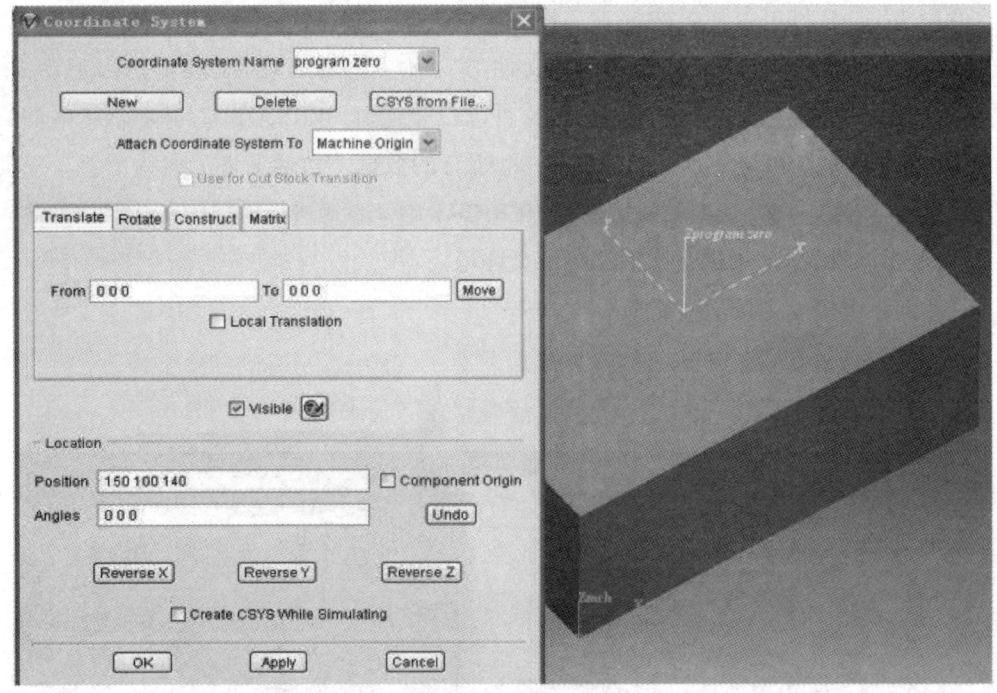

图 2-3-3　设定加工坐标系

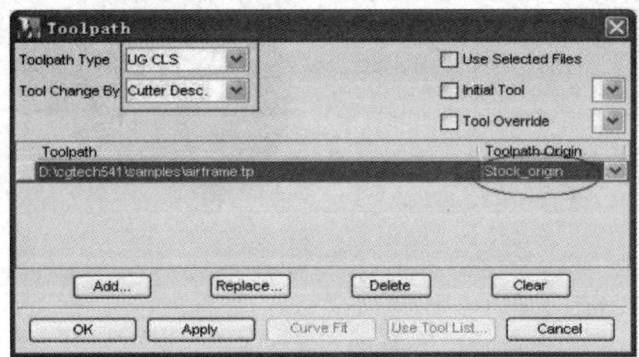

图 2-3-4　添加程序

图 2-3-5　调用机床和控制系统

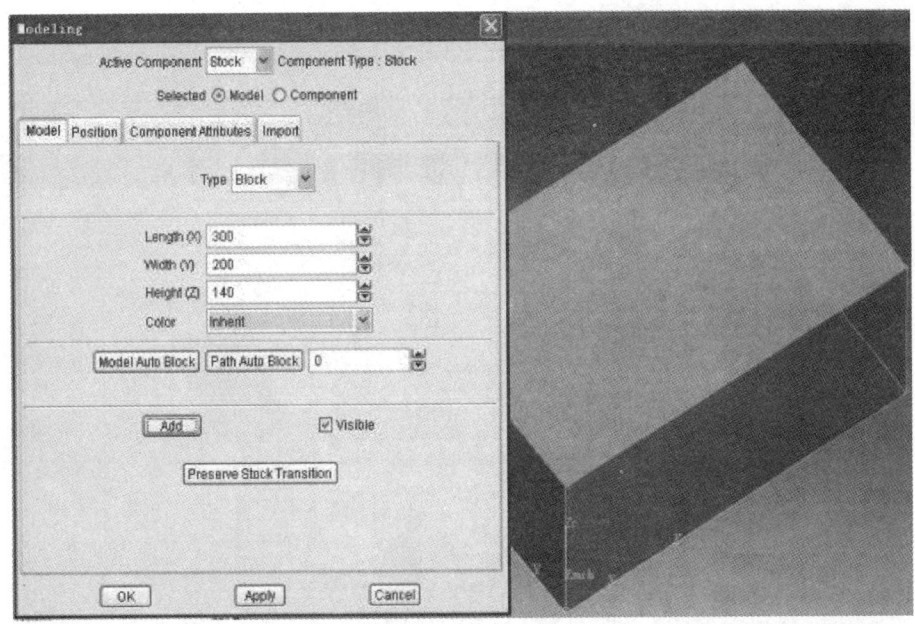

图 2-3-6　定义模型

③创建加工坐标系，如图 2-3-7 所示。

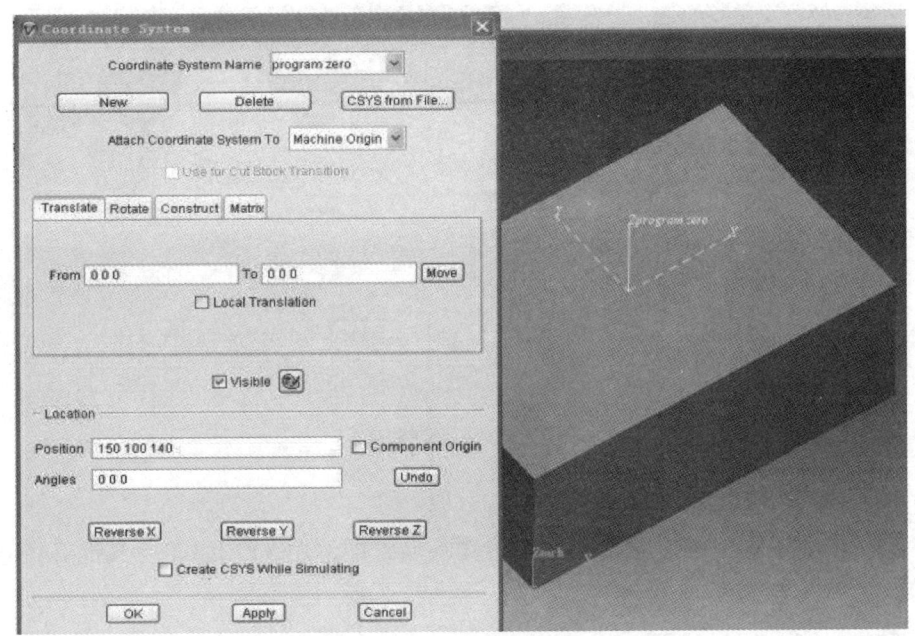

图 2-3-7　创建加工坐标系

④创建刀具或调用已经创建好的刀具，如图 2-3-8 所示。
⑤按照加工工艺顺序添加数控程序，如图 2-3-9 所示。

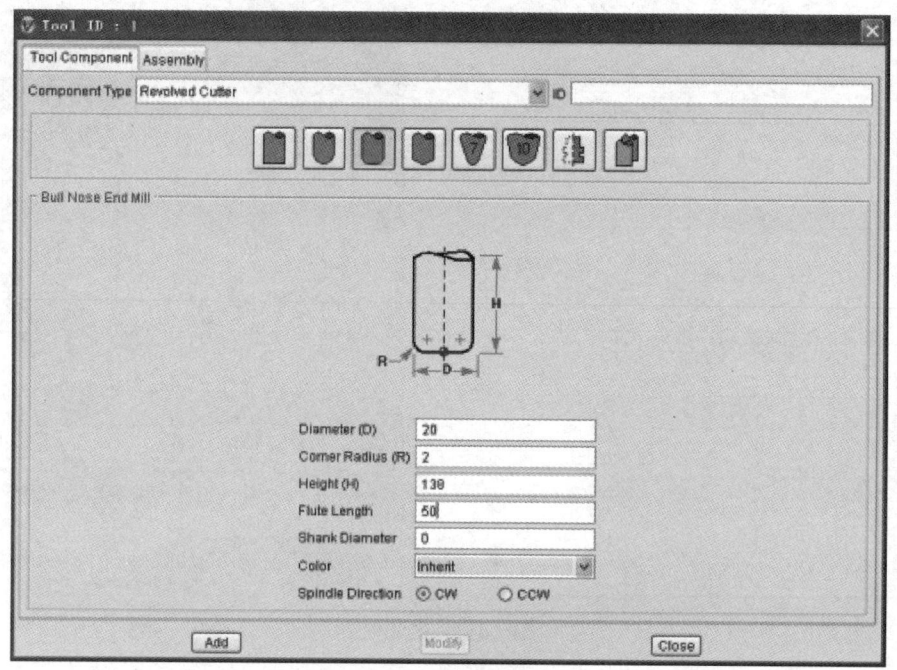

图 2-3-8 创建/调用刀具

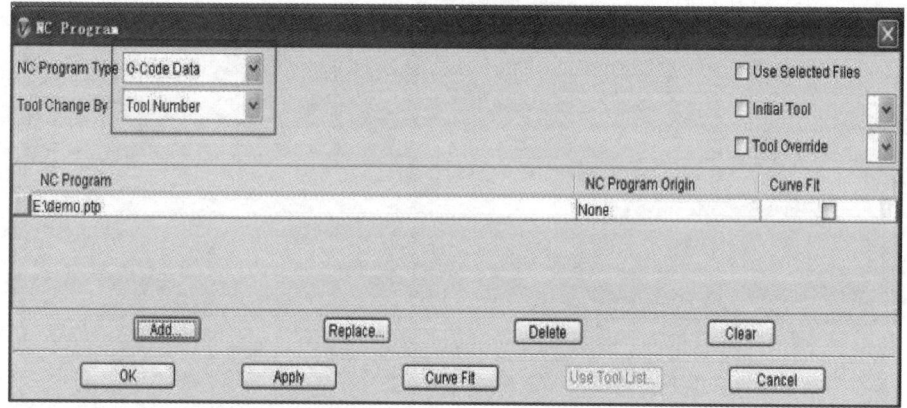

图 2-3-9 添加程序

⑥设定对刀方式,如图 2-3-10 所示。

(2)在 CAM 软件中建立虚拟加工仿真环境,即运用 VERICUT 与其他 CAM 软件集成接口。

以 UG 为例,通过使用 NX,可以实现 UG 与 VERICUT 之间的数据传递,简化 NC 程序仿真的流程,实现软件之间的无缝连接,如图 2-3-11 所示,使操作更加简便,降低了对软件使用者的要求,这样每个人都能迅速进行程序验证。

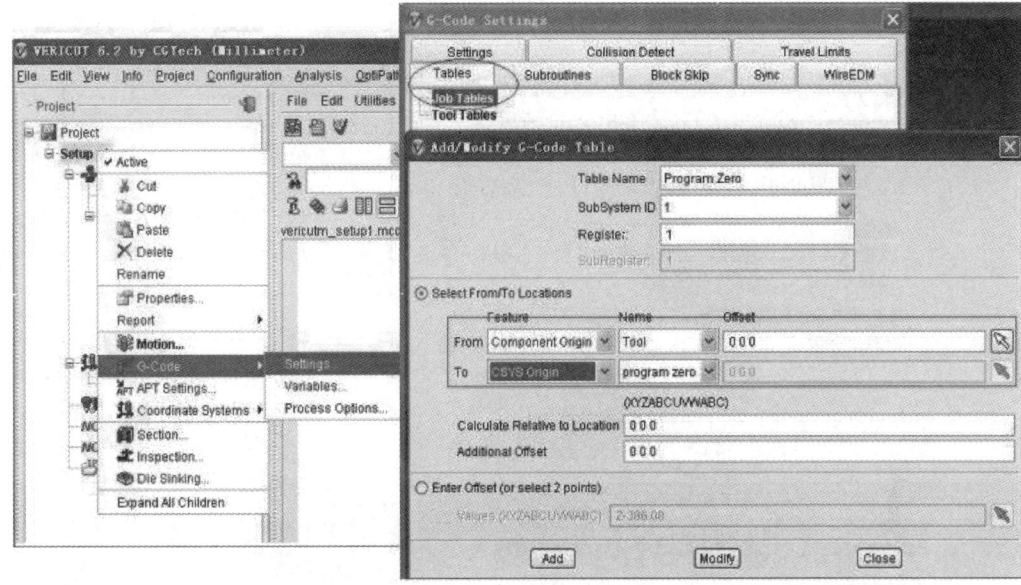

图 2-3-10 设定对刀方式

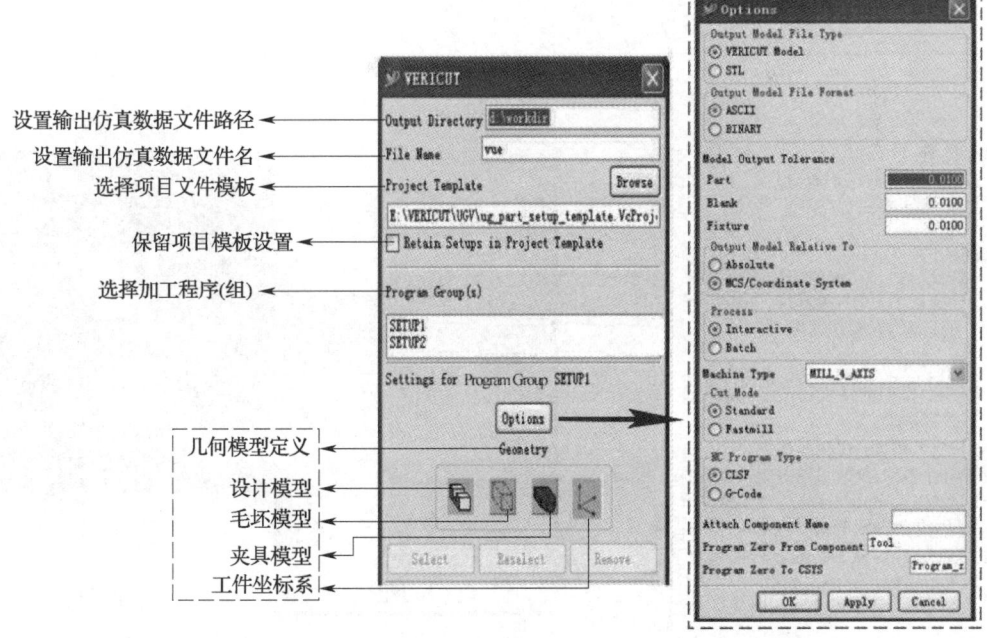

a)

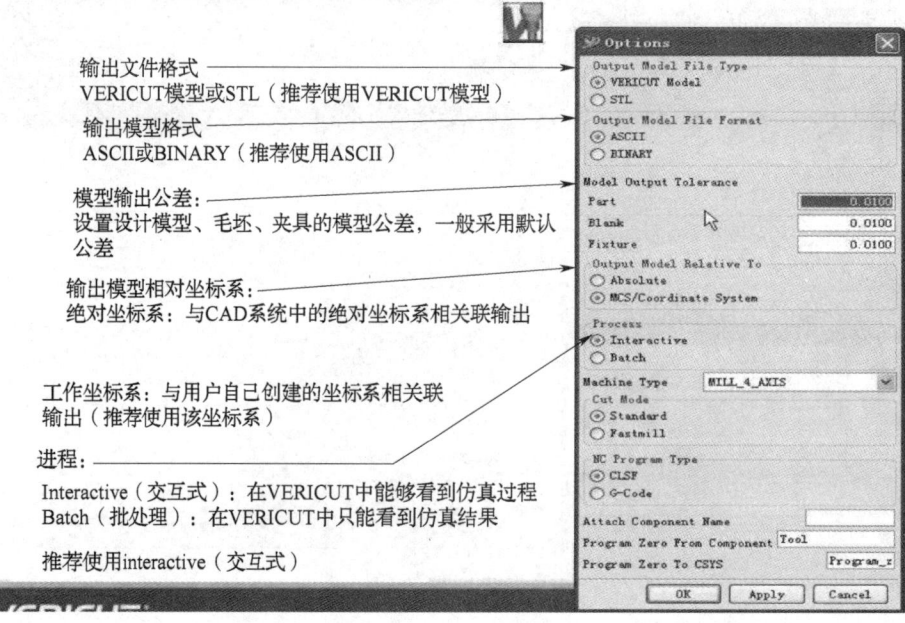

输出文件格式:
VERICUT模型或STL（推荐使用VERICUT模型）

输出模型格式:
ASCII或BINARY（推荐使用ASCII）

模型输出公差:
设置设计模型、毛坯、夹具的模型公差，一般采用默认公差

输出模型相对坐标系:
绝对坐标系：与CAD系统中的绝对坐标系相关联输出

工作坐标系：与用户自己创建的坐标系相关联输出（推荐使用该坐标系）

进程:
Interactive（交互式）：在VERICUT中能够看到仿真过程
Batch（批处理）：在VERICUT中只能看到仿真结果

推荐使用interactive（交互式）

b）

机床类型:
选择程序相应的后置处理类型，如果已有处理完的NC程序，该项不用选择

切削模式:
标准模式：一般使用该选项
快速铣削：在三轴和固定轴铣中可提高仿真模拟速度

NC程序类型:
CLSF：模拟前置代码（不考虑机床和控制系统）
G代码：模拟G代码仿值

附着组件名称：根据VERICUT中机床的attach components的个数来选择与VERICUT机床中相对应附着组的名称

对刀方式设置：从刀具或旋转轴到加工坐标系定位

c）

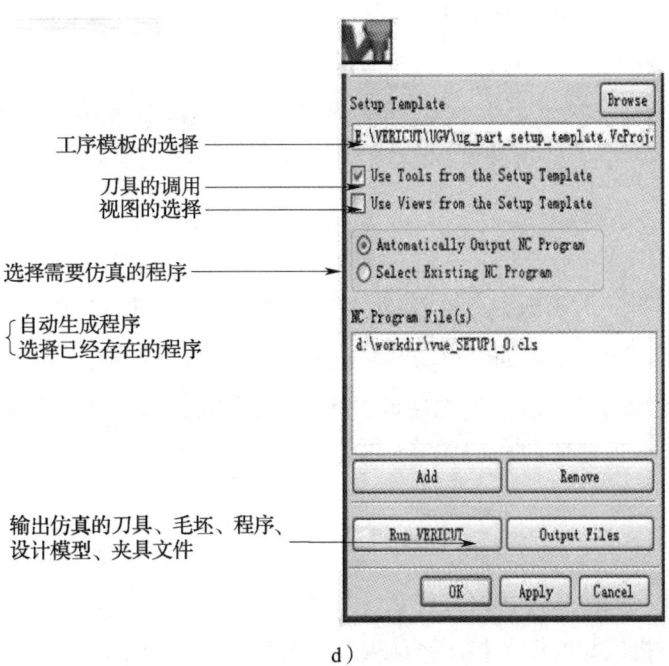

d)

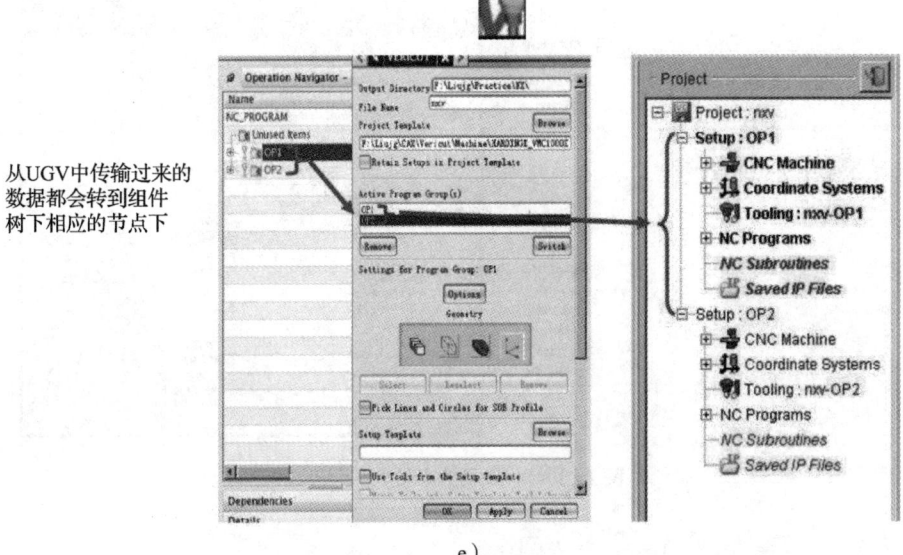

e)

图 2-3-11 在 CAM 软件中建立虚拟加工仿真环境——UG 仿真设置说明

当点击 UG 接口左下方的"OK"或"Apply"按钮后，所有设置将自动保存到 UG 文件中。当再次进入 UG 窗口时，将直接应用前面的设置。最后进入 VERICUT 界面，单击运行，等运行完毕可以查看仿真结果。

注意：在 NXV 选择 VCproject 文件时，要保证项目文件中 Work Offsets 和 Program

Zero 不能同时使用，否则会产生冲突，无法正确仿真。

二、干涉检查

1. 干涉的定义

干涉是指刀具、刀柄或刀座在移动过程中与工件、夹具、机床发生不应有的接触或切削现象。切削被加工表面时，刀具切到了不应该切的部分称为过切。

干涉轻则造成工件报废，重则造成机床设备损坏，因此，需要在切削前进行仿真检查，避免发生干涉现象。

2. 机床模拟仿真

（1）调用相应的机床（机床文件）。

（2）调用与机床相匹配的控制系统文件，如图 2-3-12 所示。

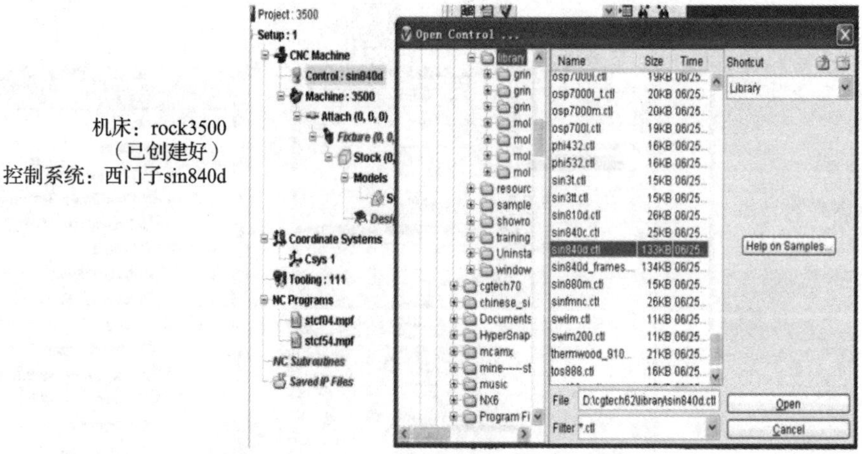

机床：rock3500
（已创建好）
控制系统：西门子sin840d

图 2-3-12　调用机床和控制系统文件

（3）定义模型，如图 2-3-13 所示。

（4）定义加工坐标系，如图 2-3-14 所示。

（5）建立或调用刀具库，如图 2-3-15 所示。

（6）按照加工工艺顺序添加程序，如图 2-3-16 所示。

（7）设定编程原点，如图 2-3-17 所示。

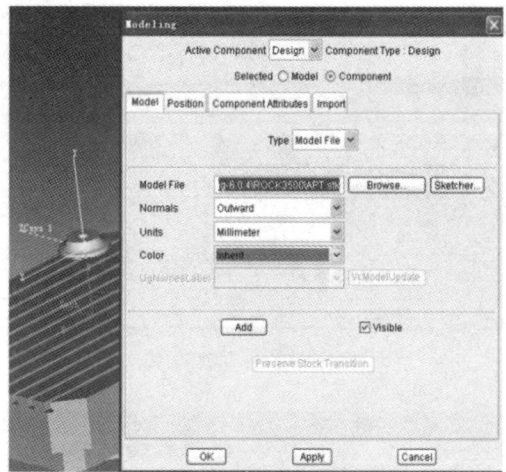

图 2-3-13 定义模型

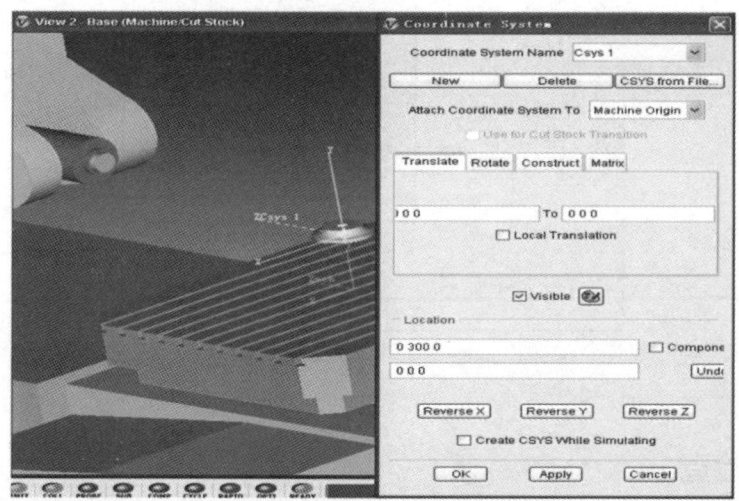

图 2-3-14 定义加工坐标系

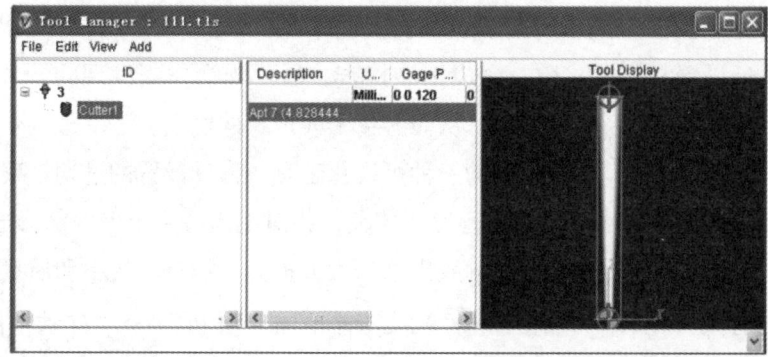

图 2-3-15 建立或调用刀具库

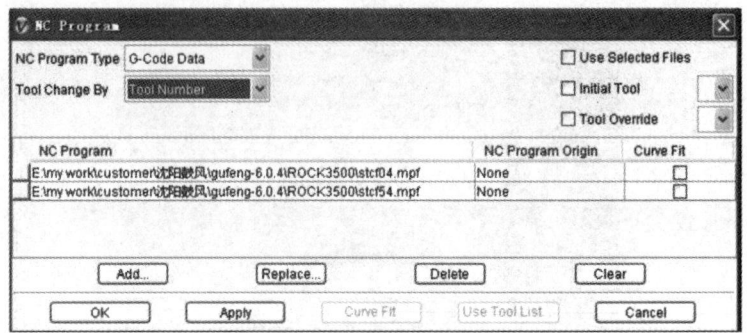

图 2-3-16　添加程序

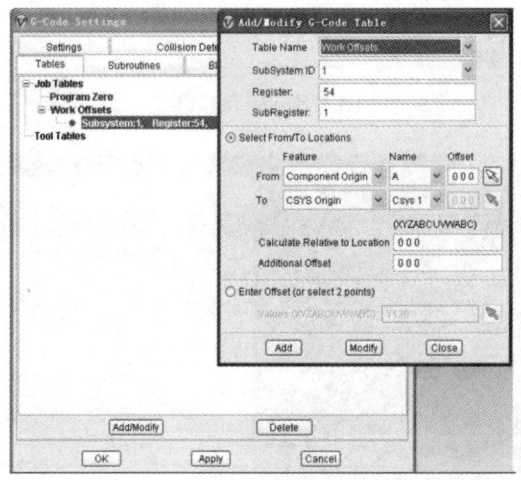

图 2-3-17　设定编程原点

三、形状检查

设置好机床及毛坯、刀具、坐标系等参数后,即可进行机床模拟加工,借助设置好的参考模型,通过观察颜色判定是否有过切、欠切情况。在仿真软件中借助自动比较功能,通过设置相应的参数,完成干涉检查,通过观察判断发现问题并修改 CAM 软件中相应的参数,重新生成程序,从而避免干涉现象的发生。

自动比较功能是仿真软件提供的一种可视化工具,借助设置的过切、残余等参数,系统自动对仿真结果与零件模型进行形状比较,并对超出公差范围的部分通过颜色进行标识,将人从繁杂的检查工作中解脱出来,大大提高了检查的效率和质量。

单击"自动–比较"按钮（ ），或者单击"分析"→"自动–比较"（见图 2-3-18a）,系统弹出"自动–比较"对话框（见图 2-3-18b）,设置相关选项,进行形状检查。

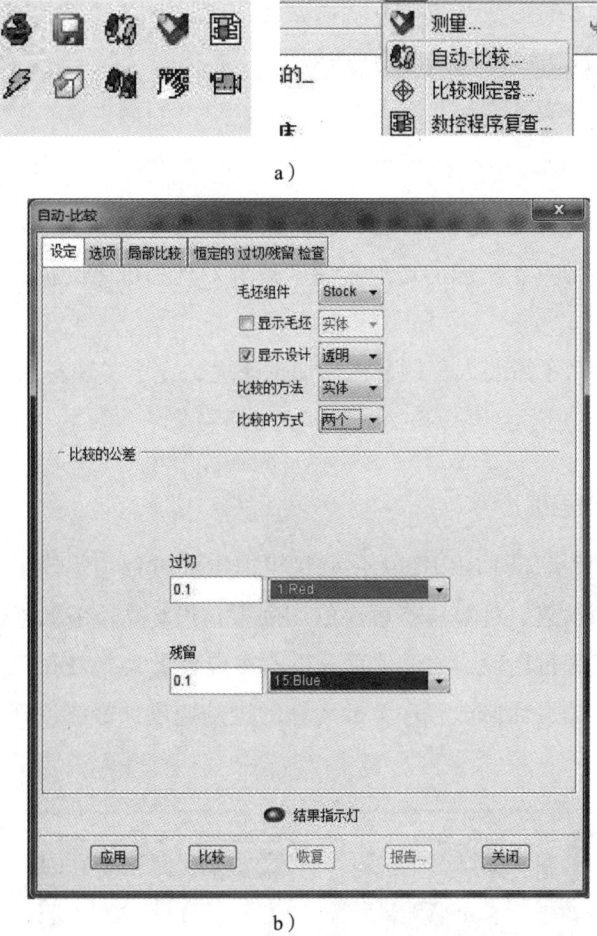

图 2-3-18 "自动-比较"应用

比较后,通过观察仿真图形的颜色判断是否有问题。以图 2-3-19 所示图形为例,可看到夹持处有残余未加工。直接单击"恢复"按钮,在系统弹出窗口单击"是"即可。

图 2-3-19 自动对比结果(残余部分是夹持处)

如有残余、过切,需要在 CAM 软件中将与残余、过切部分有关的切削参数等信息加以修改,直到比较结果在误差范围内,达到加工精度要求。

四、程序优化

1. 程序速度优化的优点

（1）通过 VERICUT 优化，可以大大提高加工效率，通常为 30% 左右。

（2）可以平衡刀具、机床的切削载荷，减少刀具和机床磨损，延长刀具和机床的寿命。

（3）优化程序后不需要人工调节机床加工速度，完全实现真正意义的无人工干预，从而减轻工人的劳动强度。

2. 程序速度优化的原理

如图 2-3-20 所示，VERICUT 优化就是模拟生成过程切削模型，根据当前所使用的刀具及每步走刀轨迹，计算每步程序的切削量，再与切削参数经验值或刀具厂商推荐的刀具切削参数进行比较，通过计算分析，发现余量大，VERICUT 就降低速度；余量小，就提高速度，进而修改程序，插入新的进给速度，最终创建更安全、更高效的数控程序。

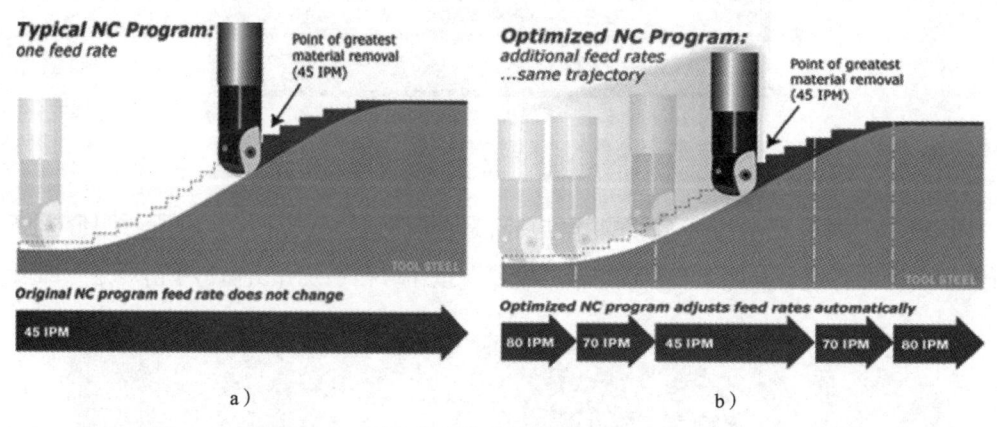

图 2-3-20　程序速度优化 1

在实际的优化中，主要使用恒定体积去除率切削方式优化（主要用于材料切削余量变化较大的加工，如粗加工程序）和恒定切削厚度方式优化（主要用于半精加工和精加工）。VERICUT 的优化只是根据加工过程中的切削量优化数控程序的进给速度，但不改变程序的轨迹。不过，当 VERICUT 优化时，发现某段 NC 程序路径较长，而且其切削余量是变化的，需要优化调整以指定不同的切削速度时，软件就会按照设定的优化参数，将原一段数控程序打断为多段，给每段插入新的进给值（见图 2-3-21），但依然不改变原来程序的轨迹。新插入程序段的轨迹与原来程序的轨迹完全一致，不会发生任何改变。

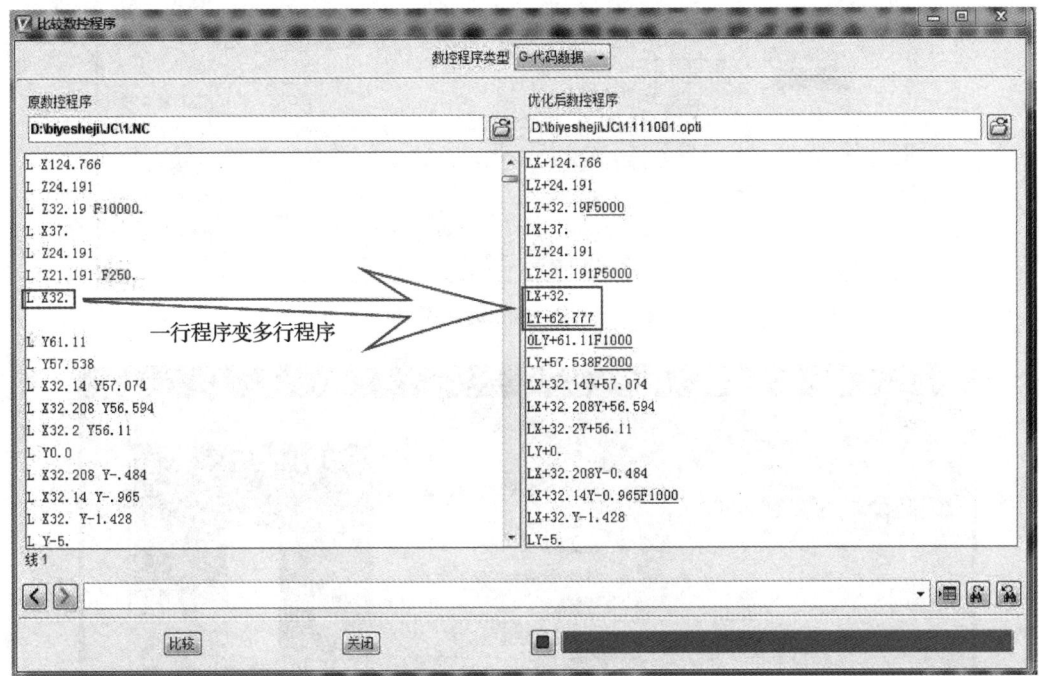

图 2-3-21　程序速度优化 2

3. 优化参数设置

VERICUT 的优化设定主要在刀具库中，每一把使用的刀具都有自己的优化数据，如图 2-3-22、图 2-3-23 所示。主要优化数据的设定及含义如下：

（1）进给/转速。用于对选中的刀具进行切削条件及切削速度优化方法的设置，主要包含刀具的基本切削信息和采用的优化方式。

（2）设定。用于为优化处理设定优化记录单位，何时添加更多切削步，最小/最大优化的进给速度，以及如何优化圆和样条曲线等。

（3）极限。用于指定刀具切削特征的极限值。

（4）硬材料。用于设定难加工材料和一些特殊切削环境的进给速度调整因素。

（5）垂直下刀。用于控制沿刀具轴向切削或抬刀时优化的进给速度。

（6）切入/切出。用于控制刀具切入/切出材料时优化进给速度。

（7）角度。用于刀具不同角度斜向切入材料时对速度的调整。

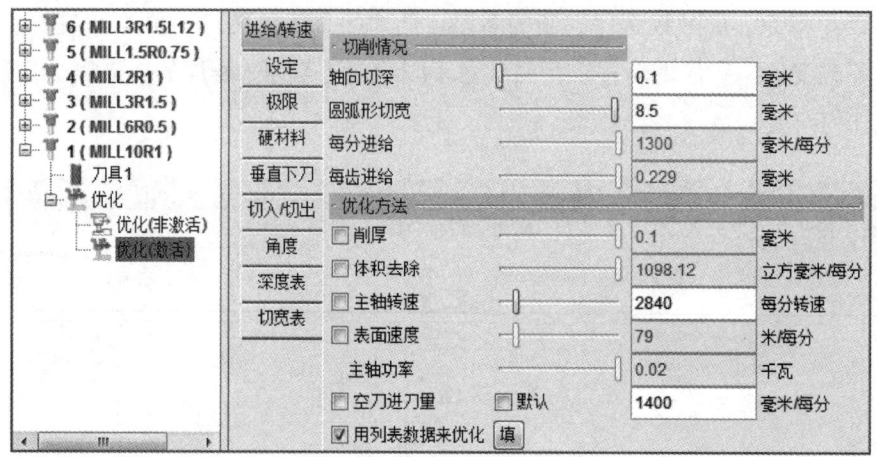

图 2-3-22 优化参数设置 1

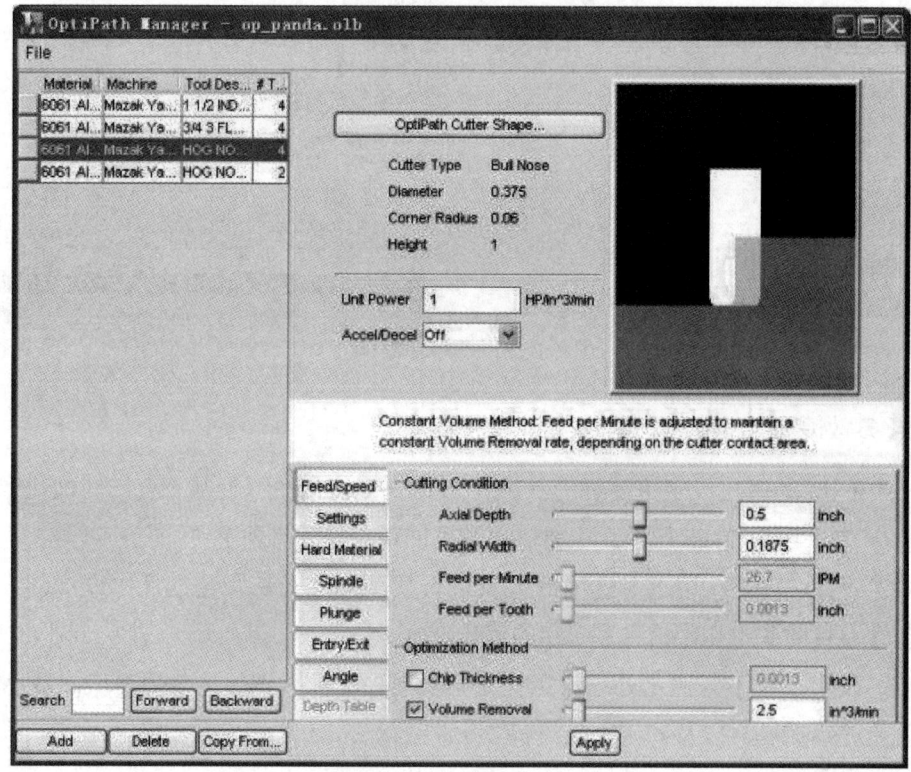

图 2-3-23 优化参数设置 2

（8）深度表。用于对选定刀具在优化过程中通过表格设置优化的切削多种深度的进给速度。

（9）切宽表。用于对选定刀具在优化过程中通过表格设置小于刀具宽度的切削进给速度。

4. 优化程序操作过程

（1）在相应的刀具下设置优化参数表。建议通过学习模式创建优化库（见图2-3-24），对创建后的优化库进行更加合理的刀具路径设置。

（2）打开优化功能开关进行程序优化。

5. 优化报告和优化前后对比

以某程序为例，通过VERICUT的图表功能（见图2-3-25，图形上部为刀具1的体积去除率，下部为刀具2的体积去除率），可以分析出刀具1和刀具2在加工过程中的体积去除率情况。由此图可以看出，原程序中刀具1的最大体积去除率在6 000左右，最大体积去除率出现在程序的中间

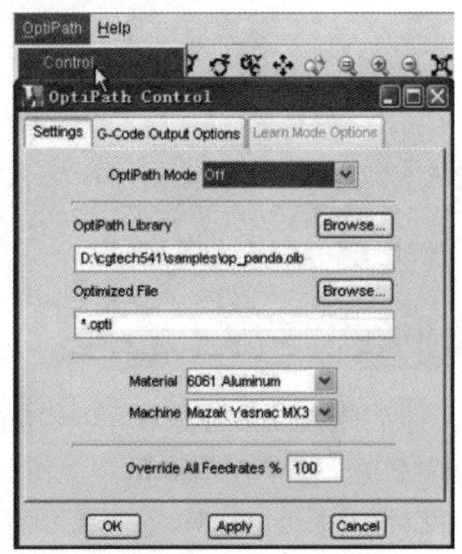

图2-3-24　优化路径控制

位置，其他部分的体积去除率大多在2 000左右。刀具2的最大体积去除率同样超过了6 000，最大体积去除率出现在程序的前部位置，其他部分的体积去除率大多不超过800。由此图还可以看出，原程序的加工余量极不均匀，刀具切削过程中的余量变化非常明显。

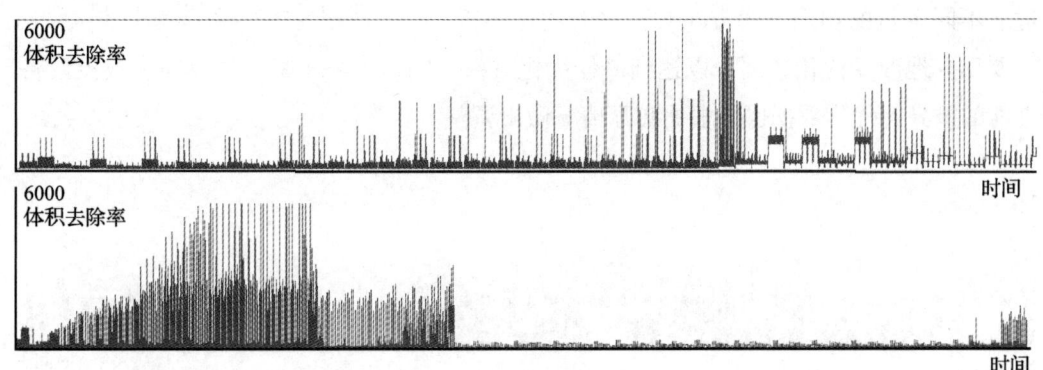

图2-3-25　原程序体积去除率

根据对原程序的分析，为每一把刀具创建优化数据，优化参数的设定见表2-3-1。

表 2-3-1 优化参数的设定

刀具	切削说明		优化方式
刀具 1	体积去除率	2 000	体积去除
	空刀进给速度	2 000	
	最小切削进给率	600	
	最大切削进给率	1 600	
刀具 2	体积去除率	800	体积去除
	空刀进给速度	1 800	
	最小切削进给率	1 000	
	最大切削进给率	1 800	

根据设定的优化数据对程序进行优化后，可以得到优化前后加工的时间（见图 2-3-26），优化后效率提升 18.76%。分析优化后程序体积去除率的变化情况，如图 2-3-27、图 2-3-28 所示。通过图表可以看到，优化后的程序体积去除率变化不再像原程序那样剧烈，且优化后的程序最大体积去除率明显下降，平均体积去除率得到提高，总的加工效率获得提升。

VERICUT 通过改变程序中的切削参数，以适应不同余量的切削。通常在对程序的优化中，需要反复地改变优化数据，以达到最佳优化效果。同样，由于材料的不同和数控设备性能的差异，优化数据也要根据实际情况做出调整。

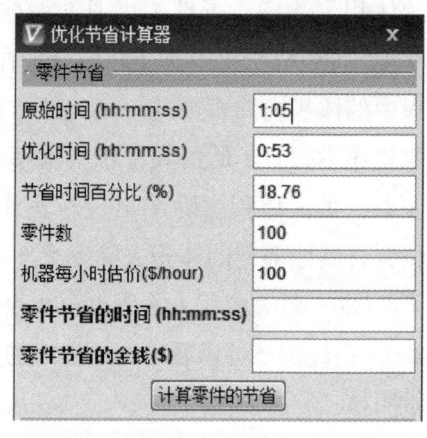

图 2-3-26 优化节省计算器

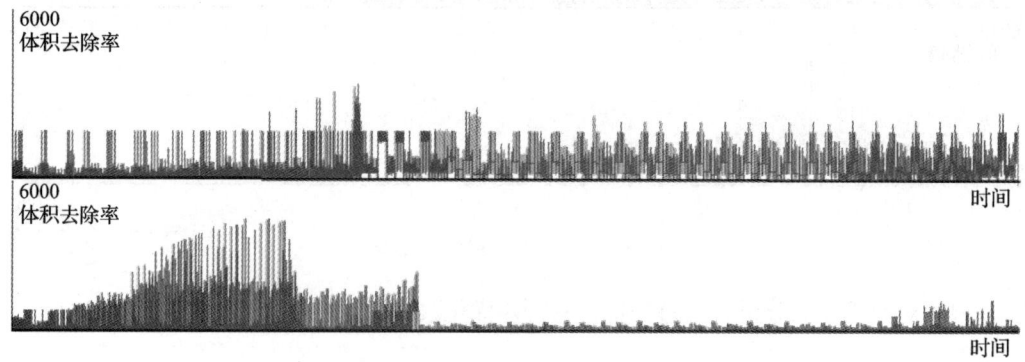

图 2-3-27 优化后程序的体积去除率

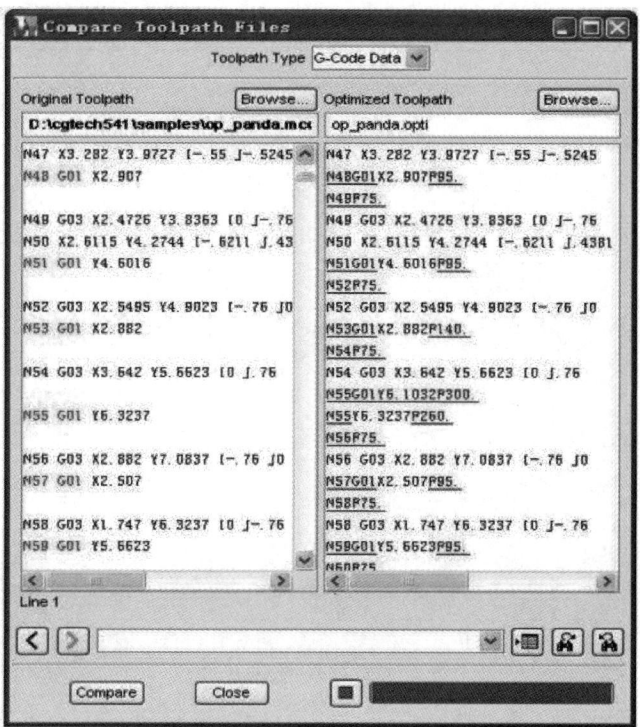

图2-3-28　优化前后文件对比

通过 VERICUT 完成数控程序的优化，不仅提高加工效率，缩短单件的加工时间，还可以延长刀具寿命，改善零件的表面质量，获得更稳定的加工工况。同时，在优化过程中形成的优化数据以库的形式保存，使得加工优化经验得到继承，并在不断的使用中持续获得改善。

模块 3 零件加工

- 课程 3-1　轮廓加工
- 课程 3-2　配合件加工
- 课程 3-3　零件精度检测

设置课程

课程	学习单元	课堂学时
👉 3-1 轮廓加工	（1）多拐曲轴车削加工	12
	（2）车削加工中心操作	8
	（3）车铣复合加工试切调试	10
👉 3-2 配合件加工	（1）配合精度控制方法	6
	（2）多尺寸链配合件加工与精度控制	10
👉 3-3 零件精度检测	加工误差分析	8

课程 3-1 轮廓加工

学习内容

学习单元	课程内容	培训建议	课堂学时
（1）多拐曲轴车削加工	1）多拐曲轴的装夹与找正 2）配重安装 3）切削参数调整 4）曲轴在线检测	（1）方法：练习法 （2）重点：曲轴的加工 （3）难点：曲轴装夹找正	12
（2）车削加工中心操作	1）工件坐标系建立 2）刀具参数设置 3）中断与重启 4）行程与干涉检查	（1）方法：演示法、练习法 （2）重点与难点：工件坐标系建立，刀具参数设置	8
（3）车铣复合加工试切调试	1）车削程序调试 2）钻削程序调试 3）铣削程序调试	（1）方法：演示法、练习法 （2）重点与难点：程序调试	10

学习单元 1 多拐曲轴车削加工

一、多拐曲轴的装夹与找正

曲轴主要由主轴颈、曲柄颈、曲柄臂及轴肩组成,主轴颈轴线与曲柄颈轴线的距离为偏心距 e。曲轴属于偏心件,主要用于发动机、压力机以及曲柄机械结构。曲柄有单拐、两拐、三拐、四拐、六拐、八拐等形式。依据拐数的不同,曲柄颈可以互成 90°、120°、180° 夹角。

曲轴的装夹方式有多种,具体使用哪一种要依据生产情况而定。曲轴的装夹方式不同,其找正方法也不同。曲轴常用的装夹方式有以下几种:

1. 两顶尖装夹

如图 3-1-1 所示,两顶尖装夹定位主要用于小批量生产,适用于精度不高和偏心距小的曲轴加工。

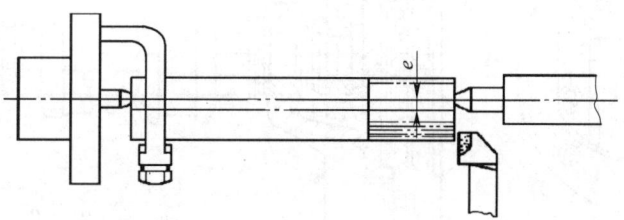

图 3-1-1 两顶尖装夹

加工时自车床主轴端上的顶尖,用同轴棒检验两顶尖的同轴度。工件上的中心孔是在其他机床上加工的,无法调整同轴度。这种加工方法必须保证两中心孔的同轴度。当加工完一个曲拐后,要换另一组中心孔,加工下一个曲拐。

2. 一夹一顶装夹

如图 3-1-2 所示,用四爪单动卡盘夹紧偏心套,主要用于中批量、精度较高的曲轴和偏心距小的曲轴加工。

加工时用百分表找正偏心圆孔在机床主轴中心上，把量棒放入偏心孔内，然后用量棒和百分表检测调整偏心孔与后顶尖的同轴度。工件上的中心孔和夹持圆是在其他机床上加工的，无法调整同轴度。

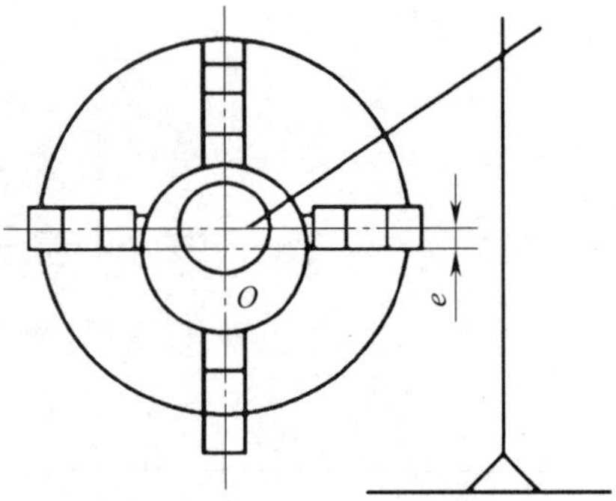

3. 专用夹具装夹

用偏心卡盘曲轴专用夹具装夹加工曲轴，主要用于大批量、精度高的曲轴和偏心距大的曲轴加工。

图3-1-2 一夹一顶装夹

加工时通过调整夹具，保证工件上各曲柄颈的同轴度和平行度。装夹时用曲轴的法兰端和轴头端固定。如图3-1-3所示，偏心夹具主要由花盘和偏心卡盘体组成。花盘用螺栓固定在机床主轴上。花盘与偏心卡盘体用燕尾槽相互配合。在偏心卡盘体上有一对开式轴承座，曲轴的轴颈压在开式轴承座中。曲轴的偏心距用丝杆调整，并由两个测头测量。偏心调整好后，用四个T形槽螺栓紧固。

装夹时曲轴曲柄颈装在开式轴承座中，用尾座顶尖顶住连接盘上的任一中心孔，用百分表找曲轴两端的基准中心线同轴后，用螺栓紧固，即可车削曲拐轴颈。加工完成后进行分度，并用定位销定位，再加工另一曲拐轴颈。

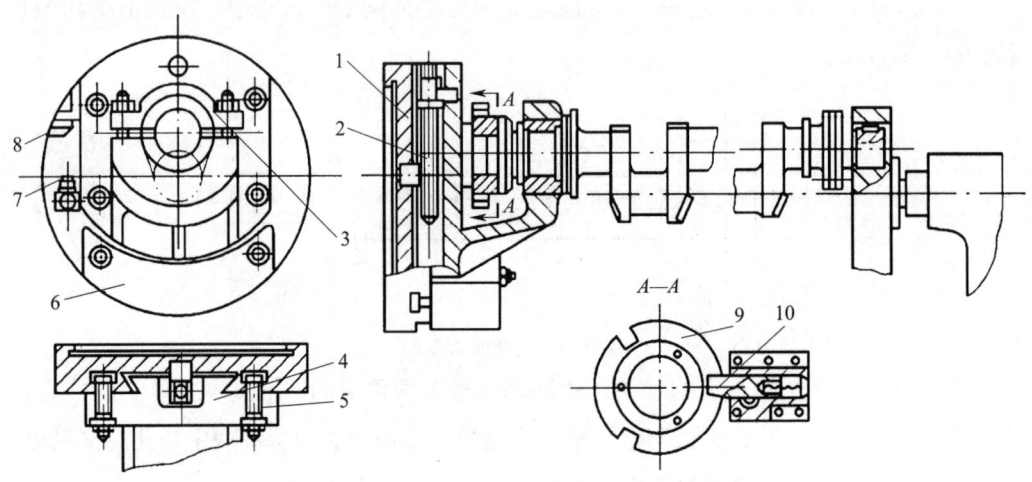

图3-1-3 偏心卡盘曲轴专用夹具
1—花盘 2—丝杆 3—半圆套 4—偏心卡盘体 5—螺栓 6—平衡块
7、8—测量头 9—分度盘 10—定位销

二、配重安装

有些刚性转子由于结构的限制或平衡工艺的特殊要求，有时需要进行多面平衡。对于普通刚性转子，最常用的是三面平衡法，如图 3-1-4 所示。即把转子的任意不平衡分解为静不平衡 U_C 和偶不平衡 U_T，在转子的重心平面内校正转子的静不平衡，而在另两个任选的校正平面上校正转子的偶不平衡。

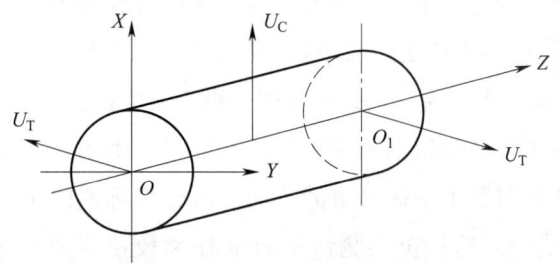

图 3-1-4 校正转子的偶不平衡

对于曲轴，由于结构的限制，一般必须进行多面平衡。典型的四拐曲轴（见图 3-1-5）就是采用三面平衡法进行平衡的。曲轴是一种结构特殊的刚性转子，因为曲轴工作时是靠发动机缸体上的主轴轴瓦进行多点支承的，工作转速远低于曲轴的临界转速，另外，曲轴做动平衡时转速比较低（一般不超过 500 r/min），因此动平衡时不会产生明显影响曲轴不平衡状态的弹性变形。

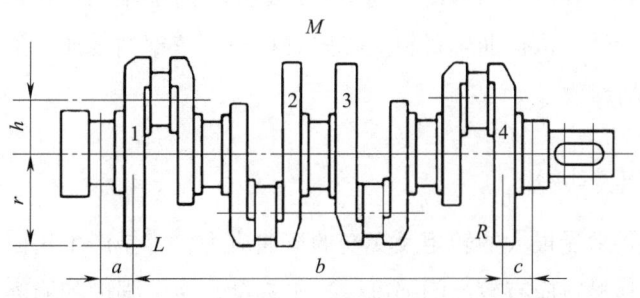

图 3-1-5 四拐曲轴校正简图

但是由于曲轴结构的特殊限制，导致动平衡工艺和所用动平衡机都不同于一般的刚性转子，因此，曲轴做动平衡时校正平面的位置只能选在曲柄臂上，校正平面的位置和数量都是固定的。通常采用钻削和铣削的去重方法进行平衡校正，去重的位置只能选在曲柄臂的扇形配重块上，并且只能在给定的角度范围内去重。虽然曲轴可选取两个测量平面进行不平衡测量，但不平衡校正必须在测量平面和其他几个校正平面上同时进行多面平衡。

由图 3-1-5 所示四拐曲轴校正简图可知,曲轴上有 1、2、3、4 四个平衡配重块,并沿轴向对称分布,平衡时可以作为校正平面和去重位置。如果把中间的 2、3 两个平衡配重块校正平面合为一个面用 M 表示,而两端平衡配重块 1、4 所在的校正平面分别用 L 和 R 来表示,并作为测量平面。将符号参数 a、b、c、r 输入相位参数发生器中,启动动平衡机,即可进行平衡校正。

如果在两个测量平面所测得的不平衡分量 U_{LX}、U_{LY} 和 U_{RX}、U_{RY} 为正值(1 和 4 平衡块重),说明测量平面上不平衡分量的方向与所选坐标系的正方向相同,不平衡分量正好都在 L 和 R 平面的配重块上。这样可将测量平面 L 和 R 作为校正平面,对 1 和 4 平衡块进行去重处理,直接通过钻孔或铣削去重来做平衡校正。

如果在两个测量平面所测得的不平衡分量 U_{LX}、U_{LY} 和 U_{RX}、U_{RY} 为负值(1 和 4 平衡块轻),说明测量平面上不平衡分量的方向与所选坐标系的正方向相反,不平衡分量在 M 平面的配重块上。这样可将测量平面 M 作为校正平面,进行对 2 和 3 平衡块去重处理,直接进行钻孔或铣削去重来做平衡校正。

三、切削参数调整

切削参数与工件的材料及热处理状态、刀具材料、刀具强度、刀具切削温度、刀具韧性、刀具耐磨性、刀具寿命以及加工效率都有很大的关系。特别是曲轴件的加工对刀具的要求更高。要调整曲轴的切削参数,必须了解曲轴的材料和毛坯状态,了解刀具材料的加工特性,依据曲轴材料选择刀具材料,依据曲轴加工条件和加工状态调整加工曲轴的切削参数。

1. 曲轴的材料和毛坯状态

曲轴工作时要承受很大的转矩及交变的弯曲应力,容易产生扭振、折断及轴颈磨损,因此,要求其材料应有较高的强度、冲击韧度、疲劳强度和耐磨性。曲轴常用材料规定:一般曲轴为 35、40、45 钢或球墨铸铁 QT600-2,对于高速、重载曲轴可采用 40Cr、42Mn2V 等材料。批量较大的小型曲轴采用模锻,单件小批量中、大型曲轴采用自由锻造,而对于球墨铸铁则采用铸造毛坯。

2. 刀具材料及切削性能

加工曲轴时,通常情况下使用硬质合金(如 YG3X、YG6X、YT712、YW1、

YW2）。刀具的切削性能要达到常温硬度 82~87 HRC，红硬性为 800~1 000℃，切削速度达到 100~160 m/min。

3. 切削用量的选择原则

为了保证较高的加工效率和必要的刀具耐用度，粗加工时，一般以提高生产效率为主，但也应考虑经济性和加工成本；半精加工和精加工时，应在保证加工质量的前提下，兼顾切削效率、经济性和加工成本。具体切削参数值应根据机床刚度、切削用量计算，并结合经验而定。从刀具的耐用度出发，切削用量的选择顺序是先确定背吃刀量，然后确定进给量，最后确定切削速度。

背吃刀量由机床、工件和刀具的刚度来决定，在刚度允许的条件下，应尽可能使背吃刀量等于工件的加工余量，这样可以减少走刀次数，提高生产效率。

4. 切削参数的调整

切削参数的调整一般用于曲轴多品种小批量生产，并且适用于普通车削加工曲轴的情况下。刀具使用单刀和通用刀具，曲轴的装夹采用通用的装夹方式。加工工序的安排是通过粗加工阶段、半精加工阶段和精加工阶段完成曲轴的车削任务，因此切削参数需要经常调整。调整切削参数有以下情况：

（1）当曲轴的材料和毛坯状态发生变化时，涉及材料加工性能、余量大小等因素，所以要调整切削参数。

（2）在同样条件下，曲轴尺寸大小的改变要调整切削参数，曲轴的尺寸变化涉及切削速度和加工系统的刚度。

（3）使用新的刀具材料和新的刀具品种时，要通过试切调整切削参数。

（4）不同的表面粗糙度要求，切削参数不同。

（5）同一种曲轴，在加工时装夹定位发生改变，切削参数要进行调整。

（6）提高加工效率时，切削参数要进行调整。这种情况往往在粗加工和半精加工中出现。

（7）提高曲轴的尺寸精度和表面质量，对切削参数要进行调整。

（8）加工中使用的机床型号不同，切削参数不同。

（9）加工中要依据刀具的刚度、耐磨性和刀具寿命确定切削参数。

（10）同样的加工条件，同样的刀具和加工材料，曲轴的拐数不同，其切削参数不同。

总之，应结合现场的生产状况，选择合理的切削用量，从而保证零件的加工质量和加工效率，充分发挥数控机床的优势，提高企业的经济效益和生产水平。

四、曲轴在线检测

1. 曲轴的检测项目

曲轴要求有较高的尺寸精度、几何精度和较小的表面粗糙度值，加工中在线检测要检测曲轴颈轴线与主轴颈轴线之间的平行度、曲轴颈在圆周上的等分精度、曲柄颈的偏心距精度、曲轴的尺寸精度和轴颈间的同轴度。

2. 偏心距的检测

如图 3-1-6 所示，用千分尺测量各外圆的直径，用打表的方法测主轴颈的高度 h 值（打外圆高点），然后用打表的方法测曲拐轴颈高点 H 值（打外圆高点），用下式计算偏心距 e：

$$e = H - h + d_1 - d_2/2$$

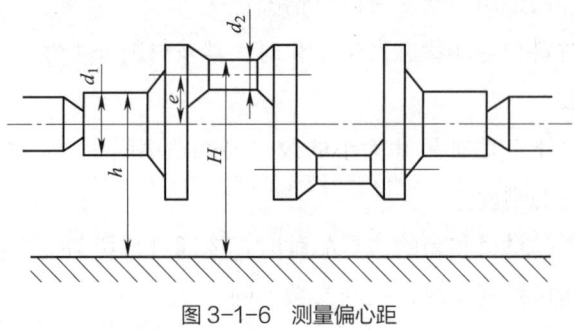

图 3-1-6 测量偏心距

3. 曲柄颈相互垂直方向的平行度检测

如图 3-1-7 所示，将工件两端的主轴颈置于专用夹具上（两顶尖支承），工件两端的主轴颈是测量基准，用百分表找正误差小于 0.01 mm，然后再检测曲柄颈平行度。检测时将被检测的偏心曲柄颈转到最高点，将百分表测头抵在曲柄颈上沿轴向移动，找出高点误差 f_x，然后将偏心曲柄颈转到水平位置（与 f_x 垂直方向）测量，将百分表测头抵在曲柄颈上沿轴向移动，得高点误差 f_y，取这两个方向上的平均误差 f_x 和 f_y，按 $f = \sqrt{f_x^2 + f_y^2}$ 进行计算，所得值即为该偏心曲柄颈的平行度误差。

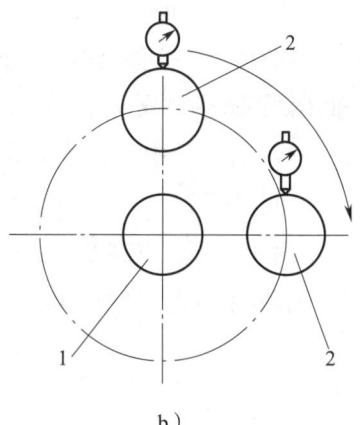

图 3-1-7 曲柄颈相互垂直方向的平行度检测
1—主轴颈 2—曲柄颈

4. 测量曲柄颈的夹角误差 $\Delta\theta$

加工曲轴时要对曲拐的分度进行检测。检测时要利用夹具上的分度装置进行分度，检测时用百分表打两个曲拐的曲柄颈高点及中心高（见图 3-1-8），通过计算得到两个曲拐中心高度的差值为 $\Delta L = L_1 - L_2$。通过以下公式计算出两曲拐角度误差 $\Delta\theta$：

$$\sin\Delta\theta = \Delta L/eL_1 = H_1 - d_1/2L_2 = H_2 - d_2/2$$

$$\Delta L = L_1 - L_2 = H_1 - H_2 - (d_2 - d_1)/2$$

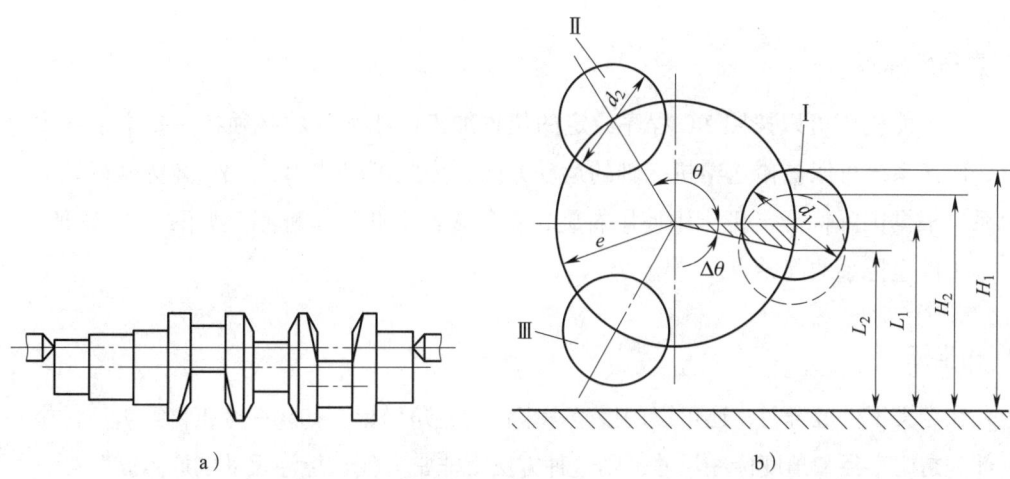

图 3-1-8 用分度装置测量曲柄颈的夹角误差
a) 装夹状态 b) 测量曲柄颈的夹角误差 $\Delta\theta$

式中　$\Delta\theta$——两曲柄颈间夹角，(°)；
　　　ΔL——两曲柄颈中心高度差，mm；
　　　e——曲柄颈偏心距，mm；
　　　L_1、L_2——两曲柄颈中心高度（L_1 为顺时针旋转前测量值，L_2 为逆时针旋转后测量值）；
　　　H_1、H_2——两曲柄颈顶点高度，mm；
　　　d_1、d_2——两曲柄实际直径值，mm。

5. 其他检测项目

曲轴的尺寸精度、轴颈间的同轴度、轴颈圆度、表面粗糙度等的检验与一般轴类零件相似。

学习单元 2　车削加工中心操作

一、工件坐标系建立

1. 直角坐标系

为了使机床可以按照 NC 程序给定的位置加工，相关参数必须在一基准系统中给定，而该系统可以被传送给机床轴的运动方向，为此可以使用 X、Y、Z 为坐标轴的坐标系。根据国际标准，机床中使用右旋、直角（笛卡儿）坐标系，如图 3-1-9a 所示。W 是工件坐标系的起始点。

2. 极坐标

在定义工件位置时，还可以用极坐标来代替直角坐标。如果一个工件或者工件中的一部分是用半径和角度标注尺寸，则这种方法就非常方便。标注尺寸的原点就是极点。

标坐标由极坐标半径和极坐标角度共同组成，如图 3-1-9b 所示。极坐标半径指极点与位置之间的距离。极坐标角度指极坐标半径与工作平面水平轴之间的角度。负的极坐标角度按逆时针方向运行，正的极坐标角度按顺时针方向运行。

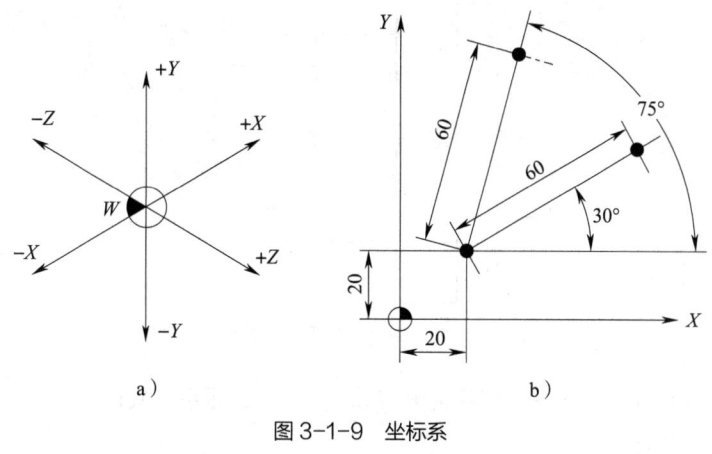

图 3-1-9　坐标系
a）直角坐标系　b）极坐标系

3. 旋转轴和直角平面

在车削加工中心上使用铣削加工时，常用到旋转轴和直角平面的设定，如图 3-1-10 所示。

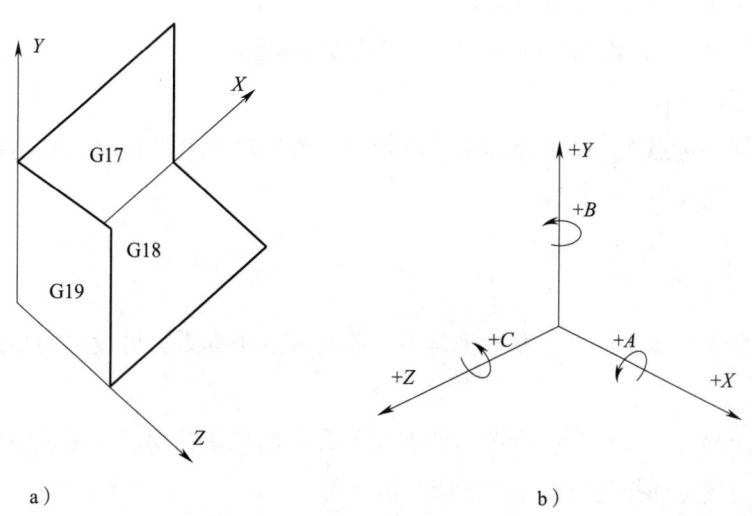

图 3-1-10　直角平面和旋转轴坐标
a）三个直角平面　b）三个旋转轴

4. 车削中的零点和基准点

在一台数控机床上定义了各种零点和参考点，而这些点与坐标系有很大的关系。车削中的零点和基准点如图 3-1-11 所示。

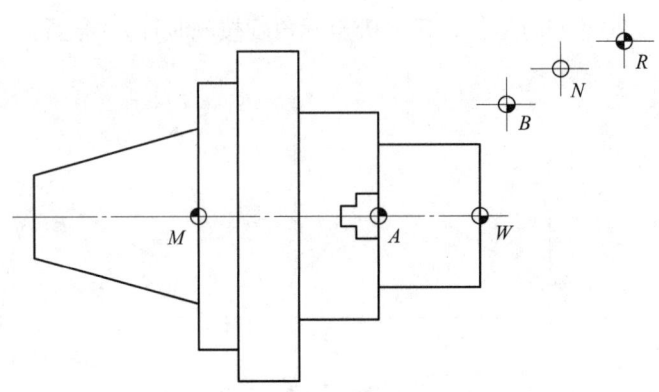

图 3-1-11 车削中的零点和基准点

（1）机床零点 M。使用机床零点可以确定机床坐标系（WCS），所有其他参考点都以机床零点为基准。

（2）工件零点 W（程序零点）。以机床零点为基准的工件零点可以用来确定工件坐标系。

（3）卡盘零点 A。可以与工件零点重合（仅在车床上）。

（4）参考点 R。通过凸轮和测量系统所确定的位置。必须先知道它到机床零点 M 的距离，这样才能精确设定轴的位置。

（5）起点 B。可以由程序确定，第一刀从该点开始加工。

（6）换刀点 N。

（7）刀架参考点 T。位于刀具安装位置上，通过输入刀具长度，控制系统可以计算出刀尖至刀架参考点的距离。

5. 坐标系

坐标系分为机床坐标系、基准坐标系、基准零点坐标系、可设定的零点坐标系和工件坐标系。

（1）机床坐标系。机床坐标系由所有实际存在的机床轴构成。在机床坐标系中定义参考点、刀具点和托盘更换点（机床固定点）。

（2）基准坐标系（BCS）。基准坐标系由三条相互垂直的轴（几何轴）以及其他没有几何关系的轴（辅助轴）构成（直角坐标系）。

（3）基准零点坐标系。基准零点坐标系由基准坐标系通过基准偏移后得到。

（4）可设定的零点坐标系。通过可设定的零点偏移，可以由基准零点坐标系得到可设定的零点坐标。在 NC 程序中使用 G 指令 G54～G57 和 G505～G599 来激活可设定的零点偏移。

（5）工件坐标系。在工件坐标系中给出一个工件的几何尺寸，或者表达为 NC 程序中的数据以工件坐标系为基准。工件坐标系始终是直角坐标系，并且与具体的工件相联系。

二、刀具参数设置

设置刀具参数时，要依据不同的机床和系统以及操作方法，设置刀具的各种参数。无论是用什么系统，刀具参数的设定要满足编程、补偿和加工的需要。通常数控车削中心的刀具参数有以下几类：

1. 刀具种类设置

数控车削中心在加工中有车削和铣削加工，用到了多种车刀和铣刀，因此，要通过系统的刀具种类设置界面设置刀具类型和名称（钻头、铣刀或车刀），系统根据刀具类型（用符号表示）来显示对应的刀补数据。

2. 刀具存储器中的地址

按照名称或序号设置刀具编号 T。刀具在刀库中的刀位号包含与刀具/刀库相关的参数以及刀具/刀库位置的功能。

3. 补偿参数设定

设置补偿参数的地址要与刀号对应，一般设置刀具的长度补偿值、刀具 X 方向补偿值、刀具 R 半径值、切刀的宽度值、铣刀的直径值、角度、刀具切深长度、刀沿位置等。

4. 刀具寿命参数设置

在大批量生产时，要对刀具寿命进行管理，一般设置刀具磨损量、使用次数、加工时间等。

三、中断与重启

先进的数控系统可在中断后记录中断点，当要重新启动加工时，可返回中断点，不再运行已加工的程序。

如在加工过程中必须中断正在运行的程序，使刀具移开（如由于刀具断裂或者需要测量尺寸），操作者可以通过程序控制再次重启返回轮廓到一个可选择的点。中断重启返回中断点一般有三种形式，如图3-1-12所示。

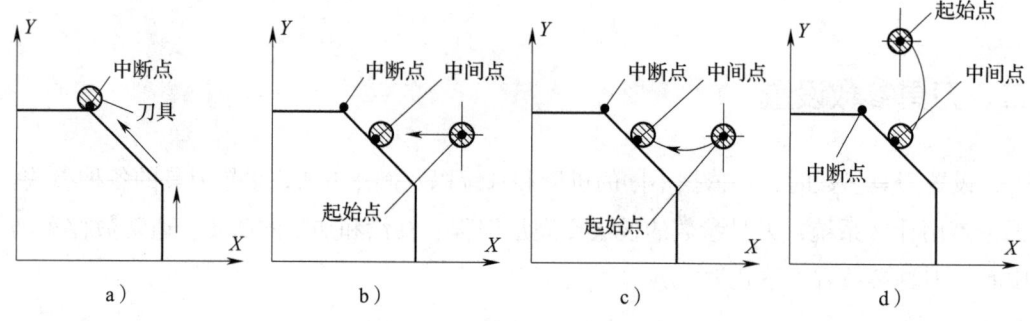

图3-1-12　中断与重启刀具轨迹

说明：

（1）使用端铣加工外轮廓，图3-1-12a所示是在加工中中断。

（2）图3-1-12b所示是以直线的方式返回中断点，在返回时要选择一起始点，再选择中间点返回中断点。

（3）图3-1-12c所示是以四分之一的圆弧方式返回中断点，在返回时要选择一起始点，再选择中间点，以圆弧的形式返回中断点。

（4）图3-1-12d所示是以半圆弧的方式返回中断点，在返回时要选择一起始点，再选择中间点，以半圆弧的形式返回中断点。

控制系统自动计算起始点和再次返回点之间所必需的中间点。

四、行程与干涉检查

1. 加工中的坐标系干涉检查

在数控车加工中，碰撞干涉检查工作非常重要，加工中一旦发生碰撞，会损坏刀具、工件、机床、夹具等，还会造成人身伤害及事故。行程与干涉检查主要是针对刀具相对于工件运动的路径，检查整个加工过程刀具路径的安全性。一般情况下，加工中干涉检查应考虑以下几点：

（1）机床的行程要满足加工需要。在加工中使用夹具，加工尺寸较大的零件，使用较长的刀具时，机床的旋转直径、X轴、Z轴的行程要满足加工要求，同时要满足换刀空间尺寸的要求，不能使机床行程超程。加工前检查机床行程能否满足刀具运行的最大行程和换刀空间尺寸。

（2）工件坐标系的设定。工件坐标系的设定对保证安全、确定刀具的行程和路径非常重要。工件坐标系有三种设定方法，即设置在主轴端面上（M点）、设置在卡盘端面上（A点）、设置在工件端面上（W点），这三种工件坐标系的设置适用于不同工件的定位和装夹方式。前两种坐标系设定用于加工复杂工件和使用夹具时，对刀具的行程和路径计算比较烦琐。一般常把工件坐标系设在工件端面上，这样方便入刀点（B）、换刀点（N）及机床参考点的计算，也方便刀具运行路径的检查。

2. 加工中的换刀

在加工中换刀点是一个固定的点，换刀点行程要满足最长刀具的交换要求，同时要满足径向铣削的加工和调换刀具。图 3-1-13 所示为径向动力头加工。

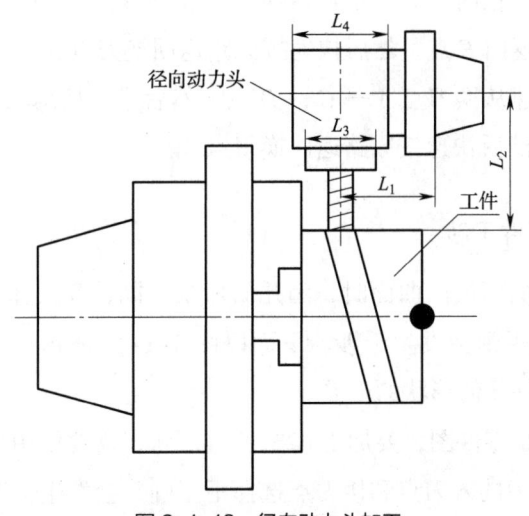

图 3-1-13　径向动力头加工

在检查行程和路径时，主要检查加工外圆的刀具的长度补偿值及行程，检查径向动力头的长度和径向补偿值及行程，检查换刀点的坐标点到零件端面的距离能否满足换刀要求，检查动力头尺寸 L_1、L_2、L_3 和 L_4 是否与三爪自定心卡盘、夹具和工件发生干涉。

3. 加工中入刀点和出刀点的设定

在加工复杂零件和使用夹具加工时，设定每一把刀具的入刀、出刀路径和行程非常复杂，设定时要考虑零件的几何形状、夹具结构会不会发生干涉。加工时主要检查各刀具的入刀和出刀路径是否正确，会不会发生碰撞。加工时禁止两个轴联动入刀和出刀，以避免发生碰撞。图 3-1-14 所示为入刀和出刀路径。

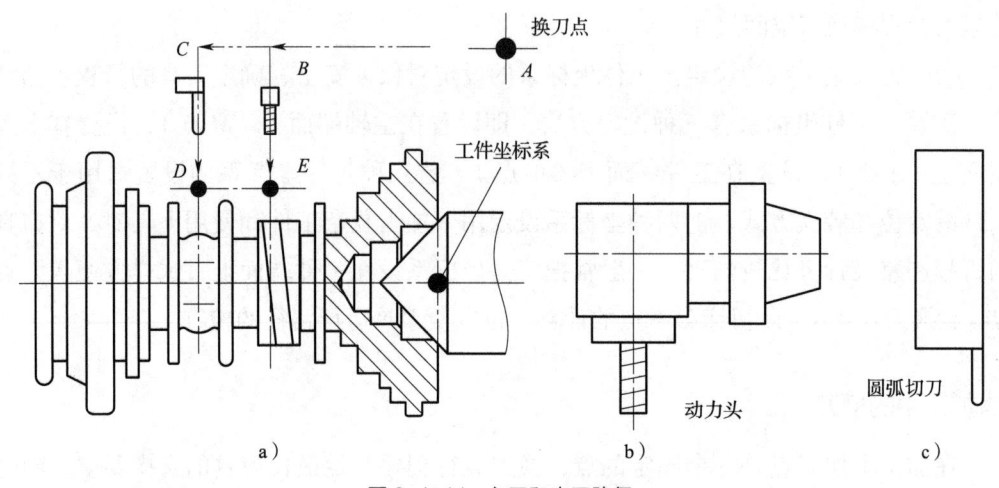

图 3-1-14 入刀和出刀路径

当用动力头铣曲面槽时,刀具快速从换刀点 $A \to B$ 点,然后进入切削状态;当加工完槽后以切削速度返回 E 点,然后快速按原路返回换刀点 A。

当切槽时刀具快速从换刀点 $A \to C \to D$ 点,然后进入切削状态;当加工完槽后以切削速度返回 D 点,然后快速按原路返回换刀点 A。

4. 刀具几何参数与工件干涉

数控车在加工凹曲面或凸曲面时,因几何形状不同,要选择正确的刀具,同时要选择合适的入刀点,否则会发生干涉。下面以图 3-1-15 所示加工凹锥接刀为例,说明如何处理刀具与工件几何形状的干涉。

图 3-1-15a 所示是零件图,要加工 62° 凹锥形状,需要使用切槽刀和反 35° 外圆刀,如果反 35° 外圆刀的入刀点和接刀点选择不正确,会发生干涉和撞刀。

第一步,利用画图的方法,按 1:1 的比例画出零件图和刀具图(见图 3-1-15b),找出不干涉点,并标出尺寸 4 mm 和 ϕ29.91 mm,这个点就是反 35° 外圆刀的入刀点,也是加工锥度的接刀点,在这个点入刀不会发生干涉,然后按尺寸加工锥度。

第二步,将切槽刀对好,按图 3-1-15c 所示加工,切槽刀加工直径为 29.91 mm,其余尺寸按零件图加工。

第三步,将反 35° 外圆刀对好,按图 3-1-15d 所示加工,按入刀点位置入刀,按尺寸要求加工完锥度。

从上面的加工实例可以看出,要检查刀具几何形状与工件干涉情况,必须用数据来确定干涉位置,才能确定刀具的快速移动轨迹和切削路径。

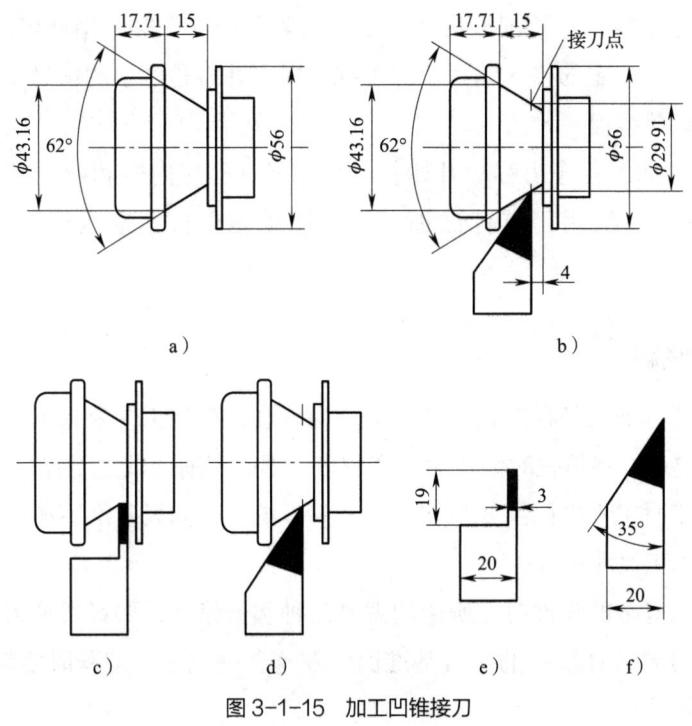

图 3-1-15 加工凹锥接刀

5. 仿真检查刀具加工路径

当机床的行程、夹具的结构尺寸、工件的加工尺寸、辅具的尺寸、工件坐标系的设定、加工用的刀具和刀具的补偿值都确定以后，可以用仿真软件检查刀具轨迹和路径的干涉情况。

学习单元 3　车铣复合加工试切调试

一、车削程序调试

1. 数控编程的概念

将零件的加工信息，如加工顺序、零件轮廓轨迹尺寸、工艺参数（F、S、T）及辅助动作（变速、换刀、切削液启停、工件夹紧和松开）等，用规定的文字、数字、符号组成的代码按一定的格式编写成加工程序单，并将程序单的信息变成控制介质的整个过程，即数控编程。

一个完整的加工程序由程序开始符、程序号、程序内容和程序结束符组成。程序的检查和调试一般用于首件试加工，采用动态模拟、空运行以及试切加工的方法。

2. 车削调试的内容

数控车主要是加工各种形状的外轮廓和内轮廓，在加工中要保证尺寸精度、几何精度和表面粗糙度，在编程时涉及的内容较多，因此车削调试主要有以下内容：

（1）在加工时工件坐标系要与加工工艺基准统一，如果基准不统一要进行基准转换，同时调整加工尺寸精度。

（2）当加工复杂的零件时，所用的刀具品种和数量多，要经常换刀，为了方便调整程序，对刀时要选择统一的对刀基准面。在这种情况下，编程时要调整尺寸数据，并进行数据优化处理。

（3）在编程时，要按粗加工、半精加工和精加工的过程编制加工程序，依据加工实际情况调整切削用量。

（4）在编程时要执行切削用量的选择原则，首先选背吃刀量，然后选进给速度，最后选择切削速度。

（5）一把精加工刀具使用同一个刀补值，加工多个不同精度的尺寸时，要进行尺寸优化和调整。

（6）在调整程序时，尽可能使程序短，减少空行程的时间和换刀次数，提高加工效率。

（7）对复杂的曲面加工，需要几把刀具完成，通过试切调整好刀具的起始点、入刀点和出刀点，保证不碰撞，保证切入时平稳和没有冲击振动。

（8）调整程序时要保证程序格式和使用代码的正确性。

（9）在加工中有些尺寸不好检测，为满足检测要求来制定加工工艺，这时编程人员要调整加工程序。

（10）试切时，通过测量调整刀具的补偿值，或调整程序中的加工数据，来保证尺寸精度。

（11）加工中要依据机床的刚度、刀具的强度、夹具的刚度和工件的强度调整切削用量。

（12）通过试切调整典型零件加工的切削用量（如细长轴、直径小的深孔、薄壁件等）。

（13）通过调整加工程序，解决加工中刀具的干涉问题。

（14）通过试切调整变量、加工参数和程序（如特殊异形螺纹、函数曲面等）。

（15）在安装及找正夹具时，要保证定位精度，依据实际情况可调整坐标系值。

二、钻削程序调试

1. 孔的加工

在车铣复合中心机床上钻孔时，其对孔的加工过程为钻中心孔→钻孔→扩孔→铰孔。孔的精度主要由孔径尺寸、位置精度、同轴度、圆度、表面粗糙度以及孔口毛刺等因素构成，切削参数有切削速度、进给速度和背吃刀量。

（1）钻头使用寿命与加工效率。在满足工件技术要求的前提下，钻头的使用是否得当，主要根据钻头使用寿命和加工效率来综合衡量。钻头使用寿命的评价指标可用切削路程、加工效率、选用的进给速度和转速等来评价。钻头使用寿命与所用的材料有很大关系，钻头所用的材料有高速钢和硬质合金。

（2）钻孔方法。钻孔时都是点位坐标路径，工件坐标系的设定分为平面坐标系和极坐标系。加工孔有在端面上钻孔和在圆柱体上钻孔两种形式，使用的工具有轴向动力头、径向动力头和刀台三种。当孔位确定好后，钻孔有不循环钻孔和循环钻孔两种方法。依据孔的精度不同，钻孔过程有以下三种：一是钻中心孔→钻孔；二是钻中心孔→钻孔→扩孔；三是钻中心孔→钻孔→扩孔→铰孔。因此，加工程序要依据加工过程来编制。

2. 钻削程序调试内容

（1）在复杂的工件上钻孔，一定要调整钻头轴向对刀的基准平面，对刀基准平面一定要高于工件上其他平面。另外，要依据工件各面的高低情况调整循环钻孔初始点的设置，否则在移动坐标加工下一个孔时会发生碰撞。

（2）在钻深孔时，只要使用循环功能，一定要依据钻头的大小和排屑情况调整 R 点的数值，R 值设定要有利于排屑，且不影响加工效率。

（3）在钻深孔时要依据孔的深度、孔的大小、加工材料、切削参数、排屑情况确定及调整 Q 值的大小。

（4）在圆柱体上钻孔时，要通过试切确定刀具路径，否则会发生碰撞。

（5）当在主程序中调用钻削子程序时，要依据钻孔工具的大小、钻孔的位置来调整换刀位置点。

（6）在使用机床系统固定循环功能钻孔时，要检查机床的初始状态，调整绝对值和增量值的加工程序。

（7）在圆柱体上钻孔，当动力头接近主轴端时，一定要检查动力头的外形会不会与主轴或夹具体发生碰撞，调整进刀点和出刀点的位置。

（8）在加工中依据工件材料、刀具材料、表面粗糙度及尺寸精度调整切削参数。

（9）在编程时要将程序调整到刀具路径空行程最少，以减少重复路径。

三、铣削程序调试

车削中心机床上有铣削功能，铣削时刀具的路径是零件的轮廓形状，能在端面和圆柱体上铣削。加工的精度要求主要有尺寸精度、位置精度和表面粗糙度。铣削使用的工具有轴向动力头和径向动力头两种，铣削时把铣刀夹在动力头的夹套中并夹紧。上述车削和钻削程序调试的内容有多项对铣削程序调试也同样适用。下面是铣削程序调试的几点补充内容：

（1）铣削时形状复杂，轮廓尺寸精度高，要依据检测数据调整刀具半径补偿值。

（2）在自动编程时，有的后置处理不完善，这时要对程序进行检查和修改。

（3）用同一把刀具加工内、外轮廓时，尺寸公差不同，要优化尺寸或调整尺寸数据。

（4）在加工形状复杂的内、外轮廓形状时，编制的程序要方便调整和修改。

（5）加工内腔时，刀具补偿引入距离小，引入线距离小于刀具半径值，会发生过切，这时要调整程序，采用不加刀补的加工方法。

（6）当在圆柱体上铣削曲线槽时，要调整 C 轴与 X 轴或 Z 轴的切削参数。

（7）铣削用的动力头外形尺寸较大，夹持的刀具较短，加工中要调整刀具、动力头、夹具和工件之间的尺寸及走刀路线，保证不发生干涉。

（8）在使用动力头时，有的动力头转速是不能改变的，切削参数的调整主要是进给速度和背吃刀量，因此，要依据工件材料、刀具材料、零件强度、尺寸精度和表面粗糙度要求来调整切削参数。

课程 3-2　配合件加工

学习内容

学习单元	课程内容	培训建议	课堂学时
（1）配合精度控制方法	1）配合加工的种类及特征 2）影响配合精度的因素 3）配合精度控制方法	（1）方法：讨论法、案例教学法、练习法 （2）难点：多尺寸链配合精度控制方法	6
（2）多尺寸链配合件加工与精度控制	1）锥度配合精度控制 2）曲面配合精度控制 3）轴向配合尺寸控制 4）螺纹配合尺寸控制	（1）方法：讨论法、案例教学法、练习法 （2）难点：各种配合结构精度控制方法	10

学习单元 1　配合精度控制方法

一、配合加工的种类及特征

在机械加工中经常使用配合加工的方法，依据不同配合件的结构、用途和加工工艺选择不同的配合加工种类，其主要种类有组合装配加工、分组装配加工、造配加工和互换性配合加工。

1. 组合装配加工

将两个以上的零件按一定的装配关系组装在一起进行尺寸加工称为组合装配加工。

组合加工与单件加工相比有以下特点:

(1) 组合加工既能保证被加工零件的尺寸,又能保证配合尺寸和装配的其他技术要求。
(2) 加工中不需要提高零件上相关尺寸的精度及尺寸链的计算。
(3) 采用组合装配加工时,基准件可作为夹具使用。
(4) 为了保证装夹定位的精度,可提高定位尺寸的精度,以消除定位误差。
(5) 组合装配加工适合产品试制生产。
(6) 组合装配加工互换性差。
(7) 组合装配加工对加工工艺要求高。
(8) 组合装配加工对各装配件必须有定位和装夹连接的条件。

2. 分组装配加工

在中、小批量生产中,零件的位置精度要求很高,并且使用工艺装备加工。为了减少夹具的制造数量,这时把零件的加工精度分成几组,依据各组的定位精度配置定位件来装夹定位,完成高精度零件的加工。例如,在精加工工厂 7~6 精度的齿轮时,齿轮孔与定位心轴的同轴度公差为 $\phi 0.012$ mm,而齿轮孔为 $\phi 25 \text{IT}7$ 级精度加工(公差为 0.021 mm),定位心轴如果也按 $\phi 25 \text{IT}7$ 级精度制造,那么定位心轴与齿轮孔的配合间隙就不能满足齿轮同轴度的要求。为了保证齿轮的同轴度要求,轴与孔采用分组配合定位方法,以齿轮孔为基准,将定位心轴分为四组,保证每组心轴与齿轮孔的配合间隙满足同轴度公差 $\phi 0.012$ mm 的要求。

分组装配加工的特点如下:能保证零件的精度,降低加工成本,不需要提高零件的定位尺寸精度;装配简单,装配定位精度高,适用于成批生产中;分组数不宜过多(一般为 3~5 组),只要零件加工精度能较容易获得即可,否则将增加零件测量和分组的工作量。分组装配法虽然增加了测量、分组的工作量,但降低了零件的加工精度要求,从而降低了加工成本。

3. 造配配合加工

造配配合加工方法一般用于有配合要求而且尺寸较大的零件加工,用于最终有装配精度要求的部件加工,也用于模具造配加工。其方法是将形状复杂、加工精度高、加工工艺性和检测工艺性差的零件先加工完成,并且以它作为基准,再将另一零件按基准件的尺寸精度进行加工,达到装配后的技术要求。

造配配合加工的特点如下:在一定程度上降低了零件精度,降低了加工难度,但是对测量的准确性要求高;零件与零件之间没有互换性,零件要成组使用;加工效率低，加工成本低。

4. 互换性配合加工

互换性配合加工方法一般用于大批量生产，在加工中所有装配的零件尺寸精度按照零件图样尺寸精度加工，所有加工的零件都具有互换性，装配精度和技术要求靠各零件的精度保证。

互换性配合加工的特点是加工用的机床精度高，使用专用工艺装备，加工工艺成熟，加工效率高，零件的互换性强。

二、影响配合精度的因素

1. 机床精度

机床的精度直接影响零件的加工精度。机床精度分为几何精度、定位和重复定位精度。机床的几何精度影响零件的形状和位置精度（如同轴度、平行度、跳动、垂直度、圆度和圆柱度），定位和重复定位精度影响尺寸精度以及尺寸的一致性。

2. 夹具装夹定位

夹具装夹定位误差有夹具的制造误差、夹具的安装误差、工件的定位和找正误差，这些误差的存在影响零件的尺寸精度和几何精度。

3. 加工过程

在加工过程中存在对刀误差、测量误差、刀具磨损误差、零件变形和组装误差等，这些因素都影响配合加工精度。

4. 基准的选择

在加工中把两个以上的零件装配在一起进行加工，涉及的基准问题较多，选择加工基准、对刀基准和测量基准非常重要，基准选择是否合理直接影响配合尺寸的加工精度以及单个零件是否合格。

5. 加工工艺

当多个零件都有装配关系，各零件有配合尺寸要求，并且各零件的装夹条件不好，需要组装加工时，加工工艺的安排非常重要。例如，各零件的加工顺序，各零件定位尺寸精度和余量的确定，加工中检测方法的确定等。如果加工工艺制定得不合理，会造成部件不合格。

6. 加工系统刚度

当几个零件装配在一起后，部件长度尺寸增加了很多，使部件的加工刚度降低，造成加工中振动，加工的表面质量不好，尺寸不稳定，几何精度不易保证。

7. 切削参数

在加工组装件时，切削参数影响加工尺寸精度和表面粗糙度，所以要依据组件的装夹状态合理选择切削参数。

8. 加工工艺性和检测工艺性

对于有些零件组装后，组合件的加工性不好，尺寸和几何形状的检测工艺性差，对加工精度都有很大影响。

三、配合精度控制方法

零件的配合形式和种类有许多种（如圆柱体的孔和轴配合、面与面的配合、锥度配合、曲面配合等），而配合组装后的技术要求（如配合的尺寸要求、配合的间隙、配合后的同轴要求等）不同，配合精度控制方法要有针对性，下面是常用的零件配合精度控制方法：

1. 消除加工系统相关因素的不利影响

在加工中，机床、夹具、量具和测量方法是影响配合精度的主要因素，所以在加工中要消除这些因素的不利影响。

（1）加工中要检查机床几何精度和定位、重复定位精度，要依据零件的加工精度和技术要求选择机床精度。

（2）在使用法兰盘和心轴夹具时，要对定位孔或轴进行在线加工，减小夹具的安装和找正误差，减小加工系统的累积误差。在使用专用夹具时，要把夹具找正误差控制在加工误差的 1/3 以内。

（3）在加工中对量具要按规定进行校核，正确使用量具。在测量时要使用正确的检测方法，对检测工艺性差的尺寸，要创建检测基准，进行基准转换，使用间接检测方法以及尺寸链计算。

2. 制定合理的加工工艺

（1）在组合装配加工中，合理制定各组合件的加工顺序，制定加工基准，保证装夹定位面和孔的几何精度（跳动、同轴度、垂直度），这样才能保证最终加工的组合件的几何精度。

（2）在加工有同轴度要求的组合件时，要把孔与轴的配合间隙控制在同轴度公差的 1/2 以内。

（3）选用可靠的装夹方式（如一夹一顶、两顶尖等），提高安全性和刚度，防止产生振动。

（4）依据加工情况，合理选择切削参数。

（5）在加工造配组合件时，要先加工形状复杂、尺寸精度高、加工工艺性差的零件，以此零件为基准件，另外的件按配合要求与基准件造配加工。

（6）分组装配加工虽然能加工高精度的零件，但是装夹定位的间隙很小，所以在加工定位心轴和定位孔时，要保证它们的几何精度（如圆度、圆柱度、垂直度等）和表面粗糙度等，这样几何误差不会影响装夹定位。加工时把定位安装误差控制到零件精度的 1/5。

3. 组合加工的装夹

配合组件的定位连接方式非常重要，它直接影响加工精度和安全生产。常用的定位连接方式有以下几种：

（1）螺纹连接。螺纹连接有外螺纹和内螺纹连接，无论采用哪种连接方式，在结构上有定位轴和定位孔。

（2）锥度定位。用内、外锥度定位时，能达到无间隙配合。但是锥度配合无法进行固定连接，因此要用螺纹连接固定，在加工时要保证螺纹与锥度的同轴度，如不同轴，螺纹会把轴线拉歪，影响定位精度。

（3）端面定位。当用端面和孔（轴）定位时，一定要保证定位面和孔（轴）一次加工完成，即保证孔（轴）与定位面的垂直度。被装夹的另一零件的定位面和孔（轴）也要垂直，这样才能保证零件的装夹可靠性，加工完的零件不会变形，同时能保证加工后的面和孔（轴）的位置精度（如平行度、跳动、垂直度等）。

（4）孔轴定位。在用孔和轴配合定位时，要保证孔与轴的配合间隙，更重要的是要保证孔和轴的形状精度（如圆度、圆柱度等），形状误差不能影响配合定位精度。

学习单元 2 多尺寸链配合件加工与精度控制

一、锥度配合精度控制

如图 3-2-1 所示，锥度配合精度控制与圆柱体配合相比，控制难度大，技术要求高，影响锥度配合精度的原因较多，所以必须了解圆锥体精度、配合特性、加工和检测等技术。锥度配合主要是保证配合距离，配合距离用来确定内、外圆锥之间最终的轴向相对位置。另外也用锥度配合定位加工两个配合件的长度尺寸及外形。

1. 圆锥的精度

（1）圆锥形状公差。圆锥形状公差包括素线直线度公差和任意截面上的圆度公差，在图样上

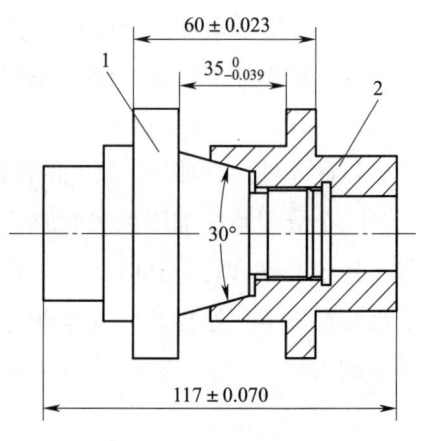

图 3-2-1 锥度配合
1—锥轴 2—锥套

可以标注圆锥的这两个形状公差或其中某一项公差，或者标注圆锥的面轮廓度公差。对于要求不高的圆锥零件，其形状误差一般由圆锥直径公差 T_D 加以限制。

圆锥直径公差是指圆锥直径允许的变动量。两个极限圆锥所限定的区域为圆锥直径公差。圆锥直径公差以基本圆锥的大端直径为公称尺寸，按标准公差选取，其数值适用于圆锥体长度内所有直径。为了使圆锥结合的基面距变动量不至于太大，有配合要求的圆锥直径公差等级不能太低。

（2）圆锥公差带。包括极限圆锥角、圆锥角公差和圆锥角公差带，如图 3-2-2 所示。极限圆锥角是指允许的最大圆锥角和最小圆锥角，它们分别用 $\alpha_{\max}$ 和 $\alpha_{\min}$ 表示。圆锥角公差是指圆锥角的允许变化量，用 AT_α 表示，以直径允许变化量表示时为 AT_D。最大圆锥角

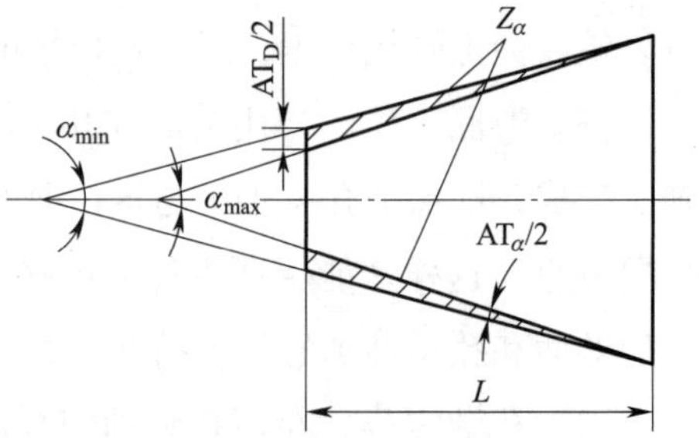

图 3-2-2 圆锥角公差带

和最小圆锥角限定区域称为圆锥角公差带 Z_α。

2. 圆锥的配合

圆锥的配合种类有三种，即间隙配合、过渡配合和过盈配合。

（1）间隙配合是通过内、外圆锥的轴向移动来调整间隙，用于相对运动的机构。

（2）过渡配合是指可能有间隙，也可能有小的过盈的配合，要求内、外圆锥紧密接触，用于密封和定中心的机构。

（3）过盈配合是指具有过盈的配合，过盈的大小也可通过内、外圆锥的轴向移动来调整，用于密封和定中心的机构。

3. 锥度的加工及调整

要加工好圆锥体以及控制锥度配合精度，首先要试加工一个外圆锥体试切件，用正弦规检测加工件，通过检测的结果来调整加工程序（或机床），达到加工锥度的精度要求。以下是用正弦规检测锥度的方法：

正弦规是一种间接测量角度的计量器具，使用时要与量块、百分表等配合。正弦规测量角度误差的原理是以直角三角形的正弦函数为基础的。如图 3-2-3 所示，测量时，依据被测圆锥的公称锥角 α，按下式计算出量块的高度 h：

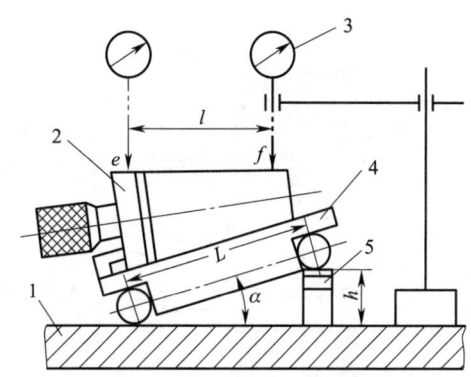

图 3-2-3　用正弦规测量锥度
1—平板　2—被测圆锥塞规　3—百分表
4—正弦规　5—量块

$$h = L\sin\alpha$$

L 为正弦规两圆柱间的距离。将计算好尺寸的量块垫在一圆柱下面，这时平板与正弦规的工作面形成夹角 α，再将被测圆锥放到正弦规工作面上，如被测角度与正弦规角度相等，百分表在 e、f 点等高，否则两点有一差值 A。当 $\alpha' > \alpha$ 时，$e-f=+A$；当 $\alpha' < \alpha$ 时，则 $e-f=-A$。角度误差为

$$\tan\alpha = A/L$$

4. 锥度配合精度的控制

锥度配合有两种形式，一种配合形式是造配，加工过程是先加工好锥套（以套为基准），然后加工锥轴进行造配，达到配合精度要求，这种配合没有互换性；另一种

配合形式是互换性配合，加工时锥轴和锥套按图样精度加工，然后任意装配达到配合精度要求。无论哪种配合加工，首先要掌握锥轴和锥套的单件加工技术，才能控制锥度的配合精度。下面是锥体加工的主要技术要点：

（1）在加工锥体时，机床的几何精度要满足加工要求。如机床的径向圆跳动精度不高，会影响锥体每个截面的圆度。机床导轨与机床主轴中心线不平行，会影响锥体的角度精度。机床 X、Z 轴导轨不垂直，会影响锥体截面圆轮廓精度。机床 X、Z 轴伺服脉冲当量的同步性不好，会影响锥体的角度精度。

（2）当安装刀具时，刀尖对主轴的中心过高或过低，影响刀具的前角和后角（过高使刀具前角变大，后角变小；过低使前角变小，后角变大），对锥体的轮廓精度以及表面粗糙度影响很大，会造成锥体的外形成为鼓形或凹形。刀具安装如图 3-2-4 所示。

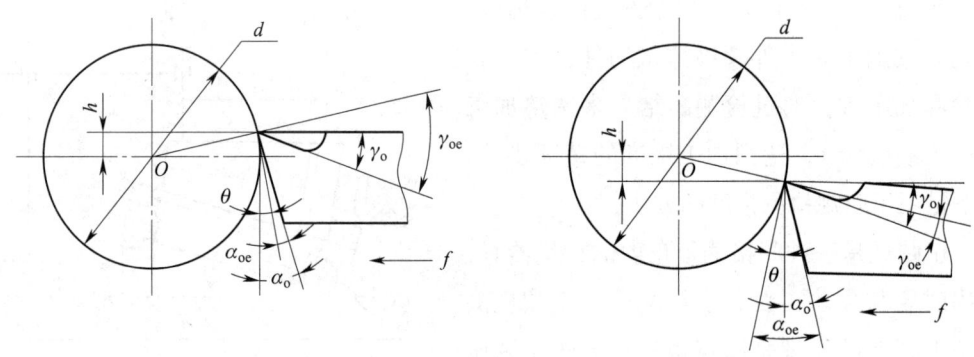

图 3-2-4　刀具安装

（3）加工高精度锥体时，整个加工系统的刚度非常重要，加工时不能产生振动，否则会影响锥体的表面粗糙度、轮廓精度以及角度精度。

（4）加工高精度锥体时，要按粗加工、半精加工、二次半精加工和精加工四个工步加工，这样可以消除误差，特别是复映误差、让刀误差和形状误差，还能提高表面质量。

（5）在加工中要依据加工材料、刀具材料、刀具强度和刀具几何角度选择切削用量参数。

（6）加工产品前，要用同样的加工条件试切一锥体试件，然后用正弦规检测，判断角度误差和角度的误差方向，并进行调整。

（7）加工基准的选择和对刀基准的精度非常重要，加工锥轴时要选择一个外圆作为对刀基准，加工锥孔时要选择一个内孔作为对刀基准，这些对刀基准的精度一定要满足加工锥度的精度要求。图 3-2-5 所示为加工锥轴和锥套对刀图。

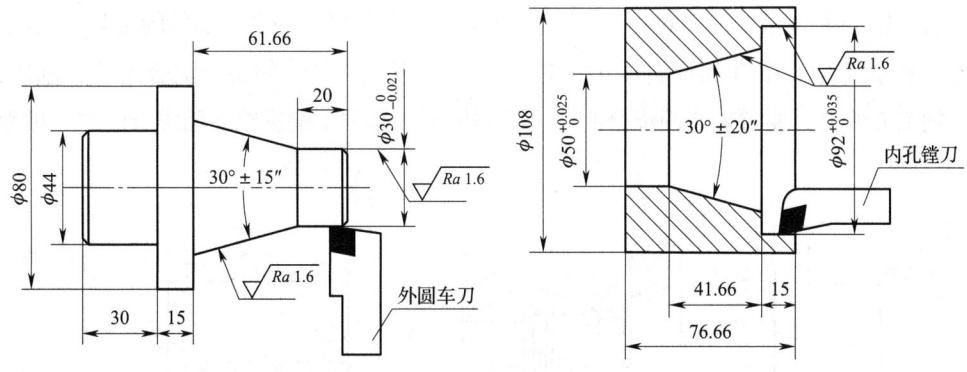

图 3-2-5 加工锥轴和锥套对刀图

（8）加工单件或尺寸较大的锥度配合件时，要依据锥轴和锥套件的加工工艺确定基准件，一般情况下都是先加工锥套（以锥套为基准），配作锥轴。

5. 锥度配合加工实例

如图 3-2-6 所示为一个内锥套与锥轴的锥配装配图，两个零件装配后达到图样要求。加工时先加工锥套，当锥套加工完后再加工锥轴。在锥轴二次半精加工完成后，与锥套配合试装，用量块测出当前间隙尺寸 L_1，再计算间隙余量 ΔL，（$\Delta L = 6-L$），用正切三角函数计算出要加工锥度的直径余量。当精加工完成后，两件装在一起，用量块测量配合间隙的数值。

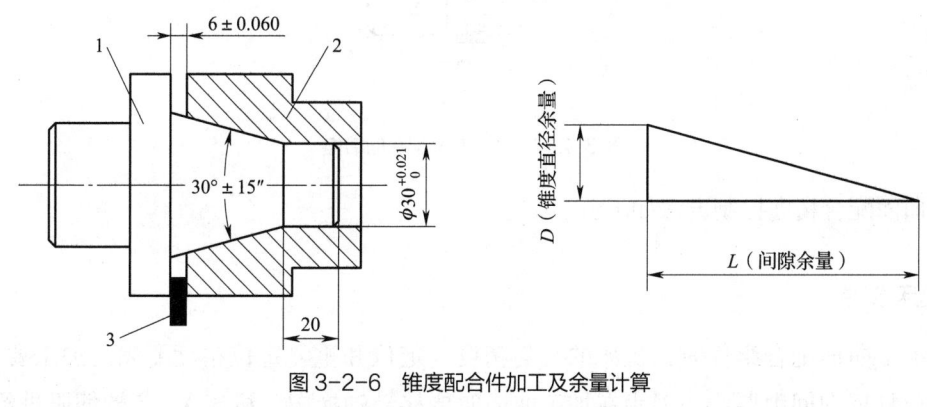

图 3-2-6 锥度配合件加工及余量计算
1—锥轴 2—内锥套 3—量块

二、曲面配合精度控制

曲面配合在机构中经常应用，如轧辊、模具、钣金滚压等。曲面配合的形式分三种，即轴向曲面配合、端面曲面配合和曲面外形配合，如图 3-2-7 所示。曲面配合与锥度配合、轴向配合相比加工难度较大，主要体现在曲面配合是多个零件的组装，约束条件多。在加工中影响曲面配合的因素较多，如机床、刀具、装夹、配合定位、基准制定、加工方法等。要掌握曲面配合的精度控制技术，必须了解影响曲面配合的加工过程。

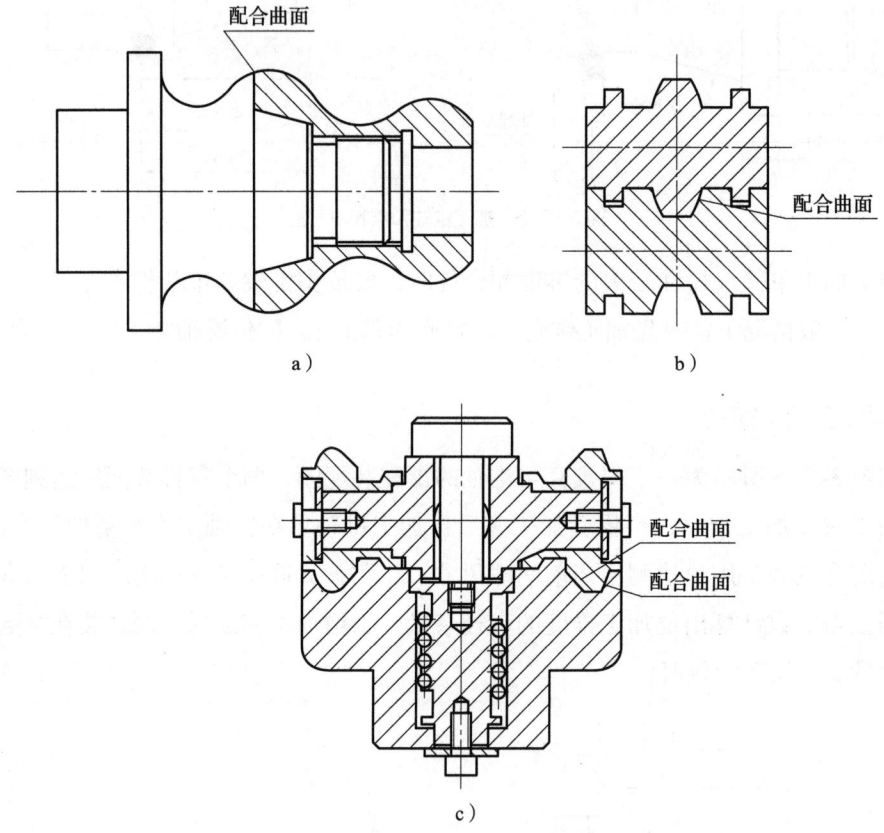

图 3-2-7 三种曲面配合的结构

曲面配合精度控制方法如下：

1. 机床选择

加工曲面配合组件时，机床的几何精度、定位和重复定位精度要满足加工要求。机床丝杠反向间隙要小，因为在加工曲面时要移动轴换向，机床 X、Z 轴伺服进给同步性要好，否则影响曲面的轮廓精度。

2. 刀具安装

安装刀具时，要把刀具装平行和垂直，刀尖要与主轴的中心轴线高度重合。这样安装刀具能提高曲面加工的轮廓精度。

3. 工序划分

加工高精度曲面配合组件时，因零件直径方向上的切除量较大，造成直径变化较大，使零件刚度降低，造成零件变形。在加工过程中要进行整体粗加工，再进行粗加工、半精加工、精加工。必要时粗加工后进行时效处理。

4. 选择切削用量参数

加工中要依据加工材料、刀具材料、刀具强度和刀具几何角度选择切削用量参数。

5. 机床精度检验

为了验证机床的精度，在加工曲面配合组件前，要试切一圆球件来检验机床精度，如图 3-2-8 所示。当试切件加工完成后，用外径千分尺测量 1、2、3 点的球直径值，然后将球件转 90°，用同样的方法再测三个点的球直径值，如果六个点都合格，说明此机床能加工高精度曲面。

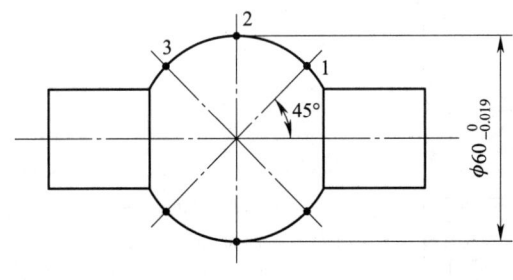

图 3-2-8 试切圆球件

6. 加工基准和对刀基准选择

加工基准和对刀基准是加工曲面配合件的重点，这两个基准选择不对，直接影响曲面配合精度。在选择加工基准时，要考虑曲面配合技术要求。选择加工基准要统一（对刀基准、加工基准、检测基准），特别是对刀基准的精度要高于待加工曲面的精度（对刀基准有圆柱直径和端面）。如图 3-2-9 所示为曲面对刀方法。

图 3-2-9 中两个件在装配时由轴肩和槽侧面定位，因此在加工中要选择槽内侧面为加工轴 A 时的加工基准，选择轴肩内侧面为加工轴 B 时的加工基准。直径方向统一以外圆为对刀基准。

图 3-2-10 所示为加工两个轴的对刀过程。在加工曲面轴 A 时，用正反 35° 外圆刀加工，用左边槽侧面对刀加工椭圆左边曲面，用右边槽侧面对刀加工椭圆右边曲面。

用同样方法加工曲面轴 B，对刀的精度误差控制在 0.02～0.04 mm。特别注意加工时的接刀点。

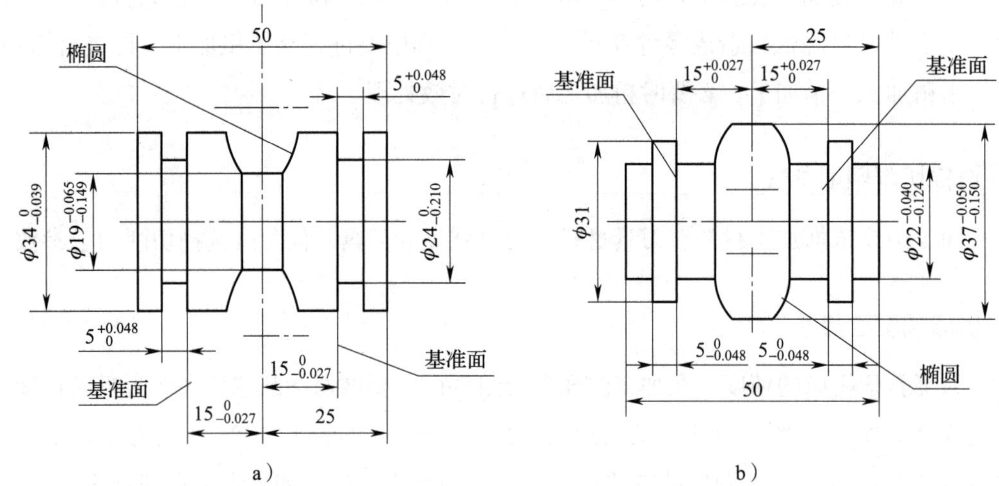

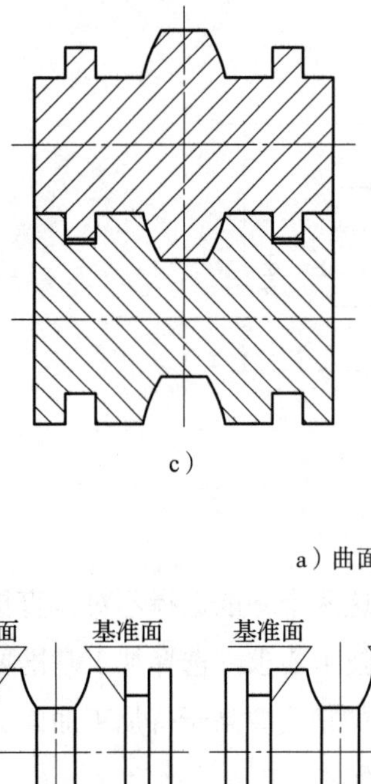

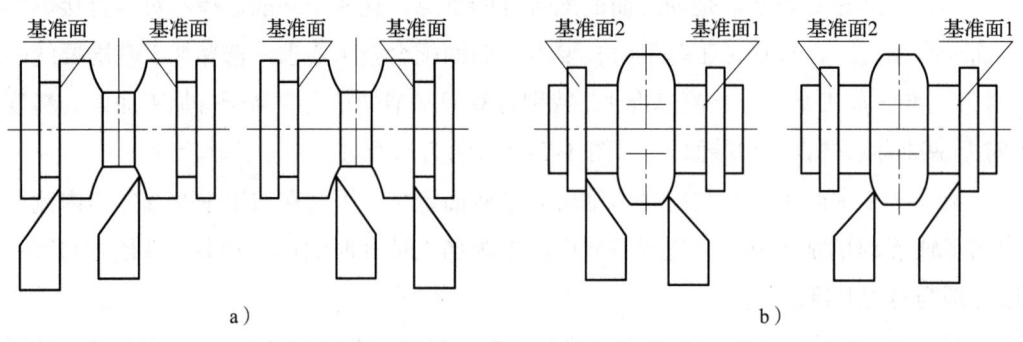

图 3-2-9　曲面对刀方法
a）曲面轴 A　b）曲面轴 B　c）曲面配合

技术要求
1. 曲面轴A的椭圆长半轴 $a=7.5_{\ 0}^{+0.05}$，短半轴 $b=15_{\ 0}^{+0.05}$。
2. 曲面轴B的椭圆长半轴 $a=7.5_{-0.05}^{\ 0}$，短半轴 $b=15_{-0.05}^{\ 0}$。
3. 轴A与轴B相互啮合后间隙小于0.1。

图 3-2-10　加工两个轴的对刀过程
a）曲面轴 A　b）曲面轴 B

7. 端面复合曲面的配合精度控制

端面复合曲面加工难度大，一是加工中需要接刀，二是没有好的对刀基准，因此在加工时要采取以下技术措施：

（1）要创建对刀基准，同时用画图的方法选好接刀点。

（2）合理制定加工工步顺序。

（3）掌握以轴、孔和槽为基准的对刀方法。

（4）选择好加工基准，并能进行基准转换。

（5）通过控制对刀基准的精度，间接地控制曲面轮廓精度。

8. 端面复合曲面槽加工实例

图 3-2-11 所示为端面复合曲面槽配合件加工。在曲面装配机构中，滚轮在机座内曲面槽中滚动，如果机座曲面滚道的位置尺寸和形状加工不好，滚轮不能在滚道中转动。机座滚道位置尺寸的基准是空间的球心，所以，在加工时要把空间点的基准转换成平面基准。

如图 3-2-11a 所示，组合滚轮与机座端面上的复合球曲面配合，并能在端面槽中滚动，配合间隙为 0.1 mm。图 3-2-11b 所示为机座零件图。

图 3-2-11c 所示为创建对刀基准内孔和外圆，并提高对刀基准的精度，满足槽的加工精度。利用外圆和内孔进行加工端面槽对刀，用内孔对加工槽的外侧面的刀具，用外圆对加工槽的内侧面的刀具。

图 3-2-11d 所示为通过端面槽对加工机座滚道槽的刀具。对刀方法是在端面上加工出端面槽，测量槽的内、外直径尺寸实际值，把槽的内、外侧面作为对加工曲面槽刀具的基准，用端面直槽外侧面对加工曲面槽外侧面的刀具，用端面直槽内侧面对加工曲面槽内侧面的刀具。

三、轴向配合尺寸控制

轴向配合是轴类件与孔类件的配合，轴向配合的定位主要是轴肩、孔和端面，加工中主要是控制长度尺寸。轴向配合的种类一般分锥度配合、轴套配合和组装加工配合三类。

锥度配合是无间隙配合，自动定心，能控制轴向配合尺寸，但零件与零件之间互换性差，这种配合常用于同轴度精度要求高的零件。

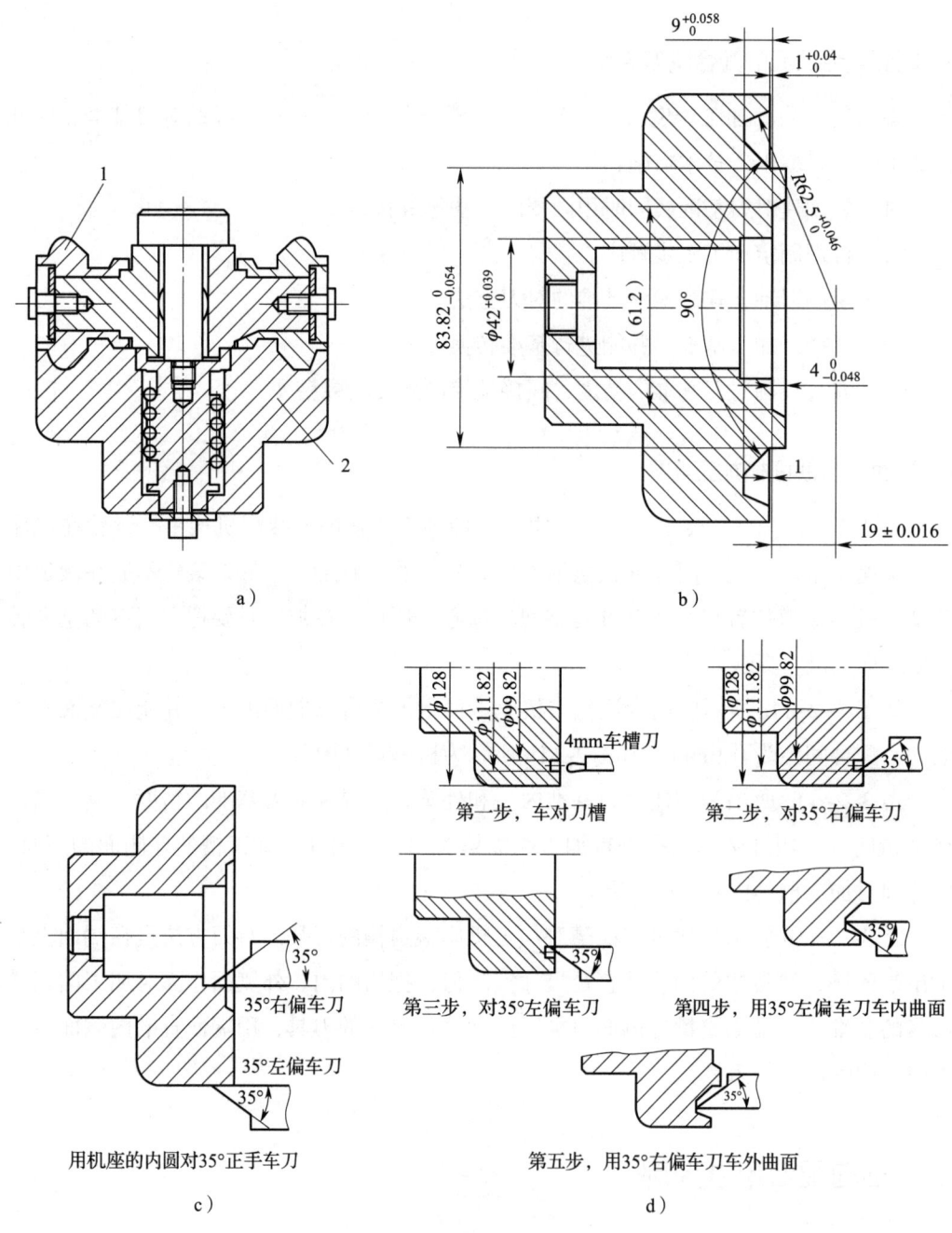

图 3-2-11 端面复合曲面槽配合件加工
1—滚轮 2—机座

轴套配合是以套件的孔和定位面为基准与不同公差等级的轴类件配合。这种配合可适当降低加工精度,可改善套件的加工工艺性,把精度转移到加工工艺性好的轴件上,适当提高轴件的加工精度,达到配合装配要求。

组合装配加工配合是将两个零件组装在一起进行组合加工，达到轴向尺寸要求，这种配合一般用于单件和尺寸较大的零件加工。

总之，无论哪种配合，最终控制的都是长度尺寸、功能和配合间隙，因此在控制轴向配合时，主要控制零件的长度尺寸精度。在控制轴向精度时通常采取以下技术措施：

1. 测量长度尺寸的量具

依据轴向配合种类不同，对于轴向配合长度尺寸的检测，要依据尺寸的检测工艺性选择检测量具，如游标卡尺、游标深度尺、外径千分尺、量块、百分表、公法线千分尺等。

2. 测量长度尺寸的方法

对于轴向配合主要是控制长度尺寸精度，只有用正确的测量方法才能控制长度尺寸精度。常用的长度测量方法有以下几种：

（1）量具直接测量法。用外径千分尺、公法线千分尺、深度千分尺、内测千分尺测量长度尺寸。

（2）定值量具测量法。用量块测量槽宽尺寸。

（3）打表测量法。如图3-2-12所示，测量时把杠杆百分表装在磁力表座上，将磁力表座吸在刀台上，用机床手动的方式，使用脉冲发生器和进给倍率（测量时用0.01 mm挡）把表压到基准面上（压表量为0.15 mm），表针调到零位。然后，将机床坐标系 Z 轴清零，再把表水平移开基准面，用脉冲发生器把表移到被测表面上，表针指在零位。完成操作后看显示屏 Z 轴值，该值就是要测量的距离尺寸，通过 Z 轴值确定加工余量。被测面的形状精度和表面质量要高，机床的精度要高。

（4）间接测量的方法。测量时使用两种以上量具测量一个尺寸，并通过计算得到被测值（如用打表法和量块相结合测量一个尺寸）。

（5）尺寸链计算法。在加工中有些尺寸不能直接检测，或加工基准进行了转换，这时要通过尺寸链计算来控制测量尺寸。

3. 机床精度控制

由于在加工中对被加工面要反复加工和测量，机床定位精度、重复定位精度对长度尺寸精度影响较大，因此，机床精度一定要满足零件的加工精度要求。

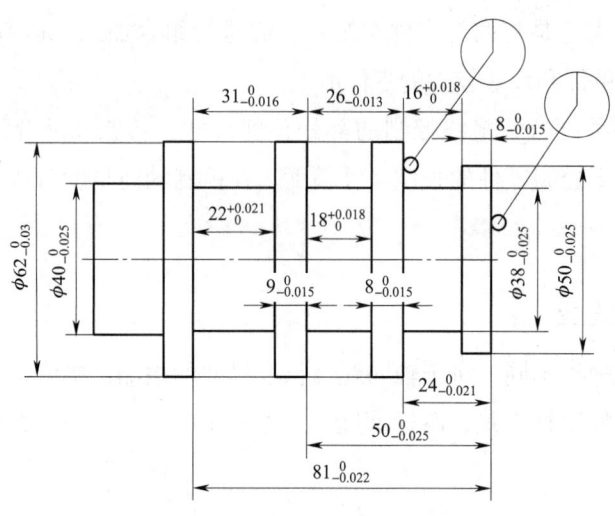

图 3-2-12 用打表法测量长度尺寸

4. 基准统一

在加工中要尽可能使设计基准、工艺基准、检测基准统一,基准统一可改善加工工艺性,减小累积误差。另外,在基准转换时,要保证转换基准后的尺寸精度要高于原尺寸精度,同时满足本工序和后工序所有加工尺寸精度要求。

5. 保证几何精度

在加工配合组件时,要保证定位面、定位孔(轴)和各加工面的几何精度,如跳动、垂直度和平行度,因为几何误差会影响轴向配合尺寸的精度。

6. 制定合理的加工工艺

合理编制轴向配合组件加工工艺,内容包括:确定加工顺序;确定加工基准,保证装夹定位面、孔和轴的位置精度(如跳动、同轴度、平行度、垂直度等);选择可靠的定位装夹方式,保证安全性和加工系统的刚度,防止振动;制定在线检测方案,有效控制加工尺寸精度;依据加工情况,合理选择切削参数。

四、螺纹配合尺寸控制

螺纹配合主要是实现螺纹的互换性,必须保证良好的旋合性和一定的连接强度。影响螺纹配合和互换性的主要几何参数有大径、小径、中径、螺距和牙型半角,如

图 3-2-13 所示。螺纹参数图是螺纹轴线剖面图，是在三角形牙型顶部裁去 $H/8$，底部裁去 $H/4$ 形成的。螺纹参数在加工过程中会产生一定的加工误差，影响螺纹的旋合性、接触刚度、松紧度和连接的可靠性，从而影响螺纹的互换性。在加工螺纹时要采取以下控制方法：

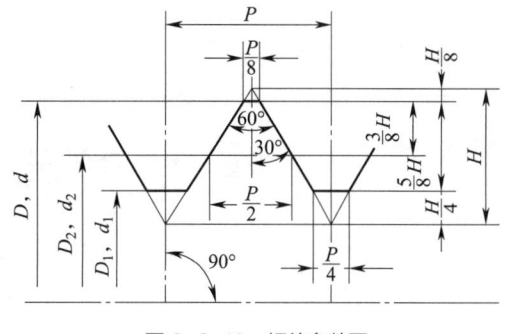

图 3-2-13　螺纹参数图

（1）加工螺纹时，依据按螺纹的公差等级，按标准公差加工螺纹的内径和外径尺寸。

（2）正确安装刀具，刀尖必须与螺纹轴线等高，确保刀尖的角平分线垂直于螺纹轴线，否则，不能保证螺纹的两个牙型角相等。

（3）在加工螺纹时，要保证所用螺纹刀的刀尖角与螺纹牙槽形状一致，所以加工时要使用定值螺纹刀具。

（4）在加工尺寸较大的螺纹时，依据螺纹的公差等级查螺纹中径公差，并用螺纹千分尺测量。

（5）加工螺纹时，切削用量要依据刀具材料、工件材料、高速加工、低速加工等情况选择。加工最后一刀时，背吃刀量为 0.05～0.07 mm，加工大尺寸螺纹时用低速。

（6）在加工细长轴螺纹工件时，要用一夹一顶的装夹方式。

课程 3-3　零件精度检测

学习内容

学习单元	课程内容	培训建议	课堂学时
加工误差分析	1）轴向尺寸误差原因分析与改进措施 2）径向尺寸误差原因分析与改进措施 3）形状误差原因分析与改进措施 4）位置误差原因分析与改进措施	（1）方法：讨论法、案例法 （2）重点与难点：几何误差原因分析与改进措施	8

学习单元 加工误差分析

一、轴向尺寸误差原因分析与改进措施

工艺系统中的各组成部分，包括机床、刀具、装夹、加工误差、安装误差、机床和刀具磨损，都直接影响工件的加工精度。也就是说，在加工过程中工艺系统会产生各种误差，从而改变刀具和工件在切削运动过程中的相互位置关系而影响工件的加工精度，而这些误差在加工过程中存在，并且不可避免。加工过程中影响轴向尺寸精度的主要因素有以下几个方面：

1. 机床定位精度和重复定位精度的影响

数控机床的定位精度是指数控机床各坐标轴在数控系统的控制下运动的位置精度。引起定位误差的因素包括数控系统误差和机械传动误差，而数控系统的误差则与插补误差、跟踪误差等有关。机床重复定位精度是指重复定位时坐标轴的实际位置和理想位置的符合程度。上述两项误差较大时，使机床在轴向反复移动时误差增大，影响长度尺寸的加工精度。

改进措施：调整伺服传动系统的间隙；用激光干涉仪对机床定位精度和重复定位精度进行检测，依据检测数据对 Z 轴进行螺距补偿（用系统参数补偿）。

2. 丝杠反向间隙的影响

在加工高精度轴的长度尺寸时，丝杠和螺母的反向间隙影响长度尺寸的精度。

改进措施：通过试切和测量，用机械调整的方法调整丝杠和螺母的间隙，也可通过数控系统参数进行反向间隙补偿。

3. 测量对长度尺寸精度的影响

轴类零件在形状上比较复杂，有槽、轴肩、台阶、曲面等，这些形状可以组成复杂的长度尺寸，如图 3-3-1 所示。测量时所用的量具品种较多，测量有多种方法。

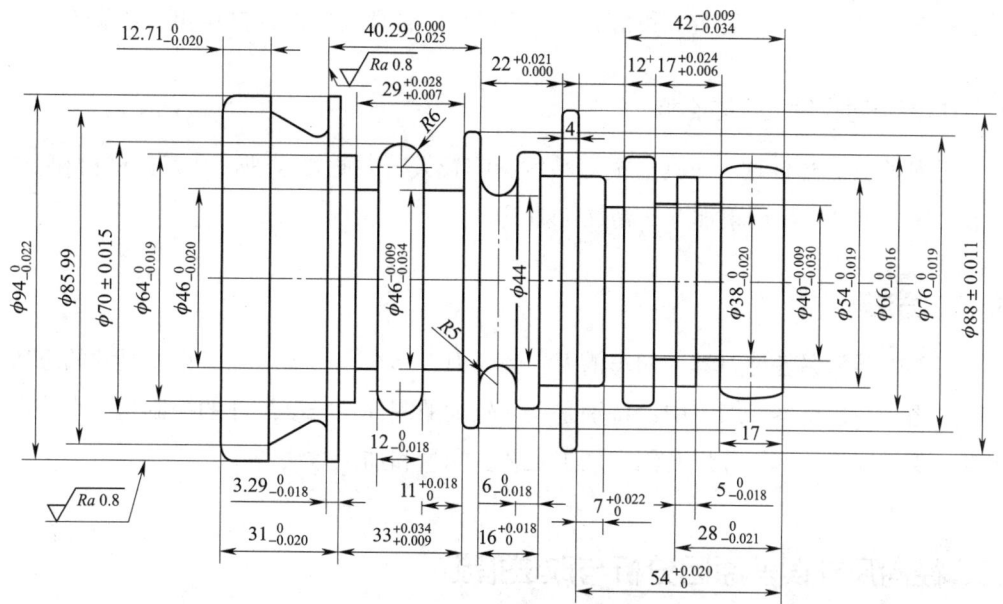

图 3-3-1 轴零件图

改进措施：为了能准确地测量长度尺寸，在测量中要掌握以下要点。

（1）测量时首先把量具校对准确。

（2）对不能使用量具检测的长度尺寸，用机床打表和勾表的方法测量。

（3）对间接的长度尺寸可用尺寸链计算。

（4）对槽宽尺寸，可使用量块、内测千分尺测量。

（5）对槽间距和轴肩距长度尺寸，使用外径千分尺和公法线千分尺测量。

（6）使用间接和计算方法测量长度尺寸。

（7）加工中保证基准面和被测面的平面度、垂直度和平行度。

（8）加工中要保证加工面的表面粗糙度，否则影响长度尺寸测量精度。

（9）正确选择刀具和切削参数，创造好的切削条件。

（10）依据加工材料、刀具材料和尺寸精度，合理确定精加工余量。

（11）机床精度不高时，对精度要求高的长度尺寸，要单独加工、单独测量。

（12）正确选择加工基准和测量基准，合理安排加工顺序，要有利于尺寸的测量。

4. 变形对长度尺寸的影响

对于细长轴和切除量较大的零件，加工时容易产生变形，影响长度尺寸精度。

改进措施：对细长轴采用一夹一顶的装夹方式（或两顶尖装夹），以及采用退料的加工方法；对切除量大的零件，加工完要安排时效处理，消除加工应力；在加工过程中要进行粗加工、半精加工和精加工三个过程，合理选择刀具材料和切削参数。

5. 刀具磨损对长度尺寸的影响

切削难加工材料时，刀具磨损对精度影响较大，因此要合理选择刀具材料和切削参数，加工中分别使用粗加工、精加工刀具。

6. 加工方法

加工中要掌握各种刀具（如车槽刀、圆弧刀、35°车刀等）加工长度尺寸的方法。

总之，在轴类零件加工中，特别是尺寸较大的零件，长度尺寸的控制是一个难点，所以，要依据零件具体分析及制定加工工艺、测量和加工方法。

二、径向尺寸误差原因分析与改进措施

径向尺寸误差主要产生在直径尺寸上。直径尺寸分外圆柱直径、内圆柱孔径、锥面直径、圆弧直径等。产生径向尺寸误差的原因有以下几点：

1. 机床的几何精度、定位精度、重复定位精度对直径精度的影响

机床的几何精度、定位精度、重复定位精度对直径尺寸精度影响较大。

改进措施：调整丝杠间隙；用激光干涉仪对机床定位精度和重复定位精度进行检测，依据检测数据对 Z 轴进行螺距补偿（用系统参数补偿）。

2. 机床主轴径向圆跳动的影响

机床主轴径向圆跳动影响工件的圆度，这是因为机床主轴轴承间隙过大。

改进措施：更换主轴轴承。

3. 径向导轨与机床主轴不垂直的影响

径向导轨与机床主轴不垂直，影响直径尺寸精度，也影响曲面的轮廓精度。

改进措施：调整两个导轨的垂直度。

4. 刀尖过高或过低的影响

若刀具安装时刀尖过高或过低，会使圆柱体的外形成为鼓形或凹形，影响直径尺寸精度。因此，在安装刀具时刀尖要与主轴中心线等高。

改进措施：在加工过程中，要经过粗加工、半精加工、二次半精加工和精加工过程，同时使用锋利的刀具加工，消除复映误差。

5. 测量次数的影响

在测量外圆和内孔直径时，要进行多点测量，避免因圆的形状误差造成测量误差。在测量长轴和深孔直径时，要进行两端和中间测量，避免因圆柱度误差造成测量误差。

6. 切槽刀切削刃的影响

在用切槽刀加工槽底直径时，切槽刀的切削刃不平，影响直径精度。

改进措施：为防止在圆柱体上出现斜面，在加工前通过试切，把刀具切削刃调整平，以满足加工精度要求。

7. 刀具刚度的影响

加工小直径深孔时，因刀具刚度不够，造成孔的直径超差和出现圆柱度误差，加工表面质量不高。

改进措施：提高刀具刚度，选择合理的刀具几何角度和材料，合理选择切削参数。

8. 对刀基准和对刀精度的影响

在加工内、外圆锥面和内、外曲面轮廓时，对刀的基准和对刀的精度影响圆锥面和曲面的精度。

改进措施：选择对刀的基准外圆或内孔，基准的精度等级可以与圆锥面和曲面的精度同级，也可高一级。

三、形状误差原因分析与改进措施

用数控车床加工零件时会出现形状误差，其原因包括数控车床的几何误差、刀具加工误差、工艺系统受力变形、装夹定位误差、工艺系统热变形、刀具磨损、操作加工方法不合理等多方面。数控车削在加工中产生的形状误差主要有直线度、圆度、圆柱度、线轮廓度等误差。影响形状误差的原因有以下几点：

1. 机床几何精度对工件形状精度的影响

机床误差主要包括主轴的回转误差（即径向圆跳动和端面圆跳动）、X轴与Z轴导轨的垂直度误差、机床主轴中心线与导轨的平行度误差、尾座中心线与主轴轴线的同轴度误差、多轴联动时数控系统的插补误差等,这些误差在不同程度上影响了零件的形状误差。

改进措施如下:

(1)对机床的几何精度按机床精度检测标准进行精度修复。

(2)对主轴轴线与尾座轴线不同轴,可用量棒调整,并进行动态试切。

(3)对数控系统的插补误差用系统参数进行补偿。

(4)对主轴回转误差,要更换主轴轴承。

2. 夹紧力对形状精度的影响

在加工高精度套类零件时,往往因夹紧力使零件变形,使加工的圆变为三角形和椭圆,产生了形状误差。

改进措施:精加工套类零件时,使用套类夹具和心轴,用轴向力压紧,可防止变形。

3. 工艺系统受力变形的影响

由机床、夹具、工件、刀具所组成的工艺系统是一个弹性系统,在加工过程中,由于切削力、传动力、惯性力、夹紧力以及重力的作用会产生弹性变形,从而破坏刀具与工件之间的准确位置,产生加工误差。例如,车削细长轴时,在切削力的作用下,工件因弹性变形而出现"让刀"现象,随着刀具的进给,在工件的全长上背吃刀量将会由多变少,然后再由少变多,结果使零件产生腰鼓形。有的零件在装夹时伸出较长,零件两端刚度不一样,加工时出现锥度。

改进措施:合理选择刀具材料和切削参数,加工中减小轴向切削力,或精加工时改用磨削。

4. 工件材料的影响

毛坯加工余量不均匀,材料硬度变化,导致切削力大小变化,引起加工误差(形状误差),产生的误差一般是圆度和圆柱度误差。

改进措施:依据加工情况和出现的问题,合理选择刀具材料、刀具几何角度、切削参数。加工时分粗加工、半精加工和精加工,或半精加工后进行时效处理,再进行精加工。

5. 工件残余应力的影响

残余应力是指当外部载荷去掉后仍存留在工件内部的应力。残余应力是由于金属发生了不均匀的体积变化而产生的，其外界因素来自热加工和冷加工。有残余应力的零件处于一种不稳定状态，一旦其内应力的平衡条件被打破，内应力的分布就会发生变化，从而引起新的变形，产生形状误差，影响加工精度。

改进措施：内应力产生的原因主要有毛坯制造中产生的内应力、冷校正产生的内应力和切削加工产生的内应力。减小或消除内应力，一是采用适当的热处理工序；二是给工件足够的变形时间；三是零件结构要合理，如零件结构要简单，壁厚要均匀。

6. 加工过程中热变形影响

减小工艺系统热变形的措施主要有：一是减少工艺系统的热源及其发热量；二是加强冷却，提高散热能力；三是控制温度变化，均衡温度；四是合理选择刀具材料、刀具几何角度、切削参数，减少加工中的热量。

7. 刀具磨损的影响

刀具磨损后，工件的表面粗糙度值增大，切屑颜色和形状发生变化，并伴有振动。刀具磨损将直接影响工件的加工精度，使加工的轴或孔产生形状误差。

改进措施：加工中粗、精加工分开；选择耐磨性好的刀具，出现磨损应及时更换刀具，对刀具进行寿命管理。刀具选择的原则如下：

（1）加工一般的材料使用硬质合金刀具；加工难加工材料时，考虑选用新牌号硬质合金或高性能高速钢；加工高硬度材料或精密加工时，才考虑选用超硬材料。

（2）工件材料强度、硬度较低，取较大的前角；反之，取较小的前角。

（3）加工塑性材料，取较大的前角；加工脆性材料，取较小的前角。

（4）刀具材料韧性好，取较大的前角；反之，取较小的前角。

（5）粗加工时取较小的前角，精加工时取较大的前角。

（6）切削厚度越大，后角越小；工件材料越软，塑性越大，后角越大；工艺系统刚度较低时，适当减小后角。

四、位置误差原因分析与改进措施

在零件加工整个过程中使用了不同的加工方法，因此零件各表面间存在着位置误差（如平行度、垂直度、同轴度、位置度、对称度等误差）。造成这些位置误差的原因有以下几点：

1. 机床精度的影响

（1）机床主轴的回转误差（即径向圆跳动和端面圆跳动）会影响轴类、套类零件的同轴度、端面与主轴轴线的垂直度、被加工表面的跳动以及面与面的平行度和全跳动。

（2）主轴轴线与尾座轴线不同轴，影响长轴二次装夹后所加工零件的同轴度。

（3）X 轴与 Z 轴导轨的垂直误差影响被加工平面的跳动、平行度等。

改进措施：进行机床精度修复和调整。

2. 夹具安装对工件位置精度的影响

在车削加工中常使用夹具来装夹工件，夹具安装在机床主轴上。夹具存在着制造和安装时的位置误差（如平行度、垂直度、同轴度等），这些误差影响零件的位置精度。

改进措施：一是找正夹具，找正精度取工件精度的 1/3；二是用在线加工的方法对夹具的定位面和定位孔进行加工，减小找正误差和安装误差，提高零件的装夹定位精度；三是对工件进行"试切—测量—调整—再试切"，直至达到所要求的精度。

3. 刀具磨损对工件位置精度的影响

零件的材料和毛坯状态是多种多样的，若刀具选择不当，会加快刀具的磨损。当刀具磨损后，被加工面的平面度精度和表面质量不高，影响工件的位置精度，如面与面的平行度、孔轴线与面的垂直度（或同轴度）等。

改进措施：依据所加工材料选择耐磨性好的刀具，出现磨损应及时更换刀具，对刀具寿命进行管理；选择的刀具要满足尺寸加工的需要。

加工难加工材料时，考虑选用新牌号硬质合金或高性能高速钢；在加工高硬度材料或精密加工时，才考虑选用超硬材料。

4. 基准不重合的影响

当定位基准与工艺基准不重合时会造成位置误差，如同轴度、位置度和对称度误差等。当基准不重合时也会影响检测。

5. 加工过程中热变形的影响

减小工艺系统热变形的措施如下：一是减少工艺系统的热源及其发热量；二是加强冷却，提高散热能力；三是控制温度变化，均衡温度；四是采用补偿措施；五是改善零件结构。

模块 4 数控车床维护与精度检验

- 课程 4-1 数控车床维护
- 课程 4-2 机床精度检验

课程设置

课程	学习单元	课堂学时
4-1 数控车床维护	（1）数控车床机械与液压系统一般故障的排除	2
	（2）数控车床气动与冷却系统一般故障的排除	2
	（3）数控车床控制与电气系统一般故障的排除	2
	（4）数控车床刀架一般故障的排除	2
4-2 机床精度检验	（1）机床定位精度、重复定位精度检验	6
	（2）机床动态精度验收	4

课程 4-1　数控车床维护

学习内容

学习单元	课程内容	培训建议	课堂学时
（1）数控车床机械与液压系统一般故障的排除	1）数控车床机械系统一般故障的排除 2）数控车床液压系统一般故障的排除	（1）方法：讲授法、案例教学法 （2）重点与难点：机械系统故障判断，液压系统工作原理分析	2
（2）数控车床气动与冷却系统一般故障的排除	1）数控车床气动系统一般故障的排除 2）数控车床冷却系统一般故障的排除	（1）方法：讲授法、案例教学法 （2）重点与难点：气动和冷却系统故障判断与排除	2

续表

学习单元	课程内容	培训建议	课堂学时
（3）数控车床控制与电气系统一般故障的排除	1）数控车床控制系统一般故障的排除 2）数控车床电气系统一般故障的排除	（1）方法：讲授法、案例教学法 （2）重点与难点：控制和电气系统故障判断与排除	2
（4）数控车床刀架一般故障的排除	数控车床刀架一般故障的排除	（1）方法：讲授法、案例教学法 （2）重点与难点：刀架故障判断与排除	2

数控机床一旦出现故障，势必停机并影响生产。所以，正确维护设备和出现故障时迅速诊断、排除，保证设备正常使用，是保障正常生产必不可少的工作。

数控机床故障诊断原则如下：

（1）先外部后内部。数控机床是集机械、液压、数控、电气为一体的机床，故其故障也会由这几者综合反映出来。维修人员应先由外向内逐一进行排查，尽量避免随意地启封、拆卸，否则会扩大故障，使机床精度降低。

（2）先静后动。先在机床断电的静止状态，通过了解、观察、测试、分析确认为非破坏性故障后，方可给机床通电。在运行工况下，进行动态观察、检验和测试，查找故障。而对破坏性故障，必须先排除危险后方可通电。

（3）先简单后复杂。当出现多种故障互相交织掩盖，一时无从下手时，应先解决容易的问题，后解决难度较大的问题。往往简单问题解决后，难度大的问题也可能变得容易解决。

（4）先机械后电气。一般来说，机械故障较易发觉，而数控系统故障的诊断则难度较大。在故障检修之前，首先排除机械故障，往往可达到事半功倍的效果。

学习单元 1　数控车床机械与液压系统一般故障的排除

一、数控车床机械系统一般故障的排除

所谓机械故障,是指机械系统(零件、组件、部件、整台设备和设备组合)因偏离其设计状态而丧失部分或全部功能的现象。例如,机床主轴运转不平稳、轴承噪声过大、进给传动链因机械磨损丢失精度、刀塔或刀架不稳定等都是机械故障的表现形式。

数控机床机械故障中常见的主机故障有因机械安装、调试、操作及使用不当等引起的机械传动链精度丢失、功能部件损伤,表现为传动噪声大,加工精度低,运行负载大,部分功能缺失,如压力保持、冷却系统、排屑故障、辅助功能缺失。

数控机床的报警现象有三种:一是利用诊断软件在屏幕上显示的报警信息或提示信息;二是利用伺服驱动诊断,显示的报警信息(如七段显示管、发光二极管组合显示信息,熔丝熔断等);三是没有任何报警显示(但可通过加工零件及机床的运行现象了解)。针对机床故障的检查方法多种多样,但是最好是从数控机床的报警信息提示查起,因为无论机械故障、伺服驱动过载、外围接口故障还是系统报警等,均第一时间通过报警信息显示在操作屏幕上,根据报警号或提示信息说明,分析故障原因,判断出是数控系统、驱动、机械、液压以及外围接口电路等哪一类故障,再决定是否拆解机械部件,从而提高维修效率。

1. 轴承故障诊断

无论是数控机床主传动(主轴箱)还是进给传动轴承,须成组配对安装,如 DBD(背对背)组合、FDF(面对面)组合、串联背对背组合等。组合配对安装的方向、游隙配合、预紧力等对数控机床运行精度、运行平稳度、轴承寿命起着至关重要的作用。

(1)轴承问题常见原因

1)安装不当。特别是对于维修保养更换轴承时,出现成组配对中轴承方向安装错误、轴承内外圈隔套配装错误等。

2)安装不到位。轴承预紧力未按照原厂工艺执行,过紧或过松。

3)润滑不良。据调查,润滑不良是造成轴承过早损坏的主要原因之一。造成润滑不良的主要原因包括未及时加注润滑剂或润滑油,润滑剂或润滑油未加注到位,润滑剂或润滑油选型不当,润滑方式不正确等。

4)污染。污染也会导致轴承过早损坏。污染是指有沙尘、金属屑等进入轴承内部。造成轴承污染的主要原因包括:使用前过早打开轴承包装,造成污染;安装时工作环境不清洁,造成污染;轴承的工作环境不清洁,工作介质污染等。

5)疲劳。疲劳破坏是轴承常见的损坏形式。常见的疲劳破坏的原因可能是轴承长期超负荷运行、未及时维修、维修不当、设备老化等。

6)轴承质量不过关。

(2)轴承常见故障诊断。轴承在运转过程中较易出现故障,准确判断是关键。

轴承在运转过程中较易出现故障,准确判断是关键。滚动轴承的故障诊断技术主要有振动诊断技术、铁谱诊断技术、温度诊断技术、声学诊断技术、油膜电阻诊断技术和光纤监测诊断技术等,其中,振动、铁谱、温度诊断技术应用最普遍。

1)振动信号分析诊断。轴承元件的工作表面出现疲劳剥落、压痕或局部腐蚀时,轴承运行中会出现周期性的脉冲信号。这种周期性的信号可由安装在轴承座上的传感器(速度型或加速度型)来接收,通过采用特殊的轴承振动测量器(频率分析器等)可测量出振动的大小,通过频率分布可推断出异常的具体情况,如图4-1-1所示。目前专业的轴承振动检测仪器和软件比较成熟,可以根据频谱直接分析出轴承磨损程度、预期使用寿命等。图4-1-2所示为通过加速度包络gE峰-峰值分析得出结论。

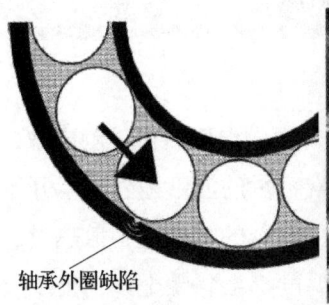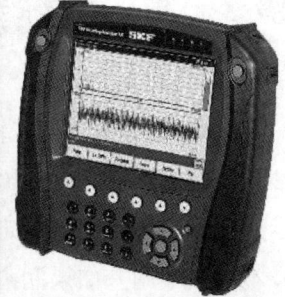

图4-1-1 振动信号分析诊断

加速度包络gE值

转轴直径与速度			强度
转轴直径：200mm—500mm并且转速<500RPM	转轴直径：50mm—300mm 500RPM<转速<1000RPM	转轴直径：20mm—150mm 转速在1800RPM或3600RPM	gE峰—峰值
	良好		0.10
			0.30
			0.50
			0.75
	满意		1.00
	不满意		2.00
			4.00
	不可接受		10.00
			18.00
			20.00

A 良好
B 满意
C 不满意
D 不可接受

图 4-1-2　加速度包络 gE 峰 – 峰值分析

振动诊断技术应用广泛，可实现在线监测；诊断快，诊断理论已成熟。

2）内窥镜。使用视频功能快速轻松地进行可视化检查。内窥镜视频检测仪是一种便携式现场检查的工具，用于机器内部检查，如图 4-1-3 所示。这种新型的诊断手段有助于减少拆开机器检查，从而节省时间和成本。内窥镜外形紧凑的背光显示屏能够保存、调用图像和视频，能够满足大部分需求，并配备有强大的可变亮度的 LED 照明，便于检查黑暗的地方。

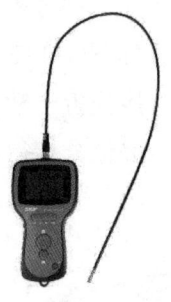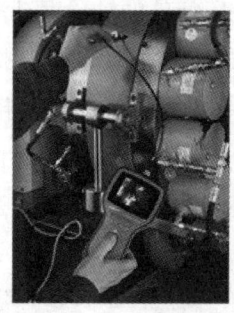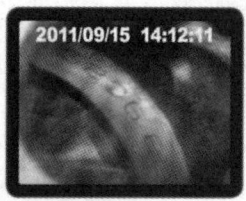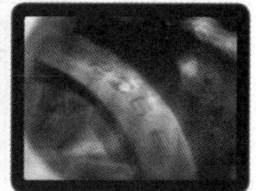

图 4-1-3　内窥镜检查

3）轴承温度分析诊断。轴承的温度一般由轴承室外面的温度就可推测出来，如果利用油孔能直接测量轴承外圈温度，则更为合适。通常轴承的温度随着轴承开始运转慢慢上升，1~2 h 后达到稳定状态。轴承的正常温度因机器的热容量、散热量、转速及负载不同而不同。如果润滑、安装不合适，则轴承温度都会急骤上升，出现异常高温，这时必须停止运转，采取必要的防范措施。

高温经常表示轴承已处于异常情况，也有害于轴承润滑剂。有时轴承过热可归咎于轴承的润滑剂。若轴承在超过125℃的温度长期运转会缩短轴承寿命。引起轴承高温的原因包括润滑不足或过分润滑、润滑剂内含有杂质、负载过大、轴承损坏、间隙不足及油封产生的高温摩擦等。因此，连续地监测轴承温度是有必要的，无论是测量轴承本身的温度还是测量其他重要零件的温度。如果是在运转条件不变的情况下，任何的温度改变都表示已发生故障。

轴承温度的定期测量可借助于温度计。例如，SKF数字型温度计可精确地测量轴承温度并以摄氏或华氏温度显示。对于重要的轴承，当其损坏时会造成设备停机，因此这类轴承最好加装温度探测器。

正常情况下，轴承在刚润滑或再润滑过后会有自然的温度上升并且持续一天或两天。

4）润滑剂分析诊断。润滑剂分析法是运用铁谱分析技术，特别适用于判定和预测滚动轴承疲劳情况。将滚动轴承的润滑油抽取一部分作为油样，利用高梯度磁场使流过该磁场的油样中所含的固体异物按大小比例沉积在玻璃片上，得以观察异物颗粒的形状、大小、色泽和材质，从而能清楚地判明磨损的类型，预测机器的运转状态，及时发现隐患。铁谱分析技术原则上以鉴定钢铁等强磁体为主要目标，但对铜等非铁金属、砂、有机物和密封物碎屑等异物也有相当出色的鉴定能力。

当油样中出现直径为 $1\sim5~\mu m$ 钢铁类球形颗粒时，表明轴承已开始出现疲劳微裂纹。当油样中出现长度与厚度比为10∶1的疲劳剥落颗粒，而长度大于 $10~\mu m$ 时，轴承中非正常疲劳磨损已经开始；当颗粒长度大于 $100~\mu m$ 时，轴承已经失效。当疲劳碎屑为长度与厚度比为30∶1的疲劳薄片，其长度在 $20\sim50~\mu m$，薄片往往带有孔洞。在疲劳开始出现时，这种薄片的数量会明显增加，这可与球形颗粒共同作为疲劳出现的标志。

2. 滚珠丝杠传动机构故障识别与排除

（1）故障原因分析。因滚珠丝杠传动机构在数控机床传动系统中实际运行最为频繁，各部件经常产生机械磨损和润滑不良，因而常常出现定位精度下降、反向间隙过大、机械爬行、轴承磨损严重、噪声过大等故障。当这些故障出现时就要对其做出正确的诊断，才能及时修复设备。滚珠丝杠在运动中产生的故障现象主要可以分为以下两类，其具体原因如下：

1）反向间隙大，定位精度低，加工零件尺寸不稳定。滚珠丝杠螺母副及其支承系统由于长时间运行产生的磨损间隙，直接影响数控机床的转动精度和刚度。一般故障现象有反向间隙大、定位精度不稳定等。根据磨损具体产生的位置，故障原因可细分为以下几类：

①滚珠丝杠支承轴承磨损或轴承预加负荷垫圈配得不合适。

②滚珠丝杠双螺母副产生间隙，滚珠磨损。

③滚珠丝杠单螺母副磨损产生间隙。

④螺母法兰盘与工作台没有固定牢，产生间隙。

2）滚珠丝杠副运动不平稳，噪声过大。这种故障现象主要是一些人为原因，具体如下：

①伺服电动机驱动参数与实际负载不匹配，需要伺服（参数）优化。

②丝杠螺母副润滑不良。

（2）故障检测与维修。滚珠丝杠所产生的故障是多种多样的，没有固定的模式。有的故障是渐发性故障，要有一个发展的过程，随着使用时间的增加越来越严重；有的是突发性故障，一般没有明显的征兆，这种故障是各种不利因素及外界共同作用而产生的。因此，通过正确的检测来确定真正的故障原因，是快速、准确维修的前提。

1）滚珠丝杠螺母副及支承系统间隙的检测与维修。当数控系统出现反向误差大、定位精度不稳定、过象限出现刀痕时，首先要检测丝杠系统有没有间隙。检测方法如下：用百分表配合钢球放在丝杠一端的中心孔中，测量丝杠的轴向窜动，用另一块百分表测量工作台移动；正、反向转动丝杠，观察百分表上反映的数值，根据数值的变化确认故障部位。

①丝杠支承轴承间隙的检测与维修。如测量丝杠的百分表在丝杠正、反向转动时指针没有摆动，说明丝杠没有窜动现象，该百分表最大与最小测量值之差就是丝杠的轴向窜动距离。这时，就要检查支承轴承的锁紧螺母是否锁紧，支承轴承是否磨损失效，预加负荷轴承垫圈是否合适。如果轴承没有问题，只要重新配作预加负荷垫圈即可。如果轴承损坏，需要更换轴承，重新配作预加负荷垫圈，再把锁紧螺母锁紧。丝杠轴向窜动量主要取决于支承轴承预加负荷垫圈的精度。丝杠安装精度最理想的状态是没有正、反向间隙，支承轴承根据不同型号、不同组合形式需要不同的过盈量。一般重型机床采用中、重预紧力，中小型机床采用中、轻预紧力，高速机床和激光切割机采用轻预紧力。

②滚珠丝杠双螺母副间隙的检测与维修。通过检测，如果确定故障不是由于丝杠窜动引起的，那就要考虑是否是丝杠螺母之间产生了间隙，这种情况的检测方法与丝杠窜动检测基本相同，正、反向转动丝杠，用百分表测量与螺母相连的工作台的位移，检测出丝杠与螺母之间的最大间隙，然后进行调整。

如图4-1-4所示，调整垫片4的厚度，使左、右螺母1、2产生轴向位移，从而消除滚珠丝杠螺母副间隙并产生预紧力。

③滚珠丝杠单螺母副间隙的检测与维修。对于单螺母滚珠丝杠，丝杠螺母副的间隙是不能调整的。如检测出丝杠螺母副存在间隙，首先检测丝杠和螺母的螺纹圆弧是否已经磨损，如磨损严重，必须更换全套丝杠螺母；如检查磨损轻微，就可以更换更大直径的滚珠来修复。在修复时，首先要检测出丝杠螺母副的最大间隙，将其换算成滚珠直径的增加量，然后选配合适的滚珠重新装配。这样的维修是比较复杂的，所需时间长，要求维修人员技术水平高。

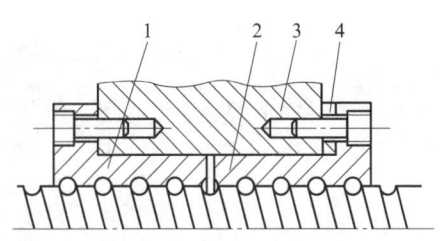

图 4-1-4 滚珠丝杠螺母副间隙调整
1、2—螺母 3—螺母座 4—垫片

④螺母法兰盘与工作台连接没有固定好而产生间隙的检测与维修。这个问题一般容易被人发现，因机床长期往复运动，固定法兰盘的螺钉松动产生间隙，在检查丝杠螺母间隙时最好先排除该故障因素，以免在维修时走弯路。

⑤滚珠丝杠螺母副运动不平稳、噪声过大故障的维修。滚珠丝杠螺母副不平稳和噪声过大，大部分是由于润滑不良造成的，但有时也可能是因伺服电动机驱动参数未调整好造成的。

a. 轴承、丝杠螺母副润滑不良。机床在工作中如产生噪声和振动，在检测机械传动部分没有问题后，首先要考虑到润滑不良的问题，因为很多机床经过多年的运转，丝杠螺母自动润滑系统往往堵塞，不能自动润滑。这时，轴承、螺母中加入耐高温、耐高速的润滑脂就可以解决问题，润滑脂能保证轴承、螺母正常运行数年。

b. 伺服电动机驱动问题。有的机床在运动中产生振动和爬行，往往检测机械部分均无问题，不管怎样调整都不能消除振动和爬行。经仔细检查，发现伺服驱动与实际负载不匹配，需要通过伺服优化或伺服参数调整，减小或消除振动与爬行。但电气调整是辅助措施，如果机械传动链问题不能彻底解决，电气（伺服）参数只能改善而不能治本。

⑥轴向间隙的消除。由于制造和安装误差以及使用磨损，滚珠丝杠副总是存在误差的，这些误差对于滚珠丝杠副的传动精度和刚度都有影响。因此，必须采取措施来消除轴向间隙和提高轴向刚度。主要采取垫片调整方式，即通过选用不同厚度的垫片来改变两个螺母之间的轴向距离，以达到调整轴向间隙和预紧的目的。这种方式结构简单，刚度高，可靠性也好，当滚珠丝杠副产生间隙时能够及时更换调整垫片的厚度来消除轴向间隙，但精度调整比较困难，当滚道有磨损时不能随时消除间隙和改变预紧程度，只适用于一般精度的滚珠丝杠副。

2)滚珠丝杠传动的常见故障与维修方法,见表 4-1-1。

表 4-1-1 滚珠丝杠传动的常见故障与维修方法

故障现象	故障原因	维修方法
工件表面粗糙度值过大	(1)伺服驱动参数与机械负载不匹配 (2)滚珠丝杠有局部拉毛或研磨 (3)丝杠轴承损坏,运动不平稳 (4)润滑油不足,滑板爬行	(1)伺服优化 (2)更换或修理滚珠丝杠 (3)更换轴承 (4)改善润滑条件,排除润滑故障
工作台反向误差大,加工精度不稳定	(1)丝杠联轴器锥套松动 (2)丝杠滑板配合压板过紧或松动 (3)丝杠滑板配合镶条过紧或松动 (4)丝杠预紧力过大或过小 (5)丝杠支座轴承预紧力过大或过小 (6)丝杠螺母面与接合面不垂直,接合过松	重新调整或修研
滚珠丝杠螺母副噪声过大	(1)丝杠轴承压盖压合不良 (2)丝杠润滑不良 (3)滚珠有破损 (4)电动机与丝杠连接松动	(1)调整压盖,使其压紧轴承 (2)改善润滑条件,排除润滑故障 (3)更换滚珠 (4)拧紧锁紧螺母
滚珠丝杠在运转中转矩过大	(1)滑板配合压板过紧或研伤 (2)滚珠丝杠螺母副反向器损坏,滚珠丝杠卡死或轴端螺母预紧力过大 (3)丝杠磨损 (4)伺服电动机与滚珠丝杠连接不同轴 (5)无润滑油 (6)超程开关失灵造成机械故障 (7)伺服电动机过热报警保护	(1)重修调整或研修 (2)修复或更换滚珠丝杠并精心调整 (3)更换丝杠 (4)调整同轴度并紧固连接座 (5)检修润滑油路 (6)检修开关 (7)检修电动机(是否进水进油,有无匝间短路,有无退磁)
丝杠螺母润滑不良	(1)分油器不分油 (2)油管堵塞	(1)检测定量分油器 (2)清除管道污垢

(3) 故障维修实例

1) 某厂有一台 CK 6140 型车床在 Z 向移动时有明显的机械抖动

①原因分析。该机床 Z 向移动时明显感到机械振动，在检查系统参数无误后，将 Z 轴电动机卸下，单独启动电动机，电动机运转平稳。用扳手摇动丝杠，振动手感明显。拆下 Z 轴丝杠防护罩，发现丝杠上有很多小铁屑及污物，初步判断为丝杠故障引起的机械抖动。拆下滚珠丝杠螺母副，打开螺母，发现螺母反向器内有很多小污物，造成钢球运转不畅，有阻滞现象。

②维修方法。用汽油认真清洗，清除杂物，重新安装，调整好间隙后，故障排除。

2) 某厂有一台 CK 6140 型车床在加工圆弧过程中 X 轴反向间隙过大

①原因分析。在自动加工过程中，从直线到圆弧时接刀处出现明显的加工痕迹。用千分表分别对车床 Z、X 轴的反向间隙进行检测，发现 Z 轴为 0.008 mm，而 X 轴有 0.08 mm，可以确定该现象是由 X 轴反向间隙过大引起的。分别对电动机连接的同步带、带轮等检查无误后，将 X 轴分别移动至正、负极限处，将千分表压在 X 轴侧面，用手左右推拉 X 轴中滑板，发现有 0.06 mm 的移动值，可以判断是 X 轴导轨镶条引起的间隙。

②维修方法。松开镶条止退螺钉，调整镶条调整螺母，移动 X 轴，X 轴移动灵活，间隙测试值还有 0.01 mm；锁紧止退螺钉，在系统参数里将"反向间隙补偿"值设为 10，重新启动系统运行程序，上述故障现象消失。

3. 直线导轨故障识别与排除

(1) 导轨结构。数控机床的导轨有滚动导轨和贴塑导轨两种结构，数控机床的导向精度和刚度在很大程度上取决于导轨本身的精度与安装精度。

滚动导轨副是由导轨体、滑块和滚动体等组成的，一般在预紧情况下工作。

数控机床导轨的主要失效形式是由于保护不当、异物进入造成的研伤，或由于润滑不良造成的早期失效。导轨的主要故障是直线运动精度下降，或导轨运动产生爬行等。

(2) 导轨的润滑。导轨面上进行润滑后，可降低摩擦因数，减小磨损，并且可防止导轨面锈蚀。导轨常用的润滑剂有润滑油和润滑脂，前者用于滑动导轨，而滚动导轨两者都可用。

1) 润滑方法。导轨最简单的润滑方式是人工定期加油或用油杯供油，这种方式结构简单，成本低，但不可靠，一般用于辅助导轨及运动速度低、工作不频繁的滚动导轨。对运动速度较高的导轨大都采用润滑泵，以压力强制润滑，这样不但可连续或间歇供油给导轨进行润滑，而且可利用油的流动冲洗及冷却导轨表面。为实现强制润滑，必须有专门的供油系统。

2）对润滑油的要求。在工作温度变化时，润滑油黏度变化要小，要有良好的润滑性能和足够的油膜刚度，油中杂质尽量少且不侵蚀机件。常用的有全损耗系统用油L—AN10、L—AN15、L—AN32、L—AN42、L—AN67，精密机床导轨油L—TSA32、L—TSA46等。

（3）导轨的防护。为了防止切屑、磨粒或切削液散落在导轨面上引起磨损、擦伤和锈蚀，导轨面上应有可靠的防护装置。常用的刮板式、卷帘式和叠层式防护罩大多用于长导轨上。在机床使用过程中应防止损坏防护罩；对叠层式防护罩应经常用刷子蘸机油清理移动接缝，以避免碰壳。

（4）直线导轨常见故障与排除方法，见表4-1-2。

表4-1-2 直线导轨常见故障与排除方法

故障现象	故障原因	排除方法
导轨研伤	（1）机床长期使用水平度发生变化 （2）导轨局部磨损严重 （3）导轨润滑不良 （4）导轨间落入污物	（1）定期进行床身导轨水平度调整 （2）合理分布工件安装位置，避免负荷集中 （3）调整导轨润滑油压力和流量 （4）加强机床导轨防护
导轨移动部件运动不良或不能移动	（1）导轨面研伤 （2）导轨压板过紧	（1）修复导轨研伤表面 （2）调整压板与导轨间隙
导轨水平和直线度超差	（1）导轨直线度超差 （2）机床导轨水平度超差（发生弯曲）	（1）调整导轨，使直线度误差不大于0.015 mm/500 mm （2）调整机床安装水平度在0.02 mm/1 000 mm之内

（5）故障维修实例。一台CJK6136型车床运动过程中Z轴出现跟踪误差过大报警。

1）原因分析。该机床采用半闭环控制系统，在Z轴移动时产生跟踪误差报警，在参数检查无误后，对电动机与丝杠的连接部位等进行检查，结果正常。将系统的显示方式设为负载电流显示，在空载时发现电流为额定电流的40%左右，在快速移动时出现跟踪误差过大报警。用手触摸Z轴电动机，明显感到电动机发热。检查Z轴导轨上的压板，发现压板与导轨间隙不到 0.01 mm，可以判断是由于压板压得太紧而导致摩擦力太大，使得 Z 轴移动受阻，导致电动机电流过大而发热，快速移动时产生丢步而造成跟踪误差过大报警。

2）维修方法。松开压板，调整压板与导轨之间的间隙在 0.02~0.04 mm，锁紧紧定螺钉，重新运行，机床故障排除。

4. 主传动系统故障识别与排除

（1）故障原因分析。主传动系统作为机床中最重要的部分，也是最常出现故障的部分。主传动系统是用来实现机床主运动的，它将主电动机的原动力变成可供主轴上刀具切削加工的力矩和切削速度。目前数控机床的主传动系统大致可分为四类，即无变速的电动机与主轴直连、移动同步带或 V 带连接的一级变速、带有变速齿轮的主传动和电主轴传动。主传动系统常见故障有主轴切削时突然停止转动，主轴发热，主轴箱噪声过高，主轴无变速等。

1）齿轮的噪声。数控车床的主传动系统多是由主电动机和齿轮来完成变速传动的，因此，齿轮的啮合传动是主要噪声源之一。机床主传动系统中齿轮在运转时产生噪声的原因主要有以下几方面：

①齿轮受迫振动。齿轮在啮合中，齿与齿之间出现连续冲击而使齿轮在啮合频率下产生受迫振动并产生冲击噪声。

②齿轮自由振动。因齿轮受到外界激振力的作用而产生齿轮固有频率的瞬态自由振动并产生噪声。

③齿轮低频振动。因齿轮与传动轴及轴承的装配出现偏心引起的旋转不平衡，导致产生了与转速相一致的低频振动，随着轴的旋转，每一转发出一次共鸣噪声。

④齿轮自激振动。因齿与齿之间的摩擦导致齿轮产生自激振动并产生摩擦噪声。如果齿面凹凸不平，会引起快速、周期性的冲击噪声。

2）轴承的噪声。数控车床主传动系统多处用到轴承，包括主轴电动机轴承、主轴支承轴承、主轴变速系统轴承等，多采用滚动轴承。滚动轴承产生噪声的原因主要有以下两方面：

①轴承装配过程的影响。轴承与轴颈及支承孔的装配、预紧力、同轴度、润滑条件以及作用在轴承上的负荷的大小、轴承径向间隙、轴承压盖螺母是否压紧等都对噪声有很大影响。

②轴承本身的制造误差。国家标准对滚动轴承零件都规定了相应的公差，因此轴承本身的制造偏差在很大程度上决定了轴承的噪声。可以说，滚动轴承的噪声是

该机床主轴变速系统的另一个主要噪声源,特别是在高速下表现更为剧烈。滚动轴承最易产生变形的部位就是其内、外圈。内、外圈在外部因素和自身精度的影响下,有可能产生摇摆振动、轴向振动、径向振动、轴承圈本身的径向振动和轴向弯曲振动等。

(2)主传动系统常见故障及排除方法,见表4-1-3。

表4-1-3 主传动系统常见故障及排除方法

故障现象	故障原因	排除方法
主轴发热	(1)主轴轴承损伤或轴承不清洁 (2)主轴前端盖与主轴箱体压盖研伤 (3)轴承润滑油(脂)耗尽或润滑油(脂)涂抹过多	(1)更换轴承,清除污物 (2)修磨主轴前端盖,使其压紧主轴前轴承,轴承与后盖有0.02~0.05 mm间隙 (3)按要求涂抹润滑油(脂)
主轴在强力切削时停转	(1)电动机与主轴连接的传动带过松 (2)传动带表面有油 (3)传动带使用过久而失效 (4)摩擦离合器调整过松或磨损	(1)移动电动机座,拉紧传动带,然后将电动机座重新锁紧 (2)用汽油清洗传动带后擦干净,再装上 (3)更换新传动带 (4)调整摩擦离合器,修磨或更换摩擦片
主轴噪声	(1)缺少润滑 (2)小带轮与大带轮传动不平稳 (3)主轴与电动机连接的传动带过紧 (4)齿轮啮合间隙不均匀或齿轮损坏 (5)传动轴承损坏或传动轴弯曲	(1)涂抹润滑脂,保证每个轴承涂抹润滑脂量不得超过3 mL (2)带轮上的平衡块脱落,重新进行动平衡 (3)移动电动机座,使传动带松紧度合适 (4)调整啮合间隙或更换新齿轮 (5)修复或更换轴承,校直传动轴
主轴没有润滑油循环或润滑不足	(1)油泵转向不正确或间隙太大 (2)吸油管没有插入油箱的油面下面 (3)油管和滤油器堵塞 (4)润滑油压力不足	(1)改变油泵转向或修理油泵 (2)将吸油管插入油面以下2/3深度 (3)清除堵塞物 (4)调整供油压力
润滑油泄漏	(1)润滑油过量 (2)密封件损坏 (3)管件损坏	(1)调整供油量 (2)更换密封件 (3)更换管件

(3)故障维修实例

1)一台CK6140型车床在1 200 r/min时主轴噪声变大

①原因分析。CK6140型车床采用的是齿轮变速传动。一般来讲,主轴产生噪声的来源主要有齿轮在啮合时的冲击和摩擦产生的噪声,主轴箱里的油不到位产生的噪声,主轴轴承运转不良引起的噪声。将主轴箱上盖的固定螺钉松开,卸下上盖,发现油箱的油在正常水平。检查该挡位的齿轮及变速用的拨叉:看齿轮有没有毛刺及啮合硬点,结果正常;拨叉上的铜块没有摩擦痕迹,且移动灵活。在排除以上故障后,卸下带轮及卡盘,松开前、后锁紧螺母,卸下主轴,检查主轴轴承,检查中发现轴承外圈滚道表面有一个细小的凹坑碰伤。

②维修方法。更换轴承,重新安装好后,用声级计检测,主轴噪声降到73.5 dB。

2)某华中i型数控车床零件加工尺寸不稳定或不准确

①故障分析。滚珠丝杠轴承或钢球有损坏;电动机与丝杠连接的同步齿形带磨损后,使传动链松动;反向间隙变化或设置不当;滚珠丝杠的预紧力不合适。

②维修方法。直观看齿形带传动状况稳定,于是重新测量反向间隙,经测量反向间隙与设置补偿量差距过大,重新设置补偿量,故障排除。

3)一台CJK6032型车床主轴箱部位有油渗出

①原因分析。将主轴外部防护罩拆下,发现油是从主轴编码器处渗出的。该CJK6032型车床的编码器安装在主轴箱内,属于第三轴。该编码器的油密封采用O形密封圈密封方式。拆下编码器,将编码器轴卸下,发现该O形密封圈的橡胶已磨损,弹簧已露出来,属于安装O形密封圈不当所致。

②维修方法。更换密封圈后问题得到解决。

4)一台CK6136型车床车削工件表面粗糙度不合格

①原因分析。该机床在车削外圆时车削纹路不清晰,精车后表面粗糙度达不到$Ra1.6\ \mu m$。在排除工艺方面的因素(如刀具、转速、材质、进给量、背吃刀量等)后,将主轴挡位挂到空挡,用手旋转主轴,感觉主轴较松。

②维修方法。打开主轴防护罩,松开主轴止退螺钉,收紧主轴锁紧螺母,用手旋转主轴,感觉主轴松紧合适后,锁紧主轴止退螺钉,重新进行车削,问题得到解决。

二、数控车床液压系统一般故障的排除

数控机床各种作用力较大的辅助动作主要由液压系统来完成。液压系统是机电液

一体化系统，一般由液压泵、阀站和辅助配套部分组成，所以液压系统的故障就涉及机械、电气与油液等类型。液压系统的常见故障是异常噪声、爬行、液压冲击、压力建立不起来或提不高、负载下工作速度达不到或者不运动、工作循环不能正确实现等，产生这些故障的主要原因是液压元件老化、液压油污染等。

1. 液压系统常见故障与排除方法（见表4-1-4）

表4-1-4　液压系统常见故障与排除方法

故障部位	故障现象	故障原因	排除方法
液压泵	工作时噪声大或压力有波动	（1）进油口滤油器堵塞 （2）泵体与泵盖纸垫磨损产生冲击 （3）泵体与泵盖密封不良，旋转时吸入空气 （4）齿轮啮合精度下降	（1）更换滤油器 （2）在泵体与泵盖间加纸垫，研磨泵使泵体与泵盖直线度误差不超过 0.005 mm （3）紧固泵体与泵盖连接螺栓，不得有泄漏 （4）更换齿轮
	输油量不足	（1）轴向间隙或径向间隙过大 （2）油液黏度高或油温过高 （3）滤油器堵塞	（1）修磨或更换零件 （2）选用合适的工作油，加装冷却装置 （3）更换滤油器
	液压泵运转不正常或有咬死现象	（1）液压泵轴向间隙及径向间隙过小 （2）盖板与轴同轴度精度不高 （3）压力阀失灵（压力阀弹簧变形，阀体小孔堵塞）	（1）调整轴向、径向间隙 （2）更换盖板，使其与轴同轴 （3）更换弹簧，清洗阀体小孔或更换压力阀
减压阀	工作压力不够	（1）溢流阀调定压力偏低 （2）溢流阀滑阀卡死	（1）调整溢流阀压力 （2）清洗溢流阀并重新组装
	工作流量不足	（1）系统供油不足 （2）阀内泄漏量大	（1）补足油箱油量 （2）滑阀与阀体配合间隙过大，更换新品
	外渗漏	（1）O形密封圈损坏 （2）油口安装法兰面密封不良 （3）各接合面紧固螺钉、调压螺钉螺母松动	（1）更换O形密封圈 （2）检查相应部位的紧固和密封情况 （3）紧固相应零件

续表

故障部位	故障现象	故障原因	排除方法
换向阀	滑阀动作不灵活	（1）滑阀被拉坏 （2）滑阀变形 （3）复位弹簧折断	（1）清洗或修整滑阀与阀孔的毛刺及拉坏的表面 （2）调整安装螺钉压紧力，安装力矩不得大于规定值 （3）更换弹簧
换向阀	电磁阀线圈烧损	（1）线圈绝缘不良 （2）电压低 （3）工作压力和流量超过规定值 （4）回油压力过高	（1）更换电磁铁 （2）使电压保持在额定电压值 （3）调整工作压力或采用性能更高的阀 （4）检查背压，应在规定值1.6 MPa以下
液压缸	外部漏油	（1）活塞杆碰伤拉毛 （2）活塞密封件磨损 （3）液压缸安装不良	（1）修磨或更换新件 （2）更换新密封件 （3）调整安装位置
液压缸	活塞杆爬行	（1）液压缸进入空气 （2）活塞杆全长或局部弯曲 （3）缸内拉伤	（1）松开接头，将空气排出 （2）校正活塞杆全长，使直线度误差≤0.3 mm/100 mm，或更换活塞 （3）修磨液压缸内表面，严重时更换缸筒

2. 液压元件常见故障及排除方法

（1）液压泵常见故障及排除方法，见表4-1-5。

表4-1-5 液压泵常见故障及排除方法

故障现象	产生原因	排除方法
不排油或无压力	（1）原动机和液压泵转向不一致 （2）油箱油位过低 （3）吸油管或滤油器堵塞 （4）启动时转速过低 （5）油液黏度过高或叶片移动不灵活 （6）叶片泵配油盘与泵体接触不良或叶片在滑槽内卡死 （7）进油口漏气 （8）组装螺钉过松	（1）纠正转向 （2）补油至油标线 （3）清洗吸油管路或滤油器，使其畅通 （4）使转速达到液压泵的最低转速以上 （5）检查油质，更换黏度合适的液压油或提高油温 （6）修理接触面，重新调试，清洗滑槽和叶片，重新安装 （7）更换密封件或接头 （8）拧紧螺钉

续表

故障现象	产生原因	排除方法
流量不足或压力不能升高	（1）吸油管或滤油器部分堵塞 （2）吸油端连接处密封不严，有空气进入；吸油位置太高 （3）叶片泵个别叶片装反，运动不灵活 （4）泵盖螺钉松动 （5）系统泄漏 （6）齿轮泵轴向和径向间隙过大 （7）叶片泵定子内表面磨损 （8）柱塞泵柱塞与缸体或配油盘与缸体间磨损，柱塞回程不够或不能回程，引起缸体与配油盘间失去密封 （9）柱塞泵变量机构失灵 （10）侧板端磨损严重，漏损增加 （11）溢流阀失灵	（1）去除污物，使吸油管畅通 （2）在吸油端连接处涂油，若有好转则紧固连接件，或更换密封件；降低吸油高度 （3）逐个检查，应重新研配不灵活的叶片 （4）适当拧紧 （5）对系统进行顺序检查 （6）找出间隙过大部位，采取措施 （7）更换零件 （8）更换柱塞，修磨配油盘与缸体的接触面，保证接触良好，检查或更换中心弹簧 （9）检查变量机构，纠正其调整误差 （10）更换零件 （11）检修溢流阀
噪声严重	（1）吸油管或滤油器部分堵塞 （2）吸油端连接处密封不严，有空气进入；吸油位置太高 （3）泵轴油封处有空气进入 （4）泵盖螺钉松动 （5）泵与联轴器不同轴或松动 （6）油液黏度过高，油中有气泡 （7）吸入口滤油器通过能力太小 （8）转速太高 （9）泵体腔道堵塞 （10）齿轮泵齿形精度不高或接触不良，泵内零件损坏 （11）齿轮泵轴向间隙过小，齿轮内孔与端面垂直度或泵盖上两孔平行度超差 （12）溢流阀阻尼孔堵塞 （13）管路振动	（1）去除污物，使吸油管畅通 （2）在吸油端连接处涂油，若有好转则紧固连接件，或更换密封件；降低吸油高度 （3）更换油封 （4）适当拧紧 （5）重新安装，使其同轴，紧固连接件 （6）换黏度适当的液压油，提高油液质量 （7）改用通过能力较大的滤油器 （8）使转速降至允许的最高转速以下 （9）清理或更换泵体 （10）更换齿轮或研磨修整，更换损坏的零件 （11）检查并修复有关零件 （12）拆卸溢流阀，清洗 （13）采取隔离消振措施
泄漏	（1）柱塞泵中心弹簧损坏，使缸体与配油盘间失去密封性 （2）油封或密封圈损伤 （3）密封表面不良 （4）泵内零件间磨损，间隙过大	（1）更换弹簧 （2）更换油封或密封圈 （3）检查及修理 （4）更换或重新配研零件

续表

故障现象	产生原因	排除方法
过热	（1）油液黏度过高或过低 （2）侧板和轴套与齿轮端面严重摩擦 （3）油液变质，吸油阻力增大 （4）油箱容积太小，散热不良	（1）更换成黏度合适的液压油 （2）修理或更换侧板和轴套 （3）换油 （4）加大油箱，扩大散热面积
柱塞泵变量机构失灵	（1）在控制油路上可能出现堵塞 （2）变量头与变量体磨损 （3）伺服活塞、变量活塞以及弹簧心轴卡死	（1）净化油，必要时冲洗油路 （2）修刮，使圆弧面配合良好 （3）如机械卡死，可研磨修复；如油液污染，则清洗零件并更换油液
柱塞泵不转	（1）柱塞与缸体卡死 （2）柱塞球头折断，滑靴脱落	（1）研磨修复 （2）更换零件

（2）液压马达常见故障及排除方法，见表4-1-6。

表4-1-6 液压马达常见故障及排除方法

故障现象	产生原因	排除方法
转速低，输出转矩小	（1）由于滤油器堵塞，油液黏度过高，泵间隙过大，泵效率低，使供油不足 （2）马达转速低，功率不匹配 （3）密封不严，有空气进入 （4）油液污染，堵塞马达内部通道 （5）油液黏度低，内泄漏增大 （6）油箱中油液不足，管径过小或过长 （7）齿轮马达侧板和齿轮两侧面、叶片马达配油盘和叶片等零件磨损造成内泄漏和外泄漏 （8）单向阀密封不良，溢流阀失灵	（1）清洗滤油器，更换黏度合适的油液，保证供油量 （2）更换马达 （3）紧固密封 （4）拆卸、清洗马达，更换油液 （5）更换黏度合适的油液 （6）加油，加大吸油管直径 （7）对零件进行修复 （8）修理阀芯和阀座
噪声过大	（1）进油口滤油器堵塞，进油管漏气 （2）联轴器与马达轴不同轴或松动 （3）齿轮马达齿形精度低，接触不良，轴向间隙小，内部个别零件损坏；齿轮内孔与端面不垂直，端盖上两孔不平行；滚针轴承断裂，轴承架损坏 （4）叶片和主配油盘接触的两侧面、叶片顶端或定子内表面磨损或刮伤，扭力弹簧变形或损坏 （5）径向柱塞马达的径向尺寸严重超差	（1）清洗，紧固接头 （2）重新安装调整或紧固 （3）更换齿轮或研磨修整齿形，研磨有关零件重配轴向间隙，对损坏的零件进行更换 （4）根据磨损程度修复或更换 （5）修磨缸孔，重配柱塞

（3）液压缸常见故障及排除方法，见表 4-1-7。

表 4-1-7　液压缸常见故障及排除方法

故障现象	产生原因	排除方法
爬行	（1）外界空气进入缸内 （2）密封装置压得太紧 （3）活塞与活塞杆不同轴，活塞杆不直 （4）缸内壁拉毛，局部磨损严重或腐蚀 （5）安装位置有偏差 （6）双活塞杆两端螺母拧得太紧	（1）设置排气装置或开动系统强迫排气 （2）调整密封装置，但不得泄漏 （3）校正或更换，使同轴度误差小于 0.04 mm （4）适当修理，严重者重新磨缸内孔，按要求重配活塞 （5）校正 （6）调整
冲击	（1）用间隙密封的活塞，与缸筒间隙过大；节流阀失去作用 （2）端头缓冲的单向阀失灵，不起作用	（1）更换活塞，使间隙达到规定要求；检查节流阀 （2）修整、研配单向阀与阀座，或更换
推力不足，速度不够或逐渐下降	（1）由于缸与活塞配合间隙过大或 O 形密封圈损坏，使高、低压侧互通 （2）液压缸工作段不均匀，造成局部几何形状有误差，使高、低压腔密封不严，产生泄漏 （3）缸端活塞杆密封装置压得太紧或活塞杆弯曲，使摩擦力或阻力增大 （4）油温太高，黏度降低，泄漏增加，使缸速度减慢 （5）液压泵流量不足	（1）更换活塞或密封圈，调整到合适的间隙 （2）镗磨修复缸孔径，重配活塞 （3）放松密封装置，校直活塞杆 （4）检查温升原因，采取散热措施。如间隙过大，可单配活塞或加装密封环 （5）检查泵或调节控制阀
外泄漏	（1）活塞杆表面损伤或密封圈损坏，造成活塞杆处密封不严 （2）管接头密封不严 （3）缸盖处密封不良	（1）检查并修复活塞杆和密封圈 （2）检修密封圈及接触面 （3）检查并修整

（4）方向控制阀常见故障及排除方法，见表4-1-8。

表4-1-8　方向控制阀常见故障及排除方法

故障现象	产生原因	排除方法
阀芯不动或不到位	（1）滑阀卡住 1）滑阀与阀体配合间隙过小，阀芯在孔中容易卡住，不能动作或动作不灵 2）阀芯碰伤，油液被污染 3）阀芯几何形状超差，阀芯与阀孔装配不同轴，产生轴向液压卡紧现象 （2）液动换向阀控制回路有故障 1）油液控制压力不够，滑阀不动，不能换向或换向不到位 2）节流阀关闭或堵塞 3）滑阀两端泄油口没有接回油箱或泄油管堵塞	（1）检查滑阀 1）检查间隙情况，研修或更换阀芯 2）检查、修磨或重配阀芯，换油 3）检查、修正偏差及同轴度误差，检查液压卡、涩情况 （2）检查控制回路 1）提高控制压力，检查弹簧是否过硬，或更换弹簧 2）检查、清洗节流口 3）检查，并将泄油管接回油箱；清洗回油管，使之畅通
阀芯不动或不到位	（3）电磁铁出现故障 1）交流电磁铁因滑阀卡住，铁芯吸不到底面而烧毁 2）漏磁，吸力不足 3）电磁铁接线焊接不良，接触不好 （4）弹簧折断、漏装、太软，不能使滑阀恢复中位，因而不能换向 （5）电磁换向阀的推杆磨损后长度不够，使阀芯移动量过小或过大，都会引起换向不灵或不到位	（3）检查电磁铁 1）清除滑阀卡住故障，更换电磁铁 2）检查漏磁原因，更换电磁铁 3）检查并重新焊接 （4）检查、更换或补装弹簧 （5）检查并修复，必要时更换推杆

（5）压力阀常见故障及排除方法，见表4-1-9。

表4-1-9　压力阀常见故障及排除方法

故障现象	产生原因	排除方法
溢流阀压力有波动	（1）弹簧弯曲或弹簧刚度太低 （2）锥阀与锥阀座接触不良或磨损 （3）压力表不准 （4）滑阀动作不灵 （5）油液不清洁，阻尼孔不畅通	（1）更换弹簧 （2）更换锥阀 （3）修理或更换压力表 （4）调整阀盖螺钉紧固力或更换滑阀 （5）更换油液，清洗阻尼孔

续表

故障现象	产生原因	排除方法
溢流阀有明显的振动和噪声	(1)调压弹簧变形,不复位 (2)回油路有空气进入 (3)流量超值 (4)油温过高,回油阻力过大	(1)检修或更换弹簧 (2)紧固油路接头 (3)调整 (4)控制油温,将回油阻力降至0.5 MPa以下
溢流阀泄漏	(1)锥阀与阀座接触不良或磨损 (2)滑阀与阀盖配合间隙过大 (3)紧固螺钉松动	(1)更换锥阀 (2)重配间隙 (3)拧紧螺钉
溢流阀调压失灵	(1)调压弹簧折断 (2)滑阀阻尼孔堵塞 (3)滑阀卡住 (4)进、出油口接反 (5)先导阀座小孔堵塞	(1)更换弹簧 (2)清洗阻尼孔 (3)拆检并修整,调整阀盖螺钉紧固力 (4)重装 (5)清洗小孔
减压阀二次压力不稳定并与调定压力不符	(1)油箱液面低于回油管口或滤油器,油中混入空气 (2)主阀弹簧太软、变形或在滑阀中卡住,使阀移动困难 (3)泄漏 (4)锥阀与阀座配合不良	(1)补油 (2)更换弹簧 (3)检查密封装置,拧紧螺钉 (4)更换锥阀
减压阀不起作用	(1)泄油口的螺堵未拧出 (2)滑阀卡死 (3)阻尼孔堵塞	(1)拧出螺堵,接上泄油管 (2)清洗或重配滑阀 (3)清洗阻尼孔并检查油液的清洁度
顺序阀有振动和噪声	(1)油管不合适,回油阻力过大 (2)油温过高	(1)降低回油阻力 (2)降至规定温度
顺序阀动作压力与调定压力不符	(1)压力调节不当 (2)调压弹簧变形,最高压力调不上去 (3)滑阀卡死	(1)转动调整手柄,反复几次,调到所需的压力 (2)更换弹簧 (3)检查滑阀配合部分,清除毛刺

（6）流量阀常见故障及排除方法，见表 4-1-10。

表 4-1-10　流量阀常见故障及排除方法

故障现象	产生原因	排除方法
无液流通过或流量极小	（1）节流口堵塞，阀芯卡住 （2）阀芯与阀孔配合间隙过大，泄漏大	（1）检查及清洗，更换油液，提高油液的清洁度 （2）检查磨损、密封情况，修换阀芯
流量不稳定	（1）油中杂质黏附在节流口边缘，通流截面减小，速度减慢 （2）系统温度升高，油液黏度降低，流量增大，速度上升 （3）节流阀内、外泄漏大，流量损失大，不能保证运动速度所需要的流量	（1）拆洗节流阀，清除污物，更换滤油器或油液 （2）采取散热、降温措施，必要时换带温度补偿功能的调速阀 （3）检查阀芯与阀体之间的间隙及加工精度，修复或更换超差零件。检查有关连接部位的密封情况或更换密封件

学习单元 2　数控车床气动与冷却系统一般故障的排除

一、数控车床气动系统一般故障的排除

数控机床的气动系统主要完成一些作用力较小的辅助动作。气动系统一般由气源、减压阀、油雾器和气动换向阀等组成。

气动系统的主要故障一般是动作达不到要求或漏气，产生这些故障的主要原因是气动元件密封圈老化，气管老化爆裂，气路中的积水没有及时排除，或是空气过滤装置堵塞造成压力下降。另外，由于 PLC/PMC 外围控制回路的继电器故障也会造成气动系统故障。

1. 数控车床气动系统的维护与保养

（1）选用合适的过滤器，清除压缩空气中的杂质和水分。

（2）检查系统中油雾器的供油量，保证空气中有适量的润滑油来润滑气动元件，防止因生锈、磨损而造成空气泄漏和元件动作失灵。

（3）保持气动系统的密封性，定期检查及更换密封件。

（4）注意调节工作压力。

（5）定期检查、清洗或更换气动元件、滤芯。

2. 气动系统常见故障和排除方法

一般气动系统发生故障的原因往往是由于机器部件的表面故障或者是元件堵塞，以及控制系统的内部故障。经验证明，控制系统故障的发生概率远远小于与外部接触的传感器或者机器本身的故障。

气动系统常见故障及排除方法见表4-1-11。

表4-1-11 气动系统常见故障及排除方法

故障现象	故障原因	排除方法
气缸不能动作	（1）气缸工作压力没有达到规定值 （2）气缸负载比预定数值大	（1）调整气缸工作压力到要求值 （2）减小气缸工作负载
气缸工作速度达不到要求	（1）气缸活塞动作阻力大 （2）活塞密封件损坏 （3）活塞缸连接螺母松动 （4）缸盖密封件损坏	（1）检查气缸是否有划伤或变形 （2）更换活塞密封件 （3）紧固活塞缸连接螺母 （4）更换缸盖密封件
气缸损坏	缸体内因混入异物而拉出伤痕	更换气缸
减压阀调节失灵	调压弹簧失效，阀芯卡住	更换调压弹簧
调压时升压缓慢	分水滤气器堵塞	更换分水滤气器滤芯
输出压力调不高	调压弹簧断裂	更换调压弹簧

3. 气动系统元器件常见故障及排除方法（见表 4-1-12）

表 4-1-12　气动系统元器件常见故障及排除方法

故障现象	故障原因	排除方法
二次压力升高	（1）减压阀复位弹簧损坏 （2）减压阀座有伤痕或阀座橡胶剥离 （3）减压阀体与阀导向处黏附异物 （4）减压阀阀芯导向部分与阀体的密封圈损坏 （5）膜片破裂	（1）更换复位弹簧 （2）更换阀座 （3）清洗及检查滤清器 （4）更换密封圈 （5）更换膜片
换向阀不换向	（1）阀芯移动阻力大，润滑不良 （2）密封圈老化变形 （3）滑阀被异物卡住 （4）弹簧损坏 （5）阀操纵力小	（1）改进润滑 （2）更换密封圈 （3）清除异物，使滑阀移动灵活 （4）更换弹簧 （5）检查操纵部分
阀产生振动和噪声	（1）压力阀的弹簧力减弱，或弹簧错位 （2）阀体与阀杆不同轴 （3）控制电磁阀的电源电压低 （4）空气压力低（先导式换向阀） （5）电磁铁活动铁芯密封不良	（1）更换弹力合适的弹簧，把弹簧调整到正确位置 （2）检查并调整位置偏差 （3）提高电源电压 （4）提高气控压力 （5）检查密封性，必要时更换铁芯
分水滤气器压力降过大	（1）使用的滤芯过细 （2）滤芯网眼堵塞 （3）流量超过滤清器的容量	（1）更换适当的滤芯 （2）用净化液清洗滤芯 （3）换大容量的滤清器
从分水滤气器输出端溢出冷凝水和异物	（1）未及时排出冷凝水 （2）自动排水器发生故障 （3）滤芯破损 （4）滤芯密封不严	（1）定期排水或安装自动排水器 （2）检修或更换 （3）更换滤芯 （4）更换滤芯
油雾器滴油不正常	（1）通往油杯的空气通道堵塞 （2）油路堵塞 （3）测量调整螺钉失效 （4）油雾器反向安装	（1）检修 （2）检修及疏通油路 （3）检修及调换螺钉 （4）改变安装方向

续表

故障现象	故障原因	排除方法
元件和管路堵塞	压缩空气质量不好,水汽、油雾含量过高	检查过滤器、干燥器,调节油雾器的滴油量
元件失压或产生误动作	元件和管路连接不符合要求(线路太长)	合理安装元件与管路,尽量缩短信号元件与主控阀的距离
流量控制阀的排气口堵塞	管路内的铁锈、杂质使阀座被粘连或堵塞	清除管路内的杂质或更换管路
元件表面有锈蚀或阀门元件严重堵塞	压缩空气中凝结水含量过高	检查、清洗滤清器、干燥器
气缸出现短时的输出力下降	供气系统压力下降	检查管路是否泄漏、管路连接处是否松动
活塞杆速度有时不正常	由于辅助元件的动作而引起的系统压力下降	提高压缩机供气量或检查管路是否泄漏、堵塞
活塞杆伸缩不灵活	压缩空气中含水量过高,使气缸内润滑不好	检查冷却器、干燥器、油雾器工作是否正常
气缸的密封件磨损过快	气缸安装时轴向配合不好,使缸体和活塞杆上产生支承应力	调整气缸安装位置或加装可调支承架
系统停用几天后,重新启动时润滑部件动作不畅	润滑油结胶	检查、清洗油水分离器或调小油雾器的滴油量

二、数控车床冷却系统一般故障的排除

1. 机床冷却和温度控制

在一些较高档的数控机床上,一般采用专门的电控箱冷气机进行电控系统温度和湿度的调节,如图 4-1-5 所示。数控机床的主轴部件及传动装置通常设有工作温度控制装置,如图 4-1-6 所示。

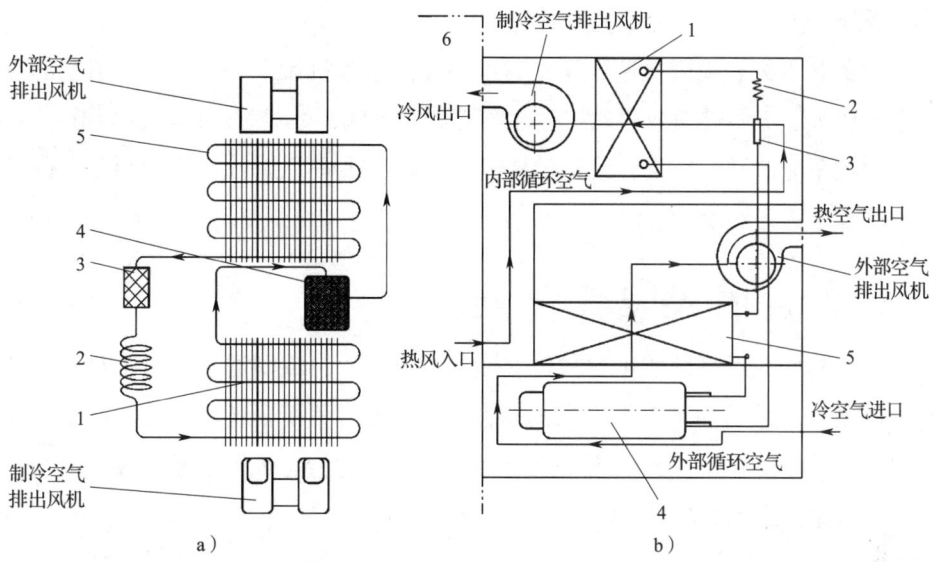

图4-1-5 电控箱冷气机
a）原理图 b）结构图

1—蒸发器盘管 2—毛细管 3—干燥过滤器 4—压缩机 5—冷凝器盘管 6—电控箱

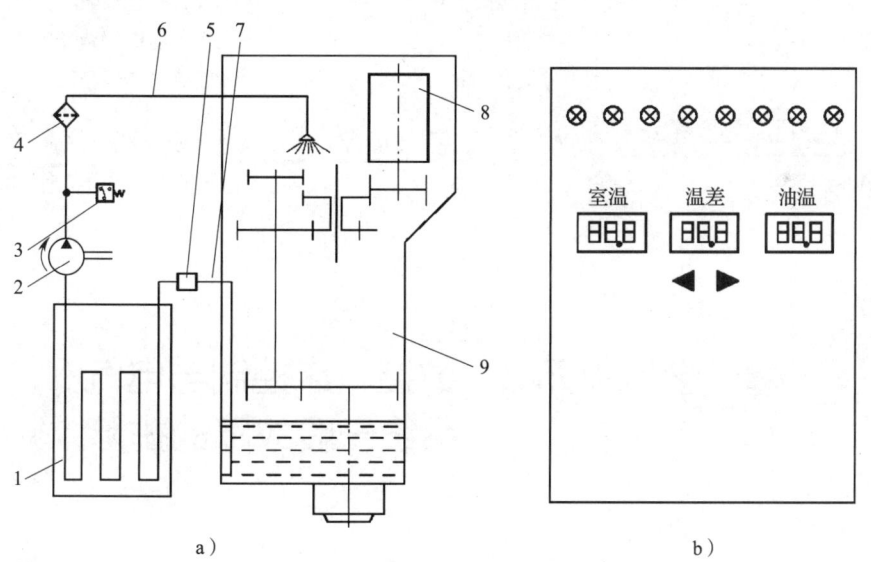

图4-1-6 主轴温控机
a）工作原理图 b）操作面板

1—散热器 2—循环液压泵 3—压力继电器 4—过滤器 5—缸阀 6—冷却管路
7—循环管路 8—电动机 9—主轴箱

2. 数控机床的润滑系统

数控机床的润滑系统主要对主轴传动部分、轴承、丝杠和导轨等部件进行润滑。

润滑系统一般由油泵、分配器和油路组成。

对负载不大、极限转速或移动速度不高的数控机床，一般采用润滑脂润滑。对一些负载较大、极限转速或移动速度较高的数控机床，一般采用润滑油润滑。

数控车床的滚动导轨、滚珠丝杠螺母及丝杠轴承等由于运动速度低、无剧烈温升，故这些部位采用润滑脂润滑。

3. 数控机床润滑系统常见故障及排除方法

数控机床润滑系统的主要故障一般是没有润滑油或润滑油油量不足等。产生这些故障的主要原因是油泵工作不良，油管堵塞，油量不足，或过滤装置堵塞造成压力下降等。另外，由于 PLC/PMC 外围控制回路的故障也会造成润滑系统故障。

润滑系统常见故障及排除方法见表 4-1-13。

表 4-1-13 润滑系统常见故障及排除方法

故障现象	故障原因	排除方法
没有润滑油	（1）油路分配器堵塞 （2）油管松脱 （3）油泵未工作	（1）清理分配器 （2）检查后重新安装油管 （3）检查油泵
润滑油液位传感器报警	储油器液位低	给储油器添加润滑油
润滑油油量不足	油泵工作时间短	重新设定油泵工作时间

学习单元 3 数控车床控制与电气系统一般故障的排除

一、数控车床控制系统一般故障的排除

1. 数控系统故障

（1）位置环故障。位置环是数控系统发出控制指令，并与位置检测系统的反馈值

相比较，进一步完成控制任务的关键环节，它具有很高的工作频度，且与外部设备相连接，容易发生故障。位置环常见的故障及原因如下：

1）位置环报警。测量回路开路，测量系统损坏，位控单元内部损坏。

2）不发指令就运动。漂移过高，正反馈，位控单元故障，测量元件损坏。

3）测量元件故障。一般表现为无反馈值，机床回不了基准点。高速时丢脉冲产生报警的可能原因是光栅或读头脏了，或光栅坏了。

（2）电源部分故障。电源是维持系统正常工作的能源支持部分，它失效或产生故障的直接结果是造成系统停机或毁坏整个系统。

由于我国电源波动较大，还隐藏有如高频脉冲这一类的干扰，加上人为因素（如突然拉闸断电等），这些原因均可造成电源故障或损坏。另外，数控系统部分运行数据、设定数据以及加工程序等一般存储在S-RAM存储器内，系统断电后，靠后备蓄电池或锂电池来保持。因此，停机时间比较长，拔插电源或存储器都可能造成数据丢失，使系统不能运行。

（3）可编程序控制器逻辑接口故障。数控系统的逻辑控制，如刀库管理、液压启动等，主要由PLC/PMC来实现，要完成这些控制就必须采集各控制点（如断电器、伺服阀、指示灯等）的状态信息。因为它与外界各种信号源和执行元件相连接，变化频繁，所以发生故障的可能性就比较大，而且故障类型千变万化。

（4）其他故障。由于环境条件，如干扰造成温度、湿度超过允许范围，或操作不当，参数设定不当，也可能造成停机或故障。

2. 进给伺服系统故障

进给伺服系统的故障报警现象有三种，一是利用系统固有的伺服诊断软件在显示器上显示报警信息；二是利用伺服系统上的硬件显示报警（如七段显示管、发光二极管发光、熔断器熔丝熔断等）；三是没有任何报警指示。

（1）自诊断报警。现代数控系统都具有对进给系统进行监视、报警的能力。在显示器上显示进给驱动的报警信号大致可分为以下三类：

1）伺服进给系统出错报警。这类报警大多是驱动放大单元发生故障引起的，如IGBT电路击穿，电路板损坏等。

2）检测出错报警。指检测元件（脉冲编码器、光栅R或感应同步器）或检测信号引起的故障报警。

3）过热报警。

（2）硬件报警。硬件报警包括伺服放大器上的报警指示灯点亮、熔断器熔丝熔断以及各种保护用的开关跳开等报警。报警指示灯的含义随速度控制单元设计上的差异也有所不同，一般有下述几种：

1）过电流报警。此时多为速度控制单元上的功率驱动模块损坏。检查方法是在切断电源的情况下，用万用表测量IGBT模块，与正常值相比较，以确认该模块是否损坏。

2）高电压报警。原因是输入的交流电源电压超过了额定值的10%，或电动机绝缘能力下降，或速度控制单元的印制电路板接触不良。

3）电压过低报警。该报警是由于输入电压低于额定值的85%或是电源连接不良引起的。

4）反馈断线报警。多是由伺服电动机速度或位置反馈线不良或连接器接触不良引起的。

5）风扇报警。全数字伺服排风扇具有内置温度传感器，可以直接检测伺服驱动单元温度。当驱动器异常或温度过高，会出现风扇报警，但风扇报警大多是由伺服驱动器故障引起的。

6）过载报警。造成过载报警的原因有机械负载不正常，或伺服参数与负载不匹配，如负载惯量比等。

（3）无报警显示的故障。这类故障多以机床处于不正常运动状态的形式出现，故障的根源在进给驱动系统。

1）机床失控。由于伺服电动机内检测元件的反馈信号接反或元件故障本身造成。

2）机床振动。此时应先确认振动周期与进给速度是否成比例变化。如果成比例变化，则故障的原因是机床、伺服电动机、检测器不良，或是驱动数据不匹配，需要采用系统内置或外置（Servo guide）软件进行优化。

3）机床有累计进给（手轮旋转一个脉冲进给轴不移动，旋转多个脉冲后累计过冲）或过冲现象。其主要原因是伺服初始设定的参数与实际负载数据不匹配，静摩擦力矩与动摩擦力矩差值大，负载惯量比不匹配等，可采用伺服优化中"负载力矩优化功能"或根据系统说明书调整相关参数。

4）机床在快速移动时振动或冲击。可开启伺服振荡抑制功能，通过伺服优化软件诊断出共振频率，在参数位中设定抑制频率，降低或消除振荡。

总之，进给伺服振荡和爬行的"本"在机械负载，而不是驱动电路和驱动数据故障，进行伺服优化和数据匹配只能减缓此类故障，最终彻底解决还需修复机械故障，特别是消除传动链间隙，降低负载力矩。

二、数控车床电气系统一般故障的排除

1. 电气控制系统日常维护

数控车床电气控制系统是机床的关键部分，主要包括数控系统伺服与检测装置、PLC、电源和电气部件等，其日常维护工作包括以下几个方面：

（1）定期检查电气部件。检查各插头、插座、电缆、各继电器触点是否出现接触不良、短路等故障；检查各印制电路板是否洁净；检查主电源变压器、各电动机绝缘电阻是否在 1 MΩ 以上。平时尽量少开电气柜门，保持电气柜内清洁。

（2）直流伺服电动机的维护。少数大型龙门机床或重型机床采用直流伺服电动机，这就存在电刷的磨损问题。为此，对于直流伺服电动机需要定期检查和更换直流电动机电刷。

1）每天在机床运行时的维护与检查。在运行过程中要注意观察主轴的旋转速度；检查是否有异常的振动和噪声，是否有异味；检查电动机机壳和轴承的温度。

2）定期维护。由于直流伺服电动机带有数对电刷，旋转时电刷与换向器摩擦而逐渐磨损。电刷异常或过度磨损会影响工作性能，因此对直流伺服电动机的日常维护也是相当必要的，应定期检查和更换直流电动机电刷。

（3）交流伺服电动机的维护。交流伺服电动机与直流伺服电动机相比，最大的优点是不存在电刷维护的问题。应用于进给驱动的交流伺服电动机多采用交流永磁同步电动机，其特点是磁极是转子，定子的电枢绕组与三相交流电枢绕组一样，但它由三相逆变器供电，通过转子位置检测其产生的信号去控制定子绕组的开关器件，使其有序轮流导通，实现换流作用，从而使转子连续不断地旋转。转子位置检测器与转子同轴安装，用于转子的位置检测，检测装置一般为霍尔开关或具有相位检测的光电脉冲编码器。

（4）驱动器维护。定期清理驱动器灰尘，用洁净的压缩空气去除。由于现代 SMT（表面焊接）工艺在电路板上有一层防腐涂层，因此禁止使用酒精类有机溶剂清洗。驱动器风扇须按照系统维修说明书定期检查，清除污垢，如有损坏即时更换。由于伺服驱动模块风扇是自带温度传感器的，所以通用的两芯风扇不可替代（更换后仍会出现风扇报警），需要按照原系统厂商提供的型号更换。另外 FANUC 绝对编码器的 RAM 数据保护电池在伺服放大器单元上，须每年定期检查更换。更换绝对编码器电池时应带电更换，否则绝对零点丢失。检查功率器件是否接触氧化，电容是否有鼓包。

（5）直流电源保养。定期清除浮尘，测量输出电压（+24V、5V、+/-15V 等）是

否正常。

（6）PLC/PMC 外围接口电路保养。定期除尘，检查端子排有无氧化、脱线。定期检查导轨链中电缆有无破皮、折损，检查减速开关、超程开关有无进油进水，检查刀架刀库开关和传感器有无铁屑。定期检查各电磁阀电缆有无破损、电磁阀插头有无进油进水，总之，避免 I/O 电路、外围 +24V 短路。

（7）高档数控系统 HMI 单元保养。定期备份系统数据（将 NCU 中系统数据备份至 PCU 硬盘中），将硬盘数据定期做 GHOST，并存储到外置存储器（如 U 盘）中，万一硬盘损坏以备回复。

（8）系统备品备件定期通电。电气备品备件如果长期不通电，会导致电解电容漏电、IC 受潮损坏。

（9）定期开机。长期不用的数控机床应定期开机，尤其在空气湿度大的梅雨季节应该每天通电，利用电气元件发热来保证元器件性能稳定、可靠。

提示：

数控车床电气控制部分日常维护和保养非常重要，要遵守相关操作规程，同时还要胆大心细，应注意以下几方面的内容：

（1）动手之前先洗手。

（2）机器外部接线要做好记录。

（3）如带用户程序要先备份。

（4）机器内部拨码开关要做好记录。

（5）更换元件之前要做好记录。

（6）焊过的电路板要保证焊点牢靠，不要与其他元件焊短路。

（7）装机时各固定部位要装牢靠。

（8）整机具体情况要做好记录，以便下次维护及保养。

2. 数控车床电气系统故障及排除方法（见表 4-1-14）

表 4-1-14　数控车床电气系统故障及排除方法

故障现象	故障原因	排除方法
电流传感器报警	电动机过负荷	减小切削负荷
FANUC 系统出现 300# 报警	绝对编码器、伺服放大器电池电压过低	更换电池，重新设置零点

续表

故障现象	故障原因	排除方法
机床突然停电后系统电源无法接通	主回路过电压抑制器短路	更换同规格过电压抑制器
机床维护后电源无法接通	电气柜门互锁开关损坏	更换电气柜门互锁开关
机床开机后系统电源无法接通	（1）MDI操作面板【ON】按钮接线脱落 （2）控制器24V直流电源无电压输出 （3）直流电源内部整流桥短路或熔断器熔断	（1）重新连接【ON】按钮接线 （2）检查24V直流电源 （3）更换整流桥或熔断器
机床突然停电后主回路电源无法接通	电源缺相	检查缺相原因并解决
机床开机时，系统出现"+24E FOSE BREAK"报警	系统电源熔断器熔断	检查故障原因并更换熔断器
直流环报警	（1）西门子直流环600 V过电压 （2）FANUC直流环600 V过电压	（1）频繁启/制动，频繁正/反转，修改工艺和加工程序，或增加加/减速时间常数 （2）放电电路损坏，修复
24V电源不能接通	开关量输入部分对地短路	检查外部开关量连线
显示器无显示，指示灯均不亮	（1）显示电路或主板发生故障 （2）24V稳压电源损坏	（1）更换电路板 （2）更换24V稳压电源
机床运行时控制系统偶尔出现掉电现象	电源单元发生故障	（1）更换系统电源 （2）更换电源输入单元
机床工作时出现激烈振动	伺服电动机脉冲编码器发生故障	维修或更换伺服电动机

续表

故障现象	故障原因	排除方法
某轴出现过电流报警	所在轴驱动器 IPM 或 IGBT 模块电路损坏，导致直流母线短路	更换伺服放大器 IPM 或 IGBT 模块
加工过程中，出现某轴伺服电动机过热报警	（1）外加切削负荷过大 （2）加工时切削液进入电动机，使电动机绕阻对地短路	（1）减小切削用量 （2）维修伺服电动机
某一轴向尺寸变化太大	某轴位置检测编码器不良	更换编码器
某一轴向加工尺寸变大或变小	伺服电动机与滚珠丝杠之间联轴器松动	压紧锥套，锁紧联轴器
某一轴向尺寸误差过大	某轴伺服电动机编码器脉冲数与系统设定不一致	重新设定此轴的电动机参数
系统显示某轴过电流报警	某轴滑板运动阻力过大	对滑板运动进行维修及调整

3. 故障维修实例

（1）故障。AL950 电源单元内 24 V 熔断器（F14）熔断。

在 FANUC-0C 系统中，为了防止由于 DI/DO 接口引起的电源短路，在电路结构中设置了单独的外部 24 V 熔断器。

（2）故障分析及处理。机床侧电缆对地短路时关断系统电源，用测量电阻的方法确定是否有 +24 E 对地短路，在主板和存储卡上有 +24 E 和地线（GND）测量端子，可以直接测量其间的电阻。测量值为 0 Ω。拔下 I/O 卡上各连接插头，再次检查电阻值。结果是在拔下 I/O 连接器插头后，测量电阻值增加 100 Ω 左右，可以确认 I/O 负载侧有与地线短路现象。

学习单元 4　数控车床刀架一般故障的排除

数控车床上用得最多的是电动回转刀架，主要有四工位转位刀架、六工位转位刀架和八工位转位刀架。其主要工作原理是选刀时刀架电动机正转，刀架转位，刀位信号到达后刀架电动机反转，刀架定位压紧。

一、数控车床刀架工作原理

1. 动作过程分析

以四工位自动刀架为例。如图 4-1-7 所示，刀架电动机采用三相交流 380 V 供电，正转时驱动刀架正向旋转，各刀具按顺序依次经过加工位置；刀架电动机反转时，刀架自动锁死，保证刀具能够承受切削力。每把刀具各有一个霍尔位置检测开关。

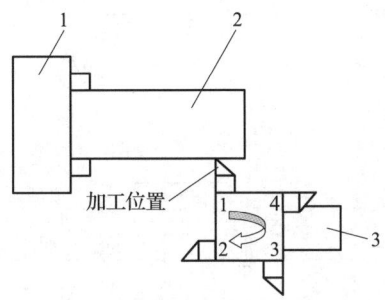

图 4-1-7　四工位自动刀架工作过程
1—主轴　2—工件　3—刀架电动机

换刀动作由 T 指令或手动换刀按钮控制，换刀过程如下：
（1）刀架电动机正转。
（2）检测到所选刀位的有效信号后，停止刀架电动机，并延时（50 ms）。
（3）延时结束后刀架电动机反转锁死刀架，并延时（1 200 ms）。
（4）延时结束后停止刀架电动机，换刀完成。

2. 互锁安全保护

（1）刀架电动机长时间旋转（如 10 s）而检测不到刀位信号，则认为刀架出现故障，立即停止刀架电动机，以防止损坏刀架电动机，并报警提示。
（2）刀架电动机过热报警时，停止换刀过程，并禁止自动加工（X2.7 为刀架锁紧信号）。

3. 刀架电路（见图 4-1-8）

刀架电路图如图 4-1-8 所示，各元器件的含义见表 4-1-15。

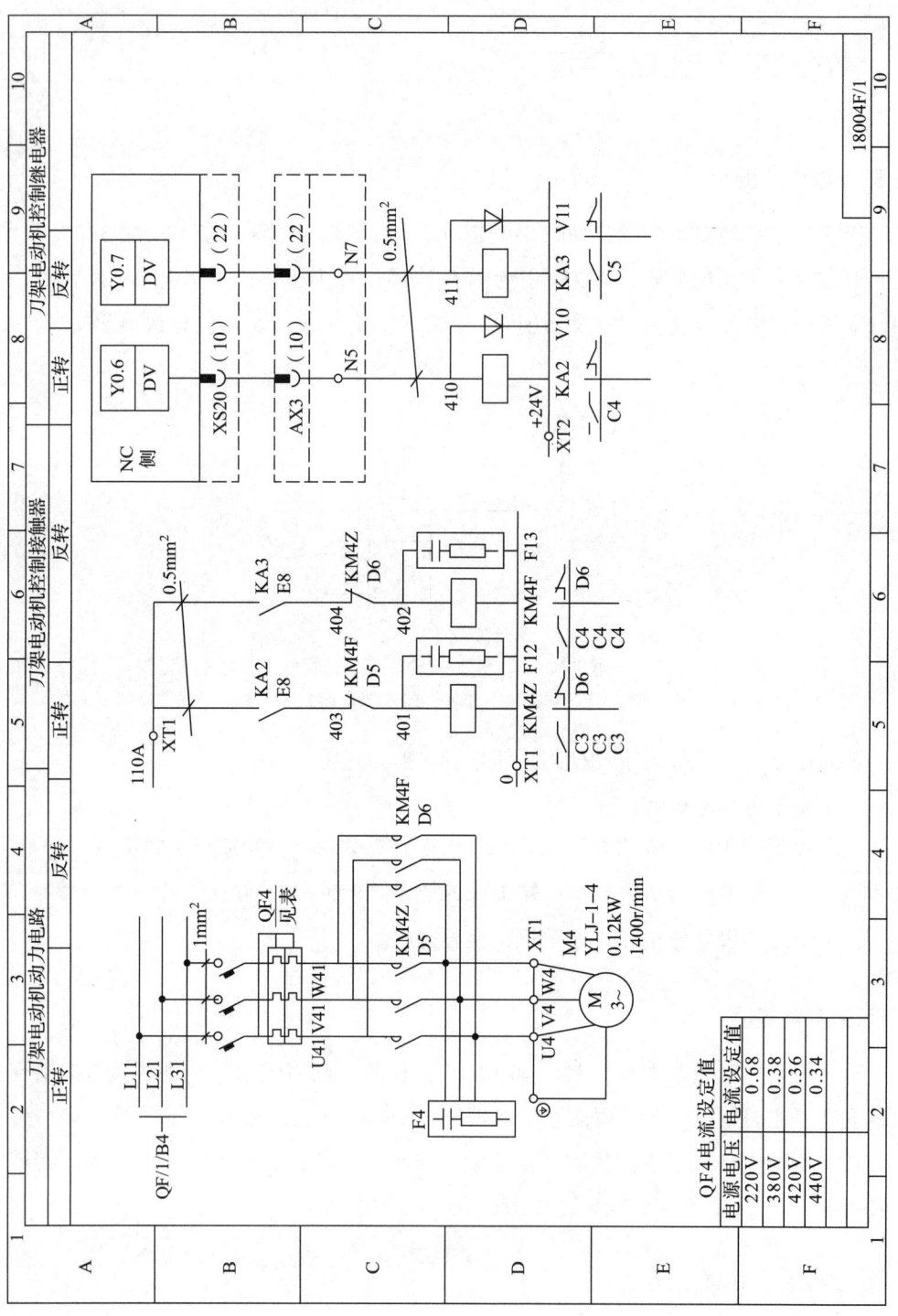

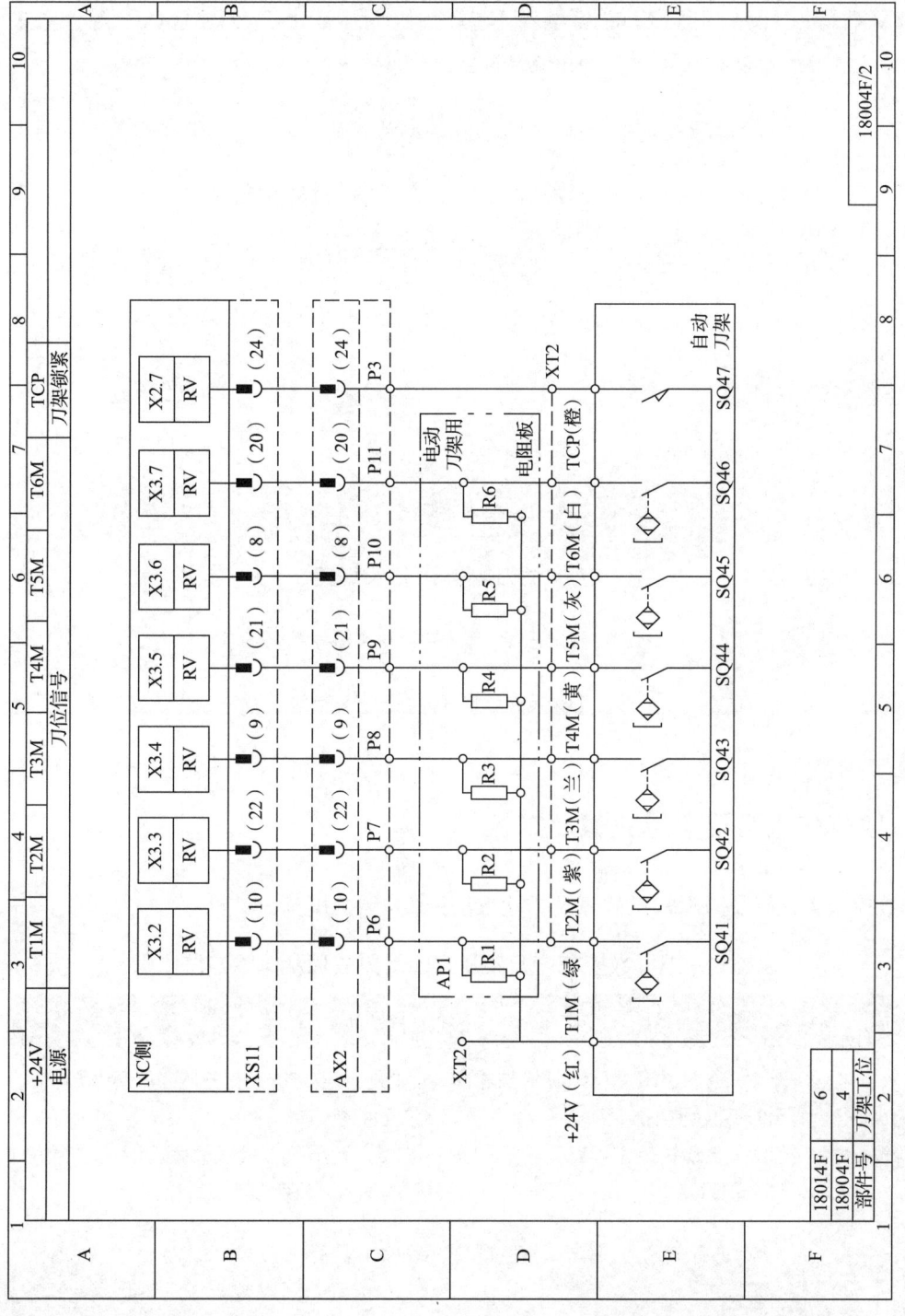

图 4-1-8　刀架电路图

表 4-1-15　刀架电路各元器件的含义

序号	名称	含义
1	M3	刀架电动机
2	QF4	刀架电动机带过载保护的电源空气开关
3	KM4Z、KM4F	刀架电动机正、反转控制交流接触器
4	KA1、KA2	刀架电动机正、反转控制中间继电器
5	SQ41～SQ42	刀位检测霍尔开关
6	F4	三相灭弧器
7	RF13、RF12	单相灭弧器
8	X2.7	刀架锁紧输入寄存器
9	X3.2～X3.5	1~4 号刀到位信号输入寄存器
10	Y0.6	刀架正转继电器控制输出寄存器
11	Y0.7	刀架反转继电器控制输出寄存器

二、数控车床刀架常见故障及排除

数控车床刀架及刀库常见故障及排除方法见表 4-1-16。

表 4-1-16　数控车床刀架及刀库常见故障及排除方法

故障现象	故障原因	排除方法
刀架在某一刀位不停	（1）磁钢磁极装反，磁钢与霍尔元件高度位置不准确 （2）电动机转不停或某一刀位无法完成换刀	（1）调整磁钢磁极方向，调整磁钢与霍尔元件的位置 （2）利用 PLC 状态表检查各刀位号是否有输入，检查刀架接线是否牢固
刀架不能转动	（1）连接电动机轴与蜗杆轴的联轴器松动 （2）电动机不动作	（1）紧固联轴器上的螺钉 （2）利用 PLC 状态表检查正反转信号是否有输出，检查主电路

续表

故障现象	故障原因	排除方法
转动不到位	（1）电动机转动出现故障，传动机构误差 （2）电动机转动时间太长或刀架锁不紧	（1）更换电动机，调整传动机构 （2）重新设定PLC参数中的正反转时间常数

三、故障维修实例

1. 华中 i 型数控车床 NC 系统输出换刀信号，但刀架不转动

（1）原因分析。机械卡死或刀架电动机无信号输入。

（2）排除方法。对于机械卡死，应拆开重新清洗及修配，加以润滑处理后装好。无信号输入则测试电路断路源，检查继电器是否损坏或连接电缆是否断路。

2. 华中 i 型数控车床刀架连续运转到位不停

（1）原因分析。霍尔元件开路或短路，控制电路中刀架反转继电器无法接通。

（2）排除方法。打开刀架，检查霍尔元件是否损坏，损坏则予以更换。测试反转继电器是否损坏，损坏则予以更换。

3. 华中 i 型数控车床刀架越位过冲或转不到位

（1）原因分析。霍尔元件位置不当。

（2）排除方法。调整霍尔元件与磁钢的相对位置，一般霍尔元件位置超前磁钢约 1/3。

4. CK6140 型车床换刀时 3 号刀转不到位

一般有两种原因：第一种是电动机相位接反，但调整电动机相位线后故障不能排除；第二种是磁钢与霍尔元件高度位置不准确。拆开刀架上盖，发现 3 号磁钢与霍尔元件高度位置相差距离较大，用尖嘴钳调整 3 号磁钢与霍尔元件高度，使其与其他刀位基本一致，重新启动系统，故障排除。

课程 4-2　机床精度检验

学习内容

学习单元	课程内容	培训建议	课堂学时
（1）机床定位精度、重复定位精度检验	1）激光干涉仪的使用方法 2）定位精度与重复定位精度检测原理 3）定位精度与重复定位精度检测方法	（1）方法：讲授法、演示法、练习法 （2）重点与难点：定位精度与重复定位精度检测原理及检测方法	6
（2）机床动态精度验收	1）机床动态精度检测原理 2）机床动态精度检测方法	（1）方法：讲授法、演示法、练习法 （2）机床动态精度检测原理及检测方法	4

学习单元 1　机床定位精度、重复定位精度检验

一、激光干涉仪的使用方法

1. 激光干涉仪的种类

激光的发明使得精密测量有了新的发展方向。用激光测量长度（位移或距离）主要有两种方法，一种用以迈克尔逊干涉仪为基础的单频干涉仪测量，另一种用双频激光干涉仪测量。

（1）单频激光干涉仪。从激光器发出的光束由分光镜分为两路，分别从固定反射镜和可动反射镜反射回来，在分光镜上产生干涉现象，当可动反射镜移动时，将干涉条纹的光强变化转换为电信号，经处理后算出相位差，最后再由相位差计算出可动反射镜的位移量。

（2）双频激光干涉仪。双频激光干涉仪是直接测量两个信号的相位差来决定位移的，利用相应附件还可进行高精度直线度测量、平面度测量和小角度测量。

目前高精度的激光干涉仪大多为双频激光干涉仪，产生双频激光的方法主要是利用塞曼效应（Zeeman Effect）和声光调制器（Acousto-Optical Modulators，AOM）。塞曼效应受频差闭锁现象影响，产生的双频频差一般较小，通常最大频差不超过 4 MHz。声光调制方法得到的频差通常较大，一些产品双频激光频差达到 20 MHz 以上。

2. 激光干涉仪的工作原理

（1）单频激光干涉仪工作原理。如图 4-2-1 所示，从激光器发出的光束，经扩束准直器后由分光镜分为两路，并分别从固定反射和可动反射镜反射回来会合在分光镜上而产生干涉条纹。当可动反射镜移动时，干涉条纹的光强变化由接收器中的光电转换元件和电子线路等转换为电脉冲信号，经整形、放大后输入可逆计数器计算出总脉冲数，再由电子计算机按算式 $L=\frac{1}{2}\lambda N$ 计算出可动反射镜的位移量 L。式中 λ 为激光波长，N 为电脉冲总数。

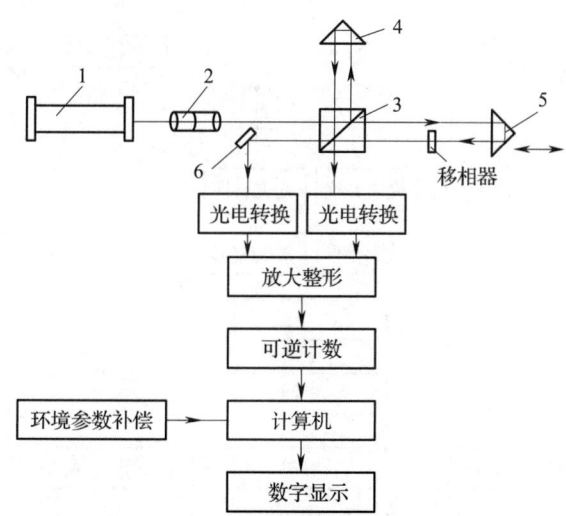

图 4-2-1　单频激光干涉仪工作原理
1—激光器　2—扩束准直器　3—分光镜　4—固定反射镜　5—可动反射镜　6—反射镜

单频激光干涉仪稳定性差，许多内部因素（如电子噪声和长期漂移等）和外部因素（环境变化，如温度、大气压力、折射率等的变化）都会对测量结果产生影响。

（2）双频激光干涉仪工作原理。如图4-2-2所示，在氦氖激光器上加上一个约0.03 T的轴向磁场。由于塞曼分裂效应和频率牵引效应，激光器产生1和2两个不同频率的左旋和右旋圆偏振光，经1/4波片后成为两个互相垂直的线偏振光，再经分光镜分为两路。一路经偏振片1后成为含有频率为f_1-f_2的参考光束。另一路经偏振分光镜后又分为两路，一路成为仅含有f_1的光束，另一路成为仅含有f_2的光束。当可动反射镜移动时，含有f_2的光束经可动反射镜反射后成为含有$f_2±\Delta f$的光束，Δf是可动反射镜移动时因多普勒效应产生的附加频率，正负号表示移动方向（多普勒效应是奥地利人C.J.多普勒提出的，即波的频率在波源或接收器运动时会产生变化）。这路光束和由固定反射镜反射回来仅含有f_1的光束经偏振片2后会合成为$f_1-(f_2±\Delta f)$的测量光束。测量光束和上述参考光束经各自的光电转换元件、放大器、整形器后进入减法器相减，输出成为仅含有$±\Delta f$的电脉冲信号。经可逆计数器计数后，由计算机进行当量换算（乘以1/2激光波长）后即可得出可动反射镜的位移量。双频激光干涉仪是应用频率变化来测量位移的，这种位移信息载于f_1和f_2的频差上，对由光强变化引起的直流电平变化不敏感，所以抗干扰能力强。它常用于检定测长机、三坐标测量机、光刻机和加工中心等的坐标精度，也可用作测长机、高精度三坐标测量机等的测量系统；利用相应附件，还可进行高精度直线度、平面度和小角度测量。

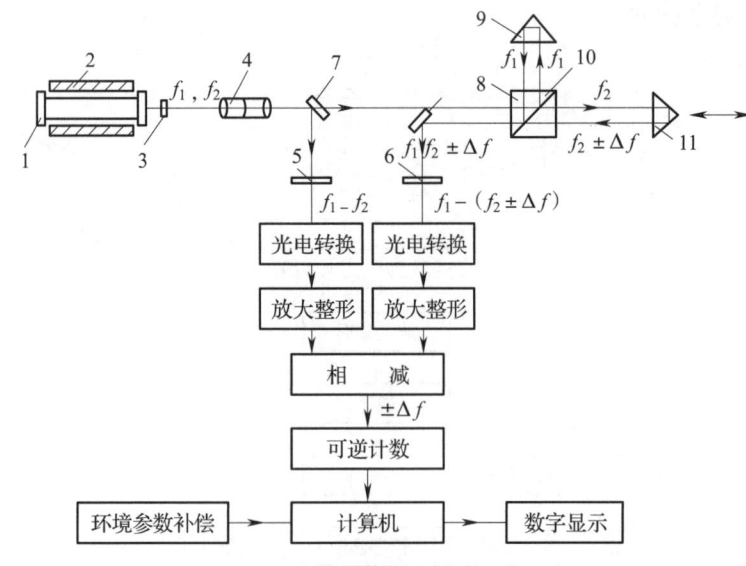

图4-2-2 双频激光干涉仪的工作原理

1—氦氖激光器 2—环形磁钢 3—$\frac{1}{4}$波片 4—扩束准直器 5—偏振片1 6—偏振片2 7—分光镜 8—反射镜 9—固定反射镜 10—偏振分光镜 11—可动反射镜

3. 双频激光干涉仪操作

（1）测量步骤

1）安装双频激光干涉仪测量系统各组件。

2）在需测量的机床坐标轴线方向安装光学测量装置。典型的安装方法如图4-2-3所示。

图4-2-3　双频激光干涉仪的安装方法

3）调整激光头，使双频激光干涉仪的光轴与机床移动的轴线尽量在一条直线上，即将光路调准直。

4）待激光预热后输入测量参数。

5）按规定的测量程序运动机床进行测量。

6）数据处理及结果输出。

（2）测量误差分析。用激光干涉仪检测数控机床定位精度的测量误差主要来源如下：

1）激光干涉仪的极限误差。

2）安装误差。主要是由测量轴线与机床移动轴线不平行而引起的误差。

3）温度误差。主要是由机床温度和线膨胀系数造成的误差。

在各项测量误差中，温度误差对测量结果的准确性影响最大。所以，为了保证测量结果的准确性，测量环境温度应满足（20 ± 5）℃，且温度变化应小于 ± 0.2℃/h，测量前应使机床等温12 h以上，同时要尽量提高温度测量的准确度。另外，如果测量时安装不当，由安装所造成的误差也是不可忽略的。

二、定位精度与重复定位精度检测原理

数控机床定位精度是指数控机床工作台等移动部件实际运动位置与指令位置的一

致程度，它是各坐标轴在数控装置控制下运动所能达到的位置精度。数控机床的定位精度又可以理解为机床的运动精度，定位精度取决于数控系统和机械传动误差，直接反映加工零件所能达到的精度，所以，定位精度是一项很重要的检测内容。

重复定位精度是指在相同操作方法和条件下，多次完成规定操作，得到结果的一致程度。

1. 直线运动定位精度的检测

直线运动定位精度检测一般都是在机床和工作台空载条件下进行的。按国家标准和国际标准化组织（ISO）的规定，对数控机床的检测应以激光测量为准。在没有激光干涉仪的情况下，对于一般用户也可以用标准刻度尺，配以光学读数显微镜进行比较测量。但是，测量仪器的精度必须比被测的精度高 1～2 个等级。

定位精度测量、计算方法按照 GB/T 17421.2—2000 等 5 条【结果评定】，在行程小于 2 000 mm 的情况下最少测量 5 个点，计算平均值 $\bar{x_j}$ 和统计值（依据准则）作为最终评定结果。

$$\bar{x_j} = \frac{1}{n}\sum_{i=1}^{n} x_{ji} \qquad s_j = \sqrt{\frac{1}{n-1}\sum_{i=1}^{n}(x_{ji} - \mu_+)}$$

2. 直线运动重复定位精度的检测

检测用的仪器与检测定位精度所用的仪器相同。一般检测方法是在靠近各坐标行程中点及两端的任意三个位置进行测量，每个位置用快速移动定位，在相同条件下重复七次定位，测出停止位置数值并求出读数最大差值。以三个位置中最大一个差值的二分之一附上正负符号，作为该坐标的重复定位精度。重复定位精度是反映轴运动精度稳定性的最基本指标。

3. 直线运动原点返回精度的检测

原点返回精度实质上是该坐标轴上一个特殊点的重复定位精度，因此，它的检测方法与重复定位精度检测完全相同。

4. 直线运动反向误差的检测

直线运动的反向误差又称失动量，它包括该坐标轴进给传动链上驱动部位（如伺服电动机、伺服液压马达和步进电动机等）的反向死区，各机械运动传动副的反向间隙和弹性变形等误差的综合反映。误差越大，则定位精度和重复定位精度也越低。

反向误差的检测方法是在所测坐标轴的行程内，预先向正向或反向移动一个距离并以此停止位置为基准，再在同一方向给予一定移动指令值，使之移动一段距离，然后再往相反方向移动相同的距离，测量停止位置与基准位置之差。在靠近行程的中点及两端的三个位置分别进行多次测定（一般为七次），求出各位置上的平均值，以所得平均值中的最大值为反向误差值。

5. 回转工作台定位精度的检测

测量工具有标准转台、角度多面体、圆光栅及平行光管（准直仪）等，可根据具体情况选用。测量方法是使工作台正向（或反向）转一个角度并停止、锁紧、定位，以此位置作为基准，然后向同方向快速转动工作台，每隔30°锁紧定位进行测量。正向转和反向转各测量一周，各定位位置的实际转角与理论值（指令值）之差的最大值为分度误差。如果是数控回转工作台，应以每30°为一个目标位置，对于每个目标位置从正、反两个方向进行快速定位七次，实际达到位置与目标位置之差即为位置偏差，再按《机床检验通则 第2部分：数控轴线的定位精度和重复定位精度的确定》（GB/T 17421.2—2016）规定的方法计算出平均位置偏差和标准偏差，所有平均位置偏差与标准偏差的最大值和与所有平均位置偏差与标准偏差的最小值和的差值就是数控回转工作台的定位精度误差。

考虑回转工作台的实际使用要求，一般对0°、90°、180°、270°等几个直角等分点进行重点测量，要求这些点的精度比其他角度位置提高一个等级。

6. 回转工作台重复分度精度的检测

测量方法是在回转工作台的一周内任选三个位置重复定位三次，分别在正、反方向转动下进行检测，所有读数值中与相应位置的理论值之差的最大值即为重复分度精度。如果是数控回转工作台，要以每30°取一个测量点作为目标位置，分别对各目标位置从正、反两个方向进行五次快速定位，测出实际到达的位置与目标位置之差值，即位置偏差，再按GB/T 17421.2—2016规定的方法计算出标准偏差，各测量点的标准偏差中最大值的6倍就是数控回转工作台的重复分度精度。

7. 回转工作台原点复归精度的检测

测量方法是从七个任意位置分别进行一次原点复归，测定其停止位置，以读出的最大差值作为原点复归精度。

应当指出，现有定位精度的检测是在快速定位的情况下测量的，对某些进给系统不太好的数控机床，采用不同进给速度定位时，会得到不同的定位精度值。另外，定位精度的测定结果与环境温度和该坐标轴的工作状态有关，目前大部分数控机床采用半闭环系统，位置检测元件大多安装在驱动电动机上，在 1 m 行程内产生 0.01 ~ 0.02 mm 的误差是不奇怪的。这是热伸长产生的误差，有些机床便采用预拉伸（预紧）的方法来减小影响。

每个坐标轴的重复定位精度是反映该轴的最基本精度指标，它反映了该轴运动精度的稳定性，不能设想精度差的机床能稳定地用于生产。目前，由于数控系统功能越来越多，对每个坐标运动精度的系统误差（如螺距累积误差、反向间隙误差等）都可以进行系统补偿，只有随机误差没法补偿，而重复定位精度正是反映了进给驱动机构的综合随机误差，它无法用数控系统补偿来修正，当发现它超差时，只有对进给传动链进行精调修整。因此，如果允许对机床进行选择，则应选择重复定位精度高的机床为好。

三、定位精度与重复定位精度检测方法

1. 机床定位精度的检测

检测定位精度和重复定位精度用得比较多的方法是应用精密线纹尺和读数显微镜（或光电显微镜）。以精密线纹尺作为测量时的比较基准，测量时将精密线纹尺用等高垫按支架交点的最佳比例（见图 4-2-4）安装在被测部件（如工作台面）上，并用千分表找正。显微镜可安装在机床的固定部件上，调整镜头使其与工作台垂直。在整个坐标的全长上可选取任意几个定位点，一般为 5 ~ 15 个，最好是非等距的。对每个定位点重复进行多次定位，可以从单一方向趋近定位点，也可以从两个方向分别趋近，以便揭示机床进给系统中间隙和变形的影响。每一次定位的误差值 X 可按下式计算：

$$X = (s_L - s_0) - (y_L - y_0)$$

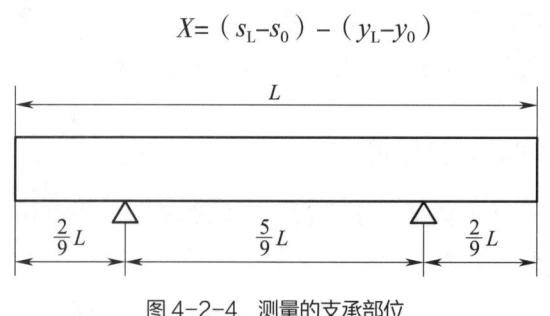

图 4-2-4　测量的支承部位

式中 s_L——工作台移动 L 距离后显微镜的读数;

s_0——基准点或零点时显微镜的读数;

y_L、y_0——相应于 s_L 和 s_0 时机床调位读数装置或数码显示装置的读数,对于数控机床就是程序指令中给定的位移数值。

提示:

激光干涉仪的优点是测量精度高,测量时间短,但必须对环境温度、零件温度和气压等进行控制及自动补偿,才能在较长距离的测量中获得高的精度。在使用激光干涉仪前,先用步距规校对一下激光干涉仪,然后再用校对过的激光干涉仪对数控机床进行测量和修整,将会大大提高数控机床的定位精度。因为单独使用激光干涉仪在许多现场环境下往往不够准确,有些计量部门检定时发现,数值相差甚至大到 10~20 μm/1 000 mm。原因是多方面的,既有环境影响因素(如温度变化梯度较大),也有人的操作方式不当等影响因素,甚至还可能有仪器本身的温度传感器不够稳定或贴附位置不恰当等影响因素。因此,激光干涉仪在使用中有必要先用步距规进行校对。

校对方法如图 4-2-5 所示,把步距规当作被检测对象,用激光干涉仪进行检测。如果测量结果与步距规实际值一致,说明激光干涉仪在本环境条件和使用方式下可准确使用;如果测量结果与步距规实际值相差较大,需对激光干涉仪进行误差修正,然后再用修正过的激光干涉仪再次测量步距规,直至测量结果与步距规实际值一致或误差小到可以忽略为止。

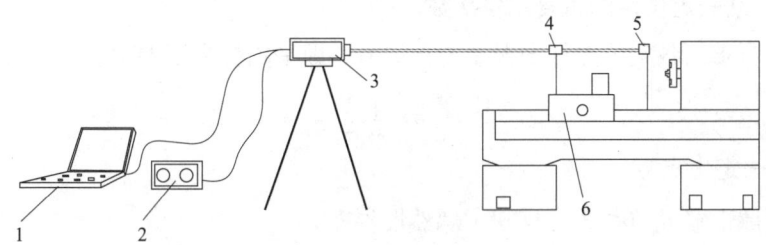

图 4-2-5 校对激光干涉仪

1—计算机 2—补偿单元 3—激光头 4—干涉镜 5—反射镜 6—移动部件

2. 定位精度测量数据的处理

定位精度测量后要对测量数据进行统计处理,求出平均定位误差、定位分散带宽和最大定位误差带。下面介绍一种数控机床定位精度试验的数据处理方法。

首先选取一系列定位点,对每一定位点进行多次重复定位,测定实际位置,比较实际值与程序给定值,对每一定位点求出实际误差 X 及其算术平均值 $\overline{X}$。作图连接各定位点定位误差的算术平均值,得到如图 4-2-6 所示的中间的一条折线。然后再根据

各点算术平均值的最大值 $\overline{X}_{max}$ 和最小值 $\overline{X}_{min}$，求出定位误差 $A=|\overline{X}_{max}-\overline{X}_{min}|$ 以及平均定位误差 $\overline{A}=\dfrac{|\overline{X}_{max}+\overline{X}_{min}|}{2}$。此后，要确定定位分散带宽 R_p，它相当于 $6\overline{\sigma}$。为此，应先求各定位点的标准误差（均方根差）σ_i。

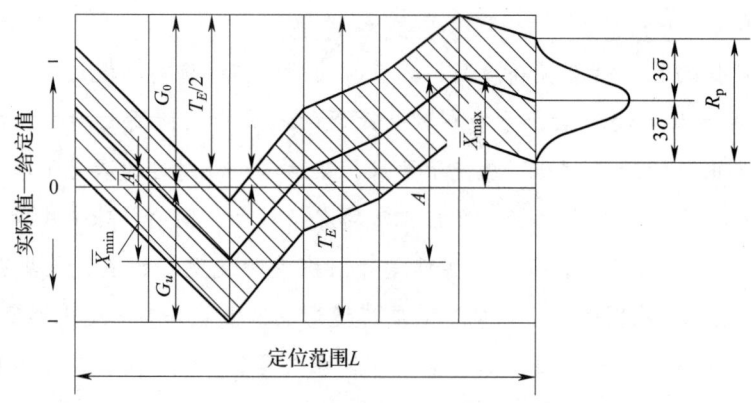

图 4-2-6　定位精度试验数据处理

标准误差 σ_i 可按下式计算：

$$\sigma_i=\sqrt{\dfrac{\sum\limits_{k=1}^{n}(X_{ik}-\overline{X}_i)}{n-1}}$$

式中　X_{ik}、$\overline{X}_i$——分别为实测误差值及其算术平均值，i 表示某一定位点；

　　　n——某一定位点的重复定位次数。

此后，再求出各定位点标准误差的平均值，即平均标准误差 $\overline{\sigma}$：

$$\overline{\sigma}=\dfrac{1}{M}\sum_{i=1}^{M}\sigma_i$$

式中　M——定位点数。

定位分散带宽 $R_p=6\overline{\sigma}$，它反映了偶然性误差。

最后求出最大定位误差带 $T_E=|\overline{X}_{max}-\overline{X}_{min}|+6\overline{\sigma}$ 及上、下定位误差限 $G_{max}=\overline{A}+\dfrac{T_E}{2}$、$G_{min}=\overline{A}-\dfrac{T_E}{2}$。

以上是单向趋近时定位精度的测定。如果是双向趋近，则应按上述方法分别求出左、右两向的误差指标。左、右两向平均值之差为反向不灵敏区 u。如果取各点上 u 的平均值 $\overline{u}=\dfrac{1}{M}\sum\limits_{M=1}^{M}u_i$，则得到平均反向不灵敏区 $\overline{u}$。另外，对标准误差及其平均值也要求出左、右两向的平均值。这时整个误差分布如图 4-2-7 所示，图中 $\overline{A}_u=\dfrac{|\overline{X}_{max}+\overline{X}_{min}|}{2}$，$T_{Eu}=|\overline{X}_{max}-\overline{X}_{min}|+6\overline{\sigma}+\overline{u}$。

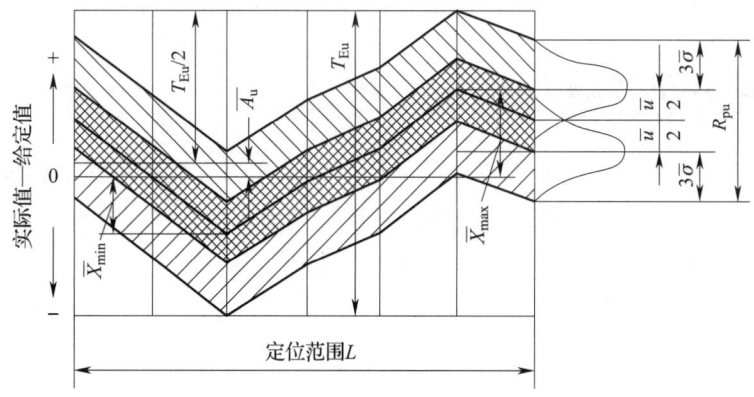

图 4-2-7 双向趋近定位精度试验数据处理

学习单元 2　机床动态精度验收

一、机床动态精度检测原理

静态精度只能在一定程度上反映机床的加工精度，因为机床在实际工作状态下还有一系列因素会影响加工精度。例如，由于切削力、夹紧力的作用，机床的零部件会产生弹性变形；在机床内部热源（如电动机、液压传动装置的发热，轴承、齿轮等零件的摩擦发热等）以及环境温度变化的影响下，机床零部件将产生热变形；由于切削力和运动速度的影响机床会产生振动；机床运动部件以工作速度运动时，由于相对滑动面之间的油膜以及其他因素的影响，其运动精度也与低速下测得的精度不同。所有这些都将引起机床静态精度的变化，影响工件的加工精度。

机床在外载荷、温升及振动等工作状态作用下的精度称为机床的动态精度。动态精度除与静态精度有密切关系外，还在很大程度上取决于机床的刚度、抗振性和热稳定性等。目前生产中一般是通过切削加工出的工件精度来考核机床的综合动态精度，称为机床的工作精度。工作精度是各种因素对加工精度影响的综合反映。机床切削精度检查实质上是对机床的几何精度和定位精度在切削加工条件下的一项综合检查。机床切削精度检查可以是单项加工，也可以加工一个标准的综合性试件。

二、机床动态精度检测方法

机床切削精度验收可以分为单项切削精度验收和综合性试车切削精度验收两类。对数控车床而言,单项切削精度涉及外圆车削、端面车削和螺纹车削,综合性试车切削精度涉及典型的轴类和盘类两种工件的加工。

1. 单项切削精度验收

试件材料为 45 钢,切削速度为 100~150 m/min,背吃刀量为 0.1~0.15 mm,进给量小于或等于 0.1 mm/r,刀片材料为 YW3 涂层刀。

(1)外圆车削。如图 4-2-8 所示,试件长度取床身上最大车削直径的 1/2,或最大车削长度的 1/3,最长为 500 mm,直径大于或等于长度的 1/4。检验内容见表 4-2-1。精车后圆度误差小于 0.007 mm,直径一致性误差在 200 mm 测量长度上小于 0.03 mm(机床加工直径小于或等于 800 mm 时)。

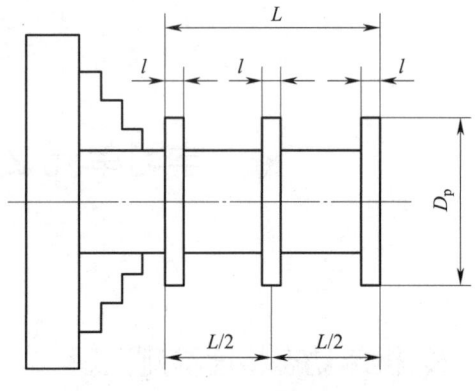

图 4-2-8 外圆车削

表 4-2-1 外圆车削检验内容　　　　　　mm

检验内容	公差 卧式机床 范围			立式机床* 范围				倒置立式机床 范围		
	1	2	3	1	2	3	4	1	2	3
圆度	0.005	0.005	0.005	0.005	0.005	0.010	0.015	0.005	0.005	0.005
直径一致性	0.010	0.015	0.020	0.015	0.020	0.030	0.040	0.010	0.015	0.020

*公差仅适用于固定横梁的机床。对于可调整横梁高度的机床,根据横梁上升或下降后的定位和/或调整的方法,公差由供应商/制造商和用户协议中规定。

注:1. l 值的选取应便于检验工具检验。

2. 卡盘端面到第一个台阶距离应小于 l。

3. 对于卧式机床:棒料机床 $L=2.5d'$(公称棒料直径),$D_{pmin}=0.3L$;卡盘机床 $L=0.8d$(公称卡盘直径)或 $0.66×$ 最大车削长度(Z 轴行程)中的较小值,$D_{pmin}=0.3L$。

4. 对于立式机床或倒置立式机床:$L=0.8d$(公称卡盘直径)或 $0.66×$ 最大车削长度(Z 轴行程)中的较小值,$L_{max}=1\,500$,$D_{pmin}=0.3L$,$D_{pmax}=1\,000$。

（2）端面车削。如图 4-2-9 所示，试件外圆直径最小为最大加工直径的 1/2。精车后检验其平面度，300 mm 直径上允差为 0.02 mm，只允许凹。检验内容见表 4-2-2。

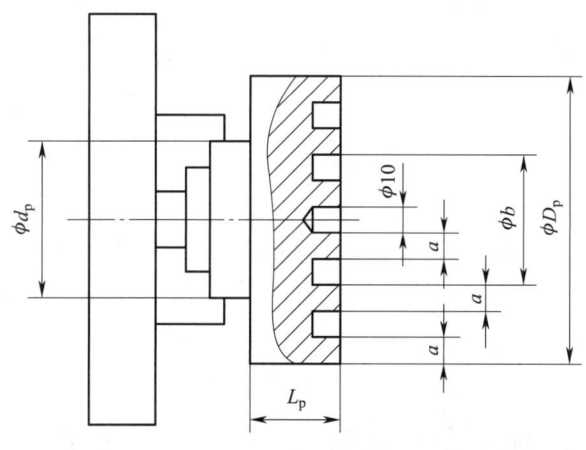

图 4-2-9　端面车削

表 4-2-2　端面车削检验内容　　　　　　　　　　　　　　mm

公差	卧式机床和倒置立式机床			立式机床*			
平面度	范围 1	范围 2	范围 3	范围 1	范围 2	范围 3	范围 4
	0.010	0.015	0.020	0.015	0.020	0.030	0.040

* 公差仅适用于固定横梁的机床，对于可调整横梁高度的机床，根据横梁上升或下降后的定位和/或调整方法，公差由供应商/制造商和用户协议中规定。

注：1. 对于卧式机床和倒置立式机床：

D_p=0.8 × 公称卡盘直径，或 1 × 公称棒料直径，D_{pmax}=300。

$60 < D_p \leq 160$ 时，中间环槽可以忽略；$D_p \leq 60$ 时，所有环槽可以忽略。

L_p=0.25 × 公称卡盘直径，L_{pmax}=60。

d_p=0.5 × D 或公称棒料直径，d_{pmin}=75（卡盘机床）。

$b=D_p/2-a$。

2. 对于立式机床：

D_p=0.8 × 公称卡盘直径。

D_{pmax}=300／400／800／1 500（范围 1／范围 2／范围 3／范围 4）。

d_p=0.5 × D_p（防止由于夹紧力使试件毛坯变形而设置的尺寸）。

L_p=0.25 × 公称卡盘直径，L_{pmax}=300。

$b=D_p/2-a$。

3. a 值的选取应便于检验工具检验。

4. 公称卡盘直径定义见 ISO 3442—1 和 ISO 3442—2 规定。

（3）螺纹车削。如图4-2-10所示，螺纹长度要大于或等于工件直径的2倍，但不得小于75 mm，一般取80 mm。螺纹直径接近Z轴丝杠的直径，螺距不超过Z轴丝杠螺距的一半，可以使用顶尖。精车60°螺纹后，在任意60 mm测量长度上螺距累积误差的允差为0.02 mm。

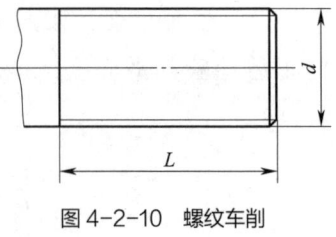

图4-2-10　螺纹车削

2. 综合试件切削

如图4-2-11所示，材料为45钢，有轴类和盘类零件，加工对象为台阶、圆锥、凸球、凹球、倒角及切槽等，检验项目有圆度、直径尺寸精度和长度尺寸精度等。

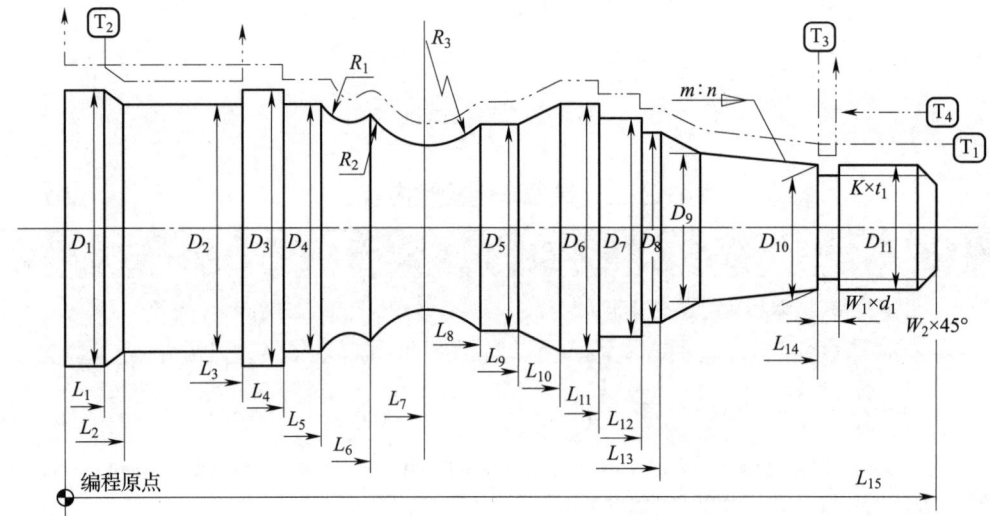

图4-2-11　综合件试切

模块 5　培训与管理

- 课程 5-1　操作指导
- 课程 5-2　理论培训
- 课程 5-3　质量管理
- 课程 5-4　生产管理
- 课程 5-5　技术改造与创新

设置课程

课程	学习单元	课堂学时
5-1 操作指导	（1）技能分析	2
	（2）现场指导	1
	（3）技能评价	1
5-2 理论培训	理论培训	2
5-3 质量管理	质量管理	2
5-4 生产管理	班组管理	2
5-5 技术改造与创新	技术革新	4

课程 5-1 操 作 指 导

学习内容

学习单元	课程内容	培训建议	课堂学时
（1）技能分析	1）数控车工技能指导人员的基本要求 2）技能分析的基本方法 3）数控车工关键操作技能	（1）方法：讲授法、讨论法、观摩法 （2）重点与难点：技能分析方法	2
（2）现场指导	1）现场准备 2）操作演示 3）学员练习 4）操作评价	（1）方法：讲授法、讨论法、观摩法 （2）重点与难点：现场技能指导四步法	1
（3）技能评价	1）评价标准设计 2）技能测评试题开发	（1）方法：讲授法、讨论法、观摩法 （2）重点与难点：技能测评试题编制	1

操作指导是指培训人员根据学员需求及基础，通过讲解、动作演示、操作协助、错误纠正等专门化训练，促进学员安全、准确、快速地掌握操作技能的技能培训形式。操作指导是技师必备的职业能力，是企业对受聘技师的岗位职责要求。科学、高效的操作指导，是提高技能培训质量、促进技能人才队伍建设的重要手段。

学习单元 1　技 能 分 析

技能分析是指针对某项操作技艺，分解作业步骤、说明每个步骤的操作要点及理由，形成一份作业技能分析表，便于学员理解记忆及参照练习。技能分析是技能指导的关键环节。

一、数控车工技能指导人员的基本要求

企业或培训机构聘请的数控车工技能指导人员，应满足以下基本要求，否则指导效果会打折扣。

1. 应具备清晰的表达能力

在操作指导中，需要指导者对操作步骤、要点等做出条理清晰、准确的描述和解释，清晰地表达是对指导者的基本要求之一。指导者要强化自身表达的训练，自己倾听自己对特定操作的描述是一种很好的训练方式，也可以通过书写要描述的内容，自我或请他人评判是否描述清晰。

2. 愿意与他人分享技术

技能操作一线经常会有"教会徒弟饿死师父"之说，由于指导者经历艰苦练习、思考总结得到的技艺，内心中不愿意轻易分享给他人，也担心独到的技艺一旦传播就会降低个人岗位价值。面对这样的实际问题，企业应该用机制激励技艺传承与分享，从企业发展的整体利益出发，对技能指导工作做专项激励，将技能指导成效作为技师岗位的工作职责及绩效考评的关键指标之一，激发技师技能指导的个人意愿。

3. 具备技能分析能力

技能指导者在指导前应认真分析要指导的技能，分析内容包括该项技能产生的背景、应用的场合、安全要求、作业前准备、作业步骤、动作要点、成果要求等，这些要素将成为指导者在指导过程中传授的核心内容，而这些内容往往没有现成的材料，需要指导者通过技能分析得出。因为同一项技能往往由于工作环境、工具和设备、原材料、作业者习惯的变化产生较大变化，很难得出适合不同企业生产需求的标准化技能，只能由特定企业、特定岗位的技师分析制定该岗位的规范技能并做指导培训。一些具有通用性的操作技能也需要在特定岗位上做调整，以满足实际岗位的作业需求。

4. 具备规范、熟练的操作技能

操作指导人员的操作必须规范、熟练。规范是安全的基础，必须明确规范动作的原因，以及不规范操作可能产生的后果。操作熟练的演示会给学员技艺美感，激发学员欣赏和向往的感觉。

二、技能分析的基本方法

技能分析的目的是规范操作，便于学习，其核心是分解操作步骤，明确操作要点，形成作业分解表。

1. 分解操作步骤

一项技能作业的每一个操作步骤都是相对独立的动作。一般将一项技能作业分解为不超过五个步骤，并给每一个步骤命名，最好以该步骤的关键动作命名，名称不要超过四个字，这样做的目的是更好地理解和记忆整个作业的过程及核心动作。以数控车工中级技能"外圆刀试切法对刀"为例，可分解为"平端面—Z置零—车外圆—X置零—初验证"五步。这样分解作业步骤，在学员学习及指导者指导时可以独立学习和指导，降低学习难度，提高学习准确度及学习效率。

2. 分析各步骤的操作要点

这里的操作要点是指针对每个步骤分析形成的量化操作解析，以此规定该步骤做到什么程度，起到规范作业的目的。这样的分析结果可以帮助学员正确操作，避免出错或发生安全事故。一般每个步骤的操作要点不超过三点，每个要点要针对动作控制要素及易出问题的点进行描述。如"平端面"步骤的操作要点如下：切削速度、进给量与加工实际参数一致；手动切削进给，背吃刀量控制在 0.2~0.5 mm 之间；退刀只退 X 向，Z 向不可动。

3. 分析各要点的原因

在实际指导过程中，需要指导者对每个要点为什么这么操作做原因分析，便于学员理解其中的道理，促进学员触类旁通，灵活学习，提高应变能力。如针对本案例第一步的要点（1），其原因是：这样做既可保证切削安全性，又可验证加工时切削参数的合理性。指导者可以在示范时给学员讲解清楚，同时也要求学员能解释原因，加深学习牢固程度。

4. 制作技能分解表

最后，指导者可以自行制作一张包括步骤、要点及原因的技能分解表，以备在指导现场使用。该表在制作时不限于使用文字，特别是要点部分可以使用示意图。技能分解表实例见表 5-1-1。

表 5-1-1　外圆刀试切法对刀技能分解表

步骤	要点	原因
平端面	（1）切削速度、进给量与加工实际参数一致	既可保证切削安全性，又可验证加工时切削参数的合理性
	（2）手动切削进给，背吃刀量控制在 0.2~0.5 mm 之间	
	（3）退刀只退 X 向，Z 向不可动	
Z 置零	…	…
车外圆	…	…
X 置零	…	…
初验证	…	…

三、数控车工关键操作技能

这里的关键操作技能是指肢体动作或身体感知性的技能，是该职业领域共性的必须掌握的技能。操作指导者必须体系化掌握本领域通用的关键操作技能以及岗位专项技能，这样在指导过程中能指导学员明确各项技能的用途、关系，形成该作业领域有效的技能体系。下面以数控车工为例，列举中级工、高级工、技师各技能等级通用技能。数控车工操作领域同其他知识技能型领域相同，随着技能等级的提升，肢体动作及体表感知类的技能急剧减少，因此没有列举高级技师关键技能。

1. 数控车工中级工关键技能

（1）规范操作数控车床。
（2）应用常用夹具（机床用平口虎钳、三爪自定心卡盘、四爪单动卡盘、压板）装夹工件。
（3）工件找正。
（4）建立工件坐标系。
（5）安装加工外圆、外螺纹、槽等的刀具，安装莫氏锥柄及钻夹头。
（6）调整车刀中心高。
（7）外圆车刀、车槽刀、螺纹车刀等对刀。
（8）设定刀具参数。
（9）编制简单二维轮廓程序。
（10）输入、调用程序。
（11）模拟加工。
（12）加工外圆、长度、圆弧轮廓、深度、平面、斜面、孔、槽、螺纹等形体。
（13）刃磨钻头。
（14）规范使用常用量具测量外径、长度、圆弧轮廓、深度、孔径、槽宽、螺纹等尺寸。
（15）按日保规程保养机床。
（16）手工或用计算机二维绘图软件绘制轴、盘、六面体、台阶面、沟槽、孔、螺纹等形体图样。
（17）利用计算机检索、建立、存储、修改文件。
（18）查阅《机械工人切削手册》等工具书。
（19）判别钢、铸铁、铝等材料。

2. 数控车工高级工关键技能

（1）车削加工通孔、盲孔、内螺纹、端面槽、内沟槽、深槽、异形螺纹、曲线轮廓等特征。

（2）机床操作（检查四轴及带动力刀位的车削中心刀具干涉情况）。

（3）程序跳段、选择停止、程序中间再启动。

（4）刃磨内孔车刀、深槽车刀、异形螺纹车刀、端面槽车刀、内沟槽车刀、专用车槽刀等刀具。

（5）设置车削中心刀具参数及自动换刀。

（6）四爪单动卡盘找正、三爪自定心卡盘偏心找正、车软爪。

（7）自制、安装、调整轴套、定位件、基础板、心轴、异形压板等专用工艺装备。

（8）应用试切法或标准块对内孔车刀、内螺纹车刀、异形螺纹车刀、端面槽车刀、内沟槽车刀等对刀。

（9）安装及调整圆刀柄、VDI 刀柄、动力刀柄。

（10）安装、调整镗刀。

（11）实现规则形状、曲面、曲线轮廓等特征的混合建模。

（12）应用 CAM 软件生成二维半加工程序并进行加工。

（13）检测工件的尺寸精度及几何精度。

（14）保养车削中心。

（15）调整机床水平。

（16）检验机床几何精度。

（17）检验切削精度。

3. 数控车工技师关键技能

（1）加工复杂零件（具有形体复杂、精度高、加工要素多等特点）。

（2）操作车铣复合机床。

（3）编制多轴加工程序。

（4）设计并制作治具（工具、夹具、量具、刀具）。

（5）机床精度检测。

（6）机床常见故障判断。

（7）杠杆百分表的使用。

（8）机内间接测量。

（9）三坐标测量机的操作。

（10）绘制治具草图。

学习单元2 现场指导

现场指导是指技能指导者在特定作业环境，通过示范、讲解、纠正、考评等方式指导学员进行技能训练的环节。该环节是技能指导的必备环节，是建立在技能分析基础上的。良好的现场指导是技能指导培训质量的保障，是促进学员技能提升的必经之路。现场指导一般分现场准备、操作演示、学员练习、操作评价四步完成，称之为技能指导四步法。

一、现场准备

技能指导人员在进行现场指导之前，必须做好学员现状分析、指导现场布置、准备演示操作必备物品及进行设备检查等工作。

1. 学员现状分析

（1）控制学员人数。现场指导时一般一名指导人员指导1~2名学员。学员多时，一是会导致演示过程不便于观察；二是学员练习时指导人员不能专注观察并及时纠正错误；三是发生意外情况可能性增大，而指导人员处理及时性降低。

（2）对学员相关技能基础做细致了解。可通过询问，也可通过简单技能测试观察学员技能基础，了解的关键点有安全意识、操作习惯、对学习内容的认知程度等。

（3）了解学员的学习动机，调动其学习欲望，营造良好学习氛围。在正式做指导前，指导人员一定要和学员进行良好交流，分别做自我介绍，指导者通过交流与学员建立彼此的信任和好感，尽量让学习气氛轻松。

2. 指导现场布置

技能指导现场一般设立在工作现场，需要指导者提前整理，以便于进行操作指导，有利于促进学员学习。指导现场布置需完成以下工作内容：

（1）划定学习指导环境范围，该范围应与其他作业区互不干涉，同时也要告知学员在该范围内观察、练习。该范围应能确保学员安全，有一定的活动空间，便于学员观察操作示范。

（2）设置必要的安全警示及防范设施，同时协调同一区域其他岗位作业人员，确保在现场指导期间避免噪声、搬运等干扰学员注意力的情况。

（3）确保学习区域清洁，确保通道畅通、无隐患，工具、设备、设施干净、整洁、完好，物品放置有序。

3. 准备演示操作必备物品及进行设备检查

现场指导必备的物品包括安全防护用品、工具、设备等。具体工作包括以下几点：

（1）指导者在指导前必须将必备物品保质、保量地整齐放置于学习区域，同时检查物品的完好性。

（2）检查自身及学员安全防护用品穿戴齐全、规范，如劳保鞋、工作服及护目镜等。

（3）检查设备处于正常工作状态。

二、操作演示

操作演示是指由指导者针对某项技能给学员做全过程标准化操作演示的过程。标准化操作来源于技能分析结果。操作演示的规范性、可观测性、可学习性很大程度影响学员学习该技能的效果。操作演示中指导者须做好以下工作：作业全过程连续操作示范，学员记忆操作步骤；分解动作详细示范，学员试做分解动作；学员试完成完整操作过程。

1. 作业全过程操作示范

该项指导是操作示范的第一项内容，由指导者按照技能分析结果完整演示整个操作过程，指导者演示时应注意以下事项：

（1）学员观察方向尽量与操作者作业方位一致，以确保不产生反向问题。

（2）向学员指出操作中特定物品名称及功能，并要求其记忆。

（3）演示时同步陈述作业步骤名称及意图，可使学员直观感受实际操作意图及规范动作。

（4）学员可借助笔记记录并记忆操作步骤名称及意图，达到能口头复述的程度。

2. 分解动作详细示范

该项指导是操作示范的关键。指导者按照技能分析结果，依次对各步骤做独立演示，训练学员做分解动作。指导者示范时应做到以下几点：

（1）放慢操作节奏，确保学员能看清楚每个动作。

（2）一边演示一边讲解每个动作的要点，说明不这样做会产生的问题。

（3）要求学员在观看完每一步演示后尝试操作，指导者要注意学员安全意识及作业规范情况，对错误动作第一时间进行纠正，绝不能让学员尝试错误动作。因为技能的学习不同于知识记忆，肢体及感官一定要在第一次输入正确信息，否则，错误信息会引发错误动作，导致错误习惯，不好更改。

（4）学员试做时，操作者要有意识地对要点进行提问，要求学员回答，并解释为什么这样做。

3. 观察并指导学员完成全过程操作

该步骤的目的在于训练学员对步骤之间的衔接及作业整体感受进行体验。指导者应做到以下几点：

（1）尽量让学员凭记忆完成作业，必要时用提问或直接告知方式提示下一步应如何操作。

（2）对有隐患及错误的动作应及时制止操作，询问正确操作动作，要求学员思考并回答为什么不能这么做；对学员忘记的动作，应再次演示并要求学员根据演示说明动作要点及原因。

（3）使学员不需要指导者提醒，能独立完成一次完整作业。

三、学员练习

学员练习是在能够第一次独立完成完整作业后进入的指导环节，该环节的主要目的是训练学员操作熟练度，强化记忆，形成规范的动作习惯。该环节指导者应做到以下几点：

（1）提示并要求学员对不熟练步骤及动作反复练习。

（2）确保学员完整练习六遍以上，确保正确率。

（3）在确保规范的前提下，指导者可对学员训练给予一定的时限要求。

（4）在学员练习过程中，观察其安全意识及关键环节、关键动作的规范程度，适当时机给予语言鼓励。

四、操作评价

学员完成练习后，指导者要对学员学习本项技能的情况做评价，目的是使学员明确自己掌握的程度，增强学习获得感和成就感。评价过程应做到以下几点：

（1）要求学员完整演示一遍操作过程，不能出错，边演示边说出步骤名称，伴随操作同步陈述各步骤要点。

（2）点评学员整体掌握情况，明确能否独立操作。

（3）特意赞赏学员的操作亮点，要具体化说明好在哪些细节。

（4）指出学员还需强化的操作细节。

学习单元3 技能评价

技能评价是指技能指导者对学员本职业技能水平的评估行动。技师在做技能培训或参与企业对员工技能等级评定时，需要对参训及参评者做技能评价。技能评价关系到参评者后续学习的方向以及绩效待遇等，因此，该项工作能力是技能指导者必须掌握的。高水平的技能评价能加快学员技能成长步伐，能客观、公正、有效地激励学员学习技能、崇尚技能的热情，也能更好地发挥技师的技能引领和辐射作用。技能评价工作包括评价标准设计、技能测评试题开发、现场评价打分、评价反馈等环节。

一、评价标准设计

评价标准对参加技能评价的学员是开放的，目的是告知学员应该具备什么样的技能水平。《数控车工》国家职业标准针对初级工、中级工、高级工、技师、高级技师五个级别明确了技能标准，各地方统一依据该技能标准进行社会化鉴定，实现技能水平评定。数控车加工领域涉猎非常广，面对的产品、工艺、设备、工作环境千差万别，特定企业要针对本企业数控车工岗位做技能评价，应该由技能专家参考国家职业标准，结合岗位实际制定本企业数控车工技能评价标准。技能评价标准应包括技能等级、技能要求、评价方式。

1. 技能等级设置

技能等级可参照国家职业标准设置，也可根据本企业技能等级划分确定。技能等级的设定是企业技能人才职业生涯发展的路径规划，也是待遇激励的基本依据，应具有科学性及可操作性。制定标准的人员一定要详细了解本单位对技能等级设计的初衷，要与人力资源管理人员充分沟通，以明确各等级隐含的管理目标、综合能力要求及岗位责任。如企业设置技师技能等级，则不仅仅要求技能高超，还应包括能带领技能团队进行技术攻关，有义务承担技能培训工作，只有胜任这样的工作并做出相应的业绩才可以评为技师。企业技能等级划分应由人力资源部门组织企业技能专家完成。数控车工技能等级依据国家职业标准可以设计为五级，各等级的划分可以依据岗位工作内容及难易程度确定，与岗位实际工作对接。

2. 技能要求

技能要求指针对特定等级描述该等级人员能胜任的技术技能工作，是技能评价的依据。该描述要可评可测，必须与岗位实际工作结合。如某气动元器件生产厂家数控车工岗位中级工技能要求如下：

（1）能同时独立操作 2～3 台数控车床，完成工件装夹、坐标系建立、刀具参数设置、程序调用、自动运行、切削观测、精度检测及刀具更换工作。

（2）能读懂 G 代码数控加工程序表示的刀具轨迹。

（3）能判定合格品与不合格品，并按规定放置。

（4）能及时准确报告工作现场异常情况，并如实记录。

（5）能按规程完成岗位设备、设施保养工作，保证现场 5S 达标。

本案例是该企业在国家职业标准要求的通用技能基础上，针对该岗位工作特点描述的中级工技能要求，很明显对识图等通用技能没有描述，因为这是机械加工通用技能。该描述为后续考评试题开发及考评方式提供依据。

3. 评价方式

评价方式指该技能等级采用笔试、实操、答辩等形式，考试应用设备、设施要求等。评价方式的确定一定要依据企业自身条件，结合本岗位设备、设施及操作环境要求，对于操作熟练性、规范性要求较高的技能一定要采取实操方式评价，对于识别、判断、分析、选择特征的技能可采用笔试或答辩。如针对前面所列举的中级工技能，对于（1）项技能应该采用操作测评，（2）项可采用笔试，（3）项可采用实操与答辩，（4）项可采用答辩，（5）项可采用实操。针对实操形式的考评，必须明确所用考试设备、设施的规格及型号，最好使用本岗位同型号设备、设施，最理想情况是在本岗位完成考核。

该标准最终形成文本，向学员公开并解读，以引导学员明确技能学习内容及达标方向。

二、技能测评试题开发

技能测评试题包括试题描述及评分说明。试题依据评价标准编制，针对某一技能等级对技能的要求设计。数控车工技能测评试题一般采用综合性操作任务，在测评对象完成任务的过程中评价操作规范性，通过评判任务成果评定技能达标情况。笔试及答辩形式试题要求回答要素准确、全面，思路正确即可。如针对上例中级工技能标准要求，设计试题如下：

试题描述

1. 按照工单中刀具安装、工件装夹、坐标系设定、程序加工、精度检验等作业要求，操作本岗位3台设备，在规定时间内完成5组产品的加工，超时终止作业。（50分）

2. 按精度抽检表填写检测值，判定合格与否。规范放置半成品，做好岗位5S。（20分）

3. 作业完成后，向考官提交加工后的零件及检测单，回答考官提问。（10分）

4. 依据考官提供的加工程序，在坐标纸上绘出刀路轨迹。（20分）

评分说明：

1. 作业过程中出现违反安全作业的情况，终止考试，考核不达标。精度超差工件超过1个，考核不达标；精度超差工件少于一件（含1件），得50分。

2. 考生检测值记录与检测人员给定值差值超过0.02 mm，每有一项扣除5分，最多扣除20分；记录没有错值，得20分。

3. 回答考官提问，要点正确、全面得10分，考官根据回答情况酌情减分。

4. 刀路轨迹图中，坐标节点或单步走刀路线有错误不得分。

课程 5-2 理 论 培 训

学习内容

学习单元	课程内容	培训建议	课堂学时
理论培训	1）培训需求调研 2）培训方案制定 3）实施课堂教学 4）培训效果评价	（1）方法：讲授法、讨论法、观摩法 （2）重点与难点：培训方案制定	2

■ 学习单元 理 论 培 训

数控车工属于知识技能型职业，是对图形、金属切削、加工工艺、加工程序编制、机床控制、几何量检测、数据传输等知识的全面掌握和综合应用。特定企业数控车工岗位还需要掌握本岗位必需的理论知识。提升工人技术水平必须有效提高工人的专业理论水平，实施理论培训是数控车工技师必备的能力之一，需要承担培训任务的技师从明确培训需求、制定培训方案、实施课堂教学、测评学习效果四个方面不断实践提升。

一、培训需求调研

数控车工理论培训一般针对两类培训对象，一类是需要参加职业技能等级鉴定的人员，另一类是需要提高岗位技能的人员。第一类人员的理论学习需求一般是学会理论考试所必须掌握的相关知识，培训教师培训前需要仔细研究职业标准中的相关知识要求，同时要分析历次鉴定的理论试题内容，为后续培训提供依据。第二类人员的理论学习需求与岗位工作内容及个人学习目标密切相关，需要培训教师在培训前做学习需求调研，调研对象包括参训企业人力资源管理者、车间主管、参训人员代表，针对不同对象，采用访谈形式，了解企业管理层对此次培训的要求，了解培训对象的学习需求，同时也可提出一些学习建议，发掘需求方的学习潜力，为后续培训奠定良好基础。

二、制定培训方案

在明确培训需求的基础上，需要培训教师制定翔实的培训方案。培训方案是培训教师及培训对象达成共识的载体，也是满足培训需求的必要前提及基础，是科学策划培训的具体体现，是指导培训实施的纲要文件。培训方案一般包括培训对象说明、培训目标、培训内容、授课计划、学习效果评价说明、教学组织形式、培训场地布置说明及必要的学习材料等内容，其中培训目标、培训内容及授课实施计划是培训方案的关键，学习材料是培训方案的支承。

1. 确定培训目标

准确、可测的培训目标是满足培训需求所必需的，根据培训需求制定培训目标，同时要考虑培训课时的可行性。目标描述尽量以学员为主体，体现学员参加培训应该达到的能力，最好体现出显性的学习成果，尽量不要使用"掌握""了解"等动词描述应达到的能力目标，可以用"绘出""分析""制定""检测""编制"等有成果输出的动词描述能力程度。如培训西门子系统数控车床编程技术，培训目标可以描述为"能应用 CAM 软件编制零件车削加工程序并校验正误"。

2. 确定培训内容

理论培训内容要依据培训需求确定，同时要根据内容的难易程度及学员基础做必要的补充。培训学员的知识基础差异一般较大，所以内容的选取要适应大部分学员的需求，个别学员的需求要在课堂教学中做个性化辅导或课后给予学习建议。培训内容的量也要受到培训课时的限制。

3. 制订授课实施计划

授课实施计划需要根据目标将培训内容有序地安排到各时间段。培训时间段一般按课时划分，授课实施计划一般以 2 课时为最小课时单元策划内容分解。授课实施计划以培训主题为单元，一个单元实现 1~2 个培训目标。授课实施计划一般包括培训主题、学习内容、课时、授课教师等，可以以表格形式呈现。

4. 准备学习材料

培训是学习针对性很强的教学组织形式，往往没有很合适的学习材料，需要培训教师根据目标及内容框架收集、整理、开发学习资料，使学习资料有效服务于培训目标，便于学员高效学习。

三、实施课堂教学

培训效果很大程度取决于课堂教学的实施情况，适宜的课堂教学组织形式是良好培训效果的保障。数控车工理论培训课堂教学可采用讲授法、引导文法、案例分析法、项目教学法等组织形式。在实施课堂教学时，应尽量使学员参与到课堂活动中，特别是引发学员结合工作实际提出理论上的疑惑，以问题导向展开理论学习。针对不同的理论内容可采取以下教学组织形式。

针对代号、概念、类别、经验公式等功能性认知性知识，可采用引导文、讲授法，化繁为简，化抽象为形象，促进学员理解和记忆，同时可以引导学员应用图示、举例、判别等形式加深、巩固和检验学习效果。如几何公差内涵、切削三要素、数控编程指令等知识，均可采用以上组织形式。

针对原理、方法、工艺等需要分析、判断的逻辑性知识，可采用案例教学、引导文等组织形式，引导学员主动思考、分析、判断、归纳、总结。如工艺安排、定位原理、变形控制、精度影响因素等知识，均可采用以上组织形式。

四、培训效果评价

培训教师在培训结束后，应采用有效手段检测学员学习效果，并对测评结果进行分析，有针对性地给学员反馈及建议。测评也会反映出培训教师该次培训的不足及有待改进之处，更加有效地提高培训教师的培训水平。学习效果测评可采用抽样问答、卷面考试及课堂学习成果评价等方式进行。

【案例】某公司技师培训方案。

一、培训目标

面向×××公司在岗的一线员工，提升新品试制、数控加工难点处理、工艺改进、工艺装备设计与制作、设备维护与保养等方面的工作能力，按照国家职业标准要求学习相关知识及技能，达到数控加工技师职业技能等级要求，并取得认证证书，满足公司制造岗位对技师提出的综合能力要求。

具体目标如下：

1. 围绕一线工作改善、效率提升、质量稳定工作目标提升综合能力。

2. 总结现有的工作经验，形成可执行的作业文件。

3. 能发现及解决现有的现场问题和难题。

4. 能对设备故障做快速判断并提出解决措施。

5. 能给新员工做高效的技术技能培训。

6. 能设计及制作高效的专用治具。

二、培训内容

1. 先进数控加工技术概述。

2. 机械元器件及典型机构的基础知识（名称、种类、结构、用途、选型）。

3. 数控机床基础知识（种类、用途、特点、结构、控制原理）。

4. 液压气动控制知识（元器件名称、符号、用途、控制原理、安装方式）。

5. 计算机辅助设计与编程（三维造型、刀路选择、自动编程、程序优化）。

6. 切削原理与刀具（刀具角度、刀具角度对切削的影响、切削力分析、刀具材料、不锈钢切削、刀具选型、切削参数试验与选择、刀具磨损形式、影响刀具磨损的因素）。

7. 加工工艺（工序划分、装夹定位、坐标系建立、变形控制、振动控制）。

8. PLC控制知识（发那科PMC、西门子PLC指令含义、逻辑图识读，应用PLC判断故障）。

9. 手工编程技巧，变量编程知识（变量编程用途、变量编程指令、编程思路）。

10. 自动编程技巧。

11. 专用夹具设计知识（不同形体零件的专用夹具形式、夹具的组成、定位精度计算）。

三、培训计划表

序号	课程名称	总课时	授课时间	授课形式	授课教师
1	机械基础知识	24	1~3周	讲座、实验	
2	数控机床控制基础	16	4~5周	讲座、实验	
3	计算机辅助设计与制造	32	6~9周	项目教学	
4	气、液动控制技术	24	10~12周	讲座、实验	
5	PLC控制技术	32	13~16周	讲座、实验	
6	新产品试制	64	17~24周	项目教学	
7	数控加工难点问题处理	80	25~34周	项目教学	
8	工艺装备设计与制作	64	35~42周	项目教学	

续表

序号	课程名称	总课时	授课时间	授课形式	授课教师
9	数控加工工艺改进	64	43~50周	项目教学	
10	数控机床维护与保养	80	51~60周	项目教学	
	合计	480	60周		

四、培训组织形式

1. 前16周，主要以讲座和实验形式组织教学，培训地点设在北京工业技师学院。在此教学过程中，每名学员从数控加工、设备维护与保养、机构设计三个方向选择组别，同时根据研修方向并结合岗位技术难题确定研修课题。针对每个课题组选聘1~2名导师指导完成课题研修。

2. 第17~60周采用项目教学方式，结合企业实际案例、问题及研修课题完成各门课程。培训地点根据各组的学习需求可灵活选择。

五、考核评价方式

考核评价采用过程性评价及综合性评价相结合的方式，学业成绩由过程性评价的60%及终结性评价的40%构成。

过程性评价由每门课程加权成绩构成。讲座、实验课程采用闭卷方式考试，含理论和实验成绩，理论和实验成绩各占50%。项目教学课程按照项目的工作环节设计考核方式，以阶段性成果的评价结果作为考核成绩，各环节成绩加权作为项目成绩。

课程5-3 质量管理

学习内容

学习单元	课程内容	培训建议	课堂学时
质量管理	1）班组生产质量检验标准制定 2）本人生产质量提升方案制定	（1）方法：讲授法、讨论法、观摩法 （2）重点与难点：班组生产质量检验标准制定	2

学习单元　质　量　管　理

一、班组生产质量检验标准制定

产品质量高低是企业核心竞争力的体现之一，也是每家企业极为关注的问题。生产过程检验是控制产品质量的关键环节，而过程检验标准是过程检验的重要依据。若想确保过程检验获得良好成效，就需要有一套合理的过程检验标准。

1. 过程质量检测标准制定

制定过程质量检验标准包括以下三个方面内容：制定常规过程检验标准；制定特殊过程检验标准；制定重要过程检验标准。

（1）制定常规过程检验标准。制定常规过程检验标准要做好以下三方面工作：

1）确定常规检验点。常规检验点需要依据工艺要求和出厂检验标准来确定。

2）确定常规检验指标。常规检验指标需要依据作业指导书来确定。

3）编制常规检验文件。编制过程中，要注意将全部作业内容写进工艺文件，并制作成检查表。

（2）制定特殊过程检验标准。制定特殊过程检验标准也要做好三方面工作：

1）确定特殊工序。在确定特殊工序时要依据两个条件，即检验的可行性和检验成本。

2）确定特殊检验指标。一般来说，出货检验标准中缺失的指标，以及厂内无法检验的指标，都可作为特殊检验指标。

3）编制特殊检验文件。特殊检验文件包含检验指标、检验方法、检验地点、检验频次四个要素。

（3）制定重要过程检验标准

1）确定重要工序

①对作业致命因子进行评估。

②以致命因子所在工序为重要工序。

2）确定重要检验指标。检验指标应分为重要检验指标和次要检验指标。

将这三部分的导图串起来，就形成了"制定过程检验标准"完整的方法流程，如图 5-3-1 所示。

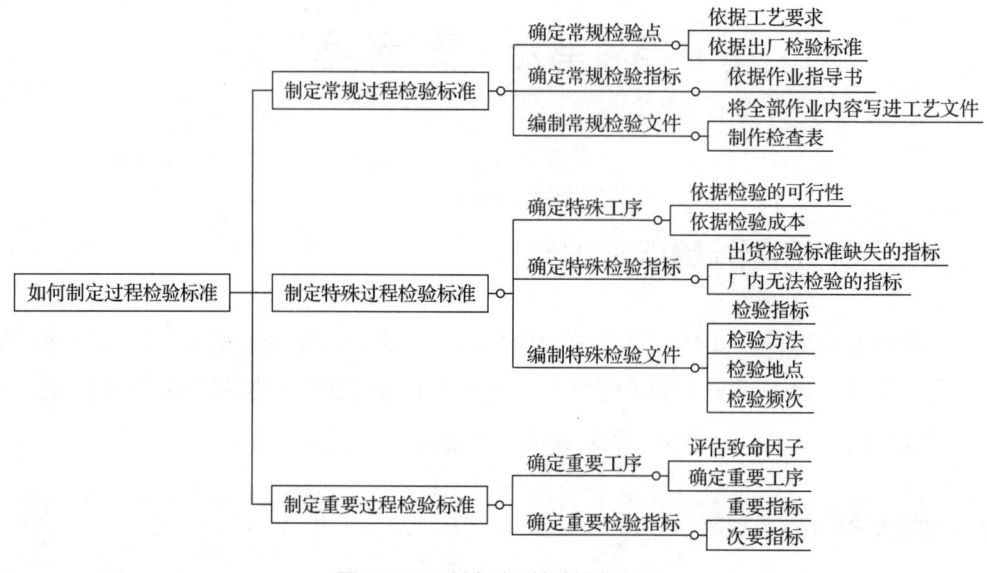

图 5-3-1 制定过程检验标准流程

2. 质量标准制定

（1）质量标准常见的表现形式

1）质量标准文件。如零件图样、加工工艺标准、配方比例、作业指导书等。

2）阶段工艺特别要求指导书。

3）质量标准照片。合格品与不合格品的区别照片等。

4）不合格品展示台。把不合格品展示出来。

5）优等产品展示台。把优等产品展示出来。

（2）车间现场质量管理系统。包括：

1）组织工作与执行质量。

2）管理工作与执行质量。

3）技术工作与执行质量。

4）培训工作与执行质量。

5）现场 5S 和可视化管理工作与执行质量。

6）持续改善工作与执行质量。

7）公司内部服务工作与执行质量。

8）其他与质量相关的、制造系统的工作与执行质量。

（3）现场检查员检查管理。现场检查的形式及内容如图 5-3-2 所示。

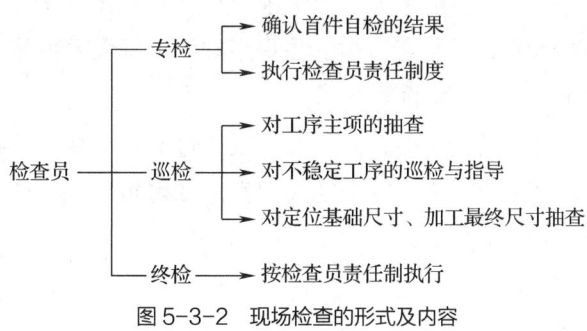

图 5-3-2　现场检查的形式及内容

二、个人生产质量提升方案制定

1. 人生产质量提升方案的内容

（1）目标。

（2）自身现状分析。

（3）个人生产质量提升具体实施方案。

2. 科学理性的分析方法

科学理性的分析方法提供科学的工作流程和解决问题的实用方法，是有效提高制造业生产班组员工质量管理能力的方法。

（1）质量问题分析方法——鱼刺图。将影响产品质量的六大因素按照图 5-3-3 所示的形式一一列出。

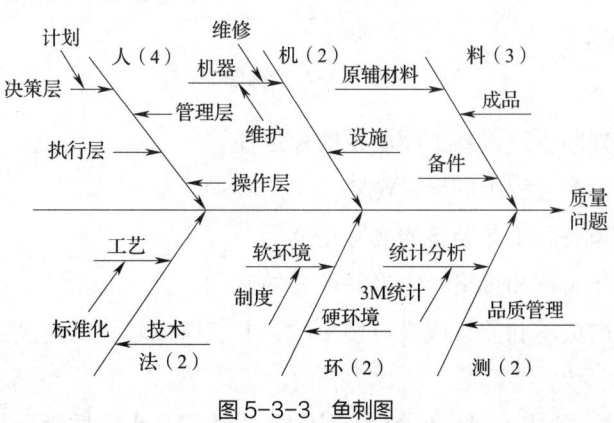

图 5-3-3　鱼刺图

（2）利用排列图确认质量问题的真实性。排列图是意大利经济学家帕雷托所发明的，朱兰博士将其应用到了质量管理工作中来。排列图是将两个非确定关系的变量的数据对应列出，在坐标轴上用点来描述，并观察它们之间关系的图表。排列图可以确定各种因素对产品质量影响程度的大小。

如果两个数据之间的相关度很大，那么可以通过对一个变量的控制来间接控制另外一个变量。对相关图的分析，可以帮助人们肯定或者否定关于两个变量之间可能关系的假设。排列图的使用方法如下：

1）确定分析对象。

2）确定问题分类项目。

3）收集和整理数据。

4）作排列图。

5）根据排列图，确定影响产品质量的主要因素。

（3）及时的质量控制手段——控制图。控制图又称管理图和监控图，是把质量波动的数据绘制在图上，观察它是否超过控制界限，从而判断工序质量是否处于稳定状态，用于分析和判断工序能力是否处于稳定状态，是否有不正常的现象出现等使用的，带有控制界限的一种图表，如图5-3-4所示。控制图的基本原理是把造成质量波动的六个原因（人、机、料、方法、环境和测量）分为两个大类，一类是随机性原因（偶然性原因），另一类是非随机性原因（系统原因）。其使用目的在于：

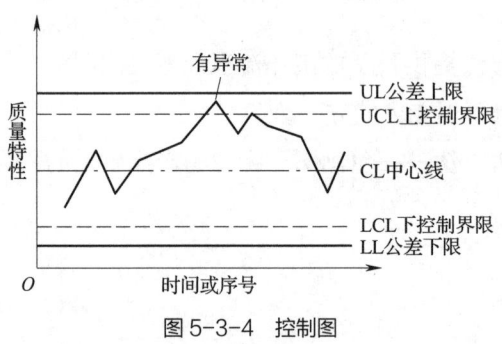

图5-3-4 控制图

1）能够有效判断生产过程工序质量的稳定性。

2）及时发现生产过程中的异常现象。

3）查明生产设备和工艺装备的实际精度。

4）为制定工艺目标和规格界限确立可靠的基础。

5）使得工序的成本和质量成为可预测的，并能够以较快的速度和准确性测量出系统误差的影响程度。

（4）制定措施，检查改进。例如，应用5S方法提升现场质量。

课程 5-4 生 产 管 理

学习内容

学习单元	课程内容	培训建议	课堂学时
班组管理	1）班组生产计划制订 2）班组生产组织 3）班组生产质量控制	（1）方法：讲授法、研讨法、 （2）重点与难点：班组生产质量控制	2

学习单元 班 组 管 理

一、班组生产计划制订

企业生产都要编制生产计划，把年度生产任务按季度、按月落实到生产单位。生产计划确定后，为了方便组织执行，还要进一步编制班组生产作业计划。班组生产作业计划是指在计划期内生产班组完成的工作总量。

1. 生产管理的概念

生产管理，即在发挥人、机能力的作用下，进行计划、组织、控制管理，完成生产任务。

组织好生产过程活动，团结协作，发扬团队力量，分清责任、权利和利益。在企业生产中，协调非常重要。对班组生产来讲，要与上级进行生产协调，要与有关其他班组进行协调，要协调班组内部任务不平衡等事项。

2. 生产控制、计划、组织职能的关系

在企业中,生产控制、计划、组织三者的职能既是独立的,又是相互联系的,只有协调好三者的关系,生产才能正常运转。

当班组生产计划制订完成后,在企业中对于班组生产还有许多工作,如生产计划执行及日常工作处理,生产现场岗位责任制检查落实,执行生产指令,组织生产工作,强化班组凝聚力,以及生产现场的文明生产管理工作等。

3. 编制班组生产计划的原则

编制班组生产计划的目的,是将企业的生产任务落实到班组每个人,落实到每台机床,按时间完成任务。编制班组生产计划的原则如下:

(1)必须有全局观念统筹安排。编制班组生产计划,应在上级的统一指导下进行,统一协调完成任务。班组必须执行上级的生产计划。

(2)积极平衡,留有余地。班组人员工作量要平均,消除不利因素,发挥人和设备的能力,完成生产任务。同时在编制计划时,要留有调整生产能力的空间,防止意外情况发生。

(3)发扬民主,落到实处。班组员工要讨论计划,明确自己的任务,将生产计划落到实处。

(4)维护计划的严肃性。班组计划制订完成,报上级领导批准后,必须坚决执行。如果没有完成要查明原因,做到奖罚分明。

4. 编制班组生产计划的主要资料

(1)企业下发的月、周、日生产计划和相关技术资料。

(2)上道工序及班组上期生产计划的完成情况。

(3)各项生产准备情况,如毛坯、刀具、夹具、量具、原材料、技术资料等。

(4)班组现有设备、人员生产能力,有关的定额标准等。

5. 编制班组生产计划的主要方法

班组生产计划的内容、形式和编制方法取决于生产班组的类型、生产的组织形式和特点,一般有以下几种方法:

(1)标准计划法。标准计划法用于大批量、稳定性强的流水线生产,一般不编制班组生产计划。

(2)定期计划法。定期计划法用于生产任务不稳定、有批量生产类型的班组。生

产任务不稳定，经常更换品种，每次都要编制生产计划；作业内容复杂，影响因素多，生产计划可按月和周编制。

（3）看板生产法。看板生产法是一种传达生产指令、反馈执行情况、合理组织生产的方法。它的生产和管理环节特别严谨，在管理上有薄弱环节则不要使用。

（4）滚动计划法。滚动计划法就是先制订生产计划，产品完成后总结前次计划的不足，然后进行改进，在此基础上制订新的计划进行生产，就这样循环计划和生产。这种计划用于生产周期短的产品和周计划。

二、班组生产组织

班组生产组织要树立全局观念，统筹安排、综合平衡、留有余地、严肃认真、坚决执行，即以生产计划为依据，做好生产过程各阶段、各环节、各工序之间的协调和衔接工作，解决劳动者之间、劳动者与劳动工具和劳动对象之间的矛盾。班组生产组织的主要内容如下：

1. 班组劳动管理

（1）合理组织劳动，在了解人员、设备状态的基础上合理分配工作，做到扬长避短，人尽其才。

（2）提高工时劳动效率。

（3）正确制定劳动定额。定额是班组管理的重要内容，是衡量劳动者成果的依据。

（4）加强劳动纪律。

（5）贯彻按劳分配原则。

2. 开展标准化作业

以产品加工的工艺和方法为依据，结合实践经验，开展标准化作业，提高产品质量和加工效率，保证生产安全。

3. 生产控制

（1）对生产计划、生产过程、加工任务要检查、监督、调整。

（2）做好生产前的各项准备工作，如技术准备、物质准备、组织准备等。

（3）做好生产过程管理工作，如开好班组的班前和班后会，总结生产经验，提高质量，保证安全，检查各种台账、报表及质量检查和生产记录等。

（4）分析生产中出现的问题，检查执行计划情况，做好协调工作。

（5）检查设备运转情况及现场文明生产情况。

三、班组生产质量控制

班组质量管理是指班组成员在工作过程中严格按照企业的质量标准和服务规范，保证产品质量、工作质量和服务质量的活动。产品质量只是狭义的质量，而工作质量和服务质量是广义的质量。

1. 班组质量管理的意义

班组质量管理是企业质量管理工作的重要组成部分。班组是企业最基础的基层，企业生产的绝大部分具体工作都要由班组来实施，只有认真做好班组质量管理工作，使班组成员人人具有良好的质量意识，才有可能提供满足用户需要的优质产品。

班组质量管理是提高工作质量和服务质量的重要一环。在企业生产一个产品，要涉及很多工种和专业，涉及很多班组，涉及很多工序，如果一个人或一个班组出现质量问题，就会影响产品质量和企业形象，因此必须加强班组质量控制。

要强调班组质量是生产出来的并非检验出来的，在加工中要控制好每一道工序的质量，培养班组成员的质量意识，保证及时发现和解决质量问题，不接收不合格产品，不生产不合格产品，不流出不合格产品。

2. 质量职责

（1）对本班组成员进行"精益求精，精品奉献"的质量核心理念教育，认真贯彻执行企业质量管理制度和施工工艺标准，积极开展有助于促进提高质量的各项活动。

（2）根据不同的作业项目，分析工作的质量要求、复杂程度，调配安排合适的人员承担任务。

（3）组织班组成员仔细阅读图样、工艺文件和相关技术方案，掌握加工工艺、加工方法和技术要点，指出加工过程中的重点，并提出具体要求。

（4）控制班组的作业质量，严格执行质量考评标准，配合班组技术员做好检测记录。

（5）对重要零件节点进行全过程监督控制，做好重要零件质量检验工作。

（6）在生产过程中落实企业的质量管理体系，实现班组的质量目标。

（7）准确掌握班组的加工质量情况，及时与单位技术员沟通，提出合理化建议，同时减少不必要的设计变更而产生的工作量。

（8）针对质量关键点，组织班组成员开展技术革新与合理化建议活动，搞好技术交流与协作，帮助班组成员练好基本功，提高技术水平。

3. 岗位职责

（1）牢固树立质量核心理念，对工作认真负责，刻苦钻研技术，做到"三懂四会"，即懂设备性能、懂工艺操作流程、懂岗位技术，会看图、会操作、会维护与保养、会测量。

（2）分析工艺规程，熟悉工作内容，做好加工准备工作，工作前检查好设备、材料和工具，并对任务进行确认。

（3）严格按照工艺文件进行加工，认真检测，做到自检、互检和专检。

（4）负责量具的维护与保养工作，并做到合理使用。按期对量具进行计量鉴定。

4. 质量策划

（1）每个组员不能出现成批量废品，明确班组的质量目标，确保班组质量目标的实现。

（2）班（组）长要协助组员与技术人员进行技术问题处理。

（3）要对关键件、难加工件和精度高的零件进行技术讨论。

（4）全体组员要做到不合格的量具、夹具和辅具坚决不用。

（5）对加工工艺的技术问题，在没有搞清楚时不进行加工。

（6）要总结同类零件的加工经验和方法，对核心技术的应用要做好原始记录。

（7）协同技术员对本班组改进技术项目的工艺难点进行分析并提出解决措施。

5. 质量控制

（1）分析工件的质量要求及复杂程度，根据班组成员的技能水平，调配安排合适的人员承担任务。

（2）加工前对所使用的计量器具进行检查，未经过检定或超过有效期的计量器具均不得在加工过程中使用。

（3）加工前对所使用的机械和工艺装备进行检查确认，保证其使用性能完好。

（4）加工前对作业环境进行检查确认，保证其满足施工要求。

（5）对加工中所涉及的设备及原材料进行检查确认。

（6）充分预测加工过程中可能存在的质量风险，做好相应准备工作。

（7）严格按工艺文件、工艺图样及标准规范进行加工，保证工作质量。

（8）做好加工过程中的技术指导工作，对重要零件节点进行全过程监督控制。

（9）及时与设计人员沟通，提出合理化建议，同时减少不必要的设计变更而产生的工作量。

（10）在加工过程中认真做好质量记录、加工技术记录等原始记录，并整理后归类存放。

（11）在工件流转中不能划伤和碰伤，做到文明生产。

（12）按质量管理程序做好废品隔离工作。

6. 质量检验

（1）班长或班组质检员与加工人员一同进行检验，合格后填写合格证。

（2）对尺寸超差的产品，如果经修复还能使用，加工人员要按质量管理程序办理修复手续，填写记录并备案。

7. 奖罚制度

在班组生产中，对质量管理要制定奖罚制度，该奖的要奖，该罚的要罚。

8. 开展 QC 小组活动

QC 小组即质量管理小组，是在生产或工作岗位上从事各种劳动的员工，围绕企业的经营战略、方针目标和现场存在的问题，以改进质量、降低消耗、提高人的素质和经济效益为目的，运用质量管理的理论和方法开展活动的小组。班组要成立 QC 小组，开展质量管理活动。

课程 5-5　技术改造与创新

学习内容

学习单元	课程内容	培训建议	课堂学时
技术革新	1）加工工艺改进方案制定 2）夹具改进设计方案制定 3）刀具改进设计方案制定	（1）方法：讲授法、讨论法、 （2）重点与难点：加工工艺改进方案制定、刀具改进设计方案制定	4

学习单元　技术革新

一、加工工艺改进方案制定

机械加工工艺编制是机械加工的灵魂，工件的工艺编制不合理，会影响工件的生产效率和质量。加工工艺改进是一个难题。加工工艺的改进，是要提出富有针对性和建设性的意见，改进时遵循基本机械加工原则，明确改进的原因和改进后的效果，这样才能使改进的工艺有所提升。

机械加工工艺因各企业的具体情况不同，其加工工艺的规程也有很大的不同。在保证产品质量的前提下，对原有工艺进行改进，改进后的工艺尽可能提高生产效率和降低加工成本，并在充分利用本企业现有生产条件的基础上，尽可能采用国内外先进工艺技术和经验，还应保证操作者良好的劳动条件。制定工艺改进方案时有以下内容：

1. 工艺改进的属性

在以下情况需要改进工艺：

（1）编制的工艺不合理，不能很好地指导加工，需要对工艺进行改进。

（2）因产品转产，新的生产条件发生变化，需要对工艺进行改进。

（3）零件几何形状和尺寸部分改变，需要对工艺进行改进。

（4）使用新的设备、刀具、夹具，需要对工艺进行改进。

（5）零件的材料、毛坯及供应状态改变，需要对工艺进行改进。

（6）生产纲领发生变化，需要对工艺进行改进。

依据工艺改进的属性不同，对工艺改进的程度也不同，有整体改进、部分改进和工序改进。

2. 工艺改进的依据

（1）企业的设备情况。如机床设备、数控设备、普通设备、铸造设备、热处理设备、表面处理设备、检测设备、试验设备、检测仪器等。

（2）任务的来源和生产纲领。属哪个行业，生产纲领是哪一类（小批量、中批量、大批量）。

（3）企业的刀具、夹具、量具能否满足产品或零件的加工需要（考核是否具备生产专用的刀具、夹具、量具的能力）。

（4）企业的标准化程度和质量管理体系情况。

（5）原有的工艺资料文件。

3. 工艺改进的内容

在实际生产中，零件并不是一种设备或一道工序就能加工完成的，而是多工种的合作（如投料、车削、铣削、磨削、钳加工、加工中心加工、检验、热处理、表面处理、试验、装配组合加工等），这涉及工艺流程和工序顺序。零件的加工是由多个相关专业合作来完成的，所以在改进工艺时要考虑相关专业对加工工艺的影响。

（1）要针对加工难点分析解决技术问题的措施，论证改进加工工艺在生产过程中的运行情况。

（2）明确改进的是工序集中的加工方法，还是工序分散的加工方法。

加工工艺流程采用工序集中的加工方法，一次装夹加工多个表面，加工工艺流程短。使用工序集中的加工方法，减小了累积误差，其加工质量就好。采用工序分散的加工方法，零件要多次装夹，累积误差大，影响精度的因素多，其加工质量不稳定。无论采用哪种工艺方法，工艺改进的目的都是能控制零件在加工过程中的精度、成本和效率。

（3）改进加工方法、检测方法，提高工艺的稳定性，但不要无依据提高加工尺寸精度，这样会提高加工成本。

（4）当设计基准与工艺基准不统一时，要进行基准转换，进行零件的尺寸链计算，改进的工艺要利于改善加工和检测工艺性。

（5）在编制和改进工艺时，要使整套工艺的基准（工艺基准、测量基准、装夹定位基准等）统一。

（6）选择和改进的零件几何形状要有利于定位装夹，有利于夹具的设计，并且能达到基准统一的要求。

（7）工艺中涉及的尺寸要考虑标准化，有利于量具的选用和测量。

（8）当精度很高时，考虑组合装配加工。

（9）改进零件加工工艺时要考虑加工效率和成本。

（10）改进工艺时，要充分考虑使用标准的刀具、夹具、量具，减少专用的工艺装备。

4. 检测

改进后的加工工艺规程要确定量具的品种和规格（特别是专用量具的品种和规格），确定在加工中对几何精度的检测方法（如平行度、平面度、垂直度、同轴度等）。在工艺规程内容中，要明确检测的方法，特别是对空间尺寸的检测，以及几何精度、曲面轮廓精度的检测方法。

5. 加工难点优化

工艺改进时分析工艺难点，优化设计，改进加工工艺，提出解决的措施和方法。

6. 工艺的正确性

改进的加工工艺规程要合理、正确，能指导生产，符合生产现场的实际情况。在工艺规程中要考虑普通设备加工工艺与数控设备加工工艺相结合，既要保证零件的加工质量，还要考虑加工效率和经济性。

7. 加工工艺流程

设计加工顺序时，要遵循粗加工、半精加工、精加工的原则，在工序间可安排消除应力的热处理工序，必要时还要做稳定化和高、低温试验。对于各工序间的余量，可用查表法、计算法和经验估计法来确定。

8. 夹具的改进

零件在装夹定位时，要依据生产纲领的不同，对夹具结构进行改进（如通用夹具、快速高效率夹具、自动夹紧夹具和多工位夹具等）。

9. 刀具改进

改进后的工艺，选择的刀具要满足加工的需要。如刀具的材料、刀具的切削参数、刀具的尺寸、刀具的刚度、刀具的几何参数，刀具是用于粗加工还是用于精加工。选择刀具的依据是工件的材料、加工精度、表面粗糙度和加工效率。

10. 加工系统误差

工艺改进时要分析加工系统中的误差，并分析影响加工精度的原因（如机床、刀具、夹具、量具、切削参数、对刀等），分析基准转换后的公差。基准转换后，要对相关尺寸进行尺寸链计算，对相关尺寸合理标注。分析组合加工时的误差等。

11. 加工准备

在改进工艺过程中，要设计专用工艺装备、夹具、刀具，确定各种标准刀具、量具的品种和规格，满足加工需要。

12. 新工艺和新技术

改进加工工艺要应用新工艺和新技术，改进后的工艺要具有推广性。

加工工艺改进是一项系统工作，涉及整个加工系统的每个环节。加工工艺的改进就是进一步优化加工工艺的过程，使工艺更加合理，具有可操作性，能正确地指导生产。

二、夹具改进设计方案制定

机床夹具是制造中必不可少的工艺装备，是在机床上用以装夹工件的一种装置，机床夹具设计的效果直接决定着工件的质量、精度、生产效率以及劳动强度。在改进夹具设计方案时主要有以下内容：

1. 夹具改进设计的依据

（1）在加工工序中夹具所承担的加工任务，工序图样，夹具类型。
（2）生产纲领和加工工时。
（3）夹具适用的机床型号，与机床的安装接口方式，夹具使用时占据的空间范围。
（4）零件的加工精度和定位方式。
（5）改进设计夹具的原因（原设计夹具的不足和缺点，改进后的优点）。

2. 夹具的性能

在夹具设计过程中，必须考虑工件的定位和夹紧问题。工件定位和夹紧方案正确与否，直接影响工件的加工精度，以及工件安装是否方便、迅速。因此，对夹具性能有以下要求：

（1）保证工件的加工精度。改进夹具时要考虑专用夹具的结构和定位方案，合理确定尺寸、公差和技术要求，并进行必要的精度分析，确保夹具能满足工件的加工精度要求。

（2）提高生产效率。改进时应根据工件生产批量设计不同复杂程度的高效夹具，以缩短辅助时间，提高生产效率。

（3）工艺性好。改进后的专用夹具结构应简单、合理，便于加工、装配、检验和维修。专用夹具的制造属于单件生产，最终夹具的精度由装配或修配保证，夹具上应设置调整或修配结构，如设置适当的调整元件。

（4）使用方便安全。改进后的专用夹具操作应简便、省力、安全、可靠，排屑应方便，必要时可设置排屑结构。

（5）经济性好。改进时除考虑专用夹具本身结构、标准化程度、成本低廉外，还应根据生产纲领对夹具方案进行必要的经济分析，以提高夹具在生产中的经济效益。

（6）功能丰富。夹具除具有装夹定位功能外，还要有对刀、测量、找正和设定坐标系等功能。

3. 夹具的结构工艺性分析

在加工过程中，夹具体要承受较大的切削力和夹紧力，改进后的夹具应有足够的强度和刚度。夹具的结构要具备制造、检验、装配、调试、维修的工艺性，应做到尽量选用标准件、通用件，而设计的各种专用件要有好的加工工艺性。为保证夹具精度稳定，夹具体要用铸件、锻件和整体材料，并进行时效处理、退火和调质处理。

4. 定位精度

在确定夹紧定位方案后，要进行定位误差计算。夹具的精度要能满足批量生产零件的要求。

5. 合理选择夹紧方式

在改进夹具设计过程中，考虑工件的装夹安全性，依据生产加工的效率，合理选择夹紧方式（液压夹紧、快速夹紧、自动夹紧等）。

6. 资料整理

在夹具改进时，要提供原有夹具设计资料和改进后的夹具资料。资料包括夹具装配图、专用零件图、三维立体装配图、所有电子版资料、夹具定位误差计算结果、标准件明细表等。

7. 新技术、新工艺和新材料应用

在改进夹具设计时，要应用新的技术和新的设计理念，如模块化设计、三维立体设计、动态仿真模拟以及使用软件进行强度和变形仿真试验等先进技术。

8. 先进性与实用性

改进后的夹具在结构、性能和新的设计理念方面，与同类夹具相比要有先进性，并且实用性更强。

三、刀具改进设计方案制定

在企业生产中，根据生产需要，有多种情况要对刀具进行改进。如零件材料改变、生产纲领改变、零件加工精度改变、加工效率提高、零件加工几何形状改变、难加工材料等，遇到这些情况都需要对加工刀具进行改进设计。对刀具进行改进设计体现在以下几个方面：一是刀具材料的改进和选用；二是刀具结构设计改进；三是刀具几何角度设计改进。因此，刀具改进设计方案的内容如下：

1. 刀具改进设计的依据

刀具改进设计的依据是工件材料、零件的几何形状、加工任务、生产纲领、刀具寿命、刀具的类型、刀具的装夹方式、刀片的固定形式、刀具的用途和刀具的制造工艺性等。

2. 刀具改进设计的内容

在原有刀具设计的基础上，进行刀具结构改进，刀具切削性能改进，刀具加工效率改进，刀具材料选用和改进，刀具几何角度改进设计等。

3. 改进后刀具的性能

（1）高的硬度和耐磨性。

（2）足够的强度和韧性。

（3）高的耐热性与化学稳定性。

（4）良好的锻造、焊接、热处理、磨削加工等工艺性。

（5）导热性好，有利于切削热传导，降低切削区温度，延长刀具寿命。

（6）材料资源丰富，价格低廉。

4. 刀具改进设计时材料选用原则

加工一般的材料大量使用硬质合金；加工难加工材料时，考虑选用新牌号硬质合金或高性能高速钢；在加工高硬度材料或精密加工时，才考虑选用超硬材料。

5. 刀具改进设计时刀具角度参数选择原则

（1）工件材料强度、硬度较低，取较大的前角；反之，取较小的前角。

（2）加工塑性材料，取较大的前角；加工脆性材料，取较小的前角。

（3）刀具材料韧性好，取较大的前角；反之，取较小的前角。

（4）粗加工时，取较小的前角；精加工时，取较大的前角。

（5）后角的选择。切削厚度越大，后角越小。工件材料越软，塑性越好，后角越大。工艺系统刚度较低时，适当减小后角。

（6）主偏角的选择。工艺系统刚度较高时，主偏角取较小值；反之取较大值。副偏角大小（5°～15°）取决于表面粗糙度，粗加工时取大值，精加工时取小值。

（7）刃倾角的选择。刃倾角主要影响刀头的强度和切屑的流动方向。

1）加工一般钢和铸铁，无冲击时，粗车刃倾角为0°～-5°，精车刃倾角为0°～+5°；有冲击时，刃倾角为-5°～-15°。

2）加工高硬度钢和冷硬铸铁时，刃倾角为-30°～+45°

6. 刀具结构改进设计

刀具结构改进设计，主要是成形刀具结构的改进、复合刀具结构的改进、粗加工刀具结构的改进、专用刀具结构的改进。